全国职业院校机电类专业课程改革规划教材

冲压成形工艺与模具设计制造

主　编　李德富
副主编　龚五堂　韩军宁　谢　芳
参　编　张广忠　陈德琳　徐家斌
　　　　苏迅文　吴万平　田　志
主　审　江成洲

机械工业出版社

本书根据高职高专院校对技术应用型人才专业技术应用能力的培养要求，对原有的教学体系和内容进行重组和优化，并将冲压成形工艺与模具设计及模具制造等三门关联课程的内容进行有机的融合，突出实用性和先进性。

本书共七个单元36个模块。主要内容包括：冲压加工与冲压设备、冲裁模设计与制造、弯曲模设计与制造、拉深模设计与制造、其他冲压成形模设计、多工位级进模设计、冲压工艺规程的编制。

本书可作为高职高专类院校模具专业的教材，也可作为从事模具制造的工程技术人员的参考书。

本书配有电子课件，凡使用本书作教材的教师可登录机械工业出版社教材服务网（http：//www.cmpedu.com）下载，或发送电子邮件至cmp-gaozhi@sina.com索取。咨询电话：010-88379375。

图书在版编目（CIP）数据

冲压成形工艺与模具设计制造/李德富主编.
—北京：机械工业出版社，2014.7
全国职业院校机电类专业课程改革规划教材
ISBN 978-7-111-47744-0

Ⅰ.①冲…　Ⅱ.①李…　Ⅲ.①冲压-工艺学-高等职业教育-教材②冲模-设计-高等职业教育-教材③冲模-制模工艺-高等职业教育-教材　Ⅳ.①TG38

中国版本图书馆CIP数据核字（2014）第192795号

机械工业出版社（北京市百万庄大街22号　邮政编码100037）
策划编辑：崔占军　赵志鹏　责任编辑：赵志鹏　王丽滨
版式设计：霍永明　责任校对：张莉娟
封面设计：马精明　责任印制：刘　岚
北京京丰印刷厂印刷
2014年10月第1版·第1次印刷
184mm×260mm·19印张·460千字
0 001—2 500册
标准书号：ISBN 978-7-111-47744-0
定价：37.00元

凡购本书，如有缺页、倒页、脱页，由本社发行部调换

电话服务	网络服务
社服务中心：（010）88361066	教材网：http：//www.cmpedu.com
销售一部：（010）68326294	机工官网：http：//www.cmpbook.com
销售二部：（010）88379649	机工官博：http：//weibo.com/cmp1952
读者购书热线：（010）88379203	**封面无防伪标均为盗版**

前　　言

随着我国交通、电子、通信制造业的迅速发展，模具工业也随之迅猛发展。模具制造技术水平的高低，已成为衡量一个国家制造业水平高低的重要标志，并在很大程度上决定着产品质量、效益和新产品开发的能力。

模具制造技术对模具行业人员的素质和能力的要求越来越高。为了使学生在有限的学时内，学习并掌握冲压成形工艺、模具设计与模具制造基础知识，具备冲压模具设计与制造的基本技能，编者在多年生产实践和教学的基础上，按照职业教育培养高等技能型应用人才的需要，编写了这本《冲压成形工艺与模具设计制造》。

本书简单介绍了冲压加工与冲压设备；详细讲解了冲裁模具、弯曲模具、拉深模具其他成形模具以及多工位级进模具的设计与制造；在讲述的过程中给出了设计步骤和设计实例。书中还介绍了冲压工艺规程的编制过程。

本书在内容的选取上突出适应高职院校的教学要求，从实际出发，注重实用性和专业技能的培养；体现模具工业的新工艺和新技术，重点突出典型实例的介绍以及基础理论的理解、掌握与融会贯通；对应于每一基本冲压工序，都有相应的典型工件的冲压工艺分析和模具结构设计详解。此外，本书还选编了各种典型的模具结构、必要的技术资料以及冲压标准中的相关设计数据。

本书可作为高职高专类院校模具专业的教材，也可作为从事模具制造的工程技术人员的参考书。

本书由李德富任主编，龚五堂、韩军宁、谢芳任副主编，江成洲主审。参加编写的还有张广忠、陈德琳、徐家斌、苏迅文、吴万平、田志。

本书在编写过程中参阅了大量的文献资料，对有关著作者深表感谢。由于作者水平有限，加之时间仓促，书中难免存在不当之处，恳请读者提出宝贵意见。作者电子邮箱：jz-li2007@163. com。

编　者

目　录

前言
第一单元　冲压加工与冲压设备 ………… 1
模块一　冲压加工基础 ………… 1
一、冲压加工的概念、特点及应用 ………… 1
二、冲压工序的分类 ………… 3
模块二　冲压用材料 ………… 6
一、冲压对材料的基本要求 ………… 6
二、冲压常用材料与选用 ………… 7
模块三　冲压设备及模具的安装 ………… 8
一、冲压设备分类 ………… 8
二、机械压力机 ………… 8
三、压力机的选用 ………… 11
四、模具的安装 ………… 14
复习思考题 ………… 14
第二单元　冲裁模设计与制造 ………… 15
模块一　冲裁模设计基础 ………… 16
一、冲裁模的分类 ………… 16
二、冲裁模的组成及模具标准化 ………… 16
三、冲裁变形过程分析 ………… 23
四、冲裁件的工艺性 ………… 28
五、冲裁间隙 ………… 31
六、凸模和凹模刃口尺寸的计算 ………… 34
七、冲压力和压力中心的计算 ………… 39
模块二　冲裁排样设计 ………… 45
一、材料的合理利用 ………… 45
二、排样方法 ………… 47
三、搭边与条料宽度的确定 ………… 49
四、排样图 ………… 52
模块三　冲裁模的典型结构 ………… 53
一、常用冲裁模典型结构 ………… 53
二、冲裁模结构类型选择 ………… 67
模块四　冲裁模工作零件结构设计与制造 ………… 69
一、凸模 ………… 69
二、凹模 ………… 71
三、凸凹模 ………… 74
四、工作零件制造 ………… 75
模块五　冲裁模定位零件结构设计与制造 ………… 81
一、导料销、导料板 ………… 81
二、挡料销 ………… 83
三、侧刃 ………… 84
四、导正销 ………… 86
五、定位板和定位销 ………… 87
模块六　卸料装置与出件装置结构设计与制造 ………… 88
一、卸料装置 ………… 88
二、出件装置 ………… 90
三、弹性元件的选用与计算 ………… 91
模块七　标准模架设计与制造 ………… 94
一、模架的分类与选择 ………… 94
二、滑动导向模架主要零件的结构设计 ………… 96
三、模座零件及导向零件制造 ………… 98
模块八　连接与固定零件设计与制造 ………… 105
一、模柄的设计与制造 ………… 105
二、固定板的设计与制造 ………… 107
三、垫板的设计与制造 ………… 107
四、螺钉与销钉的选用 ………… 107
模块九　冲裁模的装配与调试 ………… 109
一、模具的装配 ………… 109
二、模具的安装与调试 ………… 121
复习思考题 ………… 126
第三单元　弯曲模设计与制造 ………… 128
模块一　板料弯曲变形过程分析 ………… 130
一、弯曲变形过程及特点 ………… 130
二、弯曲变形区的应力与应变状态 ………… 132
三、弯曲件的质量分析 ………… 132
模块二　弯曲件展开尺寸计算 ………… 143
一、中性层和中性层位置的确定 ………… 144
二、$r>0.5t$ 时弯曲件展开尺寸计算 ………… 144
三、$r<0.5t$ 时弯曲件展开尺寸计算 ………… 146
四、卷圆展开尺寸计算 ………… 147
五、圆杆弯曲件展开尺寸计算 ………… 148

模块三　弯曲力的计算……………………… 148
一、弯曲力曲线……………………………… 148
二、弯曲力的计算…………………………… 150
三、弯曲用压力机额定压力的确定……… 151
模块四　弯曲的工艺性及工序安排………… 151
一、弯曲件的结构、精度和材料………… 151
二、弯曲件工序安排的原则……………… 154
三、弯曲件工序安排实例………………… 155
模块五　弯曲模工作零件设计与制造……… 156
一、凸模与凹模的圆角半径……………… 156
二、凹模深度………………………………… 156
三、弯曲模凸、凹模间隙………………… 157
四、U形弯曲件凸、凹模工作尺寸……… 158
五、凸模与凹模的制造…………………… 158
模块六　弯曲模的典型结构………………… 159
一、单工序弯曲模………………………… 159
二、级进弯曲模…………………………… 164
三、复合弯曲模…………………………… 166
四、通用弯曲模…………………………… 166
模块七　弯曲模设计实例…………………… 167
一、弯曲模设计步骤……………………… 167
二、弯曲模设计实例……………………… 167
复习思考题…………………………………… 170

第四单元　拉深模设计 …………………… 172

模块一　拉深变形过程分析………………… 173
一、拉深的变形过程及特点……………… 173
二、拉深过程中材料的应力与应变
状态…………………………………… 175
模块二　拉深件的主要质量问题…………… 176
一、起皱…………………………………… 176
二、拉裂…………………………………… 176
模块三　旋转体拉深件坯料尺寸的计算…… 177
一、计算方法……………………………… 177
二、简单旋转体拉深件坯料尺寸的
计算…………………………………… 178
三、复杂旋转体拉深件坯料尺寸的
计算…………………………………… 181
模块四　圆筒形件拉深工艺计算…………… 182
一、拉深系数……………………………… 182
二、拉深次数……………………………… 185
三、圆筒形件各次拉深工序尺寸的
计算…………………………………… 187
模块五　拉深力与压边力的确定…………… 190
一、拉深力的计算………………………… 190
二、压边力的计算………………………… 190
三、压力机公称力的选择………………… 191
模块六　其他形状零件的拉深……………… 191
一、阶梯圆筒形件的拉深………………… 191
二、轴对称曲面形状件的拉深…………… 193
三、盒形件的拉深………………………… 200
模块七　拉深模设计………………………… 204
一、拉深模的分类及典型结构…………… 204
二、拉深模工作零件的设计……………… 212
三、拉深模设计步骤及实例……………… 216
复习思考题…………………………………… 219

第五单元　其他冲压成形模设计 ……… 221

模块一　胀形………………………………… 221
一、胀形的特点…………………………… 221
二、平板坯料的起伏成形………………… 222
三、空心坯料的胀形……………………… 224
模块二　翻孔与翻边………………………… 227
一、翻孔…………………………………… 227
二、翻边…………………………………… 231
模块三　缩口………………………………… 233
一、缩口变形特点及变形程度…………… 233
二、缩口工艺计算………………………… 235
三、缩口模结构…………………………… 236
模块四　校平与整形………………………… 237
一、校平…………………………………… 237
二、整形…………………………………… 239
复习思考题…………………………………… 240

第六单元　多工位级进模设计…………… 242

模块一　多工位级进模的特点及分类……… 242
一、多工位级进模的特点………………… 242
二、多工位级进模的分类………………… 243
模块二　多工位级进模的排样设计………… 245
一、排样设计的原则……………………… 245
二、载体设计……………………………… 247
三、冲切刃口设计………………………… 249
四、定距设计……………………………… 252
模块三　多工位级进模典型结构…………… 254
一、冲孔落料多工位级进模……………… 254
二、冲裁弯曲多工位级进模……………… 257
三、拉深冲孔翻边多工位级进模………… 260
模块四　多工位级进模结构设计…………… 262
一、总体设计……………………………… 262

二、凸模设计 …… 264
三、凹模设计 …… 267
四、导料装置设计 …… 269
五、导正销设计 …… 270
六、卸料装置设计 …… 271
七、自动送料装置设计 …… 273
八、安全检测装置设计 …… 273
复习思考题 …… 274
第七单元　冲压工艺规程的编制 …… 275
模块一　冲压工艺规程编制的步骤及方法 …… 275
一、冲压件的分析 …… 275
二、毛坯下料尺寸的确定 …… 276
三、冲压工艺方案的确定 …… 276
四、冲压设备的选用 …… 278
五、冲压工艺文件的编制 …… 278
模块二　冲压工艺规程编制实例 …… 279
【实例 7-1】　支撑托架工件冲压工艺规程编制 …… 279
【实例 7-2】　汽车玻璃升降器外壳冲压工艺规程编制 …… 284
复习思考题 …… 289
附录 …… 290
附录 A　冲模常用材料 …… 290
附录 B　冲模零件表面粗糙度的要求 …… 292
附录 C　冲模常用螺钉和销钉 …… 292
参考文献 …… 295

第一单元　冲压加工与冲压设备

【学习目标】

1. 了解冲压加工的概念、特点及应用。
2. 了解冲压工序的分类。
3. 了解冲压加工对材料的基本要求及冲压常用材料与选用。
4. 了解冲压设备分类、掌握压力机的选用及模具的安装技术。

【学习任务】

1. 单元学习任务

本单元的学习任务是冲压加工的基本知识。要求通过本单元的学习，首先了解冲压加工的概念、特点及应用；了解冲压工序的分类；了解冲压加工对材料的基本要求及冲压常用材料与选用；最后达到能正确选用压力机和对模具进行正确安装。

2. 学习任务流程图

本单元的具体学习任务及学习过程流程图如图 1-1 所示。

图 1-1　学习任务及学习过程流程图

【学习过程】

由学习任务及学习过程流程图可知，本单元的学习任务共有 3 个。下面就将这些任务逐一分解、实施，逐点学习，最终完成整个单元的学习任务。

模块一　冲压加工基础

一、冲压加工的概念、特点及应用

1. 冲压加工的概念

冲压加工是在室温下，利用安装在冲压设备（主要是压力机）上的模具对材料（金属或非金属材料）施加压力，使其在模具中产生分离和塑性变形，从而获得所需要的形状和尺寸的工件的一种压力加工方法。

冲压模具（冲模）是在冲压加工中，将材料（金属或非金属材料）加工成工件或半成品（称为冲压件）的一种特殊工艺装备，俗称冷冲模。图 1-2 所示为级进模及其分解图。图 1-3 所示为冲模实物图。

在冲压件的生产中，合理的冲压成形工艺、先进的模具、高效的冲压设备是必不可少的三要素。

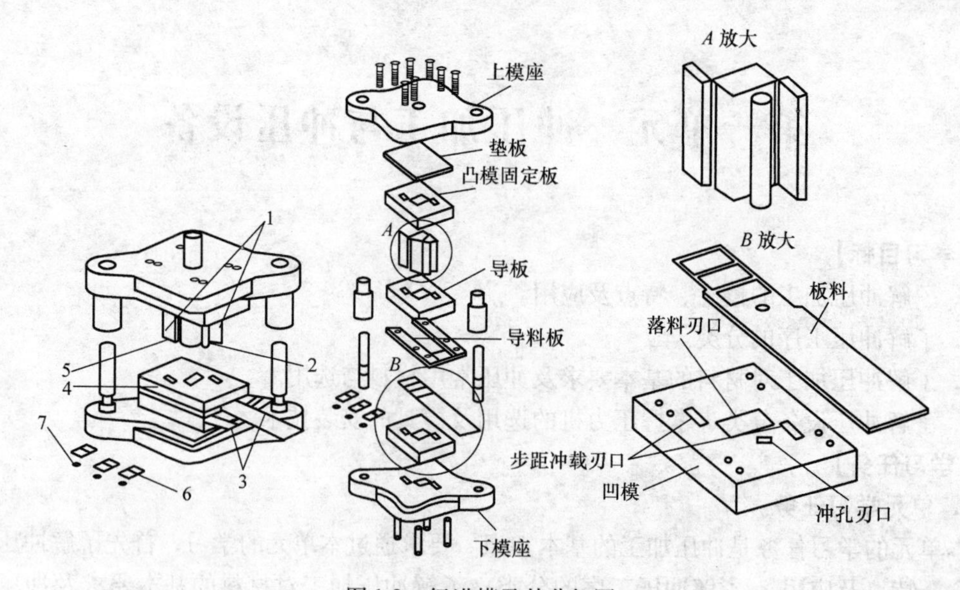

图 1-2　级进模及其分解图

1—侧刃　2—冲孔凸模　3—导料板　4—导板　5—落料凸模　6—工件　7—废料

a)　　b)

图 1-3　冲模实物图

a）滑动导向冲模　b）滚动导向冲模

2. 冲压加工的特点及应用

冲压加工是依靠压力机和模具来完成的，它与切削、铸造等加工方法相比有很多优点，因而用途广泛。

（1）冲压加工的特点

1）冲压加工可以制造壁薄、形状复杂的工件，以及制造带有加强筋、起伏或翻边的工件。

2）冲压件一般不再经切削加工，或仅需要少量的切削加工，可以节省材料。

3）冲压加工的生产率高。如果采用多工位级进模，可在一台压力机上完成多道冲压工序，实现由带料开卷、矫平、冲裁到成形、精整的全自动生产。一般每分钟可生产几十件、上百件，高速压力机每分钟可生产千件以上。

4）压力机操作方便，要求工人的技术等级不高。

5）冲模制造精度要求高、制造复杂、周期长、制造费用昂贵，小批量生产受到限制。

（2）冲压加工的应用　在全世界的钢材品种中有60%～70%是板材，其中大部分是经过冲压加工制成的。

汽车、农机的车身、底盘、油箱、散热器片等75%～80%是冲压件。电子产品中的接线端子、引线框架、插头弹片等80%～85%是冲压件。机电产品中的电动机、电器的铁心、硅钢片等都是冲压件；仪器仪表、家用电器、自行车、办公设备、生活器皿、钟表元件等产品中，也采用了大量的冲压件。冲压件的使用范围大到汽车的纵梁、覆盖件，小到钟表的秒针。

目前，全世界模具年产值约为600～650亿美元，日、美等工业发达国家的模具工业产值已超过机床工业，我国模具工业产值也接近了机床工业产值。在模具工业的总产值中，冲模约占40%～50%。

图1-4所示为典型的冲压产品实物图。

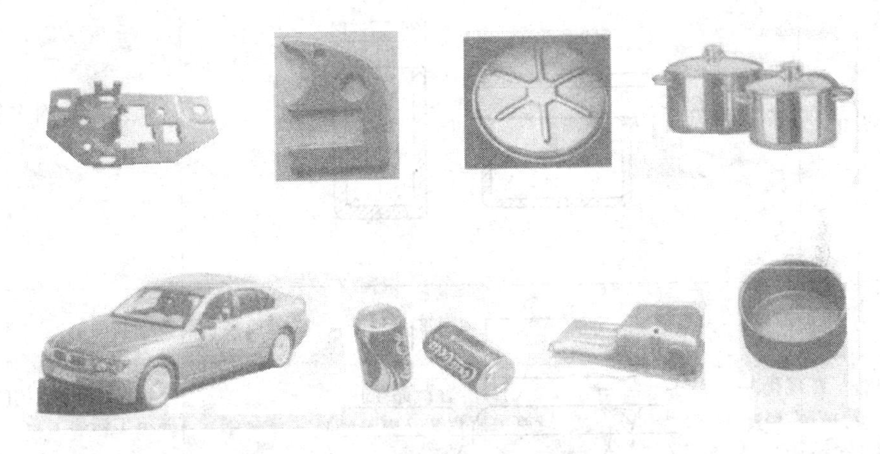

图1-4　典型的冲压产品实物

二、冲压工序的分类

在产品生产过程中，将经过冲压加工而得到的零件称为冲压件。对于不同类型冲压件的生产，要使用不同类型的模具和坯料，其变形方式不同，变形情况也有所区别。根据材料的变形性质，可将冲压加工工序分为分离工序和变形工序。

分离工序是指该道冲压工序完成后，材料变形部分的应力达到了该材料的抗拉强度，造成材料断裂而分离，从而获得所需冲压件的形状和尺寸，如冲孔、落料、切断、切边等工序。

变形工序是指该道冲压工序完成后，材料变形部分的应力超过了该材料的屈服强度，但未达到抗拉强度，使材料产生塑性变形，改变了材料原有的形状和尺寸，从而获得所需冲压件的形状和尺寸，如弯曲、拉深、翻边、胀形、立体压制等冲压工序。其中，立体压制是利用冲压的方法，使毛坯的体积重新分布并转移，从而改变毛坯的轮廓、形状或厚度的冲压工序，如冷挤压、压印、墩粗等。表1-1所列为冲压工序的分类。

表1-1 冲压工序的分类

类别	工序名称	工序简图	工序性质
分离工序	冲孔		在毛坯或板料上，沿封闭的轮廓分离出废料，得到带孔的制件；切下的部分是废料
	落料		沿封闭轮廓将制件或毛坯与板料分离；切下的部分是工件，其余部分是废料
	切边		切去成形制件多余的边缘材料
	切断		将板料沿不封闭的轮廓分离
	切舌		沿不封闭轮廓将部分板料切开并使其下弯
变形工序	弯曲		将毛坯或半成品制件沿弯曲线弯成一定角度和形状
	卷边		把板料端部弯曲成接近封闭的圆筒

（续）

类别	工序名称	工　序　简　图	工序性质
变形工序	拉深	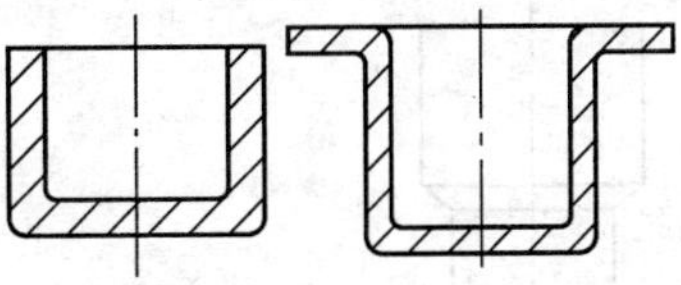	把毛坯拉压成空心体，或者把空心体拉压成外形更小而板厚没有明显变化的空心体
	变薄拉深	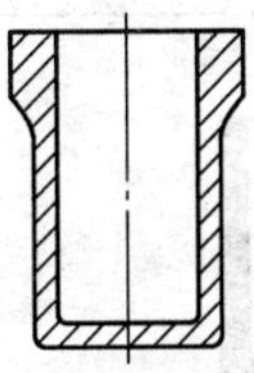	凸、凹模之间的间隙小于空心毛坯壁厚，把空心毛坯加工成侧壁厚度小于毛坯壁厚的薄壁制件
	翻边	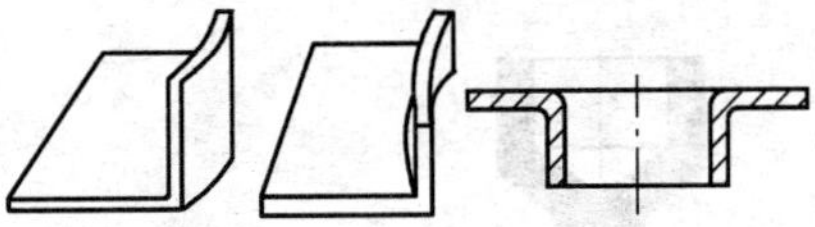	使毛坯的平面部分或曲面部分的边缘沿一定曲线翻起、竖立直边
	缩口	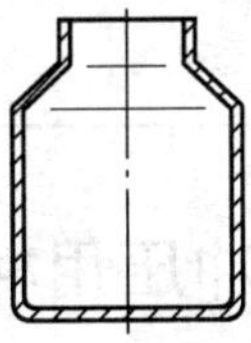	使空心毛坯或管状毛坯端部的径向尺寸缩小
	胀形	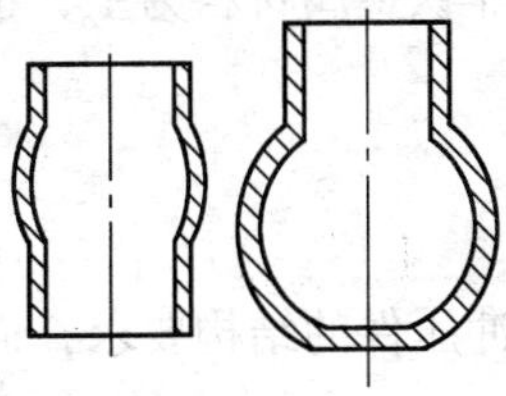	使空心毛坯内部在双向拉应力作用下，产生塑性变形，取得凸肚形制件
	成形	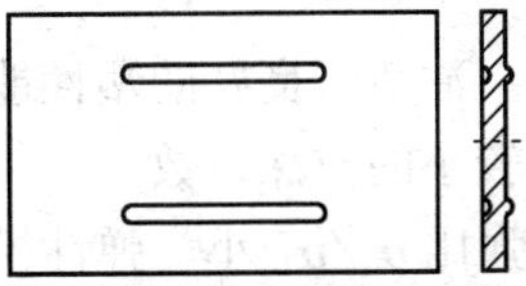	使板料发生局部的塑性变形，按凸模与凹模的形状直接复制成形
	整形	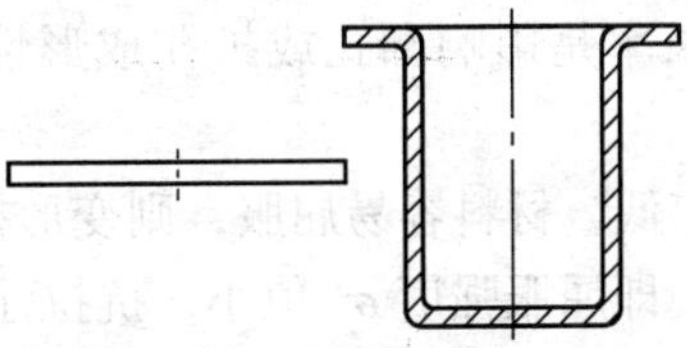	校正制件使之达到准确的形状和尺寸

（续）

类别	工序名称	工 序 简 图	工序性质
立体压制	正挤压		挤压成形时，金属流动方向与凸模的运动方向相同
	反挤压		挤压成形时，金属流动方向与凸模的运动方向相反
	复合挤压		挤压成形时，金属的一部分流动方向与凸模的运动方向相同，而另一部分的流动方向则相反

模块二　冲压用材料

冲压加工主要是以加工钢铁材料、非铁金属材料为主，也可加工塑料、橡胶、纸板等板料。

一、冲压对材料的基本要求

冲压加工所用的材料，不仅要满足冲压件的结构要求，而且要满足冲压工艺的要求，主要包括以下几个方面：

1. 力学性能要求

冲压加工的材料应具有良好的塑性。冲裁时良好的塑性能获得较好的断面质量；弯曲时可获得较小的弯曲半径；拉深时可获得较小的拉深系数。

一般来说，材料的伸长率 δ 高、屈强比 σ_s/σ_b 小、弹性模量大、硬化指数 n 高，有利于各种冲压加工工序。

（1）伸长率 δ　一般地说，伸长率是影响翻孔或扩孔成形性能的主要原因。伸长率越高，则金属塑性越好。

（2）屈服强度 σ_s　屈服强度 σ_s 低，材料容易屈服，则变形抗力小。

（3）屈强比 σ_s/σ_b　屈强比小，即屈服强度 σ_s 值小，抗拉强度 σ_b 值大，容易产生塑性变形而不易产生拉裂。

（4）硬化指数 n　单向拉伸硬化曲线 $\sigma = K\varepsilon^n$，指数 n 为硬化指数，表示在塑性变形中材料的硬化程度。硬化指数 n 高时，说明在加工变形中材料加工硬化严重。

2. 表面质量要求

冲压加工的材料表面应光滑平整，无氧化皮、裂纹、划伤等缺陷。表面状态好的材料，加工时不易产生裂纹，冲压件表面形态也好。

优质钢板表面质量分三组：Ⅰ组（高质量表面）、Ⅱ组（较高质量表面）和Ⅲ组（一般质量表面）。

3. 材料成形性能要求

材料成形性能的要求主要表现在弯曲和拉深加工工序中，由于板料变形条件复杂，对于不同的弯曲件和拉深件使用不同的材料。

1）铝镇静钢08Al按其拉深质量分为三级：ZF（最复杂）用于拉深最复杂的零件，HF（很复杂）用于拉深很复杂的零件，F（复杂）用于拉深复杂零件。

2）深拉深薄钢板按冲压性能分Z（最深拉深）、S（深拉深）和P（普通拉深）三级。

3）材料可处于退火状态（或软状态）（M），也可处于淬火状态（C）或硬态（Y）。

4. 材料厚度公差的要求

模具凸、凹模间隙适应于一定厚度的板料，材料厚度超差，则会影响冲压件的质量并损坏模具。

材料厚度公差分为A（高级）、B（较高级）和C（普通级）三种。

二、冲压常用材料与选用

冲压最常用的材料是金属板料，有时也用非金属板料。金属板料分钢铁材料、非铁金属材料两种。

1. 钢铁材料板料按性质分类

（1）碳素结构钢钢板　常用的有Q195、Q215、Q235、Q235A等。

（2）优质碳素结构钢板　常用的有08F、08、10、15、20、35、45、50等。

（3）低合金高强度结构钢板及合金结构钢板　常用的有Q345、20Mn2、30Mn2、45Mn2等。

（4）电工硅钢板　常用的有DR510、DR440等。

（5）不锈钢板　常用的有12Cr18Ni9、1Cr18Ni9Ti、12Cr13、20Cr13等。

2. 非铁金属材料

（1）铜及铜合金　常用的有T1、T2、H62、H68等。

（2）铝及铝合金　常用的有1070A、1060、1050A、1350、2A01、3A21、5A12等。

3. 冲压用非金属材料

它包括胶木板、橡胶、塑料板等。

4. 冲压材料的规格

（1）板料　常见规格是指非定做的、厂家按照市场常用的板料生产的，主要有600mm×1200mm、700mm×1400mm、1000mm×2000mm、1250mm×2500mm等。

（2）带料、卷料

1）带料。这是指用剪板机将板料剪成各种不同宽度的条料。

2）卷料。卷料用于连续冲压，由开卷机和送料器自动送料。一般厂家按照市场常用规格宽度（如750mm、1000mm）生产卷料，然后根据要求用滚剪机将较大的卷料剪成适合于模具使用的宽度并卷成卷料使用。

模块三　冲压设备及模具的安装

一、冲压设备分类

在冲压生产中，根据冲压件生产的需要，可选用不同类型的冲压设备。

按传动方式，冲压设备主要分为机械压力机和液压压力机。机械压力机主要有曲柄压力机（俗称冲床）和摩擦压力机，其中曲柄压力机最为常用。液压压力机又分为油压压力机（油压机）和水压压力机（水压机）。

按自动化程度，冲压设备主要分为普通压力机、数控（CNC）压力机和自动压力机等。

二、机械压力机

在冲压生产过程中，机械压力机因生产效率高而最为常用，主要有剪板机和曲柄压力机等。

1. 剪板机

剪板机用于板料剪裁，常用于冲压加工中的下料工序，即将尺寸较大的板料或成卷的带料按加工要求裁剪成所需尺寸的条料。图1-5所示是平刃剪板机，属于特殊的曲柄压力机。工作时，上、下刀片的整个切削刃同时与板料接触，工作时所需剪切力较大，剪切质量较好。

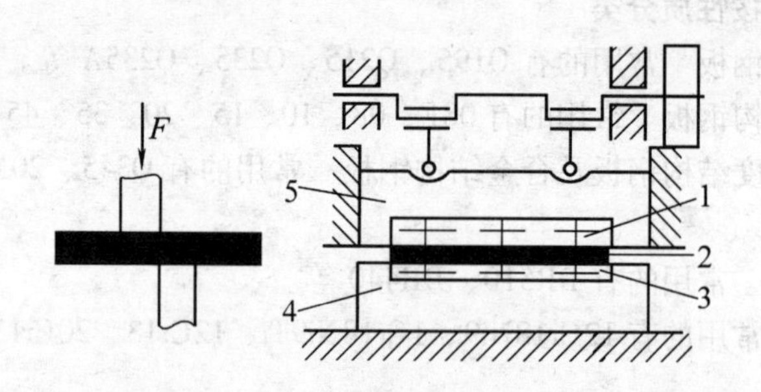

图1-5　平刃剪板机裁剪示意图

1—上刀片　2—板料　3—下刀片　4—工作台　5—滑块

剪板机的代号为Q，其型号规格按所能剪裁的板料厚度和宽度来表示。如Q11-6×2000剪板机，表示可剪裁板料最大尺寸（厚×宽）为6mm×2000mm。

2. 曲柄压力机

曲柄压力机是最常用的冷冲压设备。下面主要介绍其组成、结构类型、规格型号和主要技术参数。

（1）曲柄压力机的基本组成　如图1-6所示为曲柄压力机的结构简图。曲柄压力机主要由床身9（床身上固定有工作台10，用于安装固定冲模的下模）、曲柄连杆工作机构（由滑块1、连杆2、曲柄3组成，冲模的上模就固定在滑块上）、操纵系统（由离合器4、制动器8组成）、传动系统（带传动、齿轮传动）、能源系统（电动机6、飞轮）等基本部分组成，另外还有润滑系统、保险装置、计数装置和气垫等辅助装置。

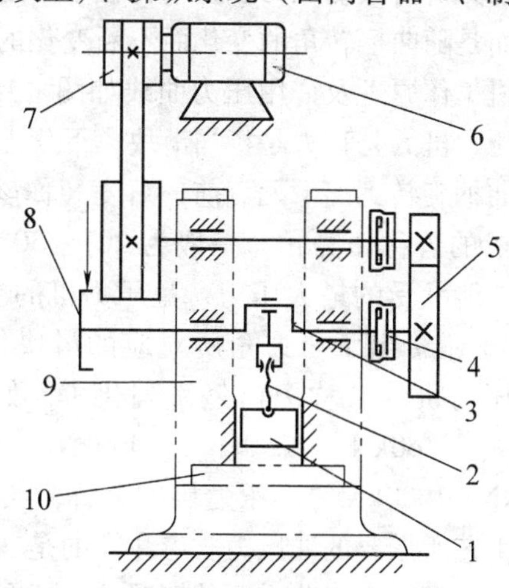

图1-6　曲柄压力机的结构简图

1—滑块　2—连杆　3—曲柄　4—离合器　5—齿轮　6—电动机　7—带轮　8—制动器　9—床身　10—工作台

（2）曲柄压力机的主要类型　按照床身结构，曲柄压力机可分为开式压力机和闭式压力机两种。

图1-7所示为开式单点压力机。开式压力机床身前面、左面和右面三个方向完全敞开，具有安装模具和操作方便的特点，床身呈C形，刚性较差。

图1-8所示为闭式双点压力机。闭式压力机床身两侧封闭，只能在前后方向操作，具有机床刚性好的特点，适用于一般要求的大中型压力机和精度要求较高的轻型压力机。

按照连杆数目，曲柄压力机可分为单点压力机、双点压力机和四点压力机。单点压力机只有一个连杆，而双点压力机和四点压力机则分别有两个和四个连杆。

图1-7　开式单点压力机

图1-8　闭式双点压力机

按照滑块数目，曲柄压力机可分为单动压力机、双动压力机和三动压力机。双动压力机和三动压力机主要用于复杂工件的拉深成形。图1-9所示为双动压力机的结构简图。其工作过程为：凸模固定在拉深滑块8上，凹模固定在工作台6上，压边圈固定在压边滑块7上。工作开始时，工作台在凸轮1的作用下上升，压紧坯料并在该位置停留。同时，固定在拉深滑块8上的凸模对坯料进行拉深，直至拉深滑块下降到最低位置。拉深结束后，拉深滑块先上升，然后工作台下降，完成一个冲压行程。

（3）曲柄压力机主要技术参数

1）公称力。压力机的公称力是指滑块下压时的冲击力。由曲柄连杆机构的工作原理可知，压力机滑块的压力在整个行程中不是一个常数，而是随曲柄转角的变化而不断变化的。曲柄压力机工作原理及许用压力曲线如图 1-10 所示。曲柄压力机的公称力是指当滑块离下死点前一位置或曲柄旋转到离下死点前一角度（称该角度为压力机的公称压力角，一般为 20°～30°）时滑块上所能承受的最大压力，是压力机的主参数。图 1-10 还给出了压力角所对应的滑块位移点。我国压力机的公称力已经系列化了，如 63kN、100kN、160kN、250kN、400kN、800kN、1250kN、1600kN 等。压力机的公称力必须大于冲压工艺所需要的冲压力。应注意的是，在压力机压力满足冲压工艺需要的情况下，还会出现压力机的冲压功（主要是飞轮的动能）小于冲压工艺所要求的功的情况，因此必要时还需校核曲柄压力机的冲压功。

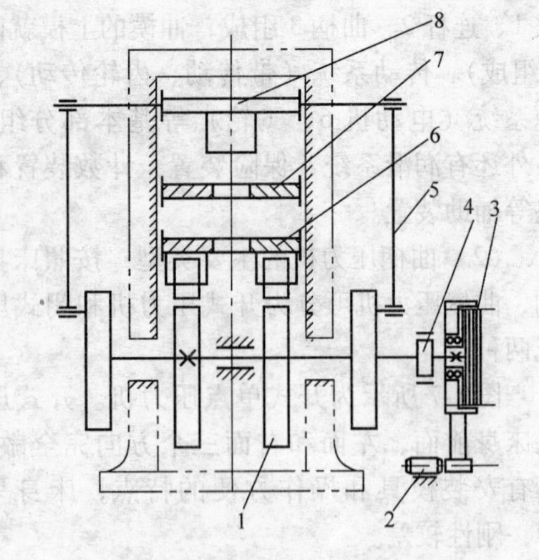

图 1-9　双动压力机的结构简图

1—凸轮　2—电动机　3—离合器　4—制动器　5—连杆　6—工作台　7—压边滑块　8—拉深滑块

2）滑块行程。滑块行程是指滑块从上死点运动到下死点所经过的距离，一般为曲柄半径的两倍。

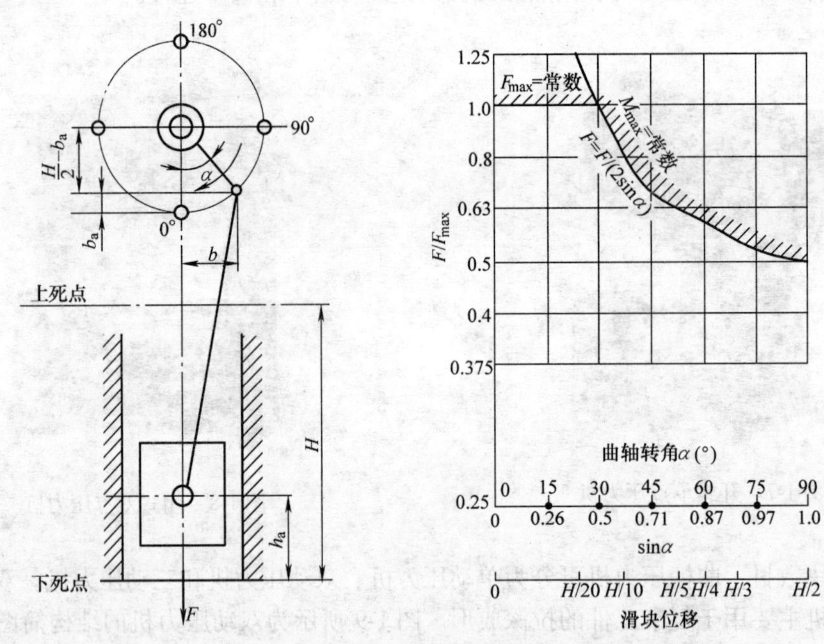

图 1-10　曲柄压力机工作原理及许用压力曲线

3）行程次数。行程次数是指滑块每分钟从上死点运动到下死点，再回到上死点的往复次数。

4）连杆调节长度。连杆调节长度又称安装模具高度调节量。曲柄压力机的连杆通常做成两部分，其长度可以调节。在安装不同闭合高度的模具时，可以通过改变连杆长度来改变压力机的闭合高度，以适应不同的安装要求。该参数一般用于微调压力机的闭合高度。

5）闭合高度。闭合高度是指压力机的滑块位于下死点位置时，滑块下端面到工作台上表面之间的距离。当连杆调节到最短时，压力机的闭合高度达到最大值，可以安装的模具闭合高度值最大；当连杆调节到最长时，压力机的闭合高度达到最小值，可以安装的模具闭合高度值最小。

曲柄压力机的规格型号及主要技术参数见表1-2。

表1-2　曲柄压力机的规格型号及主要技术参数

型号	公称力/kN	滑块行程/mm	行程次数/(次/min)	最大闭合高度/mm	连杆调节长度/mm	(前后工作台尺寸/mm)×(左右工作台尺寸/mm)	电动机功率/kW	模柄孔尺寸/mm
J23-10A	100	60	145	180	35	240×360	1. 1	ϕ30×50
J23-16	160	55	120	220	45	300×450	1. 5	
J23-25	250	65	55/105	270	55	370×560	2. 2	
JD23-25	250	10～100	55	270	50	370×560	2. 2	
J23-40	400	80	45/90	330	65	460×700	5. 5	
JC23-25	400	90	65	210	50	380×630	4	ϕ60×70
J23-63	630	130	50	360	80	480×710	5. 5	
JB23-63	630	100	40/80	400	80	570×860	7. 5	
JC23-63	630	120	50	360	80	480×710	5. 5	
J23-80	800	130	45	380	90	540×800	7. 5	
JB23-80	800	115	45	417	80	480×720	7	
J23-100	1000	130	38	480	100	710×1080	10	
J23-100A	1000	16～140	45	400	100	600×900	7. 5	ϕ60×75
JA23-100	1000	150	60	430	120	710×1080	10	
JB23-100	1000	150	60	430	120	710×1080	10	
J23-125	1250	130	38	480	110	710×1080	10	
J13-160	1600	200	40	570	120	900×1360	15	ϕ70×80

三、压力机的选用

选用压力机应根据冲压工序的性质、生产批量的大小、模具的外形尺寸以及现有设备等情况进行。选用压力机包括选用压力机类型和压力机规格两项内容。

1. 压力机类型的选用

1）中、小型冲压件选用开式机械压力机。

2）大、中型冲压件选用双柱闭式机械压力机。

3）导板模或要求导套不离开导柱的模具选用偏心压力机。

4）大量生产的冲压件选用高速压力机或多工位自动压力机。

5）校直、整形和温热挤压工序选用摩擦压力机。

6）薄板冲裁、精密冲裁选用刚度高的精密压力机。

7）大型、形状复杂的拉深件选用双动或三动压力机。

8）小批量生产中的大型厚板件的成形工序多采用液压压力机。

2. 压力机规格的选用

（1）公称力　压力机滑块下滑过程中的冲击力就是压力机的压力。压力机压力的大小随滑块下滑位置的不同，也就是随曲柄旋转角度的不同而不同。如图 1-11 所示，曲线 1 为压力机许用压力曲线。我国规定滑块下滑到距下死点某一特定的距离 S_p［此距离称为公称力行程；随压力机的不同，此距离也不同，如 JC23-40 规定为 7mm，JA31-400 规定为 13mm；一般约为滑块行程的 0.05～0.07 或曲柄旋转到距下死点某一特定角度（此角度称为公称力角，随压力机不同公称力角也不相同）］时，所产生的冲击力称为压力机的公称力。公称力的大小，表示压力机本身能够承受冲击的大小。压力机的强度和刚度就是按公称力进行设计的。

冲压工序中冲压力的大小也是随凸模（即压力机滑块）的行程而变化的。图 1-11 中曲线 2 和曲线 3 分别表示冲裁、拉深的实际冲压力曲线。从图中可以看出，两种实际冲压力曲线不同步，与压力机许用压力曲线 1 也不同步。在冲压过程中，凸模在任何位置所需的冲压力应小于压力机在该位置所发出的冲压力。图 1-11 中最大拉深力虽然小于压力机的最大公称力，但大于曲柄旋转到最大拉深力位置时压力机所发出的冲压力，也就是拉深冲压力曲线不在压力机许用压力曲线范围内。故应选用比图 1-11 中曲线 1 所示压力更大的压力机。因此为保证足够的冲压力，冲裁、弯曲时压力机的公称力应比计算的冲压力大 30% 左右。拉深时压力机的公称力应比计算出的拉深力大 60%～100%。

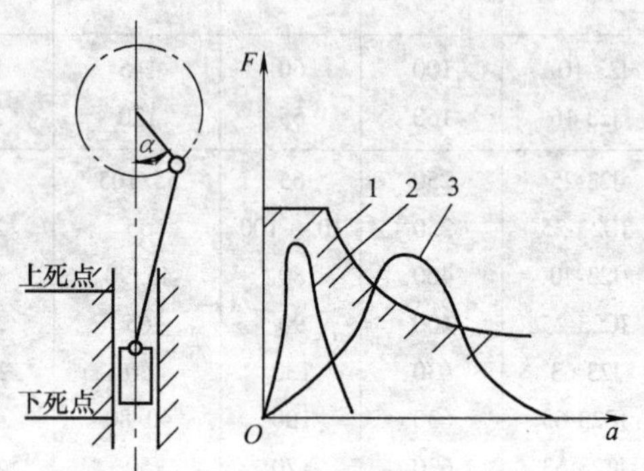

图 1-11　压力机的许用压力曲线

1—压力机许用压力曲线　2—冲裁工艺冲裁力实际变化曲线　3—拉深工艺拉深力实际变化曲线

（2）滑块行程长度　滑块行程长度是指曲柄旋转一周滑块所移动的距离，其值为曲柄半径的两倍。选用压力机时，滑块行程长度应保证坯料能顺利地放入模具中和冲压件能顺利地从模具中取出，特别是拉深和弯曲时应使滑块行程长度大于冲压件高度的 2.5～3.0 倍。

（3）行程次数　行程次数即滑块每分钟的冲击次数。应根据材料的变形要求和生产率来考虑。

（4）工作台面尺寸　工作台面的长、宽尺寸应大于模具下模座尺寸，并每边留出 60～100mm，以便于安装固定模具用的螺栓、垫铁和压板。当冲压件或废料需下落时，工作台面孔的尺寸必须大于下落件的尺寸。对于有弹顶装置的模具，工作台面孔的尺寸还应大于下弹顶装置的外形尺寸。

（5）滑块模柄孔尺寸　模柄孔直径要与模柄直径相符，模柄孔的深度应大于模柄的长度。

（6）闭合高度　压力机的闭合高度是指滑块在下死点时，滑块底面到工作台上平面（即垫板下平面）之间的距离。

压力机的闭合高度可通过连杆丝杠在一定范围内调节。当连杆调至最短（对偏心压力机的行程应调到最小），滑块底面到工作台上平面之间的距离为压力机的最大闭合高度；当连杆调至最长（对偏心压力机的行程应调到最大），滑块处于下死点时，滑块底面到工作台上平面之间的距离为压力机的最小闭合高度。

压力机的装模高度指压力机的闭合高度减去垫板厚度的差值。没有垫板的压力机，其装模高度等于压力机的闭合高度。

模具的闭合高度是指冲模在最低工作位置时，上模座上平面至下模座下平面之间的距离。

模具闭合高度与压力机装模高度的关系如图 1-12 所示。

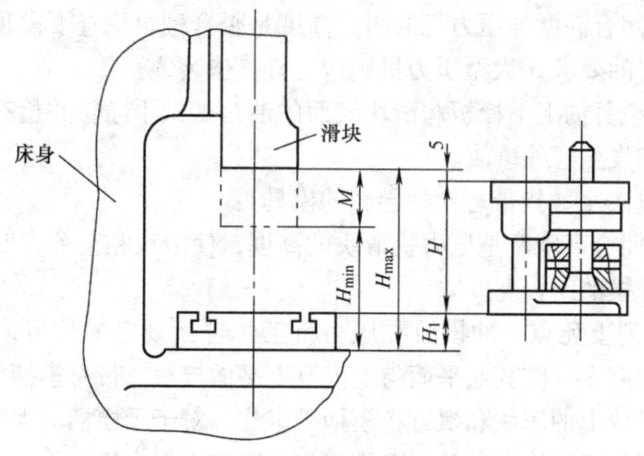

图 1-12　模具闭合高度与压力机装模高度的关系

理论上为

$$H_{min} - H_1 \leqslant H \leqslant H_{max} - H_1$$

亦可写成

$$H_{max} - M - H_1 \leqslant H \leqslant H_{max} - H_1$$

式中　H——模具闭合高度；

H_{min}——压力机的最小闭合高度；

H_{max}——压力机的最大闭合高度；

H——垫板厚度；

M——连杆调节量；

$H_{min} - H_1$——压力机的最小装模高度；

$H_{max} - H_1$——压力机的最大装模高度；

H_1——垫板的厚度。

由于缩短连杆长度对其刚度有利，同时在修模后，模具的闭合高度可能要减小。因此模具的闭合高度一般接近于压力机的最大装模高度，实用上为

$$H_{min} - H_1 + 10 \leqslant H \leqslant H_{max} - H_1 - 5$$

（7）电动机功率的选用　选用时必须保证压力机电动机的功率大于冲压时所需要的功率。

常用压力机的技术参数可查阅有关手册。

四、模具的安装

在压力机上安装和调整冲模是一件很重要的工作，它将直接影响冲压件的质量和安全生产。因此，安装和调整冲模不但要熟悉压力机和冲模的结构性能，而且要严格执行安全操作制度。

模具安装的一般注意事项：

1）检查压力机上的打料装置，将其暂时调整到最高位置，以免在调整压力机闭合高度时被压弯。

2）检查模具的闭合高度与压力机的闭合高度是否合理，检查下模顶杆和上模打杆是否符合压力机打料装置的要求（大型压力机则应检查气垫装置）。

3）安装前应将模具的上下模板和滑块底面的油污揩拭干净，并检查有无遗物，防止影响模具的正确安装和发生意外事故。

模具安装的一般次序（指带有导柱导套的模具）：

1）根据冲模的闭合高度调整压力机滑块的高度，使滑块在下死点时其底平面与工作台面之间的距离大于冲模的闭合高度。

2）先将滑块升到上死点，冲模放在压力机工作台面规定的位置，再将滑块停在下死点，然后调节滑块的高度，使其底平面与上模座上平面接触。带有模柄的冲模，应使模柄进入模柄孔，并通过滑块上的压块和螺钉将模柄固定住。对于无模柄的大型冲模，一般用螺钉等将上模座紧固在压力机滑块上，并将下模座初步固定在压力机台面上（不拧紧螺钉）。

3）将压力机滑块上调3~5mm，开动压力机，空行程1~2次，将滑块停于下死点，固定住下模座。

4）进行试冲，并逐步调整滑块到所需的高度。如上模有推杆，则应将压力机上的制动螺钉调整到需要的高度。

复习思考题

1-1　什么是冲压加工？冲压加工的特点是什么？

1-2　冲压对材料的基本要求包括哪些内容？冲压加工常用材料有哪些？

1-3　简述冲压工序的分类，对利用基本冲压工序成形的日常用品各列举两例。

1-4　试述曲柄压力机闭合高度的调整原理及调整步骤。

1-5　对于型号为J23-63的曲柄压力机，闭合高度分别为$H_{m1}=380\text{mm}$、$H_{m2}=350\text{mm}$、$H_{m3}=260\text{mm}$、$H_{m4}=210\text{mm}$的模具能否装入其中？采取措施后，哪些模具可以装入该压力机？

第二单元　冲裁模设计与制造

【学习目标】

1. 了解冲裁模的分类、组成及模具标准化、冲裁变形过程分析、冲裁件的工艺性。
2. 掌握冲裁间隙、凸模和凹模的刃口尺寸计算、冲压力和压力中心的计算。
3. 掌握冲裁排样设计方法。
4. 掌握冲裁模的典型结构。
5. 掌握冲裁模工作零件的结构设计与制造方法。
6. 掌握冲裁模定位零件的结构设计与制造方法。
7. 掌握卸料装置与出件装置的结构设计与制造方法。
8. 掌握标准模架的设计与制造方法。
9. 掌握连接与固定零件的设计与制造方法。
10. 熟悉冲裁模的装配与调试技术。

【学习任务】

1. 单元学习任务

本单元的学习任务是冲裁模的设计与制造。要求通过本单元的学习，首先了解冲裁模设计基础、冲裁排样设计、冲裁模的典型结构、冲裁模工作零件的结构设计与制造、冲裁模定位零件的结构设计与制造、卸料装置与出件装置的结构设计与制造、标准模架的设计与制造、连接与固定零件的设计与制造；最后达成能正确设计和制造冲裁模及对冲裁模能够正确装配与调试。

2. 学习任务流程图

单元的具体学习任务及学习过程如图 2-1 所示。

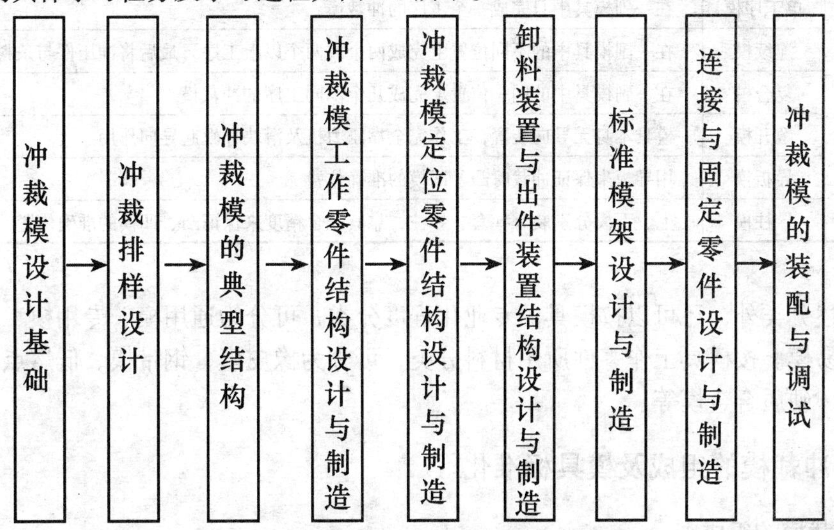

图 2-1　学习任务及学习过程流程图

【学习过程】

由学习任务及学习过程流程图可知，本单元的学习任务共有9个。下面就将这些任务逐一分解、实施，逐点学习，最终完成整个单元的学习任务。

模块一　冲裁模设计基础

冲裁是利用模具使板料沿一定的轮廓形状产生分离的一种冲压工序。根据变形机理的差异，冲裁可分为普通冲裁和精密冲裁。通常所说的冲裁是指普通冲裁，它包括冲孔、落料、切口、切边、剖切等多种分离工序。

冲裁的应用非常广泛，它既可直接冲制工件，又可为弯曲、拉深、成形等其他工序制备坯料。

一、冲裁模的分类

在冲压生产中，冲裁所使用的模具称为冲裁模。冲裁模的分类方法有很多，表2-1介绍了几种常用的冲裁模的分类。

表2-1　冲裁模的分类

分类方法	模具名称	板料分离状态及模具特点
按工序性质分类	落料模	沿封闭的轮廓将冲压件与板料分离，冲下来的部分为冲压件
	冲孔模	沿封闭的轮廓将板料与废料分离，冲下来的部分为废料
	切边模	将冲压件多余的边缘切掉
	切口模	沿敞开的轮廓将冲压件冲出切口，但冲压件不完全分离
	修整模	切除冲裁件的粗糙边缘，获得光洁垂直的断面
	精冲模	利用带齿的压料板，在工作时强行压入材料，造成材料的径向压力，通过二次冲压行程获得精度高、断面质量好的冲压件
按工序组合分类	单工序模	在一副模具中只完成一个工序的冲裁模
	连续模	在一副模具中的不同位置上完成两个或两个以上工序，最后将冲压件与条料分离的冲裁模
	复合模	在一副模具中的同一位置上完成几个不同工序的冲裁模
按上、下模导向情况分类	敞开模	模具本身无导向装置，工作完全靠压力机及滑块导轨起导向作用
	导板模	用导板来保证冲裁时凸、凹模的准确位置
	导柱模	上、下模分别装有导套、导柱，靠其配合精度来保证凸、凹模的准确位置

除上述分类外，还可以按模具的专业化程度分类，可分为通用模、专用模、自动模、组合模、简易模。按模具工作零件所用材料分类，可分为橡皮模、钢带模、低熔点合金模、锌基合金模、硬质合金模等。

二、冲裁模的组成及模具标准化

1. 冲裁模的组成

任何一副冲裁模的基本结构都可看成由上模和下模两部分组成，都可将其组成零件按用途进行分类。设计模具时，可根据各组成零件的用途和要求，在结构及几何参数的设计计算上找到共同的规律。

冲裁模的组成零件按其用途可分为工艺零件与结构零件两大类：

工艺零件，直接参与完成冲裁工艺过程，并与坯料直接发生作用。

结构零件，不直接参与完成冲裁工艺过程，也不与坯料直接发生作用，只对模具完成工艺过程起保证作用或对模具的功能起完善作用。

根据作用与功能的不同，冲裁模零件可细分成六类，见表2-2。

表2-2 冲裁模零件的结构组成及其作用

<table>
<tr><th colspan="2">零件种类</th><th>零件名称</th><th>零 件 作 用</th></tr>
<tr><td rowspan="13">工艺零件</td><td rowspan="3">工作零件</td><td>凸模、凹模</td><td rowspan="3">直接对坯料进行加工，完成板料分离的零件</td></tr>
<tr><td>凸凹模</td></tr>
<tr><td>刃口镶块</td></tr>
<tr><td rowspan="5">定位零件</td><td>定位销（定位板）</td><td rowspan="5">确定冲压加工中毛坯或工序件在冲模中正确位置的零件</td></tr>
<tr><td>挡料销、导正销</td></tr>
<tr><td>导料板、导料销</td></tr>
<tr><td>侧压板、承料板</td></tr>
<tr><td>定距侧刃</td></tr>
<tr><td rowspan="5">压料、卸料及出件零件</td><td>卸料板</td><td rowspan="5">使冲压件与废料得以出模，保证顺利实现正常冲压生产的零件</td></tr>
<tr><td>压料板</td></tr>
<tr><td>顶件块</td></tr>
<tr><td>推件块</td></tr>
<tr><td>废料切刀</td></tr>
<tr><td rowspan="13">结构零件</td><td rowspan="4">导向零件</td><td>导套</td><td rowspan="4">正确保证上、下模的相对位置，以保证冲压精度</td></tr>
<tr><td>导柱</td></tr>
<tr><td>导板</td></tr>
<tr><td>导筒</td></tr>
<tr><td rowspan="5">固定零件</td><td>上、下模座</td><td rowspan="5">承装模具零件或将模具紧固在压力机上并与它发生直接联系作用的零件</td></tr>
<tr><td>模柄</td></tr>
<tr><td>凸、凹模固定板</td></tr>
<tr><td>垫板</td></tr>
<tr><td>限位器</td></tr>
<tr><td rowspan="4">标准件及其他</td><td>螺钉</td><td rowspan="4">模具零件之间的相互联接件等，销钉起稳固定位作用</td></tr>
<tr><td>销钉</td></tr>
<tr><td>键</td></tr>
<tr><td>弹簧等其他零件</td></tr>
</table>

应该指出，不是所有的冲裁模都具备上述六类零件，尤其是简单冲裁模。但是工作零件和必要的支承件总是不可缺少的。

图2-2所示为典型的落料冲孔复合模。

工作零件：冲孔凸模17、凸凹模18、落料凹模7。

定位零件：挡料销22、导料销6。

卸料及推件装置：卸料板19、打杆15、推件块8、橡胶弹性体5。

导向装置：导柱3、导套10。

连接固定部分：下模座1、固定板4、9、垫板11、上模板13、模柄14以及所有紧固件。

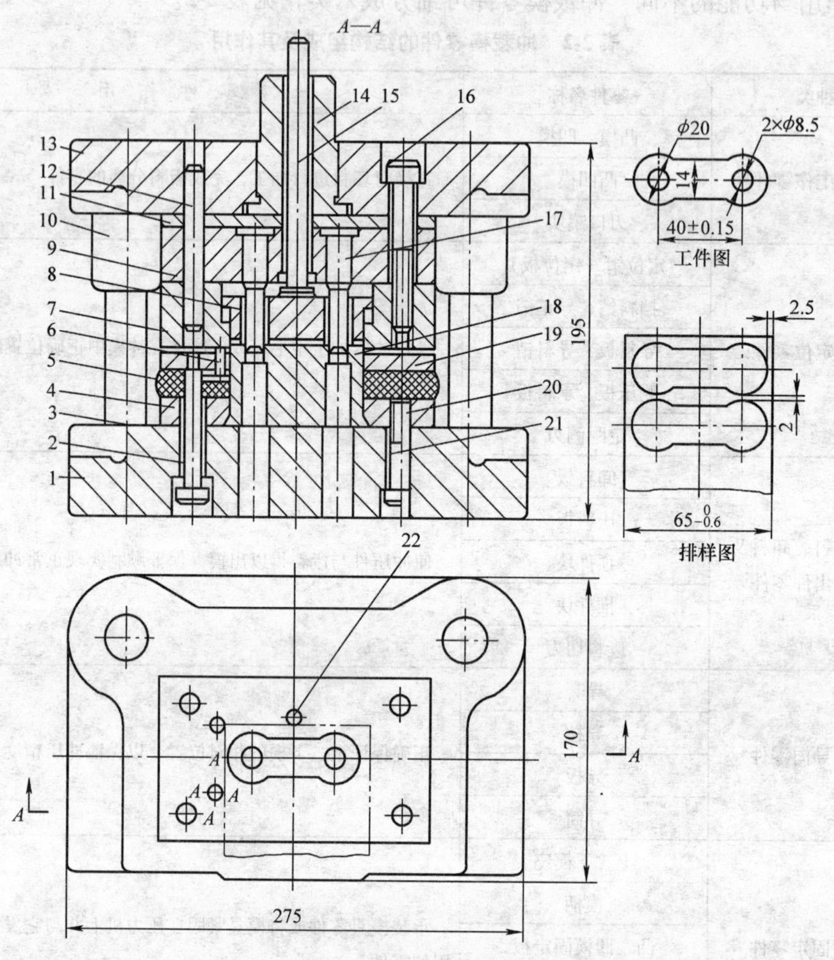

图2-2　落料冲孔复合模

1—下模座　2—卸料螺钉　3—导柱　4—固定板　5—橡胶弹性体　6—导料销　7—落料凹模　8—推件块　9—固定板　10—导套　11—垫板　12、20—销钉　13—上模板　14—模柄　15—打杆　16、21—螺钉　17—冲孔凸模　18—凸凹模　19—卸料板　22—挡料销

冲裁模开始工作时，将条料放在卸料板19上，并由3个挡料销22定位。冲裁时，凹模7和推件块8首先接触条料。当压力机滑块下行时，凸凹模18与凹模7作用将外缘冲出并顶入凹模中。与此同时，冲孔凸模17与凸凹模内孔作用冲出内孔。由于上模继续下降，卸料板随之下降，橡胶弹性体5受压，而推件块8相对凹模上移。滑块回升时，在打杆15作用下，打下推件块8，将冲件推出凹模7外。而卸料板19在橡胶弹性体反弹力作用下，将

条料刮出凸凹模，完成冲裁全部过程。

2. 模具标准化

（1）模具标准化的含义及作用　所谓模具标准化，就是将模具的许多零件的形状和尺寸以及各种典型组合和典型结构按统一结构形式及尺寸实行标准系列，并组织专业化生产，以充分满足用户选用。

模具标准化涉及模具生产技术的各个环节，它包括模具设计、制造、材料、验收和使用等方面。模具标准化是一项综合性技术工作和管理工作，同时又是提高模具行业经济效益的最有效的手段，也是采用专业化和现代化生产技术的基础。

模具标准化的意义主要体现在以下几个方面：

1）提高模具使用性能和质量。实现模具零部件标准化，可使90%左右的模具零部件实现大规模、高水平、高质量的生产，这样生产的零部件比单件和小规模生产的质量和精度要高得多。

2）提高模具技术经济指标。实行模具标准化，对于降低模具成本、缩短生产制造周期和保证模具质量起到促进作用。实现模具零部件标准化后，可节约25%～45%的模具生产工时，可缩短1/3～2/5的生产周期，降低20%～30%生产成本。

由于模具标准件用量大，实现模具零部件标准化、规模化、专业化生产，可大量节约原材料，使原材料利用率达到85%～95%。

目前，在工业先进国家，中小型冲模、塑料注射模、压铸模等模具标准件覆盖率已达到80%～90%，大型模具配件标准化程度也在逐步提高。

3）采用现代化生产技术的基础。在模具生产中采用CAD/CAM技术，可以保证和提高模具的精度和质量，还可以大大降低模具制造成本。而模具CAD/CAM是建立在模具图样绘制规则、标准模架、典型组合和结构、设计参数及技术要求等都采用了相应标准的基础上的。

4）模具标准化为促进国际技术交流创造了条件。模具标准化是国际间技术交流和生产技术合作的基础。

（2）冲模技术标准

1）基础标准：

《冲模术语》（GB/T 8845—2006）

《冲裁间隙》（GB/T 16743—2010）

《金属冷冲压件　结构要素》（JB/T 4378.1—1999）

《精密冲裁件工艺编制原则》（JB/T 6957—2007）

《金属板料拉深工艺设计规范》（JB/T 6959—2008）

《高碳高合金钢制冷作模具显微组织检验》（JB/T 7713—2007）

《冲模用钢及其热处理技术条件》（JB/T 6058—1992）

2）工艺与质量标准：

《冲模技术条件》（GB/T 14662—2006）

《金属冷冲压件　通用技术条件》（JB/T 4378.2—1999）

《冲模模架技术条件》（JB/T 8050—2008）

《冲模模架零件技术条件》（JB/T 8070—2008）

《冲模模架精度检查》（JB/T 8071—2008）

《冲压剪切下料　未注公差尺寸的极限偏差》（JB/T 4381—2011）

《冲压件尺寸公差》（GB/T 13914—2013）

《冲压件角度公差》（GB/T 13915—2013）

《冲压件形状和位置未注公差》（GB/T 13916—2013）

《精冲模具润滑剂技术条件》（JB/T 7714—1995）

《精密冲裁件通用技术条件》（JB/T 6958—2007）

3）产品标准：

《冲模滑动导向模架》（GB/T 2851—2008）

《冲模滚动导向模架》（GB/T 2852—2008）

《冲模滑动导向模座》（GB/T 2855.1～2855.2—2008）

《冲模滚动导向模座》（GB/T 2856.1～2856.2—2008）

《冲模导向装置》（GB/T 2861.1～2861.11—2008）

有关冲模零件及其技术条件的标准为 JB/T 5825～5830—2008，JB/T 7643.1～7643.6—2008，JB/T 7644.1～7644.8—2008、JB/T 7645.1～7645.8—2008、JB/T 7646.1～7646.6—2008、JB/T 7647.1～7647.4—2008、JB/T 7648.1～7648.8—2008、JB/T 7649.1～7649.10—2008、JB/T 7650.1～7650.8—2008、JB/T 7651.1～7651.2—2008、JB/T 7652.1～7652.2—2008、JB/T 7652.3—1995、JB/T 7653—2008、JB/T 8057.1～8057.5—1995、JB/T 8628.1～8628.2—1997。

在模具设计与制造的实际过程中，以上标准使用较多的有冲裁间隙模架、冲压件尺寸及角度公差、未注公差等。

（3）冲模标准模架

1）滑动导向模架。滑动导向模架是靠导柱与导套相对滑动来导向的模架。由于导柱与导套间有一定的间隙，导向的精度不高，适于加工冲压工序少的工件。按照导柱与导套的安装位置和数量的不同，常用的结构形式有：

①对角导柱滑动导向模架（图 2-3）。

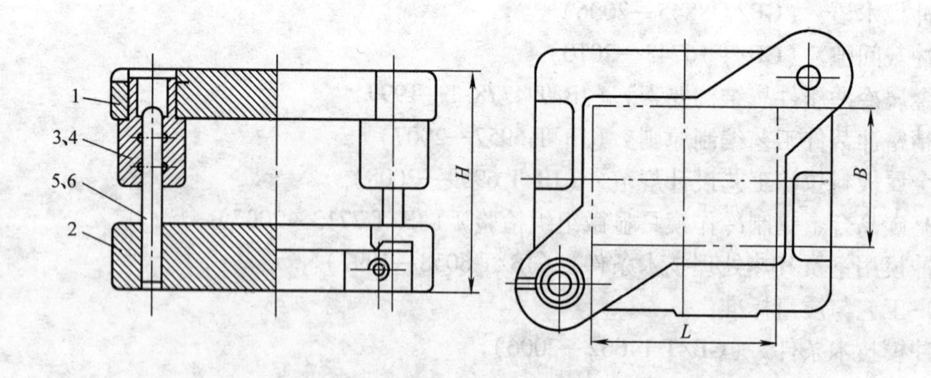

图 2-3　对角导柱滑动导向模架

1—上模座　2—下模座　3、4—导套　5、6—导柱

②中间导柱滑动导向模架（图2-4）。

③后侧导柱滑动导向模架（图2-5）。

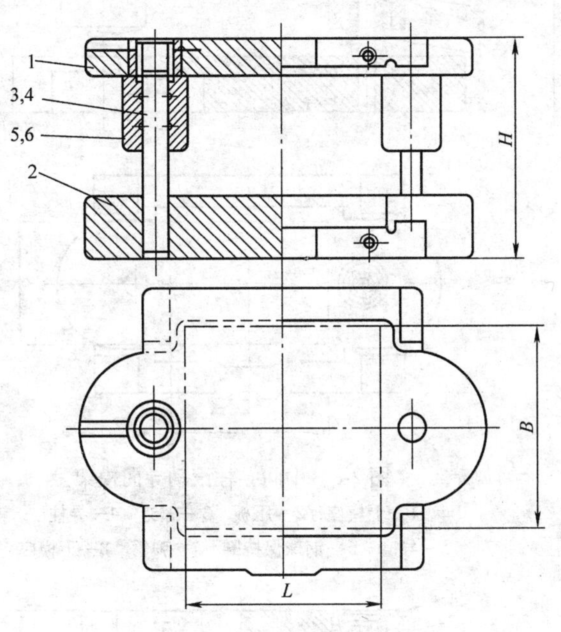

图2-4　中间导柱滑动导向模架

1—上模座　2—下模座　3、4—导柱　5、6—导套

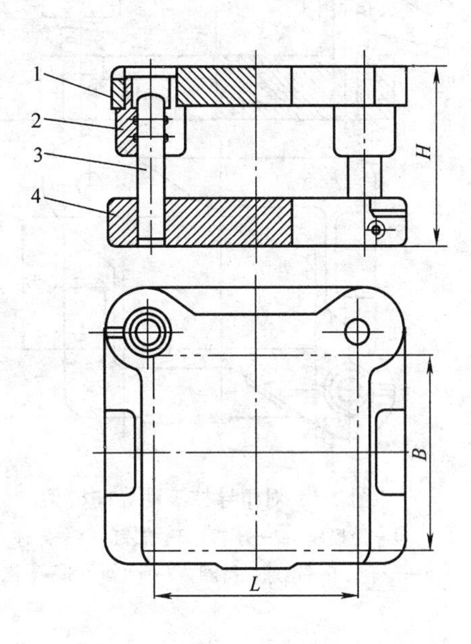

图2-5　后侧导柱滑动导向模架

1—上模座　2—导套　3—导柱　4—下模座

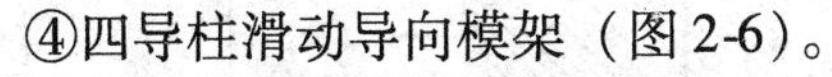

④四导柱滑动导向模架（图2-6）。

2）滚动导向模架。在导柱与导套间安装了可沿柱面滚动的钢球来导向的模架。由于该结构消除了导柱与导套间的间隙，故导向精度高，适于加工形状复杂、精度要求高、冲压材料薄、工序多的工件。

按照导柱与导套的安装位置和数量的不同，常用的结构形式有：

①对角导柱滚动导向模架（图2-7）。

②中间导柱滚动导向模架（图2-8）。

③后侧导柱滚动导向模架（图2-9）。

④四导柱滚动导向模架（图2-10）。

（4）冲裁模模架的技术要求　冲裁模工作时的精度（动态精度）和可靠性，主要取决于模架的导向精度，即取决于模架的导向形式、导柱轴线对模座基准面的垂直度偏差、导柱和导套的配合间隙以及上模座上平面对下模座下平面的平行度偏差。

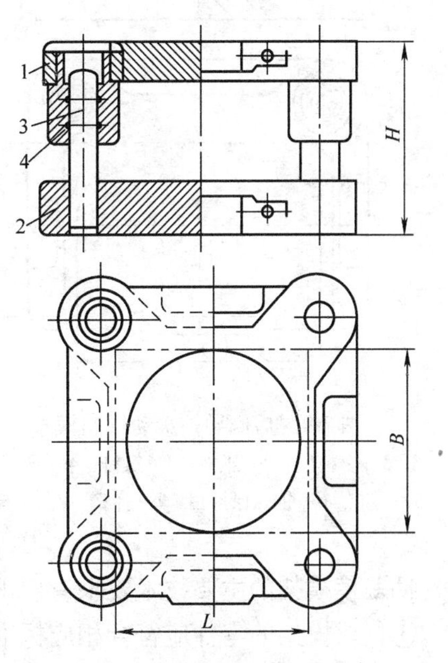

图2-6　四导柱滑动导向模架

1—上模座　2—下模座　3—导柱

4—导套

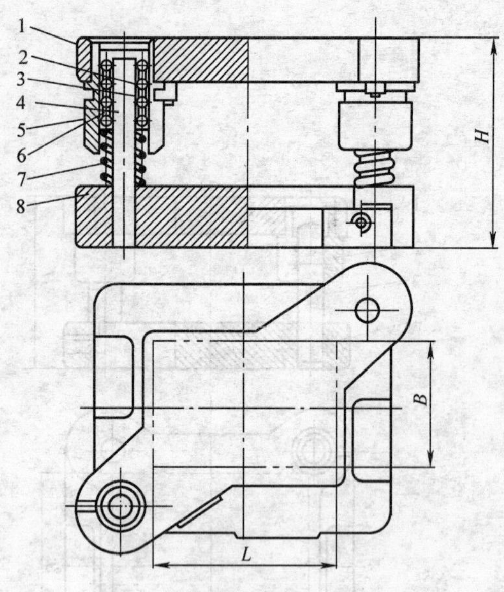

图 2-7　对角导柱滚动导向模架

1—上模座　2—压板　3—螺钉　4—导柱
5—导套　6—钢球保持圈　7—弹簧　8—下模座

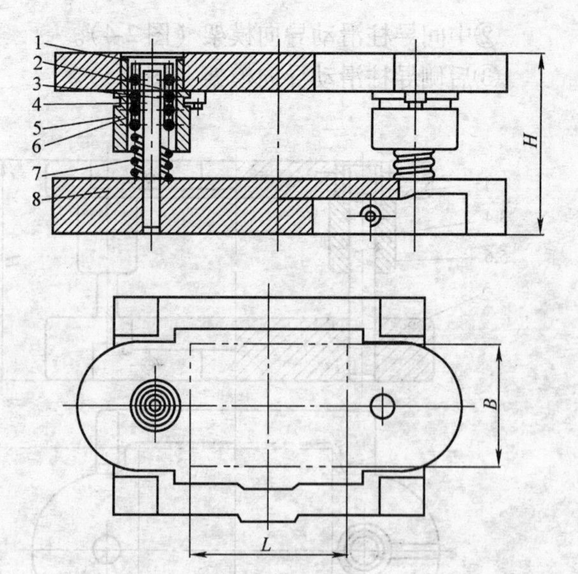

图 2-8　中间导柱滚动导向模架

1—上模座　2—压板　3—螺钉　4—导柱
5—导套　6—钢球保持圈　7—弹簧　8—下模座

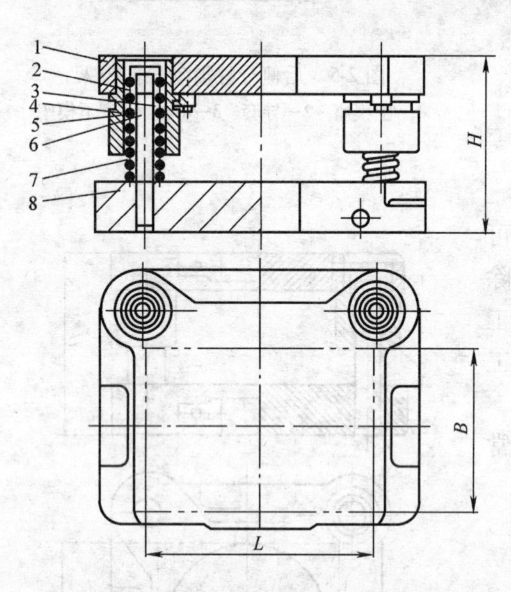

图 2-9　后侧导柱滚动导向模架

1—上模座　2—压板　3—螺钉　4—导柱
5—导套　6—钢球保持圈　7—弹簧　8—下模座

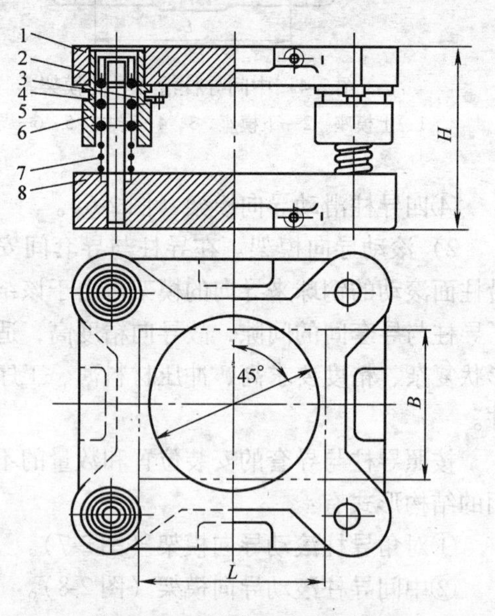

图 2-10　四导柱滚动导向模架

1—上模座　2—压板　3—螺钉　4—导柱
5—导套　6—钢球保持圈　7—弹簧　8—下模座

冲裁模模架的主要技术要求有以下几点：

①组成模架的零件应符合相应标准要求和技术条件的规定。

②精度要求：滑动导向模架的精度分为Ⅰ级和Ⅱ级；滚动导向模架的精度分为 0Ⅰ级和 0Ⅱ级。各级精度的模架必须达到表 2-3 所规定的各项技术指标。

③配合精度：装入模架的每对导柱和导套的配合要求见表 2-4 的规定。

表 2-3　模架分级技术指标（摘自 JB/T 8050—2008）

项	检查项目	被测尺寸/mm	模架精度等级	
			0Ⅰ、Ⅰ级	0Ⅱ、Ⅱ级
			公差等级	
A	上模座上平面对下模座下平面的平行度	≤400	5	6
		>400	6	7
B	导柱轴心线对下模座下平面的垂直度	≤160	4	5
		>160	5	6

注：1. 被测尺寸是指：A——上模座的最大长度尺寸或最大宽度尺寸；B——下模座上平面的导柱高度。

2. 公差等级：按《形状和位置公差　未注公差》（GB/T 1184—1996）的规定。

表 2-4　导柱导套配合间隙（或过盈量）（摘自 JB/T 8050—2008）

配合形式	导柱直径/mm	配合精度		配合后的过盈量/mm
		H6/h5（Ⅰ级）	H7/h6（Ⅱ级）	
		配合后的间隙值/mm		
滑动配合	≤18	≤0.010	≤0.015	—
	>18~28	≤0.011	≤0.017	
	>28~50	≤0.014	≤0.021	
	>50~80	≤0.016	≤0.025	
滚动配合	>18~30	—	—	0.01~0.02
	>30~50	—	—	0.015~0.025

④装配后的模架，上模座相对下模座上下移动时，导柱和导套之间应滑动平稳，无滞阻现象。装配后，导柱固定端面与下模座下平面保持 1~2mm 的间隙；选用 B 型导套时，装配后导套固定端面应低于上模座上平面 1~2mm。

⑤模架各零件工作表面不允许有裂纹和影响使用的砂眼、缩孔、机械损伤等缺陷。

⑥在保证规定质量情况下，允许采用新工艺方法（如环氧树脂粘结剂、低熔点合金）固定导柱和导套，零件结构尺寸允许相应变动。

⑦成套模架一般不装配模柄。

⑧滑动和滚动式中间导柱模架和对角导柱模架，在有明显方向标志情况下，允许采用相同直径的导柱。

三、冲裁变形过程分析

1. 冲裁变形过程

图 2-11 所示为冲裁工作示意图。凸模 1 与凹模 2 具有与冲压件轮廓相同的锋利刃口，且相互之间保持均匀合适的间隙。冲裁时，板料 3 置于凹模上方，当凸模随压力机滑块向下运动时，便迅速冲穿板料进入凹模，使冲压件与板料分离而完成冲裁工作。

从凸模接触板料到板料相互分离的过程是在瞬间完成的。当凸、凹模间隙正常时，冲裁变形过程大致可分为以下三个阶段。

（1）弹性变形阶段　如图 2-12a 所示，当凸模接触板料并下压时，在凸、凹模压力作用下，板料开始产生弹性压缩、弯曲、拉伸（$AB' > AB$）等复杂变形。这时，凸模略为挤入板料，板料下部也略为挤入凹模洞口，并在与凸、凹模刃口接触处形成很小的圆角。同时，板料稍有弯曲，材料越硬，凸、凹模间隙越大，弯曲越严重。随着凸模的下压，刃口附近板料所受的应力逐渐增大，直至达到弹性极限，弹性变形阶段结束。

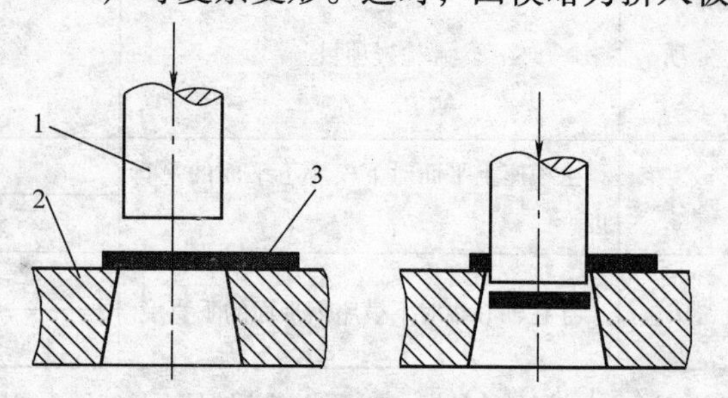

图 2-11　冲裁工作示意图

1—凸模　2—凹模　3—板料

（2）塑性变形阶段　当凸模继续下压，使板料变形区的应力达到塑性条件时，便进入塑性变形阶段，如图 2-12b 所示。这时，凸模挤入板料和板料挤入凹模的深度逐渐加大，产生塑性剪切变形，形成光亮的剪切断面。随着凸模的下降，塑性变形程度增加，变形区材料硬化加剧，变形抗力不断上升，冲裁力也相应增大，直到刃口附近的应力达到抗拉强度时，塑性变形阶段便告终。由于凸、凹模之间间隙的存在，此阶段中冲裁变形区还伴随有弯曲和拉伸变形，且间隙越大，弯曲和拉伸变形也越大。

（3）断裂分离阶段　当板料内的应力达到抗拉强度后，凸模再向下压入时，则在板料上与凸、凹模刃口接触的部位先后产生微裂纹，如图 2-12c 所示。裂纹的起点一般在距刃口很近的侧面，且一般首先在凹模刃口附近的侧面产生，继而才在凸模刃口附近的侧面产生。随着凸模的继续下压，已产生的上、下微裂纹将沿最大切应力方向不断地向板料内部扩展，当上、下裂纹重合时，板料便被剪断分离，如图 2-12d 所示。随后，凸模将分离的材料推入凹模洞口，冲裁变形过程便告结束。

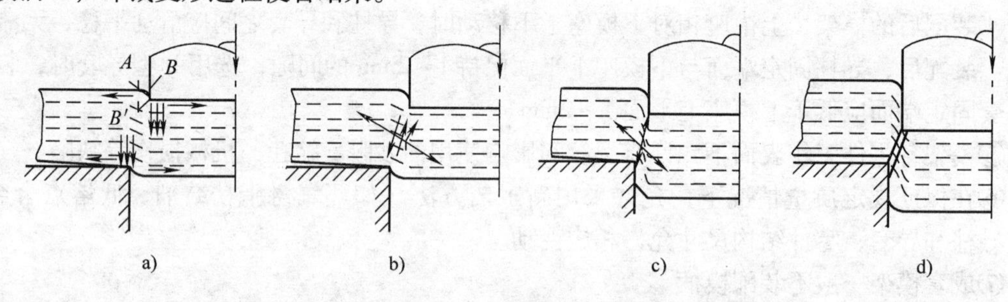

图 2-12　冲裁变形过程

a）弹性变形阶段　b）塑性变形阶段　c）、d）断裂分离阶段

2. 冲裁变形时的受力与应力分析

图 2-13 所示为无压紧装置冲裁时板料的受力情况。因凸模与凹模之间存在间隙 Z（单边为 $Z/2$），使凸、凹模作用于板料的力呈不均匀分布，主要集中于凸、凹模刃口处。其中，F_1、F_2 分别为凸、凹模对板料的垂直作用力；F_3、F_4 分别为凸、凹模对板料的侧压力；μF_1、μF_2 分别为凸、凹模端面与板料间的摩擦力；μF_3、μF_4 分别为凸、凹模侧面与板料间的摩擦力。作用力 F_1 与 F_2 不在一条直线上，形成力偶矩 M（$M \approx F_1 Z/2$），力偶矩 M 使板料在冲裁时产生弯曲。

由于冲裁时板料弯曲的影响，其变形区的应力状态是复杂的，且与变形过程有关。图2-14 所示为板料冲裁过程中塑性变形阶段变形区一些特征点的应力状态，可作如下推断：

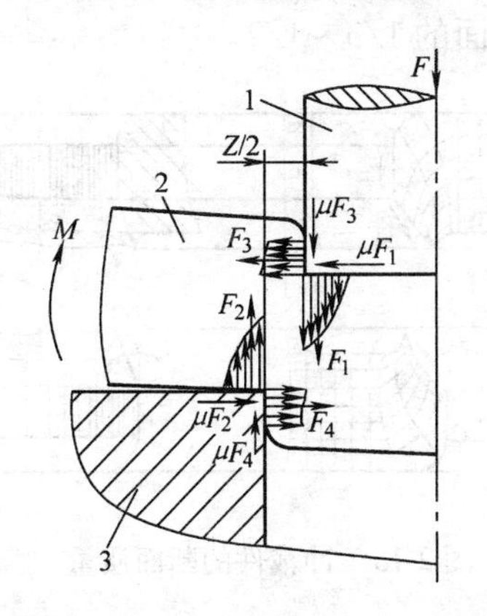

图 2-13　冲裁时板料的受力情况
1—凸模　2—板料　3—凹模

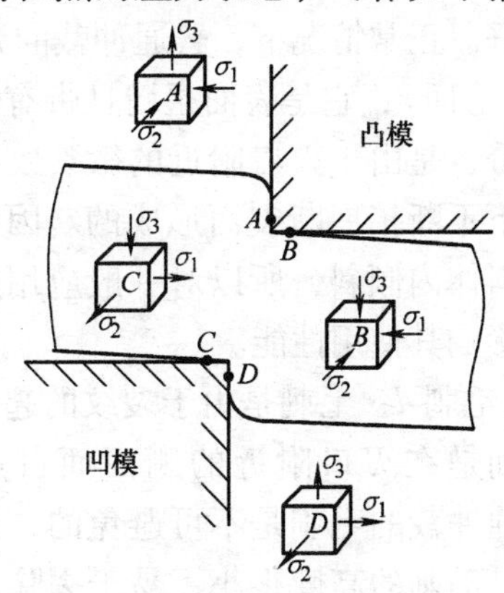

图 2-14　冲裁时塑性变形阶段变形区一些特征点的应力状态

A 点（凸模侧面）：径向受凸模侧压力作用，并处于弯曲的内侧，因此，径向应力 σ_1 为压应力；切向受凸模侧压力作用将引起拉应力，而板料的弯曲又引起压应力，因此，切向应力 σ_2 为合成应力，一般为压应力；轴向受凸模的拉拽和垂直方向摩擦力的作用，因此，轴向应力 σ_3 为拉应力。

B 点（凸模端面）：受凸模正压力作用，并处于板料弯曲内侧，因此，产生三向压应力，为强压应力区。

C 点（凹模端面）：受凹模正压力作用，并处于板料弯曲外侧，因此，径向应力 σ_1 和切向应力 σ_2 都为拉应力，轴向应力 σ_3 为压应力，但主要是受压应力作用。

D 点（凹模侧面）：凹模侧压力将引起径向压应力和切向拉应力，而板料的弯曲又引起径向拉应力和切向压应力，因此，径向应力 σ_1 和切向应力 σ_2 均为合成应力，一般都是拉应力；轴向受凹模侧壁垂直方向摩擦力作用，因此，轴向应力 σ_3 为拉应力。因而 *D* 点为强拉应力区。

从以上各点的应力状态可以看出，凸模与凹模端面（即 *B*、*C* 处）的压应力高于侧面（*A*、*D* 处）的，且凸模刃口附近的压应力又比凹模刃口附近的高，这就是冲裁时裂纹首先在凹模刃口附近的侧面（*D* 处）产生，继而才在凸模刃口附近的侧面（*A* 处）产生的原因。

3. 冲裁件的质量及其影响因素

冲裁件的质量是指冲裁件的断面状况、尺寸精度和形状误差。冲裁件的断面应尽可能垂直、光滑、毛刺小；尺寸精度应保证在图样规定的公差范围以内；冲裁件外形应符合图样要求，表面尽可能平直。

影响冲裁件质量的因素很多，主要有材料性能、凸、凹模间隙大小及均匀性、刃口锋利程度、模具结构及排样（冲裁件在板料或条料上的布置方法）、模具精度等。

（1）冲裁件的断面质量及其影响因素　由于冲裁变形的特点，冲裁件的断面明显地呈现出四个特征区，即塌角、光面、毛面和毛刺，如图 2-15 所示。

1）塌角 *a*：它是由于冲裁过程中刃口附近的材料被牵连拉入变形（弯曲和拉伸）的结果。

2）光面 b：它是紧挨塌角并与板平面垂直的光亮部分，是在塑性变形阶段凸模（或凹模）挤压切入材料后，材料受刃口侧面的剪切和挤压作用而形成的。光面越宽，说明断面质量越好。正常情况下，普通冲裁的光面宽度约占全断面的1/3～1/2。

3）毛面 c：它是表面粗糙且带有锥度的断面部分，是由于刃口附近的微裂纹在拉应力作用下不断扩展断裂而形成的。因毛面都是向材料体内倾斜，所以对一般应用的冲裁件并不影响其使用性能。

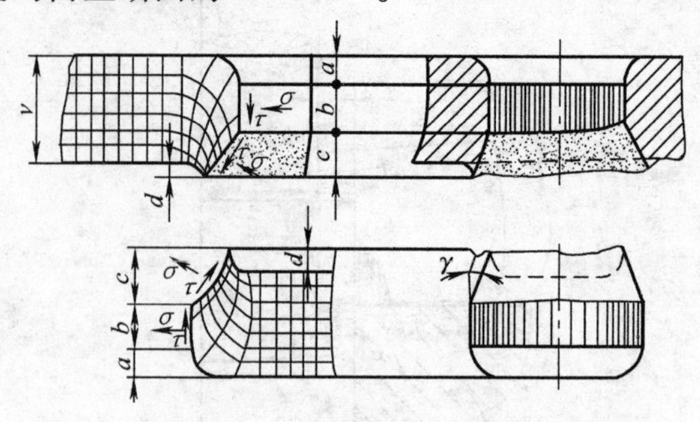

图2-15　冲裁件的断面质量

4）毛刺 d：毛刺是由于裂纹的起点不在刃口，而是在刃口附近的侧面而自然形成的。普通冲裁的毛刺是不可避免的，但间隙合适时，毛刺的高度很小，易于去除。毛刺影响冲裁件的外观、手感和使用性能，因此，冲裁件总是希望毛刺越小越好。

冲裁件的四个特征区域在整个断面上各占的比例不是一成不变的，其影响因素主要有以下几个方面：

1）材料力学性能的影响。塑性好的材料，冲裁时裂纹出现得较迟，材料被剪切挤压的深度较大，因而光面所占比例大，毛面较小，但塌角、毛刺也较大；而塑性差的材料，断裂倾向严重，裂纹出现得较早，使得光面所占比例小，毛面较大，但塌角和毛刺都较小。

2）冲裁间隙的影响。冲裁间隙是影响冲裁件断面质量的主要因素。间隙合适时，上、下刃口处产生的剪切裂纹基本重合，这时光面约占板厚的1/2～1/3，塌角、毛刺和毛面斜角均较小，断面质量较好，如图2-16a所示。

当间隙过小时，凸模刃口处的裂纹相对凹模刃口处的裂纹向外错开，上、下裂纹不重合，材料在上、下裂纹相距最近的地方将发生第二次剪裂，上裂纹表面压入凹模时受到凹模壁的压挤产生第二光面或断续的小光亮块，同时部分材料被挤出，在表面形成薄而高的毛刺，如图2-16b所示。这种断面两端呈光面，中部有带夹层（潜伏裂纹）的毛面，塌角小，冲裁件的翘曲小，毛刺虽比合理间隙时高一些，但易去除，如果中间夹层裂纹不是很深，仍可使用。

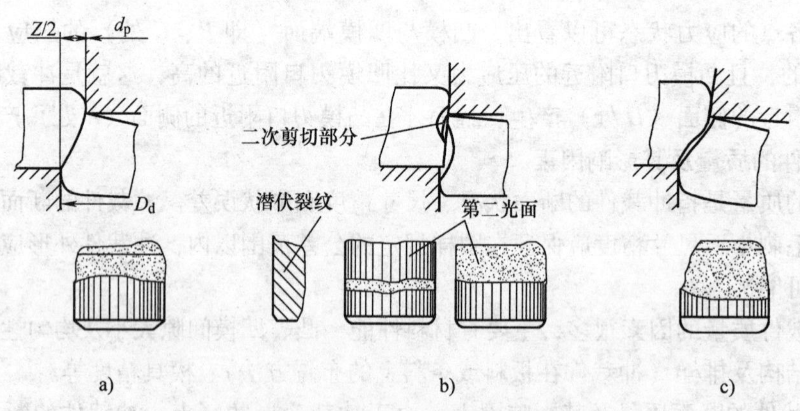

图2-16　间隙大小对冲裁件断面质量的影响

a）间隙合适　b）间隙过小　c）间隙过大

当间隙过大时，材料的弯曲与拉伸增大，拉应力增大，易产生剪裂纹，塑性变形阶段较早结束，致使断面光面减小，毛面增大，且塌角、毛刺也较大，冲裁件弯曲增大。同时，上、下裂纹也不重合，凸模刃口处的裂纹相对凹模刃口处的裂纹向内错开了一段距离，致使毛面斜角增大，断面质量不理想，如图 2-16c 所示。

另外，当模具因安装调整等原因使得间隙不均匀时，可能在凸、凹模之间存在着间隙合适、间隙过小和间隙过大几种情况，因而将在冲裁件断面上分布着上述各种情况的断面。

3）模具刃口状态的影响。模具刃口状态对冲裁件的断面质量也有较大影响。当凸、凹模刃口磨钝后，因挤压作用增大，所以，冲裁件的圆角和光面增大。同时，因产生的裂纹偏离刃口较远，故即使间隙合理也将在冲裁件上产生明显的毛刺，如图 2-17 所示。实践表明，当凹模刃口磨钝时，会在冲孔件的孔口下端产生明显毛刺（图 2-17a）；当凸模刃口磨钝时，会在落料件上端产生明显毛刺（图 2-17b）；当凸、凹模刃口均磨钝时，则会在落料件上端和孔口下端产生毛刺（图 2-17c）。因此，凸、凹模磨钝后，应及时修磨凸、凹模工作端面，使刃口保持锋利状态。

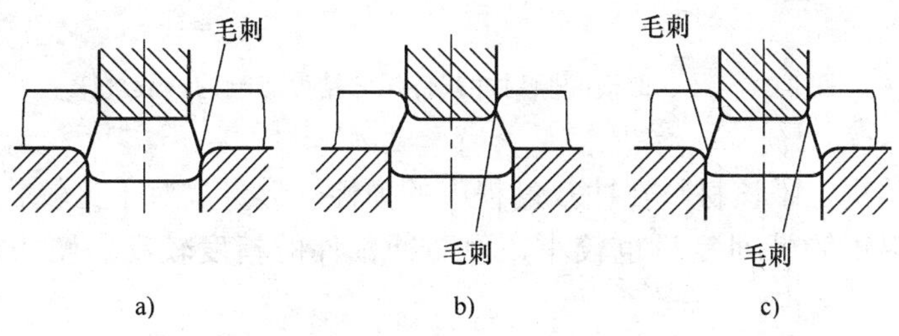

图 2-17　凸、凹模刃口磨钝后毛刺的形成
a）凹模磨钝　b）凸模磨钝　c）凸、凹模均磨钝

（2）冲裁件尺寸精度及其影响因素　冲裁件的尺寸精度是指冲裁件实际尺寸与基本尺寸的差值，差值越小，则精度越高。冲裁件尺寸的测量和使用，都是以光面的尺寸为基准。从整个冲裁过程来看，影响冲裁件尺寸精度的因素有两方面：一是冲裁模的结构与制造精度；二是冲裁结束后冲裁件相对于凸模或凹模尺寸的偏差。

1）冲裁模的结构与制造精度。冲裁模的制造精度（主要是凸、凹模制造精度）对冲裁件尺寸精度有直接的影响，冲裁模的制造精度越高，冲裁件的精度也高。冲裁件的精度与冲裁模制造精度的关系见表 2-5。

表 2-5　冲裁件的精度与冲裁模制造精度的关系

冲裁模制造精度	材料厚度 t/mm											
	0.5	0.8	1.0	1.5	2	3	4	5	6	8	10	12
IT6 ~ IT7	IT8	IT8	IT9	IT10	IT10	—	—	—	—	—	—	—
IT7 ~ IT8	—	IT9	IT10	IT10	IT12	IT12	IT12	—	—	—	—	—
IT9	—	—	—	IT12	IT12	IT12	IT12	IT12	IT14	IT14	IT14	IT14

此外，凸、凹模的磨损和在压力作用下所产生的弹性变形也影响冲裁件精度。

2）冲裁件相对于凸模或凹模尺寸的偏差。冲裁件产生偏离凸、凹模尺寸偏差的原因是由于冲裁时材料所受的挤压、拉深和翘曲变形，都要在冲裁结束后产生弹性回复，当冲裁件从凹模内推出（落料）或从凸模上卸下（冲孔）时，相对于凸、凹模尺寸就会产生偏差。影响这个偏差值的因素有间隙、材料性质、冲裁件形状与尺寸等。

凸、凹模间隙 Z 对冲裁件尺寸精度（δ 为冲裁件相对于凸、凹模尺寸的偏差）影响的一般规律如图 2-18 所示。从图中可以看出，当间隙较大时，材料所受拉伸作用增大，冲裁后因材料的弹性回复使落料件尺寸小于凹模刃口尺寸，冲孔件孔径大于凸模刃口尺寸；当间隙较小时，则由于材料受凸、凹模侧面挤压力增大，故冲裁后材料的弹性回复使落料件尺寸增大，冲孔件孔径尺寸减小；当间隙为某一恰当值（即曲线与横轴 z 的交点）时，冲裁件尺寸与凸、凹模尺寸完全一样，这时 $\delta=0$。

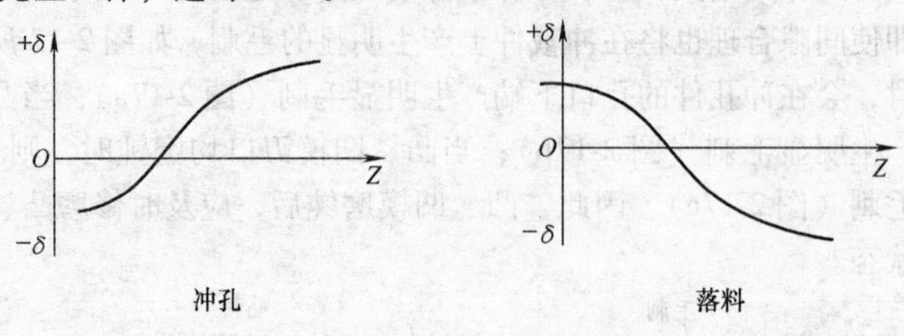

图 2-18　凸、凹模间隙对冲裁件尺寸精度影响的一般规律

材料性质直接决定了该材料在冲裁过程中的弹性变形量。对于比较软的材料，弹性变形量较小，冲裁后的弹性回复量也较小，因而冲裁件的精度较高。硬的材料则情况正好相反。

材料的相对厚度 t/D（t 为冲裁件材料厚度，D 为冲裁件外径）越大，弹性变形量越小，因而冲裁件的精度越高。

冲裁件形状越简单，尺寸越小，则精度越高。这是因为模具精度易于保证，间隙均匀，冲裁件翘曲小，以及冲裁件的弹性变形绝对量小的缘故。

（3）冲裁件形状误差及其影响因素　冲裁件的形状误差是指翘曲、扭曲、变形等缺陷，其影响因素很复杂。翘曲是由于间隙过大、力矩增大、变形区拉伸和弯曲成分增多造成的，另外材料的各向异性和卷料未校正也会产生翘曲。扭曲是由于材料不平、间隙不均匀、凹模后角对材料摩擦不均匀等造成的。变形是由于冲裁件上孔间距或孔到边缘的距离太小等原因造成的。

综上所述，用普通冲裁方法所得冲裁件的断面质量和尺寸精度都不太高。一般金属冲裁件所能达到的经济精度为 IT14 ~ IT11，高的也只能达到 IT10 ~ IT8。厚料比薄料更差。若要进一步提高冲裁件的质量，则要在普通冲裁的基础上增加整修工序或采用精密冲裁方法。

四、冲裁件的工艺性

冲裁件的工艺性是指冲裁件对冲裁工艺的适应性，即冲裁加工的难易程度。良好的冲裁工艺性，是指在满足冲裁件使用要求的前提下，能以最简单、最经济的冲裁方式加工出来。因此，在编制冲压工艺规程和设计模具之前，应从工艺角度分析冲裁件设计得是否合理，是否符合冲裁的工艺要求。

冲裁件的工艺性主要包括冲裁件的结构与尺寸、精度与断面粗糙度、材料等三个方面。

1. 冲裁件的结构与尺寸

1）冲裁件的形状应力求简单、规则，有利于材料的合理利用，以便节约材料，减少工序数目，提高模具寿命，降低冲裁件成本。

2）冲裁件的内、外转角处要尽量避免尖角，应以圆弧过渡，以便于模具加工，减少热处理开裂，减少冲裁时尖角处的崩刃和过快磨损。冲裁件的最小圆角半径可参照表2-6选取。

表2-6　冲裁件的最小圆角半径

冲裁件种类		最小圆角半径			
		黄铜、铝	合金钢	软钢①	备注
落料	交角≥90°	0.18t	0.35t	0.25t	≥0.25
	交角<90°	0.35t	0.70t	0.50t	≥0.50
冲孔	交角≥90°	0.20t	0.45t	0.30t	≥0.30
	交角<90°	0.40t	0.90t	0.60t	≥0.60

注：t为材料厚度。

① 软钢指w_C=0.08%~0.2%的钢，中硬钢指w_C=0.3%~0.4%的钢，硬钢指w_C=0.5%~0.6%的钢，后同。

3）尽量避免冲裁件上存在过于窄长的凸出悬臂和凹槽，它们会降低模具寿命和影响冲裁件质量。如图2-19所示，一般情况下，悬臂和凹槽的宽度B≥1.5t（t为料厚，当料厚t<1mm时，按t=1mm计算）；当冲裁件材料为黄铜、铝、软钢时，B≥1.2t；当冲裁件材料为高碳钢时，B≥2t。悬臂和凹槽的深度L≤5B。

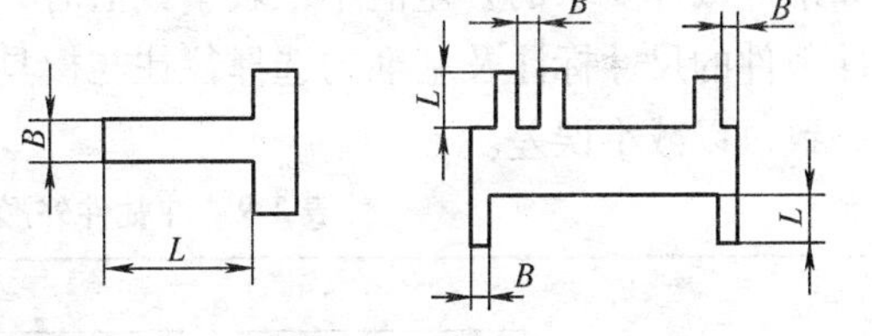

图2-19　冲裁件上的悬臂与凹槽

4）冲孔时，因受凸模强度的限制，孔的尺寸不应太小。冲孔的最小尺寸取决于材料性能、凸模强度和模具结构等。用无导向凸模和带护套凸模所能冲制的孔的最小尺寸可分别参考表2-7、表2-8。

表2-7　无导向凸模冲孔的最小尺寸

冲裁件材料	圆形孔（直径d）	方形孔（孔宽b）	矩形孔（孔宽b）	长圆形孔（孔宽b）
钢（τ_b>700MPa）	1.5t	1.35t	1.2t	1.1t
钢（τ_b=400~700MPa）	1.3t	1.2t	1.0t	0.9t
钢（τ_b=700MPa）	1.0t	0.9t	0.8t	0.7t
黄铜、纯铜	0.9t	0.8t	0.7t	0.6t
铝、锌	0.8t	0.7t	0.6t	0.5t

注：t为料厚。

表2-8　带护套凸模冲孔的最小尺寸

冲裁件材料	圆形孔（直径d）	矩形孔（孔宽b）
硬钢	0.5t	0.4t
软钢及黄铜	0.35t	0.3t
铝、锌	0.3t	0.28t

注：t为料厚。

5）冲裁件的孔与孔之间、孔与边缘之间的距离，受模具强度和冲裁件质量的制约，其值不应过小，一般要求 $c \geqslant (1 \sim 1.5)t$，$c' \geqslant (1.5 \sim 2)t$，如图 2-20a 所示。在弯曲件或拉深件上冲孔时，为避免冲孔时凸模受水平推力而折断，孔边与直壁之间应保持一定的距离，一般要求 $L \geqslant (R + 0.5t)$，如图 2-20b 所示。

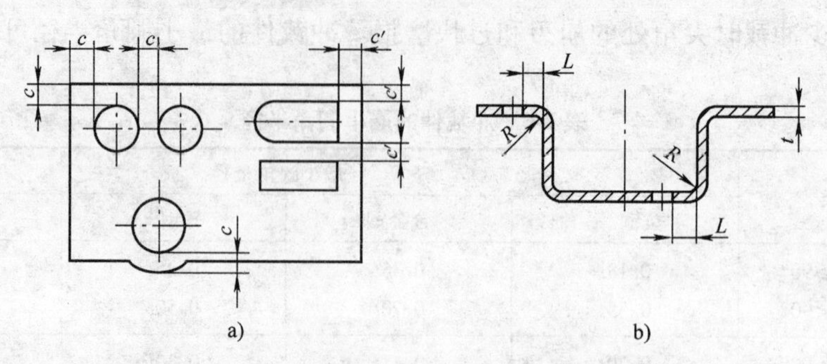

图 2-20　冲件上的孔距及孔边距

a）孔与孔之间、孔与边缘之间的距离　b）孔边与直壁之间的距离

2. 冲裁件的精度与断面粗糙度

1）冲裁件的经济公差等级不高于 IT11 级，一般落料件公差等级最好低于 IT10 级，冲孔件公差等级最好低于 IT9 级。冲裁件外形与内孔可达到的尺寸公差列于表 2-9、表 2-10。如果冲裁件要求的公差值小于表中数值时，则应在冲裁后进行整修或采用精密冲裁。此外，冲裁件的尺寸标注及基准的选择往往与模具设计密切相关，应尽可能使设计基准与工艺基准一致，以减小误差。

表 2-9　冲裁件外形与内孔可达到的尺寸公差　（单位：mm）

料厚 t	冲裁件尺寸							
	一般精度的冲裁件				软高精度的冲裁件			
	<10	10 ~ 50	50 ~ 150	150 ~ 300	<10	10 ~ 50	50 ~ 150	150 ~ 300
0.2 ~ 0.5	$\frac{0.08}{0.05}$	$\frac{0.10}{0.08}$	$\frac{0.14}{0.12}$	0.20	$\frac{0.025}{0.02}$	$\frac{0.03}{0.04}$	$\frac{0.05}{0.08}$	0.08
0.5 ~ 1	$\frac{0.12}{0.05}$	$\frac{0.16}{0.08}$	$\frac{0.22}{0.12}$	0.30	$\frac{0.03}{0.02}$	$\frac{0.04}{0.04}$	$\frac{0.06}{0.08}$	0.10
1 ~ 2	$\frac{0.18}{0.06}$	$\frac{0.22}{0.10}$	$\frac{0.30}{0.16}$	0.50	$\frac{0.04}{0.03}$	$\frac{0.06}{0.06}$	$\frac{0.08}{0.10}$	0.12
2 ~ 4	$\frac{0.24}{0.08}$	$\frac{0.28}{0.12}$	$\frac{0.40}{0.20}$	0.70	$\frac{0.06}{0.04}$	$\frac{0.08}{0.08}$	$\frac{0.10}{0.12}$	0.15
4 ~ 6	$\frac{0.30}{0.10}$	$\frac{0.35}{0.15}$	$\frac{0.50}{0.25}$	1.0	$\frac{0.10}{0.06}$	$\frac{0.12}{0.10}$	$\frac{0.15}{0.15}$	0.20

注：1. 分子为外形尺寸公差，分母为内孔尺寸公差。

2. 一般精度的冲裁件采用 IT8 ~ IT7 级精度的普通冲裁模；较高精度的冲裁件采用 IT7 ~ IT6 精度的高级冲裁模。

表 2-10　冲裁件孔中心距公差　（单位：mm）

料厚 t	普通冲裁模			高级冲裁模		
	孔距基本尺寸			孔距基本尺寸		
	<50	50~150	150~300	<50	50~150	150~300
<1	±0.10	±0.15	±0.20	±0.03	±0.05	±0.08
1~2	±0.12	±0.20	±0.30	±0.04	±0.06	±0.10
2~4	±0.15	±0.25	±0.35	±0.06	±0.08	±0.12
4~6	±0.20	±0.30	±0.40	±0.08	±0.10	±0.15

注：表中所列孔距公差适用于两孔同时冲出的情况。

2）冲裁件的断面粗糙度及毛刺高度与材料塑性，材料厚度，冲裁间隙，刃口锋利程度，冲模结构及凸、凹模工作部分表面粗糙度等因素有关。用普通冲裁方式冲裁厚度为2mm以下的金属板料时，其断面粗糙度 Ra 一般可达12.5~3.2μm。普通冲裁毛刺的允许高度见表2-11。

表 2-11　普通冲裁毛刺的允许高度　（单位：mm）

料厚 t	≤0.3	>0.3~0.5	>0.5~1.0	>1.0~1.5	>1.5~2.0
试模时	≤0.015	≤0.02	≤0.03	≤0.04	≤0.05
生产时	≤0.05	≤0.08	≤0.10	≤0.13	≤0.15

五、冲裁间隙

冲裁间隙 Z 是指凹模刃口尺寸 D_A 与凸模刃口尺寸 d_T 的差值，即

$$Z = D_A - d_T$$

如图2-21所示，Z 表示双面间隙，单面间隙用 $Z/2$ 表示，如无特殊说明，冲裁间隙就是指双面间隙。Z 值可为正，也可为负，但在普通冲裁中，均为正值。

1. 冲裁间隙对冲裁工艺的影响

冲裁间隙对冲裁件质量、冲裁力和模具寿命均有很大影响，是冲裁工艺与冲裁模设计中的一个非常重要的工艺参数。

（1）冲裁间隙对冲裁件质量的影响　冲裁间隙是影响冲裁件质量的主要因素之一。

（2）冲裁间隙对冲裁力的影响　随着冲裁间隙的增大，材料所受的拉应力增大，材料容易断裂分离，因此冲裁力减小。通常冲裁力的降低并不显著，当单边间隙在材料厚度的5%~20%时，冲裁力的降低不超过10%。冲裁间隙对卸料力、推件力的影响比较显著。间隙增大后，从凸模上卸料和从凹模里推出工件都省力。当单边间隙达到材料厚度的15%~25%时，卸料力几乎为零。但间隙继续增大，因为毛刺增大，又将引起卸料力、顶件力迅速增大。

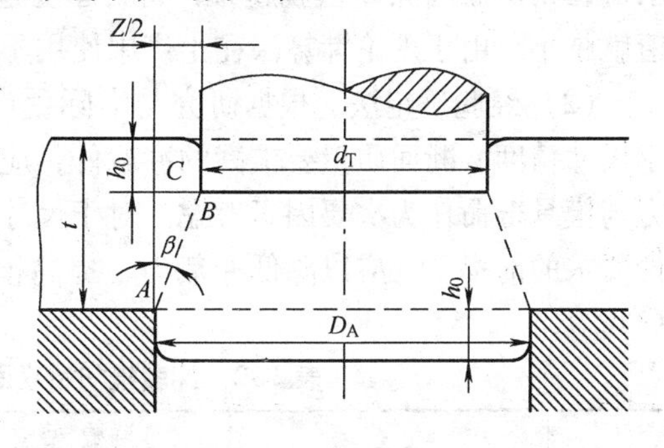

图 2-21　合理冲裁间隙的确定

（3）冲裁间隙对模具寿命的影响　模具寿命受各种因素的综合影响，冲裁间隙是影响

模具寿命诸因素中最主要的因素之一。冲裁过程中，凸模与被冲孔之间、凹模与落料件之间均有摩擦，而且间隙越小，模具作用的压应力越大，摩擦也越严重。所以，过小的冲裁间隙对模具寿命极为不利。而较大的冲裁间隙可使凸模侧面及材料间的摩擦减小，并减缓由于受到制造和装配精度的限制而出现间隙不均匀的不利影响，从而提高模具寿命。

2. 冲裁间隙值的确定

由以上分析可见，冲裁间隙对冲裁件质量、冲裁力、模具寿命等都有很大的影响，但很难找到一个固定的间隙值能同时满足冲裁件质量最佳、冲模寿命最长、冲裁力最小等各方面的要求。因此，在实际的冲压生产中，主要是根据冲裁件断面质量、尺寸精度和模具寿命这三个因素综合考虑，给冲裁间隙规定一个范围值。只要冲裁间隙在这个范围内，就能得到质量合格的冲裁件和较长的模具寿命。这个间隙范围就称为合理间隙，这个范围的最小值称为最小合理间隙（Z_{min}），最大值称为最大合理间隙（Z_{max}）。考虑到在生产过程中的模具磨损使间隙变大，故在设计与制造新模具时应采用最小合理间隙（Z_{min}）。确定合理间隙值有理论确定法和经验确定法两种。

（1）理论确定法　理论确定法主要是根据凸、凹模刃口产生的裂纹相互重合的原则进行计算。图 2-21 所示为冲裁过程中开始产生裂纹的瞬时状态，根据图中几何关系可求得合理间隙 Z 为

$$Z = 2(t - h_0)\tan\beta = 2t(1 - h_0/t)\tan\beta$$

式中　t——材料厚度；

h_0——产生裂纹时凸模压入材料的深度；

h_0/t——产生裂纹时凸模压入材料的相对深度；

β——裂纹与垂线方向的夹角。

由上式可以看出，合理间隙 Z 与材料厚度 t、凸模压入材料的相对深度 h_0/t、裂纹角 β 有关，而 h_0/t 与材料塑性相关，β 与冲裁件断面质量相关。因此，影响冲裁间隙值的主要因素是冲裁件材料性质、材料厚度和冲裁件断面质量。材料厚度越大、塑性越低、断面质量要求低，则所需间隙 Z 值就越大；材料厚度越薄、塑性越好、断面质量要求高，则所需间隙 Z 值就越小。由于理论计算法在生产中使用不方便，故目前广泛采用的是经验确定法。

（2）经验确定法　根据研究与实际生产经验，冲裁间隙值可按要求分类查表确定。对于尺寸精度、断面质量要求高的冲裁件，应选用较小的冲裁间隙值（见表 2-12），这时冲裁力与模具寿命作为次要因素考虑。对于尺寸精度和断面质量要求不高的冲裁件，在满足冲裁件要求的前提下，应以降低冲裁力、提高模具寿命为主，选用较大的双面间隙值（见表 2-13）。

表 2-12　冲裁模初始双面间隙值 Z（电器、仪表行业）　　（单位：mm）

材料厚度 t	软铝		纯铜、黄铜、软钢（w_C = 0.08% ~ 0.2%）		硬铝、中等硬钢（w_C = 0.3% ~ 0.4%）		硬钢（w_C = 0.5% ~ 0.6%）	
	Z_{min}	Z_{max}	Z_{min}	Z_{max}	Z_{min}	Z_{max}	Z_{min}	Z_{max}
0.2	0.008	0.012	0.010	0.014	0.012	0.016	0.014	0.018
0.3	0.012	0.018	0.015	0.021	0.018	0.024	0.021	0.027
0.4	0.016	0.024	0.020	0.028	0.024	0.032	0.028	0.036
0.5	0.020	0.030	0.025	0.035	0.030	0.040	0.035	0.045

（续）

材料厚度 t	软铝		纯铜、黄铜、软钢（w_C=0.08%～0.2%）		硬铝、中等硬钢（w_C=0.3%～0.4%）		硬钢（w_C=0.5%～0.6%）	
	Z_{min}	Z_{max}	Z_{min}	Z_{max}	Z_{min}	Z_{max}	Z_{min}	Z_{max}
0.6	0.024	0.036	0.030	0.042	0.036	0.048	0.042	0.054
0.7	0.028	0.042	0.035	0.049	0.042	0.056	0.049	0.063
0.8	0.032	0.048	0.040	0.056	0.048	0.064	0.056	0.072
0.9	0.036	0.054	0.045	0.063	0.054	0.072	0.063	0.081
1.0	0.040	0.060	0.050	0.070	0.060	0.080	0.070	0.090
1.2	0.050	0.084	0.072	0.096	0.084	0.108	0.096	0.120
1.5	0.075	0.105	0.090	0.120	0.105	0.135	0.120	0.150
1.8	0.090	0.126	0.108	0.144	0.126	0.162	0.144	0.180
2.0	0.100	0.140	0.120	0.160	0.140	0.180	0.160	0.200
2.2	0.132	0.176	0.154	0.198	0.176	0.220	0.198	0.242
2.5	0.150	0.200	0.175	0.225	0.200	0.250	0.225	0.275
2.8	0.168	0.225	0.196	0.252	0.224	0.280	0.252	0.308
3.0	0.180	0.240	0.210	0.270	0.240	0.300	0.270	0.330
3.5	0.245	0.315	0.280	0.350	0.315	0.385	0.350	0.420
4.0	0.280	0.360	0.320	0.400	0.360	0.440	0.400	0.480
4.5	0.315	0.405	0.360	0.450	0.405	0.490	0.450	0.540
5.0	0.350	0.450	0.400	0.500	0.450	0.550	0.500	0.600
6.0	0.480	0.600	0.540	0.660	0.600	0.720	0.660	0.780
7.0	0.560	0.700	0.630	0.770	0.700	0.840	0.770	0.910
8.0	0.720	0.880	0.800	0.960	0.880	1.040	0.960	1.120
9.0	0.870	0.990	0.900	1.080	0.990	1.170	1.080	1.260
10.0	0.900	1.100	1.000	1.200	1.100	1.300	1.200	1.400

注：1. 初始间隙的最小值相当于间隙的公称数值。
2. 初始间隙的最大值是考虑到凸模和凹模的制造公差所增加的数值。
3. 表中所列最小值、最大值是指制造模具时初始间隙的变动范围，并非磨损极限。
4. 在使用过程中，由于模具工作部分的磨损，间隙将有所增加，因而间隙的使用最大数值会超过表列数值。
5. w_C 为碳的质量分数，表示钢中的含碳量。

表 2-13　冲裁模初始双面间隙值 Z（汽车、拖拉机行业）　（单位：mm）

材料厚度 t	08、10、35 钢、Q235A		Q345		40、50 钢		65Mn	
	Z_{min}	Z_{max}	Z_{min}	Z_{max}	Z_{min}	Z_{max}	Z_{min}	Z_{max}
小于0.5	极小间隙							
0.5	0.040	0.060	0.040	0.060	0.040	0.060	0.040	0.060
0.6	0.048	0.720	0.048	0.072	0.048	0.072	0.048	0.072
0.7	0.064	0.092	0.064	0.092	0.064	0.092	0.064	0.092
0.8	0.072	0.104	0.072	0.104	0.072	0.104	0.064	0.092
0.9	0.090	0.126	0.090	0.126	0.090	0.126	0.090	0.126
1.0	0.100	0.140	0.100	0.140	0.100	0.140	0.090	0.126

（续）

材料厚度	08、10、35 钢、Q235A		Q345		40、50 钢		65Mn	
t	Z_{min}	Z_{max}	Z_{min}	Z_{max}	Z_{min}	Z_{max}	Z_{min}	Z_{max}
小于 0.5	极小间隙							
1.2	0.126	0.180	0.132	0.180	0.132	0.180		
1.5	0.132	0.240	0.170	0.240	0.170	0.240		
1.75	0.220	0.320	0.220	0.320	0.220	0.320		
2.0	0.246	0.360	0.260	0.380	0.260	0.380		
2.1	0.260	0.380	0.280	0.400	0.280	0.400		
2.5	0.360	0.500	0.380	0.540	0.380	0.540		
2.75	0.400	0.560	0.420	0.600	0.420	0.600		
3.0	0.460	0.640	0.480	0.660	0.480	0.660		
3.5	0.540	0.740	0.580	0.780	0.580	0.780		
4.0	0.640	0.880	0.680	0.920	0.680	0.920		
4.5	0.720	1.000	0.680	0.960	0.780	1.040		
5.5	0.940	1.280	0.780	1.100	0.980	1.320		
6.0	1.080	1.440	0.840	1.200	1.140	1.500		
6.5			0.940	1.300				
8.0			1.200	1.680				

注：冲裁皮革、石棉和纸板时，间隙取 08 钢的 25%。

也可按下列经验公式选用：

软材料　$t<1$mm 时，$Z=(6\%\sim8\%)t$

$t=1\sim3$mm 时，$Z=(10\%\sim16\%)t$

$t=3\sim5$mm 时，$Z=(16\%\sim20\%)t$

硬材料　$t<1$mm 时，$Z=(8\%\sim10\%)t$

$t=1\sim3$mm 时，$Z=(12\%\sim16\%)t$

$t=3\sim8$mm 时，$Z=(16\%\sim26\%)t$

由以上分析可以得知，合理的冲裁间隙值有一个相当大的变动范围，为（5%～25%）t。取较小的间隙值有利于提高冲裁件的质量，取较大的间隙值有利于提高模具的寿命。因此，在满足冲裁件质量要求的前提下，应采用较大的间隙值。

六、凸模和凹模刃口尺寸的计算

凸模和凹模的刃口尺寸和公差，直接影响冲裁件的尺寸大小。模具的合理间隙值也靠凸、凹模刃口尺寸及其公差来保证。因此，正确确定凸、凹模刃口尺寸和公差是冲裁模设计中的一项重要工作。

1. 刃口尺寸计算的基本原则

1）设计冲裁模应先确定基准模刃口尺寸。落料件以凹模为基准模，间隙取在凸模上，即冲裁间隙通过减小凸模刃口尺寸来取得；冲孔件以凸模为基准模，间隙取在凹模上，即冲裁间隙通过增大凹模刃口尺寸来取得。

2）考虑冲模在使用过程中刃口尺寸的磨损规律。冲裁过程中，凸、凹模要与冲裁件或废料发生摩擦，使凸模和凹模刃口尺寸越磨越大，引起冲裁件对应的尺寸发生变化。如果基准模的刃口尺寸磨损后，引起工件对应的尺寸变大，则基准模刃口基本尺寸应取接近或等于工件的最小极限尺寸；如果基准模的刃口尺寸磨损后，引起工件对应的尺寸变小，则基准模刃口基本尺寸应取接近或等于工件孔的最大极限尺寸。这样，凸模、凹模在磨损到一定程度时，仍能冲裁出合格的工件。模具磨损预留量与工件制造精度有关，用 $X\Delta$ 表示，其中 Δ 为工件的公差值，X 为磨损系数，其值在 0.5 ~ 1 之间，可查表 2-14，也可根据工件制造精度进行选取：工件精度 IT10 级以上，$X=1$；工件精度 IT11 ~ IT13 级，$X=0.75$；工件精度 IT14，$X=0.5$。

表 2-14　磨损系数 X

材料厚度 t/mm	非圆形			圆形	
	1	0.75	0.5	0.75	0.5
	工件公差 Δ/mm				
~1	<0.16	0.17 ~ 0.35	≥0.36	<0.16	≥0.16
1 ~ 2	<0.20	0.21 ~ 0.41	≥0.42	<0.20	≥0.20
2 ~ 4	<0.24	0.25 ~ 0.49	≥0.50	<0.24	≥0.24
>4	<0.30	0.31 ~ 0.59	≥0.60	<0.30	≥0.30

3）不管是落料还是冲孔，冲裁间隙一般选用最小合理间隙值（Z_{min}）。

4）选择模具刃口制造公差时，要考虑工件精度与模具精度的关系，即要保证工件的精度要求，又要保证有合理的间隙值。一般冲模精度较工件精度高 2 ~ 4 级。对于形状简单的圆形、方形刃口，其制造偏差值可按 IT6 ~ IT7 级来选取，也可查表 2-15 选取；形状复杂的刃口制造偏差，可按工件相应部位公差值的 1/4 来选取；刃口尺寸磨损后无变化的制造偏差值，可取工件相应部位公差值的 1/8 并冠以“±”。

表 2-15　规则形状（圆形、方形）冲裁时凸模、凹模的制造偏差　（单位：mm）

公称尺寸	凸模偏差	凹模偏差	公称尺寸	凸模偏差	凹模偏差
≤18	0.020	0.020	>180 ~ 260	0.030	0.040
>18 ~ 30	0.020	0.025	>260 ~ 360	0.035	0.050
>30 ~ 80	0.020	0.030	>360 ~ 500	0.040	0.060
>80 ~ 120	0.025	0.035	>500	0.050	0.070
>120 ~ 180	0.030	0.040			

5）工件尺寸公差与冲模刃口尺寸的制造偏差原则上都应按“入体”原则标注为单向公差，所谓“入体”原则是指标注工件尺寸公差时应向材料实体方向单向标注。但对于刃口尺寸磨损后对应工件尺寸无变化的尺寸，一般标注双向偏差。

2. 凸模、凹模刃口尺寸的计算方法

由于模具加工方法不同，凸模与凹模刃口部分尺寸的计算公式与制造公差的标注也不同，刃口尺寸的计算方法可分为两类。

（1）凸模与凹模分开加工　分开加工是指凸模和凹模分别按图样要求加工至尺寸。这种方法主要适用于圆形或形状简单规则的工件，因为冲裁此类工件的凸、凹模制造相对简单，精度容易保证。设计时，需在图样上分别标注凸模和凹模刃口尺寸及制造公差。冲模刃口尺寸及公差与工件尺寸及公差的分布如图 2-22 所示，从图中可以看出，基准模的刃口尺寸必须位于工件尺寸范围之内。为了保证初始间隙值小于最大合理间隙 Z_{max}，分开加工必须满足下列条件

$$|\delta_A| + |\delta_T| \leqslant Z_{max} - Z_{min}$$

或取

$$\delta_T = 0.4(Z_{max} - Z_{min})$$

$$\delta_A = 0.6(Z_{max} - Z_{min})$$

即新制造的模具应该是 $|\delta_A| + |\delta_T| + Z_{min} \leqslant Z_{max}$，否则制造的模具间隙会超过允许变动范围 $Z_{min} \sim Z_{max}$。

下面对单一尺寸落料和冲孔两种情况分别进行讨论。

1）落料。设工件的尺寸为 $D_{-\Delta}^{\ 0}$，根据计算原则，落料时以凹模为设计基准。首先确定凹模尺寸，使凹模的基本尺寸接近或等于工件轮廓的最小极限尺寸（凹模刃口尺寸磨损后工件尺寸变大）；将凹模基本尺寸减去一个最小合理间隙值，即得到凸模基本尺寸，即

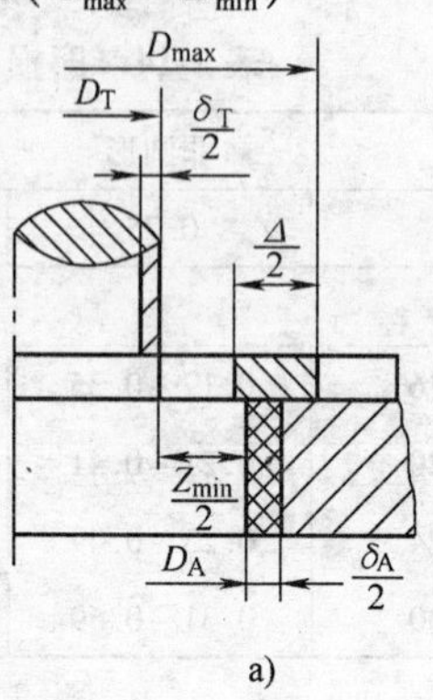

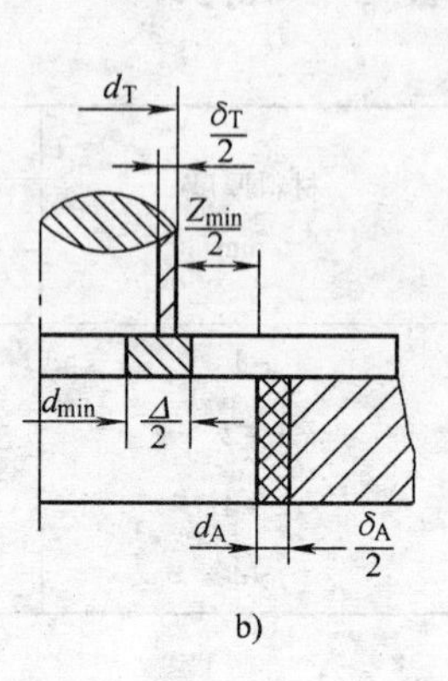

a)　　b)

图 2-22　冲模刃口尺寸及公差与工件尺寸及公差的分布

a）落料　b）冲孔

$$D_A = (D_{max} - X\Delta)_{\ 0}^{+\delta_A}$$

$$D_T = (D_A - Z_{min})_{-\delta_T}^{\ 0} = (D_{max} - X\Delta - Z_{min})_{-\delta_T}^{\ 0}$$

2）冲孔。设冲孔尺寸为 $d_{\ 0}^{+\Delta}$，根据计算原则，冲孔时以凸模为设计基准。首先确定凸模尺寸，使凸模的基本尺寸接近或等于工件孔的最大极限尺寸（凸模刃口尺寸磨损后工件尺寸变小）；将冲孔件孔的最小极限尺寸增加一个最小合理间隙值，即得到凸模基本尺寸。

$$d_T = (d_{min} + X\Delta)_{-\delta_T}^{\ 0}$$

$$d_A = (d_T + Z_{min})_{\ 0}^{+\delta_A} = (d_{min} + X\Delta + Z_{min})_{\ 0}^{+\delta_A}$$

3）孔中心距。孔中心距属于磨损后基本不变的尺寸。在同一工步中，在工件上冲出孔距为（$L \pm \Delta$）的孔时，其凹模孔中心距基本尺寸可按下式确定，即

$$L_d = L \pm \frac{1}{8}\Delta$$

式中　D_A——落料凹模基本尺寸（mm）；

D_T——落料凸模基本尺寸（mm）；

D_{max}——落料件最大极限尺寸（mm）；

d_T——冲孔凸模基本尺寸（mm）；

d_A——冲孔凹模基本尺寸（mm）；

d_{min}——冲孔件孔的最小极限尺寸（mm）；

L_d——凹模孔中心距基本尺寸（mm）；

L——工件孔中心距尺寸（mm）；

Δ——冲裁件公差（mm）；

Z_{min}——凸、凹模最小初始双面间隙（mm）；

δ_T——凸模下极限偏差（mm），可按 IT6 选用；

δ_A——凹模上极限偏差（mm），可按 IT7 选用；

X——磨损系数。

【例 2-1】 工件如图 2-23 所示，材料为 Q235，料厚 $t=0.5$mm。试求凸、凹模刃口尺寸及公差。

【解】 由图示可知，该工件属于无特殊要求的一般冲孔、落料件。$36_{-0.62}^{0}$ mm 由落料获得，$2\times\phi6_{0}^{+0.12}$ mm 及（18 ± 0.09）mm 由冲孔同时获得。查表 2-13，$Z_{min}=0.040$mm，$Z_{max}=0.060$mm，则

$$Z_{max}-Z_{min}=0.060\text{mm}-0.040\text{mm}=0.02\text{mm}$$

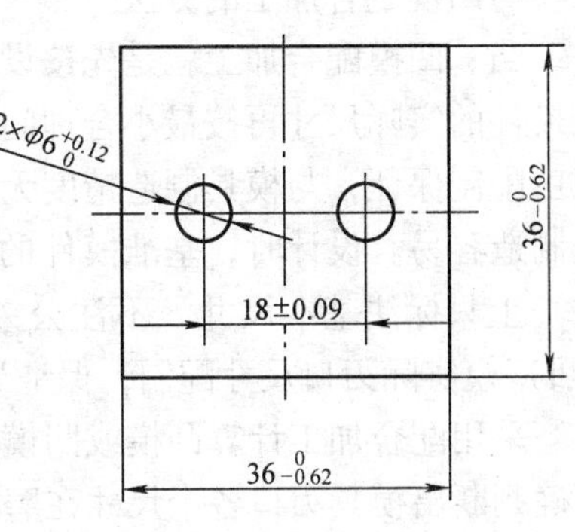

图 2-23　工件图

由公差表查得

$2\times\phi6_{0}^{+0.12}$mm 为 IT12 级，取 $X=0.75$

$36_{-0.62}^{0}$mm 为 IT14 级，取 $X=0.5$

设凸、凹模分别按 IT6 级和 IT7 级加工制造。

对冲孔

$$\begin{aligned}d_T&=(d_{min}+X\Delta)_{-\delta_T}^{0}\\&=(6+0.75\times0.12)_{-0.008}^{0}\text{mm}\\&=6.09_{-0.008}^{0}\text{mm}\\d_A&=(d_T+Z_{min})_{0}^{+\delta_A}\\&=(6.09+0.04)_{0}^{+0.012}\text{mm}\\&=6.13_{0}^{+0.013}\text{mm}\end{aligned}$$

校核

$$|\delta_A|+|\delta_T|\leqslant Z_{max}-Z_{min}$$

$$0.008\text{mm}+0.012\text{mm}\leqslant0.060\text{mm}-0.040\text{mm}$$

$$0.020\text{mm}=0.020\text{mm}(\text{满足间隙公差条件})$$

孔中心距

$$\begin{aligned}L_d&=L\pm\frac{1}{8}\Delta\\&=(18\pm0.125\times0.18)\text{mm}\\&=(18\pm0.023)\text{mm}\end{aligned}$$

对落料

$$\begin{aligned}D_A&=(D_{max}-X\Delta)_{0}^{+\delta_A}\\&=(36-0.5\times0.62)_{0}^{+0.025}\text{mm}\\&=35.69_{0}^{+0.025}\text{mm}\\D_T&=(D_A-Z_{min})_{-\delta_T}^{0}\\&=(35.69-0.04)_{-0.016}^{0}\text{mm}\\&=35.65_{-0.016}^{0}\text{mm}\end{aligned}$$

校核

$$0.016\text{mm}+0.025\text{mm}=0.040\text{mm}>0.020\text{mm}$$

由此可知，只有缩小 δ_T、δ_A，提高制造精度，才能保证间隙在合理范围内，此时可取

$$\delta_T = 0.4 \times 0.02\text{mm} = 0.008\text{mm}$$

$$\delta_A = 0.6 \times 0.02\text{mm} = 0.012\text{mm}$$

故　$D_A = 35.69^{+0.012}_{0}\text{mm}$、$D_T = 35.65^{0}_{-0.008}\text{mm}$。

（2）凸模与凹模配合加工　采用凸、凹模分开加工的方法时，为了保证凸、凹模间有一定的间隙值，必须严格限制模具制造公差，往往造成制造困难。对于冲制薄材料件（Z_{max} 与 Z_{min} 的差值很小）的冲裁模、冲制复杂形状工件的冲裁模或单件生产的冲裁模，常常采用凸模与凹模配合加工的方法。

凸、凹模配合加工就是先按设计尺寸制造出一个基准模件（凸模或凹模），然后根据基准模件的实际尺寸再按最小合理间隙配制另一非基准模件。这种加工方法的特点是模具的间隙由配制保证，与模具制造精度无关，这样可放大基准模件的制造公差，一般可取 $\delta = \Delta/4$，使制造容易。设计时，基准模件的刃口尺寸及制造公差应详细标注，而配作件（非基准模件）上只标注基本尺寸，不注公差，但在图样技术要求上注明："凸（凹）模刃口按凹（凸）模实际刃口尺寸配制，保证最小双面合理间隙值 Z_{min}"。

采用配合加工计算凸模或凹模刃口尺寸，首先应根据凸模或凹模磨损后轮廓变化情况，正确判断出模具刃口各个尺寸在磨损过程中是变大、变小还是不变这三种情况，然后分别按不同的公式计算。

第一类尺寸 A，即凸模或凹模磨损后会增大的尺寸，相当于简单形状的落料凹模尺寸，所以它的基本尺寸及制造公差的确定方法与式 $D_A = (D_{max} - X\Delta)^{+\delta_A}_{0}$ 相同，即

$$A_j = (A_{max} - X\Delta)^{+\frac{1}{4}\Delta}_{0}$$

第二类尺寸 B，即凸模或凹模磨损后会减小的尺寸，相当于简单形状的冲孔凸模尺寸，所以它的基本尺寸及制造公差的确定方法与式 $d_T = (d_{min} + X\Delta)^{0}_{-\delta_T}$ 相同，即

$$B_j = (B_{min} + X\Delta)^{0}_{-\frac{1}{4}\Delta}$$

第三类尺寸 C，即凸模或凹模磨损后基本不变的尺寸，不必考虑磨损的影响，相当于简单形状的孔中心距尺寸，所以它的基本尺寸及制造公差的确定方法与式 $L_d = L \pm \dfrac{1}{8}\Delta$ 相同，即

$$C_j = (C_{min} + \Delta/2) \pm \Delta/8$$

式中　A_j、B_j、C_j——基准模件尺寸；

A_{max}、B_{min}、C_{min}——工件极限尺寸；

Δ——工件公差。

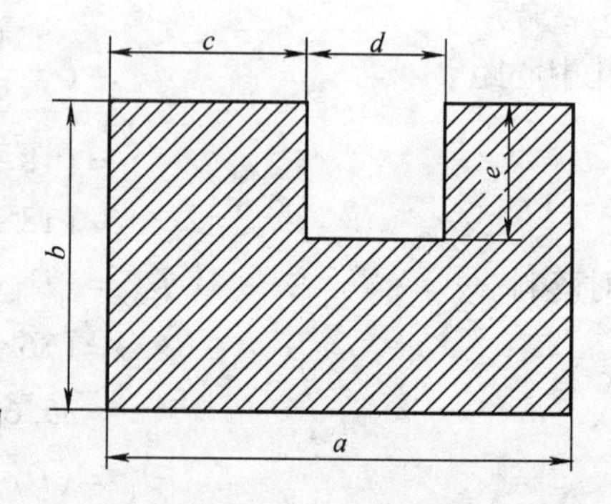

图 2-24　复杂形状冲裁件的尺寸分类

【例 2-2】　计算如图 2-24 所示（当 $a = 80^{0}_{-0.42}\text{mm}$，$b = 40^{0}_{-0.34}\text{mm}$，$c = 35^{0}_{-0.34}\text{mm}$，$d = (22 \pm 0.14)\text{mm}$，$e = 15^{0}_{-0.12}\text{mm}$，厚度 $t = 1\text{mm}$，材料为 10 号钢）冲裁件的凸、凹模刃口尺寸及制造公差。

【解】　该冲裁件属落料件，选凹模为设计基准件，只需计算落料凹模刃口尺寸及制造公差，凸模刃口尺寸由凹模的实际尺寸按间隙要求配作。其中 a、b、c 对于凹模来说是第一类尺寸；d 对于凹模来说属于第二类尺寸；e 对凹模来说

属于第三类尺寸。

由表2-13查得，$Z_{min}=0.10mm$，$Z_{max}=0.14mm$。由表2-14查得，尺寸为80mm，选$X=0.5$；尺寸为15mm，选$X=1$；其余尺寸均选$X=0.75$。落料凹模的基本尺寸计算如下：

$$a_{凹}=(80-0.5\times0.42)^{+0.25\times0.42}_{0}mm\dot{=}79.79^{+0.105}_{0}mm$$

$$b_{凹}=(40-0.75\times0.34)^{+0.25\times0.34}_{0}mm=39.75^{+0.085}_{0}mm$$

$$c_{凹}=(35-0.75\times0.34)^{+0.25\times0.34}_{0}mm=34.75^{+0.085}_{0}mm$$

$$d_{凹}=(22-0.14+0.75\times0.28)^{0}_{-0.25\times0.28}mm=22.07^{0}_{-0.070}mm$$

$$e_{凹}=(15-0.12+0.5\times0.12)\pm1/8\times0.12mm=(14.94\pm0.015)mm$$

落料凸模的基本尺寸与凹模相同，分别是79.79mm、39.75mm、34.75mm、22.07mm、14.94mm，不必标注公差，但要在技术条件中注明：凸模刃口尺寸按落料凹模实际刃口尺寸配制，保证间隙在0.1～0.14mm之间。落料凹、凸模尺寸如图2-25所示。

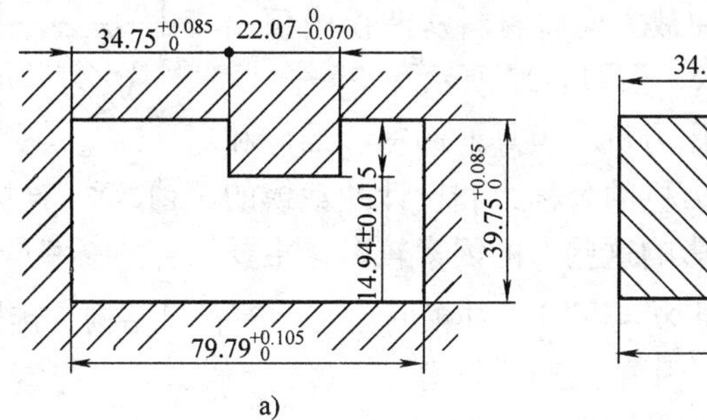

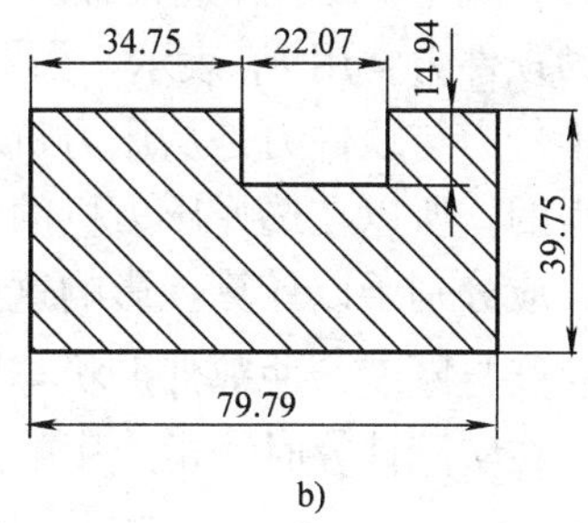

图2-25　落料凹、凸模尺寸

a）落料凹模尺寸　b）落料凸模尺寸

七、冲压力和压力中心的计算

1. 冲压力的计算

在冲裁过程中，冲压力是指冲裁力、卸料力、推件力和顶件力的总称。冲压力是选择压力机、设计冲裁模和校核模具强度的重要依据。

（1）冲裁力　冲裁力是冲裁时凸模冲穿板料所需的压力。在冲裁过程中，冲裁力是随凸模进入板料的深度（凸模行程）而变化的。如图2-26所示为冲裁Q235钢时的冲裁力变化曲线。图中*OA*段是冲裁的弹性变形阶段，*AB*段是塑性变形阶段；*B*点为冲裁力的最大值，在此点材料开始被剪裂；*BC*段为断裂分离阶段，*CD*段是凸模克服与材料间的摩擦和将材料从凹模内推出所需的压力。通常，冲裁力是指冲裁过程中的最大值（即图中*B*点的冲裁力）。

影响冲裁力的主要因素有材料的力学性能、厚度、冲裁件轮廓周长及冲裁间隙、刃口锋利程度与表面粗糙度等。综合考虑上述影响因素，平刃口模具的冲裁力可按下式计算，即

$$F=KLt\tau_b$$

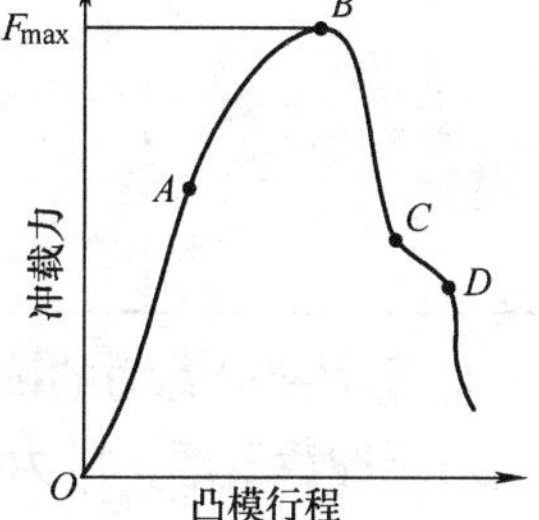

图2-26　冲裁力变化曲线

式中　F——冲裁力（N）；

L——冲裁件周边长度（mm）；

t——材料厚度（mm）；

τ_b——材料抗剪强度（MPa）；

K——考虑模具间隙的不均匀、刃口的磨损、材料力学性能与厚度的波动等因素引入的修正系数，一般取 $K=1.3$。

对于同一种材料，其抗拉强度与抗剪强度的关系为 $\sigma_b \approx 1.3\tau_b$，故冲裁力也可按下式计算，即

$$F = Lt\sigma_b$$

（2）卸料力、推件力与顶件力的计算　当冲裁结束时，由于材料的弹性回复及摩擦的存在，从板料上冲裁下的部分会梗塞在凹模内，而冲裁剩下的材料则紧箍在凸模上。为使冲裁工作继续进行，必须将箍在凸模上的材料卸下，将卡在凹模内的材料卸下或推出。从凸模上卸下箍着的材料所需要的力称为卸料力，用 F_X 表示；将卡在凹模内的材料顺冲裁方向推出所需要的力称为推件力，用 F_T 表示；逆冲裁方向将材料从凹模内顶出所需要的力称为顶件力，用 F_D 表示，如图 2-27 所示。

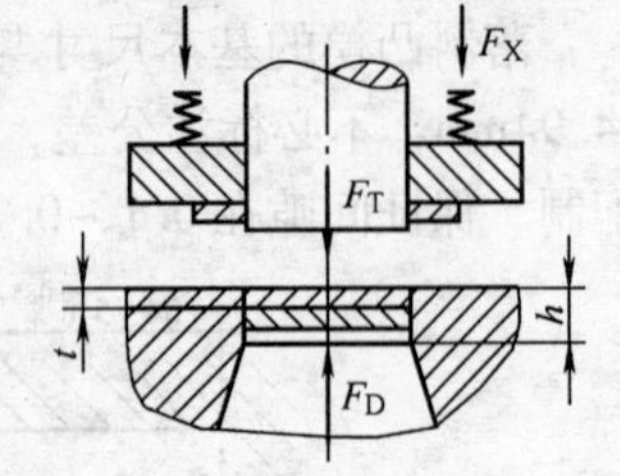

图 2-27　卸料力、推件力与顶件力

卸料力、推件力与顶件力是从压力机和模具的卸料、推件和顶件装置中获得的，所以在选择压力机的公称力和设计冲裁模的各有关装置时，应分别予以计算。影响这些力的因素较多，主要有材料的力学性能与厚度、冲裁件形状与尺寸、冲模间隙与凹模孔口结构、排样的搭边大小及润滑情况等。在实际计算时，常应用下列经验公式。

$$F_X = K_X F$$

$$F_T = nK_T F$$

$$F_D = K_D F$$

式中　K_X、K_T、K_D——分别为卸料力系数、推件力系数和顶件力系数，其值见表 2-16；

F——冲裁力（N）；

n——同时卡在凹模孔内的冲裁件（或废料）数，$n=h/t$（h 为凹模孔口的直刃壁高度，t 为材料厚度）。

表 2-16　卸料力、推件力和顶料力系数

冲裁件材料		K_X	K_T	K_D
纯铜、黄铜		0.02 ~ 0.06	0.03 ~ 0.09	0.03 ~ 0.09
铝、铝合金		0.025 ~ 0.08	0.03 ~ 0.07	0.03 ~ 0.07
钢（料厚 t/mm）	约 0.1	0.065 ~ 0.075	0.1	0.14
	>0.1 ~ 0.5	0.045 ~ 0.055	0.063	0.08
	>0.5 ~ 2.5	0.04 ~ 0.05	0.055	0.06
	>2.5 ~ 6.5	0.03 ~ 0.04	0.045	0.05
	>6.5	0.02 ~ 0.03	0.025	0.03

2. 压力机公称力的确定

对于冲裁工序，压力机的公称力应大于或等于冲裁时总冲压力的 1.1 ~ 1.3 倍，即

$$P \geqslant (1.1 \sim 1.3)F$$

式中　P——压力机的公称力（N）；

F——冲裁时的总冲压力（N）。

冲裁时，总冲压力为冲裁力和与冲裁力同时发生的卸料力、推件力或顶件力之和。模具结构不同，总冲压力所包含的力的成分有所不同，具体可分为以下情况计算。

采用弹性卸料装置和下出料方式的冲裁模时

$$F = F_{\Sigma} + F_{X} + F_{T}$$

采用弹性卸料装置和上出料方式的冲裁模时

$$F = F_{\Sigma} + F_{X} + F_{D}$$

采用刚性卸料装置和下出料方式的冲裁模时

$$F = F_{\Sigma} + F_{T}$$

式中　F——总冲压力；

F_{Σ}——冲裁力；

F_{X}——卸料力；

F_{T}——推件力；

F_{D}——顶件力。

3. 降低冲裁力的方法

在冲裁高强度材料、厚料或大尺寸冲裁件时，需要的冲裁力很大。当生产现场没有足够吨位的压力机时，为了不影响生产，可采取一些有效措施降低冲裁力，以充分利用现有设备。同时，降低冲裁力还可以减小冲击、振动和噪声，对改善冲压环境也有积极意义。

目前，降低冲裁力的方法主要有以下几种。

（1）采用阶梯凸模冲裁　在多凸模的冲模中，将凸模设计成不同长度，使工作端面呈阶梯形布置，如图2-28所示。这样，各凸模冲裁力的最大值不同时出现，从而达到降低总冲压力的目的。

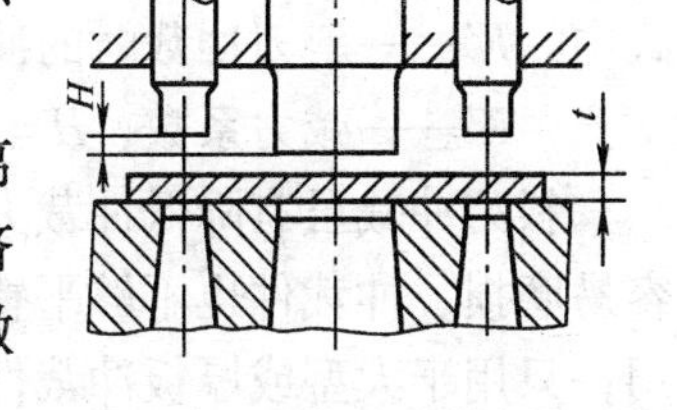

图2-28　凸模的阶梯布置法

阶梯凸模不仅能降低冲裁力，在直径相差悬殊、彼此距离又较近的多孔冲裁中，还可以避免小直径凸模因受材料流动挤压的作用而产生倾斜或折断现象。这时，一般将小直径凸模做短一些。此外，各层凸模的布置要尽量对称，使模具受力平衡。

阶梯凸模间的高度差 H 与板料厚度 t 有关，可按以下关系确定。

$$料厚\ t < 3\text{mm}\ 时\ H = t$$

$$料厚\ t > 3\text{mm}\ 时\ H = 0.5t$$

阶梯凸模冲裁的冲裁力，一般只按产生最大冲裁力的那一个阶梯进行计算。

（2）采用斜刃口冲裁　用平刃口模具冲裁时，沿刃口整个周边同时冲切材料，故所需的冲裁力较大。若凸模（或凹模）刃口做成与其轴线倾斜一个角度的斜刃，则冲裁时整个刃口就不是全部同时切入，而是逐步将材料切断，因而能显著降低冲裁力。

各种斜刃的配置形式如图2-29所示。斜刃配置的原则是：必须保证冲裁件平整，只允许废料产生弯曲变形。为此，落料时凸模应为平刃口，将凹模做成斜刃口，如图2-29a、b所示；冲孔时则凹模应为平刃口，而将凸模做成斜刃口，如图2-29c、d、e所示。斜刃口还应对称布置，以免冲裁时模具承受单向侧压力而发生偏移，啃伤刃口。向一边倾斜的单边斜刃口冲裁模，只能用于切舌（图2-29f）或切断。

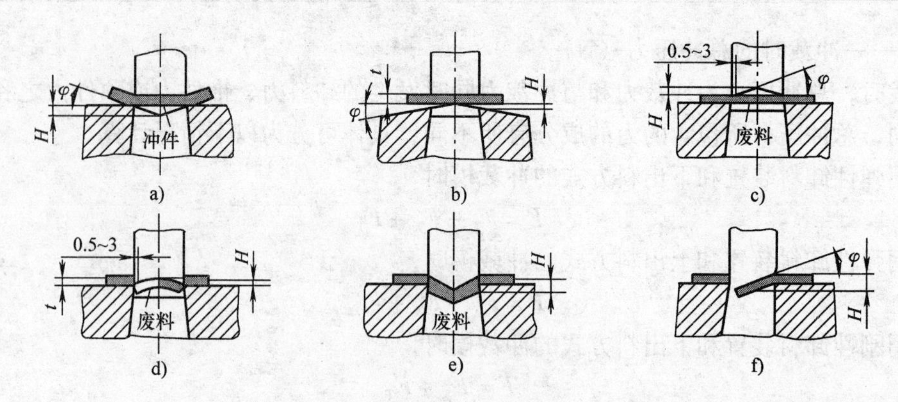

图 2-29　各种斜刃的配置形式

a)、b) 落料用　c)、d)、e) 冲孔用　f) 切舌用

斜刃口的主要参数是斜刃角 φ 和斜刃高度 H。斜刃角 φ 越大越省力，但过大的斜刃角会降低刃口强度，并使刃口易于磨损，从而降低模具使用寿命。斜刃角也不能过小，过小的斜刃角起不到减力作用。斜刃高度 H 也不宜过大或过小，过大的斜刃高度会使凸模进入凹模太深，加快刃口的磨损，而过小的斜刃高度也起不到减力作用。一般情况下，斜刃角 φ 和斜刃高度 H 可参考下列数值选取。

料厚 $t < 3\text{mm}$ 时　　　　$H = 2t$，$\varphi < 5°$

料厚 $t = 3 \sim 10\text{mm}$ 时　　　　$H = t$，$\varphi < 8°$

斜刃冲裁时的冲裁力可按以下简化公式计算

$$F' = K'L\tau_b$$

式中　F'——斜刀冲裁时的冲裁力（N）；

K'——减力系数，$H = t$ 时 $K' = 0.4 \sim 0.6$；$H = 2t$ 时 $K' = 0.2 \sim 0.4$。

斜刃冲裁虽有降低冲裁力、使冲裁过程平稳等优点，但刃口制造与刃磨比较复杂，刃口容易磨损，冲裁件也不够平整，且不适用于冲裁外形复杂的冲裁件，因此一般情况下尽量不用，只用于大型或厚板冲裁件（如汽车覆盖件等）。

（3）采用加热冲裁　金属材料在加热状态下的抗剪强度会显著降低，因此采用加热冲裁能降低冲裁力。表 2-17 为部分钢在加热状态时的抗剪强度。从表中可以看出，当钢加热至 900℃时，其抗剪强度最低，冲裁最为有利，所以一般加热冲裁是把钢加热到 800 ~ 900℃时进行。

表 2-17　部分钢在加热状态下的抗剪强度 τ_b　　（单位：MPa）

材　料	加热温度/℃					
	200	500	600	700	800	900
Q195, Q215, 10, 15	360	320	200	110	60	30
Q235, Q255, 20, 25	450	450	240	130	90	60
Q275, 30, 35	530	520	330	160	90	70
40, 45, 50	600	580	380	190	90	70

采用加热冲裁时，条料不能过长，搭边应适当放大，拟订合理的加热和冷却规范，同时

模具间隙应适当减小，凸、凹模应选用耐热材料，刃口尺寸计算时要考虑冲裁件的冷却收缩，模具受热部分不能设置橡皮材料等。由于加热冲裁工艺复杂，冲裁件精度也不高，所以只用于厚板或表面质量与精度要求都不高的冲裁件。

加热冲裁的冲裁力按平刃口冲裁力公式计算，但材料的抗剪强度 τ_b 应根据冲裁温度（一般比加热温度低 150 ~200℃）按表 2-17 查取。

4. 压力中心的计算

冲压力合力的作用点称为压力中心。为了保证压力机和冲模正常平稳地工作，必须使冲模的压力中心与压力机滑块中心重合，对于带模柄的中小型冲模就是要使其压力中心与模柄轴线重合。否则，冲裁过程中压力机滑块和冲模将会承受偏心载荷，使滑块导轨和冲模导向部分产生不正常磨损，合理间隙得不到保证，刃口迅速磨损，从而降低冲裁件质量和模具寿命，甚至损坏模具。因此，设计冲模时，应正确计算出冲裁时的压力中心，并使压力中心与模柄轴线重合。若因冲裁件的形状特殊，从模具结构方面考虑不宜使压力中心与模柄轴线重合，也应注意尽量使压力中心不超出所选压力机模柄孔投影面积的范围。

压力中心的确定有解析法、图解法和实验法，这里主要介绍解析法。

（1）单凸模冲裁时的压力中心　对于形状简单或对称的冲裁件，其压力中心位于冲裁件轮廓图形的几何中心。冲裁直线段时，其压力中心位于直线段的中点。冲裁圆弧段时，其压力中心的位置按下式计算（图 2-30），即

$$x_0 = R\frac{180 \times \sin\alpha}{\pi\alpha} = R\frac{b}{l}$$

式中 l 为弧长，其余符号含义见图示。

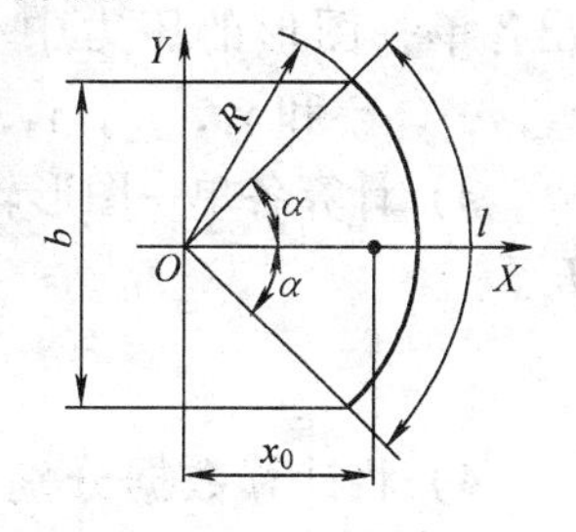

图 2-30　圆弧线段的压力中心

对于形状复杂的冲裁件，可先将复杂图形的轮廓线划分为若干简单的直线段及圆弧段，分别计算其冲裁力（即为各段分力），由各段分力之和可算出合力。然后任意选定直角坐标系 XOY，并算出各线段的压力中心至 X 轴和 Y 轴的距离。最后根据“合力对某轴之矩等于各分力对同轴力矩之和”的力学原理，即可求出压力中心坐标。

如图 2-31 所示，设图形轮廓各线段（包括直线段和圆弧段）的冲裁力为 F_1，F_2，F_3，…，F_n，各线段压力中心至坐标轴的距离分别为 x_1，x_2，x_3，…，x_n 和 y_1，y_2，y_3，…，y_n，则压力中心坐标计算公式为

$$x_0 = \frac{F_1x_1 + F_2x_2 + F_3x_3 + \cdots + F_nx_n}{F_1 + F_2 + F_3 + \cdots + F_n} = \frac{\sum_{i=1}^{n} F_ix_i}{\sum_{i=1}^{n} F_i}$$

$$y_0 = \frac{F_1y_1 + F_2y_2 + F_3y_3 + \cdots + F_ny_n}{F_1 + F_2 + F_3 + \cdots + F_n} = \frac{\sum_{i=1}^{n} F_iy_i}{\sum_{i=1}^{n} F_i}$$

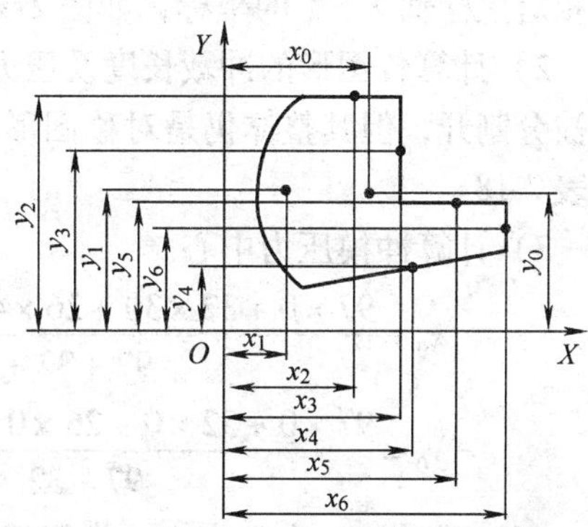

图 2-31　复杂形状冲裁件的压力中心

由于线段的冲裁力与线段的长度成正比，所以可将 L_1，L_2，L_3，…，L_n 代替各线段的冲裁力 F_1，F_2，

F_3，…，F_n，这时压力中心的坐标可表示为

$$x_0 = \frac{L_1x_1 + L_2x_2 + L_3x_3 + \cdots + L_nx_n}{L_1 + L_2 + L_3 + \cdots + L_n} = \frac{\sum_{i=1}^{n} L_ix_i}{\sum_{i=1}^{n} L_i}$$

$$y_0 = \frac{L_1y_1 + L_2y_2 + L_3y_3 + \cdots + L_ny_n}{L_1 + L_2 + L_3 + \cdots + L_n} = \frac{\sum_{i=1}^{n} L_iy_i}{\sum_{i=1}^{n} L_i}$$

(2) 多凸模冲裁时的压力中心　如图 2-32 所示，多凸模冲裁时压力中心的计算原理与单凸模冲裁时的计算原理基本相同，其具体计算步骤如下：

1）选定坐标系 XOY。

2）按前述单凸模冲裁时压力中心计算方法计算出各单一图形的压力中心到坐标轴的距离 x_1，x_2，x_3，…，x_n 和 y_1，y_2，y_3，…，y_n。

3）计算各单一图形轮廓的周长 L_1，L_2，L_3，…，L_n。

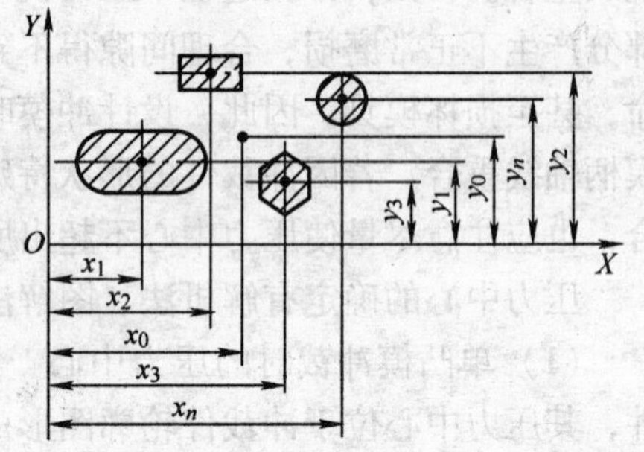

图 2-32　多凸模冲裁时的压力中心

4）将计算数据分别代入式 $x_0 = \frac{L_1x_1 + L_2x_2 + L_3x_3 + \cdots + L_nx_n}{L_1 + L_2 + L_3 + \cdots + L_n} = \frac{\sum_{i=1}^{n} L_ix_i}{\sum_{i=1}^{n} L_i}$ 和式 $y_0 = \frac{L_1y_1 + L_2y_2 + L_3y_3 + \cdots + L_ny_n}{L_1 + L_2 + L_3 + \cdots + L_n} = \frac{\sum_{i=1}^{n} L_iy_i}{\sum_{i=1}^{n} L_i}$，即可求得压力中心坐标（$x_0$、$y_0$）。

【例 2-3】　如图 2-33a 所示冲裁件采用级进冲裁方式加工，排样图如图 2-33b 所示，试计算冲裁时的压力中心。

【解】　1）根据排样图画出全部冲裁件轮廓图，并建立坐标系，标出各冲裁图形压力中心相对坐标轴 X、Y 的坐标，如图 2-33c 所示。

2）计算各图形的冲裁长度及压力中心坐标。由于落料与冲裁上、下缺口的图形轮廓虽然被分割开，但其整体仍是对称图形，故可分别合并成“单凸模”进行计算。计算结果列于表 2-18。

3）计算冲模压力中心。

$$x_0 = \frac{97 \times 0 + 32 \times 30 + 26 \times 45 + 30 \times 59 + 31.4 \times 60 + 2 \times 74}{97 + 32 + 26 + 30 + 31.4 + 2}\text{mm} = 27.2\text{mm}$$

$$y_0 = \frac{97 \times 0 + 32 \times 0 + 26 \times 0 + 30 \times 20.5 + 31.4 \times 0 + 2 \times 21.5}{97 + 32 + 26 + 30 + 31.4 + 2}\text{mm} = 3.0\text{mm}$$

(3) 悬挂法　在生产中，常用简便方法确定复杂冲裁件的压力中心，悬挂法是其中一种。具体做法是：用匀质细金属丝沿冲裁轮廓弯制成模拟件，然后将模拟件悬吊起来，并从

悬吊点做铅垂线；再取模拟件的另一点，以同样的方法作另一铅垂线，两铅垂线的交点即为压力中心。悬挂法的理论依据是：用匀质金属丝代替均布于冲裁件轮廓的冲裁力，显然，该模拟件的中心就是冲裁的压力中心。

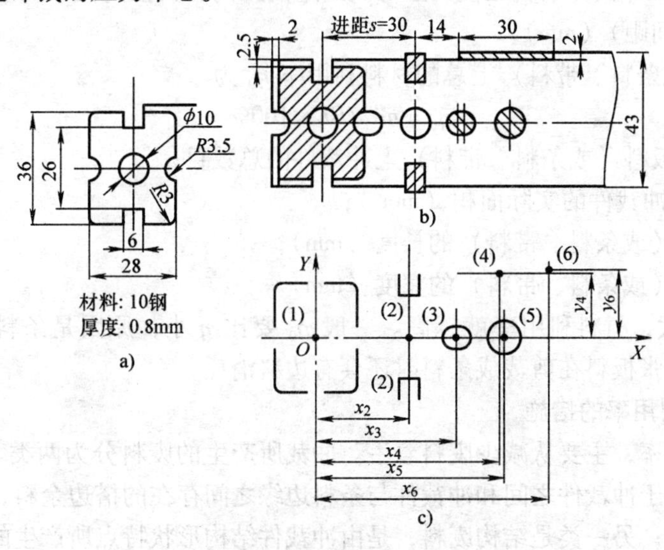

图 2-33 压力中心计算实例

a）冲裁件 b）排样图 c）压力中心相对坐标轴 X、Y 的坐标

表 2-18 各图形的冲裁长度和压力中心坐标

序号	L_i	x_i	y_i	序号	L_i	x_i	y_i
1	97	0	0	4	30	59	20.5
2	32	30	0	5	31.4	60	0
3	26	45	0	6	2	74	21.5

模块二 冲裁排样设计

排样是指冲裁件在条料、带料或板料上的布置方法。排样是否合理，将直接影响到材料利用率、冲裁件质量、生产效率、冲模结构与寿命等。因此，排样是冲压工艺中一项重要的、技术性很强的工作。

一、材料的合理利用

在批量生产中，材料费用约占冲裁件成本的60%以上。因此，合理利用材料，提高材料的利用率，是排样设计主要考虑的因素之一。

1. 材料利用率

冲裁件的实际面积与所用板料面积的百分比称为材料利用率，它是衡量材料合理利用的一项重要经济指标。

一个步距内的材料利用率 η 为

$$\eta = A/Bs \times 100\%$$

式中　A——一个步距内冲裁件的实际面积（mm^2）；

B——条料宽度（mm）；

s——步距（冲裁时条料在模具上每次送进的距离，其值为两个对应冲裁件间相互对应的间距）（mm）。

一张板料（或条料、带料）上总的材料利用率 η_0 为

$$\eta_0 = nA_1/BL \times 100\%$$

式中　n——一张板料（或条料、带料）上冲裁件的总数目；

A_1——一个冲裁件的实际面积（mm^2）；

L——板料（或条料、带料）的长度（mm）；

B——板料（或条料、带料）的宽度（mm）。

η 或 η_0 值越大，材料利用率就越高。一般 η_0 要比 η 小，原因是条料和带料可能有料头、料尾消耗，整张板料在剪裁成条料时还会有边料消耗。

2. 提高材料利用率的措施

提高材料利用率，主要从减少废料着手。冲裁所产生的废料分为两类（图 2-34）：一类是工艺废料，是由于冲裁件之间和冲裁件与条料边缘之间存在的搭边余料，以及料头、料尾余料而产生的废料；另一类是结构废料，是由冲裁件结构形状特点所产生的废料。显然，要减少废料，主要是减少工艺废料。但特殊情况下，也可利用结构废料。提高材料利用率的措施主要有以下几种。

（1）采用合理的排样方法　同一形状和尺寸的冲裁件，排样方法不同，材料的利用率也会不同。如图 2-35 所示，在同一圆形冲裁件的四种排样方法中，图 2-35a 采用单排方法，材料利用率为 71%；图 2-35b 采用平行双排方法，材料利用率为 72%；图 2-35c 采用交叉三排方法，材料利用率为 80%；图 2-35d 采用交叉双排方法，材料利用率为 77%。因此，从提高材料利用率角度出发，图 2-35c 的排样方法最好。

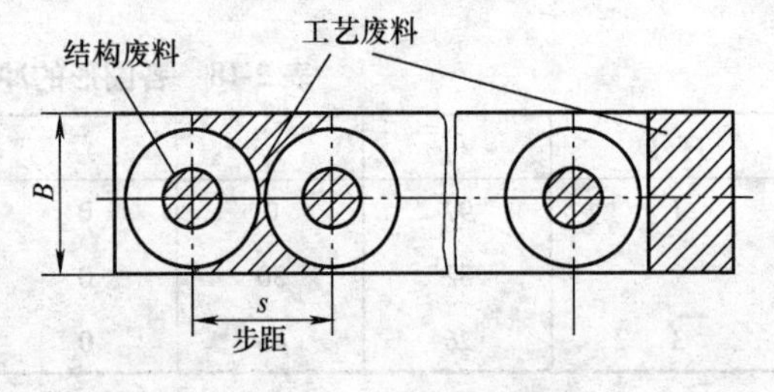

图 2-34　废料的种类

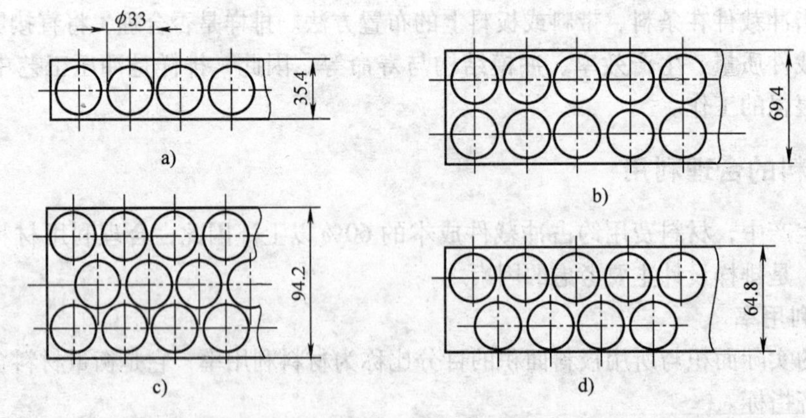

图 2-35　圆形冲裁件的四种排样方法

a）单排　b）平行双排　c）交叉三排　d）交叉双排

（2）选用合适的板料规格和合理的裁板方法　在排样方法确定以后，可确定条料的宽度，再根据条料的宽度和进距大小选用合适的板料规格和合理的裁剪方法，以尽量减少料头、料尾和裁板后的剩余的边料，从而提高材料的利用率。

（3）利用结构废料冲裁小零件　对一定形状的冲裁件，结构废料是不可避免的，但充分利用结构废料是可能的。图 2- 36 所示是材料和厚度相同的两个冲裁件，尺寸较小的垫圈可以在尺寸较大的“工”字形件的结构废料中冲制出来。

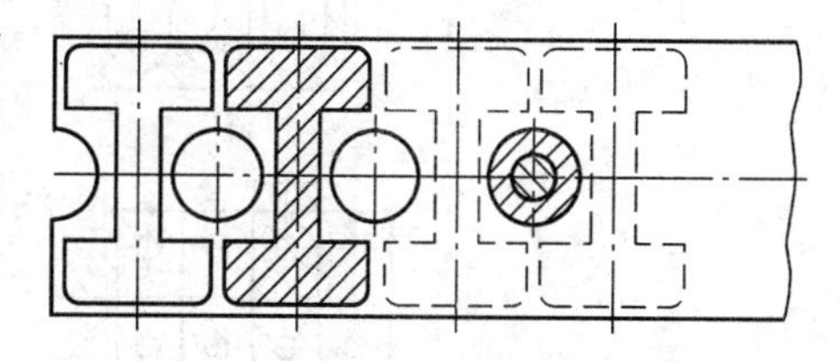

图 2-36　利用结构废料冲裁小零件

此外，在使用条件许可的情况下，在取得产品零件设计单位同意后，也可通过适当改变零件的结构形状来提高材料的利用率。如图 2-37 所示，零件 A 的三种排样方法中，图 2-37c 的利用率最高，但也只能达 70%。若将工件 A 修改成工件 B 的形状，采用图 2-37d 的排样方法，材料的利用率便可达到 80%，而且也不需调头冲裁，使操作过程简单化。

二、排样方法

根据材料的合理利用情况，排样方法可分为有废料排样、少废料排样和无废料排样三种。

1. 有废料排样

如图 2-38a 所示，沿冲裁件的全部外形冲裁，冲裁件与冲裁件之间、冲裁件与条料边缘之间都留有搭边（a，a_1）。有废料排样时，冲裁件尺寸完全由冲模保证，因此冲裁件质量好，模具寿命高，但材料利用率低，常用于冲裁形状较复杂、尺寸精度要求较高的冲裁件。

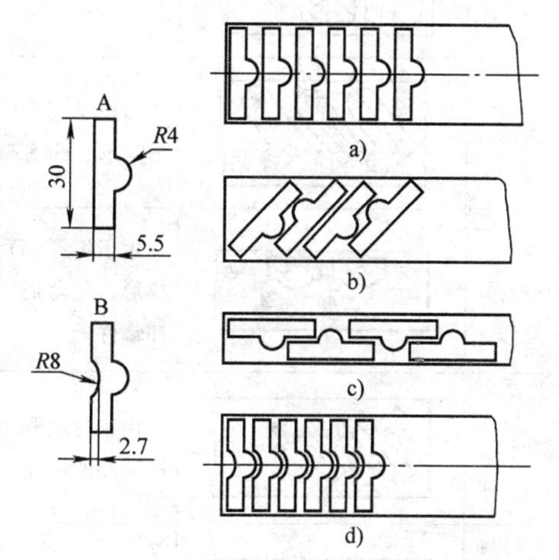

图 2-37　修改工件形状提高材料利用率
a）顺排　b）斜排　c）交错排
d）修改工件形状后排样

2. 少废料排样

如图 2-38b 所示，沿冲裁件的部分外形切断或冲裁，而在冲裁件之间或冲裁件与条料边缘之间留有搭边。这种排样方法因受剪裁条料质量和定位误差的影响，其冲裁件质量稍差，同时边缘毛刺易被凸模带入间隙，也影响冲模寿命，但材料利用率较高，冲模结构简单，一般用于形状较规则、某些尺寸精度要求不高的冲裁件。

3. 无废料排样

如图 2-38c 和图 2-38d 所示，沿直线或曲线切断条料而获得冲裁件，无任何搭边废料。无废料排样的冲裁件质量和模具寿命更差一些，但材料利用率最高，且当进距为两倍冲裁件宽度时，如图 2-38c 所示，一次切断能获得两个冲裁件，有利于提高生产效率，可用于形状规则对称、尺寸精度不高或贵重金属材料的冲裁件。

上述三种排样方法，根据冲裁件在条料上的不同排列形式，又可分为直排、斜排、直对排、斜对排、混合排、多排及冲裁搭边等七种，见表 2-19。

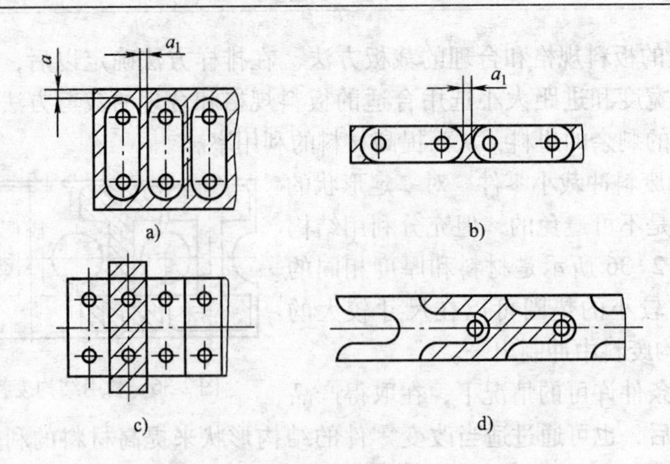

图 2-38 排样方法

a）有废料排样 b）少废料排样 c）、d）无废料排样

表 2-19 排样形式分类

排样方式	有废料排样		少、无废料排样	
	简图	应用	简图	应用
直排		用于简单集合形状（方形、矩形、圆形）的冲裁件		用于矩形或方形冲裁件
斜排		用于T形、L形、S形、十字形、椭圆形冲裁件		用于L形或其他形状的冲裁件，在外形上允许有不大的缺陷
直对排		用于T形、Π形、山形、梯形、三角形、半圆形的冲裁件		用于T形冲裁件、山形、Π形、梯形、三角形冲裁件，在外形上允许有不大的缺陷
斜对排		用于材料利用率比直对排时高的情况		多用于T形冲裁件
混合排		用于材料及厚度都相同的冲裁件		用于两个外形互相嵌入的不同冲裁件（铰链等）
多排		用于大批量生产中尺寸不大的圆形、六角形、方形、矩形冲裁件		用于大批量生产中尺寸不大的方形、矩形、及六角形冲裁件
冲裁搭边		用于大批量生产中小而窄的冲裁件（表针及类似冲裁件）或带料的连续拉深件		用于以宽度均匀的条料或带料冲制长形件

在实际确定排样时，通常可先根据冲裁件的形状和尺寸列出几种可能的排样方案（形状复杂的冲裁件可以用纸片剪成3～5个样件，再用样件摆出各种不同的排样方案），然后再综合考虑冲裁件的精度、批量、经济性、模具结构与寿命、生产率、操作与安全、原材料供应等各方面因素，最后决定最合理的排样方法。决定排样方案时应遵循的原则是：保证在最低的材料消耗和最高劳动生产率条件下得到符合技术要求的零件，同时要考虑方便生产操作，使冲模结构简单、寿命长，并适应车间生产条件和原材料供应等情况。

三、搭边与条料宽度的确定

1. 搭边

搭边是指排样时冲裁件之间以及冲裁件与条料边缘之间留下的工艺废料。搭边虽然是废料，但在冲裁工艺中却有很大的作用，它可以补偿定位误差和送料误差，保证冲裁出合格的工件；增加条料刚度，方便条料送进，提高生产率；避免冲裁时条料边缘的毛刺被拉入模具间隙，提高模具寿命。

搭边值的大小要合理。搭边值过大时，材料利用率低；搭边值过小时，达不到在冲裁工艺中应起的作用。在实际确定搭边值时，主要考虑以下因素。

（1）材料的力学性能　软材料、脆性材料的搭边值取得大一些；硬材料的搭边值可取得小一些。

（2）冲裁件的形状与尺寸　冲裁件的形状复杂或尺寸较大时，搭边值取大些。

（3）材料的厚度　厚材料的搭边值要取大些。

（4）送料及挡料方式　用手工送料，且有侧压装置的搭边值可小些，用侧刃定距可以比用挡料销定距的搭边值小一些。

（5）卸料方式　弹性卸料比刚性卸料的搭边值要小一些。

搭边值一般由经验确定，表2-20给出最小搭边值经验数据，供设计时参考。

2. 条料宽度与导料板间距

在排样方式与搭边值确定之后，就可以确定条料的宽度，进而可以确定导料板间距。条料的宽度要保证冲裁时冲裁件周边有足够的搭边值，导料板间距应使条料能在冲裁时顺利地在导料板之间送进，并与条料之间有一定的间隙。因此条料宽度与导料板间距与冲裁模的送料定位方式有关，应根据不同结构分别进行计算。

（1）用导料板导向且有侧压装置时（图2-39a）　在这种情况下，条料是在侧压装置作用下紧靠导料板的一侧送进的，故按下列公式计算。

条料宽度　$$B_{-\Delta}^{\ 0}=(D_{max}+2a)_{-\Delta}^{\ 0}$$

导料板间距　$$B_0=B+Z=D_{max}+2a+Z$$

式中　D_{max}——条料宽度方向冲裁件的最大尺寸；

a——侧搭边值，可参考表2-20；

Δ——条料宽度的单向（负向）偏差，见表2-21；

Z——导料板与最宽条料之间的间隙，其值见表2-22。

此种情况也适合于用导料销导向的冲裁模，这时条料是由人工靠紧导料销一侧送进的。

表 2-20　最小搭边值　（单位：mm）

料厚 t	圆形或圆角 $r>2t$ 的冲裁件		矩形件边长 $l\leqslant50$ 的冲裁件	
	工件间距 a_1	搭边 a	工件间距 a_1	搭边 a
0.25 以下	1.8	2.0	2.2	2.5
0.25 ~ 0.5	1.2	1.5	1.8	2.0
0.5 ~ 0.8	1.0	1.2	1.5	1.8
0.8 ~ 1.2	0.8	1.0	1.2	1.5
1.2 ~ 1.6	1.0	1.2	1.5	1.8
1.6 ~ 2.0	1.2	1.5	1.8	2.5
2.0 ~ 2.5	1.5	1.8	2.0	2.2
2.5 ~ 3.0	1.8	2.2	2.2	2.5
3.0 ~ 3.5	2.2	2.5	2.5	2.8
3.5 ~ 4.0	2.5	2.8	2.5	3.2
4.0 ~ 5.0	3.0	3.5	3.5	4.0
5.0 ~ 12	0.6t	0.7t	0.7t	0.8t

料厚 t	矩形件边长 $l>50$ 或圆角 $r\leqslant2t$ 的冲裁件	
	工件间距 a_1	搭边 a
0.25 以下	2.8	3.0
0.25 ~ 0.5	2.2	2.5
0.5 ~ 0.8	1.8	2.0
0.8 ~ 1.2	1.5	1.8
1.2 ~ 1.6	1.8	2.0
1.6 ~ 2.0	2.0	2.2
2.0 ~ 2.5	2.2	2.5
2.5 ~ 3.0	2.5	2.8
3.0 ~ 3.5	2.8	3.2
3.5 ~ 4.0	3.2	3.5
4.0 ~ 5.0	4.0	4.5
5.0 ~ 12	0.8t	0.9t

注：表中所列搭边值适用于低碳钢工件，对于其他材料，应将表中数值乘以系数：中等硬度钢 0.9；软黄铜、纯铜 1.2；硬钢 0.8；铝 1.3 ~ 1.4；硬黄铜 1 ~ 1.1；非金属 1.5 ~ 2；硬铝 1 ~ 1.2。

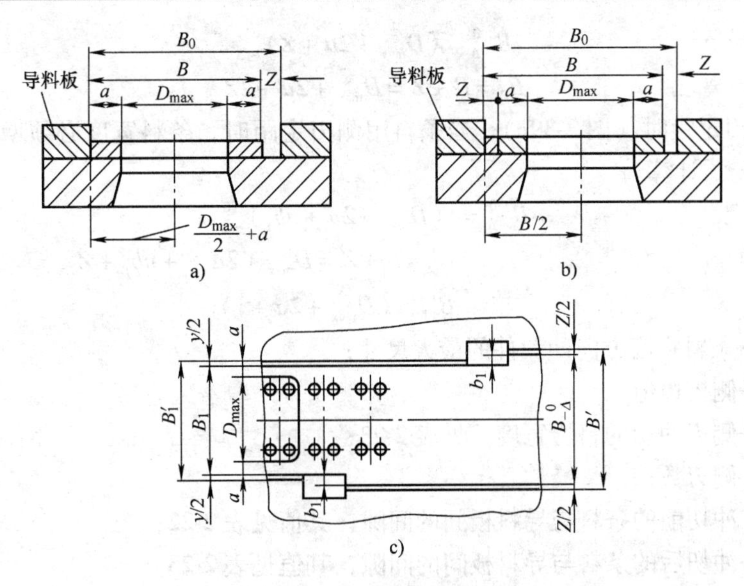

图 2-39　条料宽度的确定

a）有侧压装置　b）无侧压装置　c）用侧刃定距

表 2-21　条料宽度偏差 Δ　（单位：mm）

条料宽度 B	材料厚度 t				
	~0.5	0.5~1	1~2	2~3	2~5
~20	0.05	0.08	0.10		
20~30	0.08	0.10	0.15		
30~50	0.10	0.15	0.20		
~50		0.4	0.5	0.7	0.9
50~100		0.5	0.6	0.8	1.0
100~150		0.6	0.7	0.9	1.1
150~220		0.7	0.8	1.0	1.2
200~300		0.8	0.9	1.1	1.3

表 2-22　导料板与条料之间的最小间隙 Z_{min}　（单位：mm）

条料厚度 t	无侧压装置			有侧压装置	
	条料宽度 B				
	100 以下	100~200	200~300	100 以下	100 以上
约 1	0.5	0.5	1	5	8
1~5	0.5	1	1	5	8

（2）用导料板导向无侧压装置时（图 2-39b）　冲裁无侧压装置时，应考虑在送料过程中因条料在导料板之间摆动而使侧面搭边值减小的情况。为了补偿侧面搭边的减小值，条料宽度应增加一个条料可能的摆动量（其值为条料与导料板之间的间隙 Z），故按下列公式计算。

条料宽度 $B_{-\Delta}^{\ 0}=(D_{\max}+2a+Z)_{-\Delta}^{\ 0}$

导料板间距离 $B_0=B+Z=D_{\max}+2a+2Z$

（3）用侧刃定距时（图2-39c） 当条料用侧刃定距时，条料宽度必须增加侧刃切去部分，故按下列公式计算。

条料宽度 $B_{-\Delta}^{\ 0}=(D_{\max}+2a+nb_1)_{-\Delta}^{\ 0}$

导料板间距离 $B'=B+Z=D_{\max}+2a++nb_1+Z$

$B'_1=(D_{\max}+2a+y)$

式中 $D_{\max}$——条料宽度方向冲裁件的最大尺寸；

a——侧搭边值；

b_1——侧刃冲切的料边宽度，见表2-23；

n——侧刃数；

Z——冲切前的条料与导料板间的间隙，其值见表2-22；

y——冲切后的条料与导料板间的间隙，其值见表2-23。

表2-23 b_1，y 值 （单位：mm）

条料厚度 t	b_1		y
	金属材料	非金属材料	
约1.5	1～1.5	1.5～2	0.10
>1.5～2.5	2.0	3	0.15
>2.5～3	2.5	4	0.20

条料宽度确定之后，就可以选择板料规格，并确定裁板方式。板料一般为长方形，故裁板方式有纵裁和横裁两种。因为纵裁方式裁板的次数少，冲裁时条料调换次数少，工人操作方便，故在通常情况下应尽可能采用纵裁方式。

在以下情况下可考虑采用横裁方式。

1）横裁的板料利用率显著高于纵裁时。

2）纵裁后条料太长，受车间压力机排列空间的限制操作不便时。

3）条料太重，工人劳动强度太高时。

4）纵裁不能满足冲裁后的成形工序（如弯曲，对材料纤维方向有要求）时。

四、排样图

排样图是排样设计最终的表达形式，通常应绘制在冲压工艺规程的相应卡片上和冲裁模总装图的右上角。排样图的内容应反映出排样方法、冲裁件的冲裁方式、用侧刃定距时侧刃的形状与位置、材料利用率等。

绘制排样图时应注意以下几点：

1）排样图上应标注条料宽度 $B_{-\Delta}^{\ 0}$，条料长度 L，条料厚度 t，端距 l，步距 s，冲裁件间距 a_1 和侧搭边 a 值、侧刃定距时侧刃的位置及截面尺寸等，如图2-40所示。

2）用剖切线表示出冲裁工位上的工序件形状（即凸模或凹模的截面形状），以便能从排样图上看出是单工序冲裁（图 2-40a）还是复合冲裁（图 2-40b ）或级进冲裁（图 2-40c）。

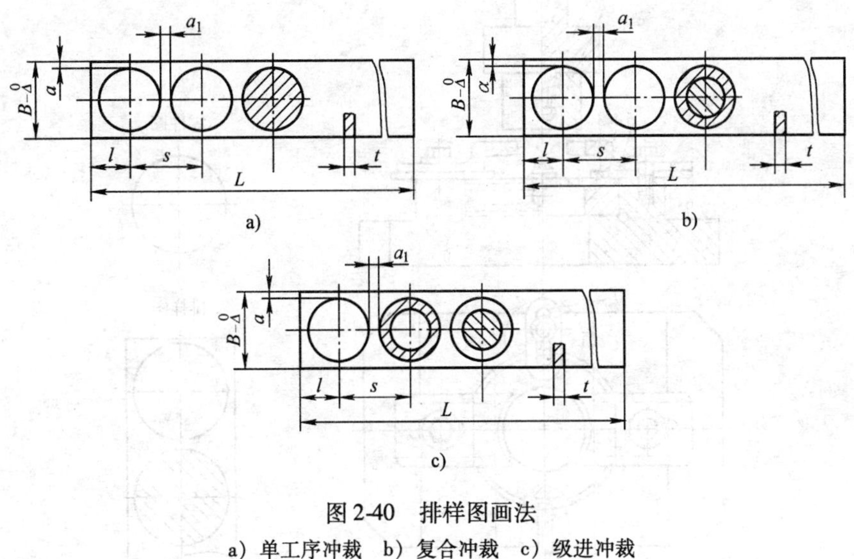

图 2-40　排样图画法
a）单工序冲裁　b）复合冲裁　c）级进冲裁

3）采用斜排时，应注明倾斜角度的大小。必要时，还可用双点画线画出送料时定位元件的位置。对有纤维方向要求的排样图，应用箭头表示条料的纹路方向。

模块三　冲裁模的典型结构

冲裁模是冲压生产中不可缺少的工艺装备，良好的模具结构是实现工艺方案的可靠保证。冲裁件质量好坏和精度高低，主要决定于冲裁模的质量和精度。冲裁模结构是否合理、先进，又直接影响到生产率及冲裁模本身的使用寿命和操作的安全、方便性等。因此，设计出切合实际的先进模具是冲压生产的首要任务。

由于冲裁件形状、尺寸、精度和生产批量及生产条件不同，冲裁模的结构类型也不同，本部分主要对冲压生产中常用的典型的冲裁模的类型和结构特点、结构类型的选择、冲裁模设计程序加以分析介绍。

一、常用冲裁模典型结构

1. 单工序冲裁模

单工序冲裁模又称简单模，是指在压力机一次行程内只完成一个工序的冲裁模，如落料模、冲孔模、切断模、切口模、切边模等。

（1）落料模　落料模常见有三种形式：

1）无导向的敞开式落料模（图 2-41）。上模部分由模柄 1、凸模 2 组成，并通过模柄安装在压力机滑块上。下模部分由固定卸料板 3、导料板 4、凹模 5、下模座 6 和定位板 7 等组成。其结构特点是上、下模无直接导向关系，结构简单，制造容易，可用边角余料冲裁。但是，这种模具安装使用麻烦，间隙的均匀性靠压力机滑块的导向精度保证，模具寿命较低，冲裁件精度较差，常用于料厚而精度要求低的小批量冲裁件的生产。

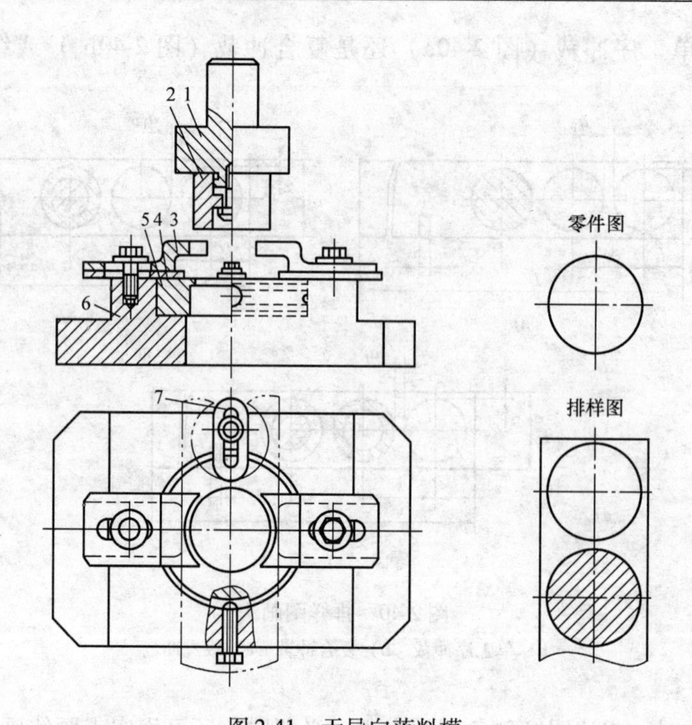

图 2-41 无导向落料模

1—模柄 2—凸模 3—卸料板 4—导料板 5—凹模 6—下模座 7—定位板

2）导板式落料模（图 2-42）。对凸模 5 与导板 9（又是固定卸料板）选用 H7/h6 的配合，其配合值小于冲裁间隙，实现上、下模部分的定位。回程时不允许凸模离开导板，以保证对凸模的导向作用，为此要求压力机的行程较小。

根据排样的需要，这副冲裁模的固定挡料销所设置的位置对首次冲裁起不到定位作用，为此采用了始用挡料销 16。在首次冲裁之前，用手将始用挡料销压入，以限定条料的位置，在以后各次冲裁中，放开始用挡料销，始用挡料销被弹簧弹出，不再起挡料作用，而靠固定挡料销（钩形挡料销）继续对料边或搭边进行定位。

该模具的冲裁过程是当条料沿导料板送到始用挡料销 16 时，凸模由导板 9 导向而进入凹模，完成首次冲裁，冲下一个冲裁件。条料继续送至固定挡料销 15 定位，进行第二次冲裁，此时落下两个冲裁件。如此继续，直至冲完条料。分离后的工件靠凸模从凹模孔口依次推下。

该模具与无导向落料模相比，精度较高，模具寿命长，但制造要复杂一些，一般仅用于料厚大于 0. 3mm 的简单冲件。

3）导柱式弹顶落料模（图 2-43）。该模具结构特点是：利用安装在上模座 1 中的两个导套 20 与安装在下模座 14 中的两个导柱 19（导柱 19 与下模座 14 的配合、导套 20 与上模座 1 的配合均为 H7/r6）之间 H7/h6 或 H6/h5 的滑动配合导向，实现上、下模部分的精确定位，从而保证冲裁间隙的均匀性。并且，该模具是采用弹压卸料和弹顶顶出的结构分离废料和工件，工件的变形小，平面度高。该种模具结构广泛用于材料厚度较小，且有平面度要求的金属件和易于分层的非金属件。

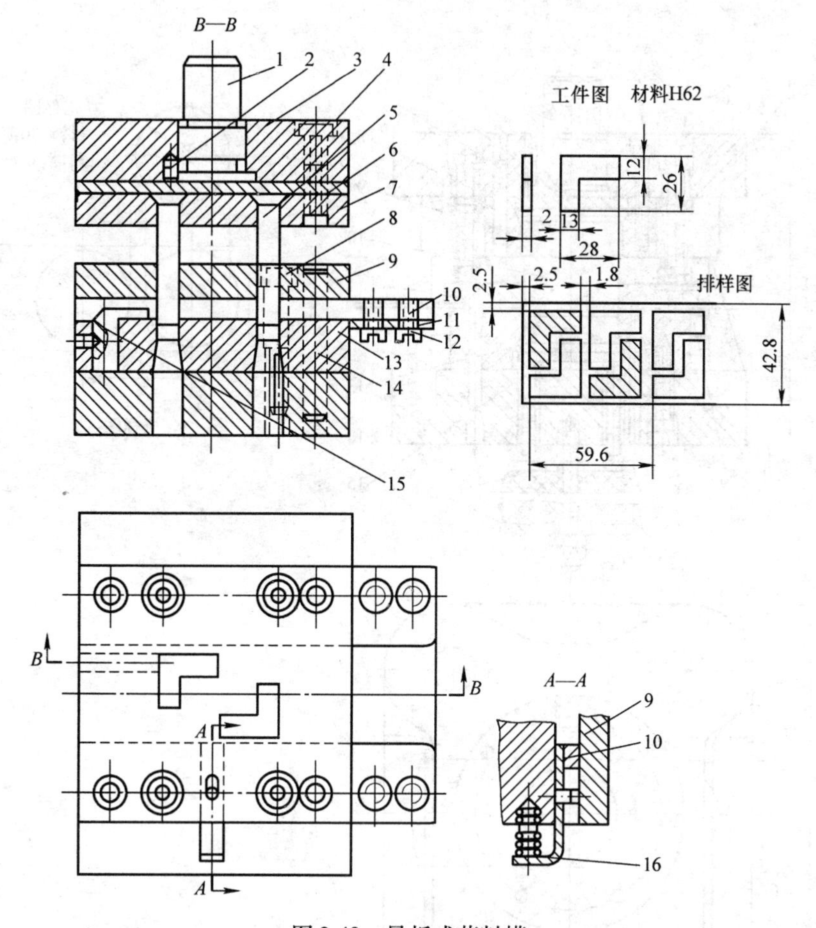

图 2-42　导板式落料模

1—模柄　2—止动销　3—上模座　4—螺钉　5—凸模　6—垫板　7—凸模固定板　8—螺钉　9—导板　10—导料板　11—承料板　12—螺钉　13—凹模　14—圆柱销　15—固定挡料销　16—始用挡料销

导柱式冲裁模使用广泛，由于间隙稳定，冲裁件的精度较高，模具寿命较长，适用于大批量生产。

(2) 冲孔模　冲孔模的结构与一般落料模相似，但冲孔模有其自己的特点，特别是冲小孔模具，必须考虑凸模的强度和刚度，以及快速更换凸模的结构。成形工件侧壁上的孔时，需考虑凸模水平运动方向的转换机构等。

图 2-44 所示为斜楔驱动滑块的水平冲孔模。该模具是依靠固定在上模的斜楔 1 把压力机滑块垂直运动变为推动滑块 4 的水平运动，使凸模 5 作水平方向移动（凸模 5 和凹模 6 的对准依靠滑块在导滑槽内滑动来保证），完成筒形件或者 U 形件的侧壁冲孔、冲槽、切口等工序。斜楔的返回行程运动靠橡胶弹性体或弹簧完成。斜楔的工作角度 α 为 40° ~50° 为宜。40°的斜楔滑块机构的机械效率最高，45°时滑块的移动距离与斜楔的行程相等。需较大冲裁力的冲孔件，α 也可采用 30°，以增大水平推力。此种结构模具的凸模常对称布置，最适宜壁部对称孔的冲裁。这种模具主要用于冲裁空心件或弯曲件等成形零件的侧孔、侧槽、侧切口等。

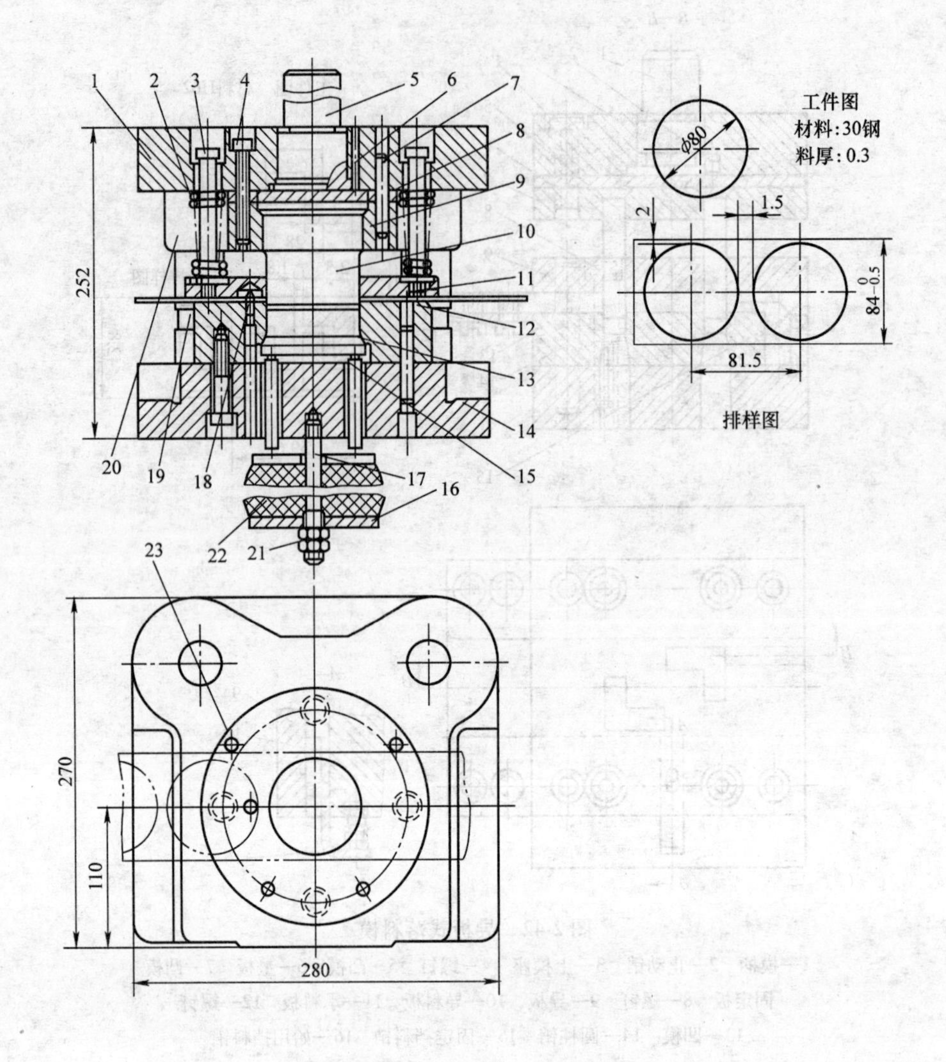

图2-43　导柱式的弹顶落料模

1—上模座　2—卸料弹簧　3—卸料螺钉　4—螺钉　5—模柄　6—止转销　7—圆柱销　8—垫板　9—凸模固定板　10—落料凸模　11—卸料板　12—落料凹模　13—顶件板　14—下模座　15—顶杆　16—圆板　17—螺栓　18—固定挡料销　19—导柱　20—导套　21—螺母　22—橡胶弹性体　23—导料销

图2-45所示是在成形零件的侧壁上冲孔，采用的是悬臂式凹模结构。工作部分为凸模1、凹模3。定位及挡料部分为凹模支架4、定位销5，定位螺钉6。橡胶弹性体7用来压紧工件。

工作时将主件套在支架4上，凸模下行，橡胶弹性体7首先压紧筒形件壁部，继续压缩橡胶弹性体露出凸模，凸、凹模工作冲出第一个孔。之后将工件反时针转动，当定位销5插入已冲的孔后冲第二个孔。依次冲完三个等分孔。

因凹模支架4是悬臂梁结构，故孔的尺寸受到限制。小孔冲裁力引起的挠度不会影响冲孔精度。这种模具结构简单，适用于在生产批量不大的空心件的侧面冲孔或冲槽。

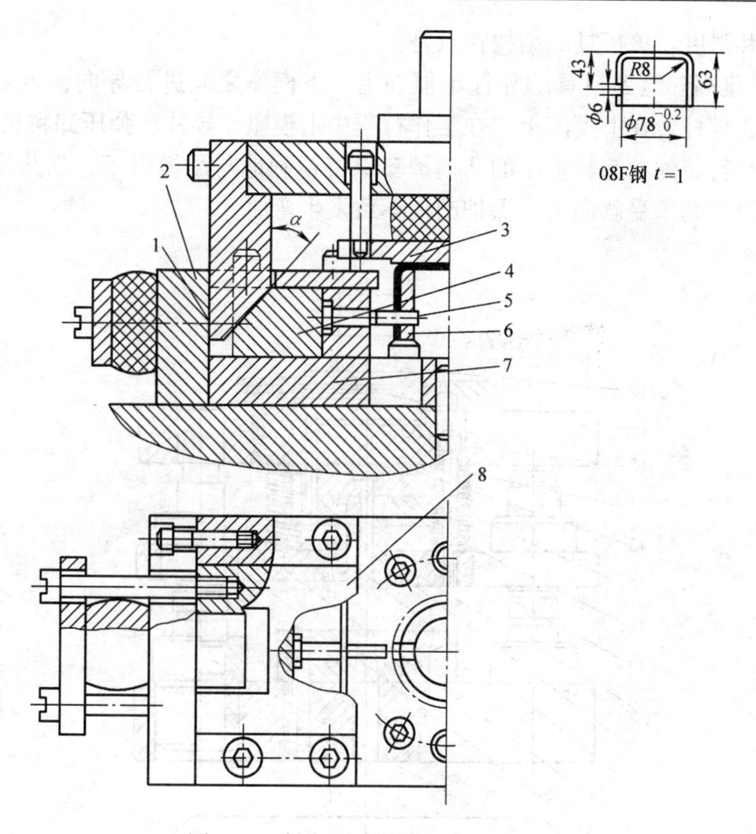

图 2-44　斜楔驱动滑块的水平冲孔模

1—斜楔　2—座板　3—弹压板　4—滑块　5—凸模　6—凹模　7—导滑槽底板　8—导滑槽盖板

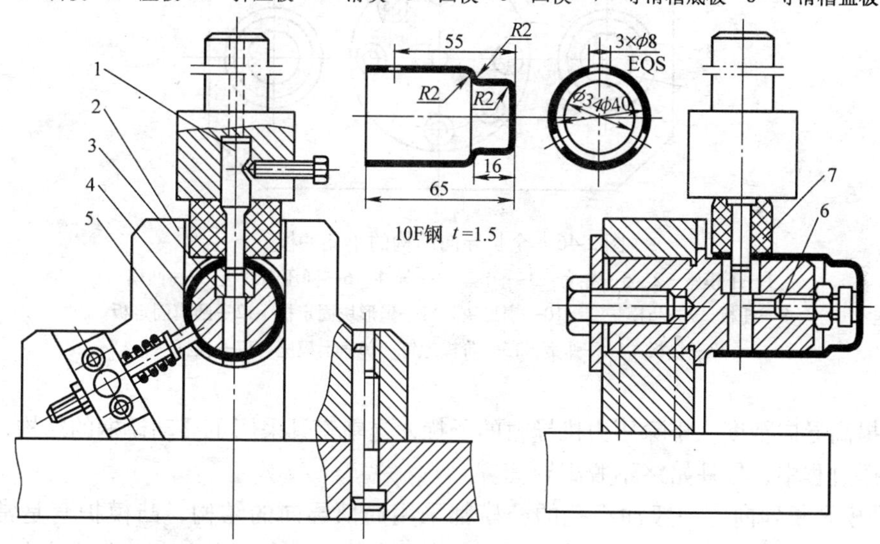

图 2-45　悬臂式冲孔模

1—凸模　2—支座　3—凹模　4—凹模支架　5—定位销　6—定位螺钉　7—橡胶弹性体

图 2-46 所示是一副全长导向结构的小孔冲模，它与一般冲孔模的区别是：凸模在工作行程中除了进入被冲材料内的工作部分外，其余全部得到不间断的导向作用，因而大大提高

凸模的稳定性和强度。该模具的结构特点是：

1）导向精度高。这副模具的导柱不但在上、下模座之间进行导向，也对卸料板导向。在冲压过程中，导柱装在上模座上，在工作行程中上模座、导柱、弹压卸料板一同运动，使与上、下模座平行装配的卸料板中的凸模护套保持精确地与凸模滑配，当凸模受侧向力时，卸料板通过凸模护套承受侧向力，保护凸模不致发生弯曲。

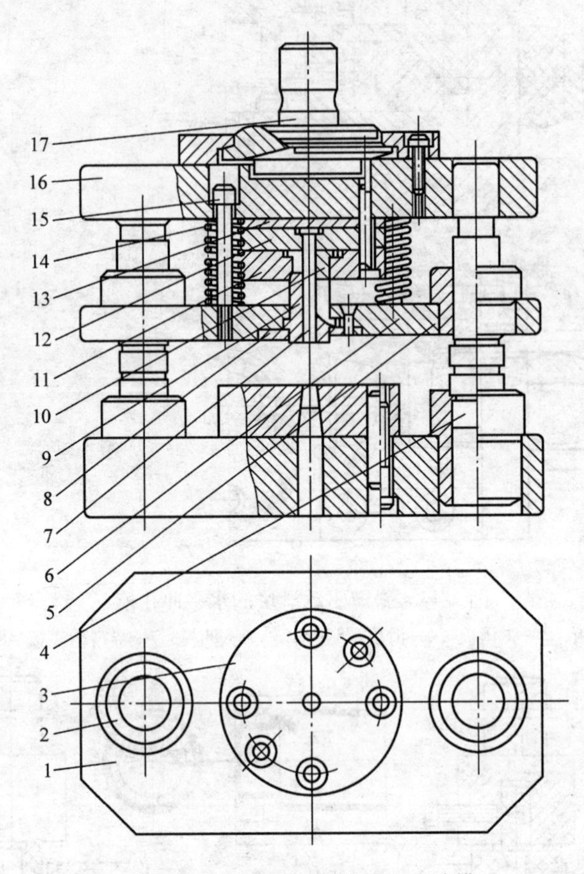

图 2-46　全长导向结构的小孔冲模

1—下模座　2、5—导套　3—凹模　4—导柱　6—弹压卸料板　7—凸模
8—托板　9—凸模护套　10—扇形块　11—扇形块固定板　12—凸模固定板
13—垫板　14—弹簧　15—阶梯螺钉　16—上模座　17—模柄

为了提高导向精度，排除压力机导轨的干扰，这副模具采用了浮动模柄的结构，但必须保证在冲压过程中，导柱始终不脱离导套。

2）凸模全长导向。一般冲小孔的凸模都采用局部导向的结构，凸模护套是常用的元件。该模具采用了全长导向结构。冲裁时，凸模7由凸模护套9内突出，即冲裁出一个孔。

3）在所冲孔周围先对材料加压。由图2-46可见，凸模护套突出于卸料板，冲压时，卸料板不接触材料。由于凸模护套与材料的接触面积上的压力很大，使其处于立体的压应力状态，改善了材料的塑性条件，有利于塑性变形过程。因而，在冲制的孔径小于材料厚度时，仍能获得断面光洁的孔。

图2-47所示是一副超短凸模的小孔冲裁模，这副模具冲制的工件如图上的工件图所示。工件板厚4mm，最小孔径约为0.5t。模具结构采用缩短凸模的方法来防止其在冲裁过程中产生弯曲变形而折断。采用这种结构模具制造比较容易，凸模使用寿命较长。这副模具采用冲击块5冲击凸模进行冲裁工作。小凸模由小压板7进行导向，而小压板由两个小导柱6进行导向。当上模下行时，大压板8与小压板7先后压紧工件，小凸模2、3、4上端露出小压板7的上平面，上模压缩弹簧继续下行，冲击块5冲击小凸模2、3，4对工件进行冲孔。卸下工件的任务由大压板8完成。厚料冲小孔模具的凹模孔口漏料必须通畅，防止废料堵塞而损坏凸模。冲裁的工件在凹模上由定位板9和1定位，并由侧压块10使冲裁件紧贴定位面。

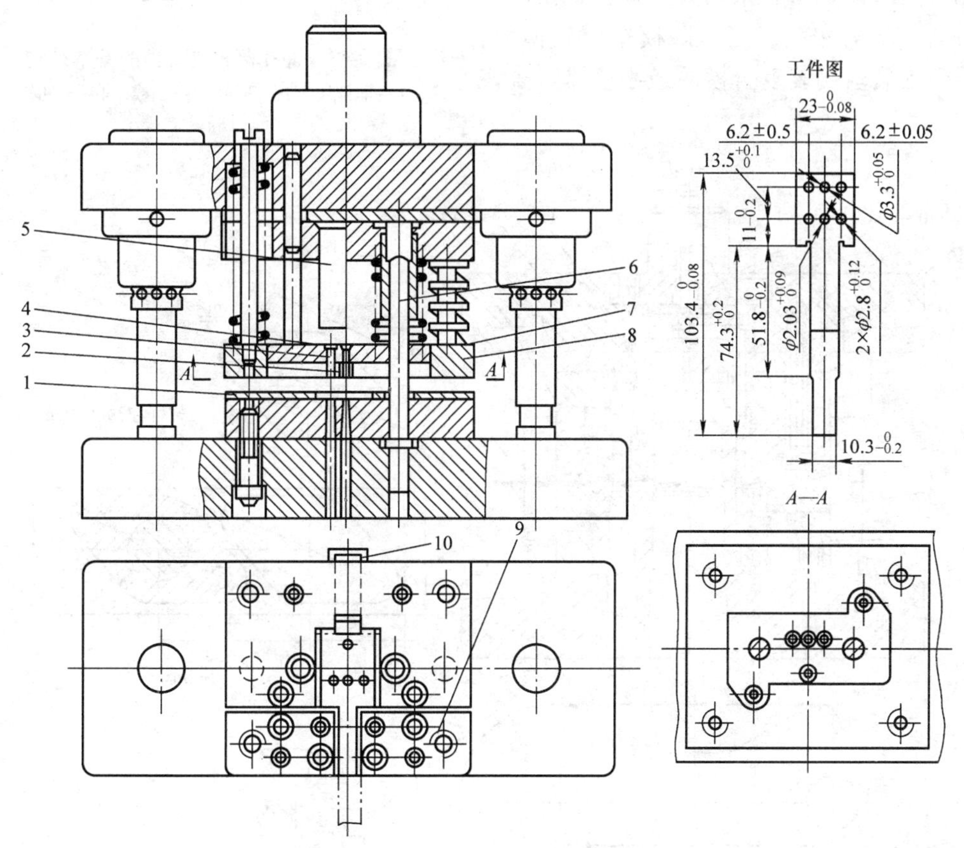

图2-47　超短凸模的小孔冲裁模

1、9—定位板　2、3、4—小凸模　5—冲击块　6—导柱　7—小压板　8—大压板　10—侧压块

2. 复合冲裁模

在压力机的一次工作行程中，在模具同一部位同时完成数道分离工序的模具，称为复合冲裁模。复合冲裁模的设计难点是如何在同一工作位置上合理地布置好几对凸、凹模。

图2-48所示是冲孔落料复合模的基本结构。在模具的一端是落料凹模，中间装着冲孔凸模；而另一端是凸凹模，外形是落料的凸模，内孔是冲孔的凹模。落料凹模装在上模上，称为倒装复合模，反之称为正装复合模。

复合模的特点是：结构紧凑，生产率高，冲裁件精度高，特别是冲裁件孔对外形的位置度容易保证。但复合冲裁模结构复杂，对模具精度要求较高，模具装配精度也要求高，使成本提高，主要用于批量大、精度要求高的冲裁件。如图 2-49 所示是倒装落料冲孔复合模。凸凹模 18 装在下模，落料凹模 17 和冲孔凸模 14、16 装在上模。倒装复合模一般采用刚性推件装置把卡在凹模中的冲裁件推出。刚性推件装置由推杆 12、推板 11、推销 10，推动推件块 9，推出冲件。废料直接由凸模从凸凹模内孔推出。凸凹模孔口若采用直刃口，则模内有积存废料，胀力较大，当凸凹模壁厚较薄时，可能导致胀裂。倒装复合模的最小壁厚可查表 2-24。

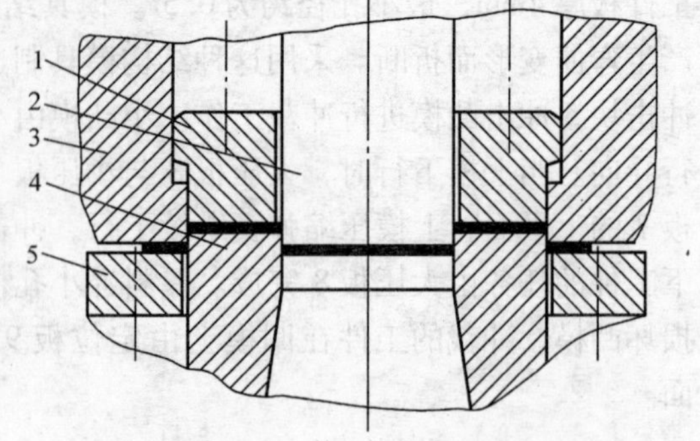

图 2-48　冲孔落料复合模的基本结构
1—推件块　2—凸模　3—凹模　4—凸凹模　5—卸料板

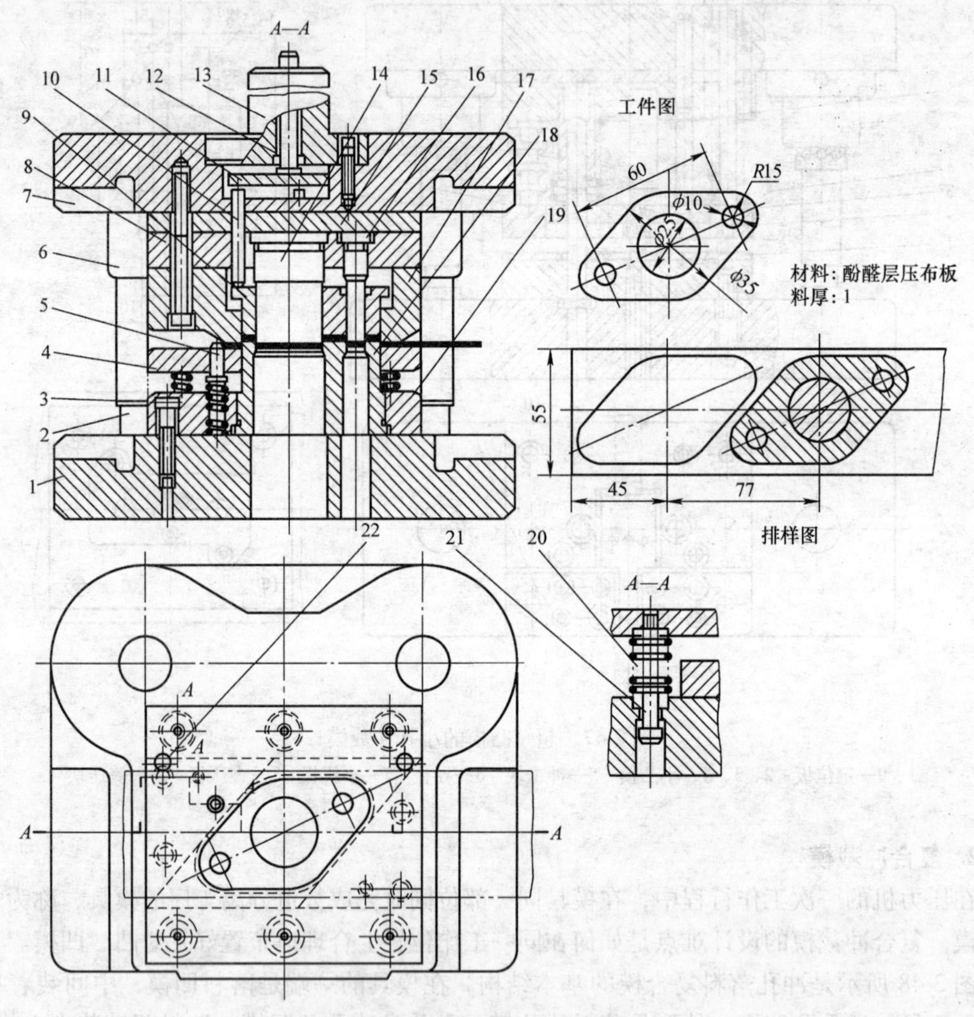

图 2-49　倒装落料冲孔复合模
1—下模座　2—导柱　3—弹簧　4—卸料板　5—活动挡料销　6—导套　7—上模座　8—凸模固定板　9—推件块　10—推销　11—推板　12—推杆　13—凸缘模柄　14、16—凸模　15—垫板　17—凹模　18—凸凹模　19—固定板　20—弹簧　21—卸料螺钉　22—导料销

表 2-24　倒装复合模的冲裁凸凹模最小壁厚　（单位：mm）

简图										
材料厚度	0.4	0.6	0.8	1.0	1.2	1.4	1.6	1.8	2.0	2.2	2.5
最小壁厚 a	1.4	1.8	2.3	2.7	3.2	3.6	4.0	4.4	4.9	5.2	5.8
材料厚度	2.8	3.0	3.2	3.5	3.8	4.0	4.2	4.4	4.6	4.8	5.0
最小壁厚 a	6.4	6.7	7.1	7.6	8.1	8.5	8.8	9.1	9.4	9.7	10

注：正装复合模的冲裁凸凹模最小壁厚可小于表中的数值，一般常用的经验数据为：钢铁材料，取最小壁厚为工件材料厚度的 1.5 倍，但不应小于 0.7mm；非铁金属材料，取最小壁厚约等于工件材料厚度，但不应小于 0.5mm。

采用刚性推件的倒装复合模，条料不是处于被压紧状态下冲裁，因而冲裁件的平直度不高。这种结构适于冲裁较硬或厚度大于 0.3mm 的板料。如果在上模内设置弹性元件，即采用弹性推件，则可以冲制材料较软或料厚小于 0.3mm 的平直度较高的冲裁件。

图 2-50 所示为正装复合模，凸凹模 6 装在上模上，落料凹模 8 和冲孔凸模 11 装在下模中。工作时，条料靠导料销 13 和挡料销 12 定位。上模下压，凸凹模外形和凹模 8 进行落料，落下的料卡在凹模中，同时冲孔凸模与凸凹模内孔进行冲孔，冲孔废料卡在凸凹模孔内。卡在凹模中的冲裁件由顶件装置顶出。顶件装置由带肩顶杆 10 和顶件块 9 及装在下模座底下的弹顶器（与下模座螺纹孔联接）组成。当上模上行时，原来在冲裁时被压缩的弹性元件恢复，把卡在凹模中的冲件顶出凹模表面。弹顶器之弹性元件的高度不受模具空间的限制，顶件力的大小容易调整，可获得较大的顶件力。卡在凸凹模内的冲孔废料由推件装置推出。推件装置由打杆 1、推板 3 和推杆 4 组成。当上模上行至上死点时，把废料推出。每冲裁一次，冲孔废料被推出一次，凸凹模孔内不积存废料，因而胀力小，不易破裂，且冲裁件的平直度较高。但冲孔废料落在下模工作面上，清除麻烦。由于采用固定挡料销和导料销，所以在卸料板上需钻让位孔。也可采用活动导料销或挡料销。

图 2-51 所示为同时冲裁三个垫圈的复合模。冲裁件与排样图如图 2-51 右边所示。这三个垫圈的尺寸是相互套裁的，垫圈甲的孔径为垫圈乙的外径，垫圈乙的孔径为垫圈丙的外径。用复合模冲三个垫圈，理应在同一位置上要布置六套凸、凹模。由于上述的两个套裁，因而需要四套凸、凹模。这副模具采用了套筒式的交错布置方式，进一步展示了复合模在同一位置上布置多套凸、凹模的结构特点。

这副模具的凸、凹模的布置方法是：上模部分装有凸凹模 2（它的外刃口是垫圈甲的落料凸模，它的内刃口是垫圈甲的冲孔凹模，同时又是垫圈乙的落料凹模）和凸凹模 1（它的外刃口是垫圈乙的冲孔凸模，同时又是垫圈丙的落料凸模，它的内刃口是垫圈丙的冲孔凹模）。下模部分装有垫圈甲的落料凹模 3、垫圈丙的冲孔凸模 7 以及凸凹模 8（它的外刃口是垫圈甲的冲孔凸模，同时又是垫圈乙的落料凸模，它的内刃口是垫圈乙的冲孔凹模，同时又是垫圈丙的落料凹模）。冲裁后，由上模推下的是垫圈乙，还有垫圈丙的冲孔废料；由下模顶出（在下模座下装有弹顶装置）的是垫圈甲与垫圈丙。在凸凹模8的筒壁上开有三条等分的长圆孔，用联结销5将丙外两个顶件板4、6联结起来，便于同时将垫圈甲与垫圈丙顶出。

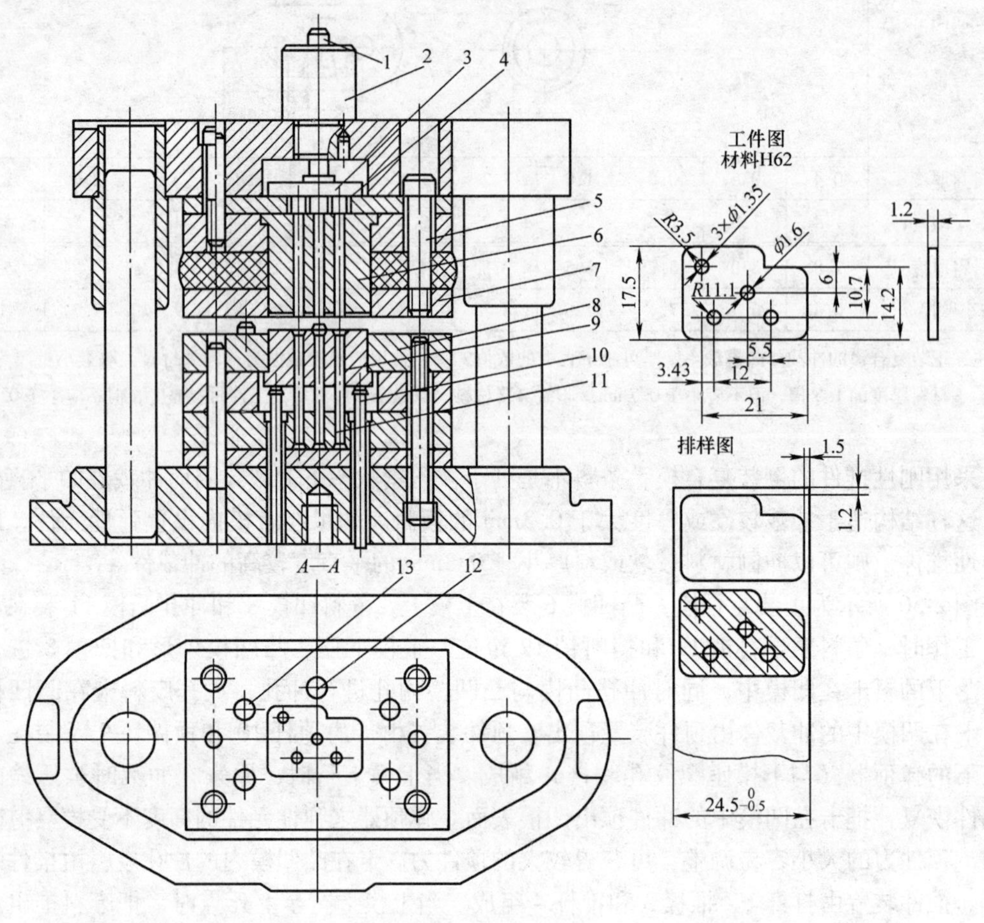

图2-50 正装复合模

1—打杆 2—旋入式模柄 3—推板 4—推杆 5—卸料螺钉 6—凸凹模 7—卸料板 8—凹模 9—顶件块 10—带肩顶杆 11—凸模 12—挡料销 13—导料销

由于垫圈甲有四个等分的突起，所以凸凹模2在圆周方向要有定位，在其尾部装有防转销。

3. 级进模

级进模又称连续模、跳步模，是指压力机在一次行程中，依次在几个不同的位置上同时完成多道工序的冲裁模。整个冲裁件的成形是在连续过程中逐步完成的。连续成形是工序集中的工艺方法，可使切边、切口、切槽、冲孔、塑性成形、落料等多种工序在一副模具上完成。级进模可分为普通级进模和多工位精密级进模。

（1）级进模结构类型 由于用级进模冲压时，冲裁件是依次在几个不同位置上逐步成形的，因此要控制冲裁件的孔与外形的相对位置精度就必须严格控制送料步距。为此，级进模有两种基本结构类型：用导正销定距的级进模和用侧刃定距的级进模。

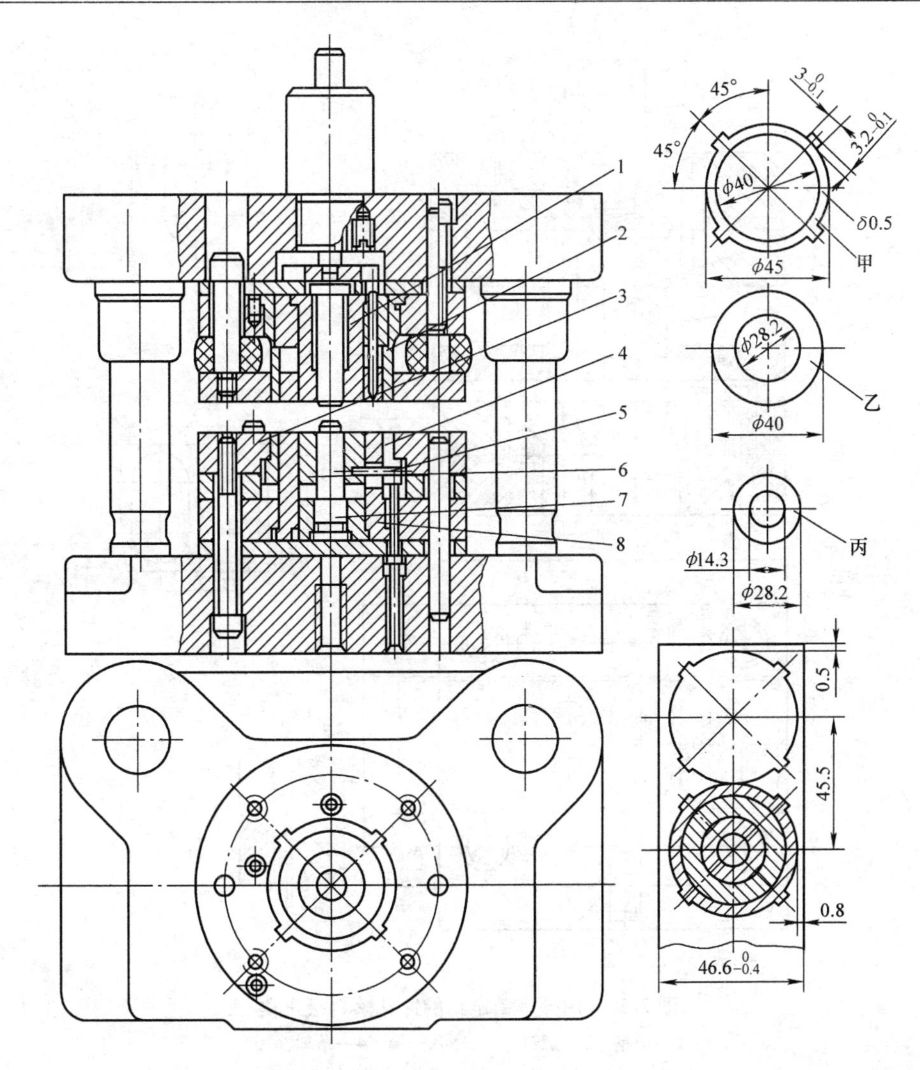

图 2-51　同时冲裁三个垫圈的复合模

1、2、8—凸凹模　3—落料凹模　4、6—顶件板　5—连结销　7—冲孔凸模

1）用导正销定距的级进模。图 2-52 所示为用导正销定距的冲孔落料级进模。上、下模用导板导向。冲孔凸模 3 与落料凸模 4 之间的距离就是送料步距 s。送料时由固定挡料销 6 进行初定位，由两个装在落料凸模上的导正销 5 进行精定位。导正销与落料凸模的配合为 H7/r6，其连接应保证在修磨凸模时装拆方便，因此，落料凹模安装导正销的孔是个通孔。导正销头部的形状应有利于导正时插入已冲的孔中，它与孔的配合应略有间隙。为了保证首件的正确定距，在带导正销的级进模中，常采用始用挡料装置，它安装在导板下的导料板中间。在条料上冲制首件时，用手推压始用挡料销 7，使它从导料板中伸出来抵住条料的前端即可冲裁第一件上的两个孔。以后的各次冲裁就都由固定挡料销 6 控制送料步距作粗定位。

这种定距方式多用于较厚板料、冲件上有孔、精度低于 IT12 级的冲裁件二工位的冲裁。它不适用于软料或板厚 $t<0.3\text{mm}$ 的冲裁件，不适于孔径小于 1.5mm 或落料凸模较小的冲裁件。

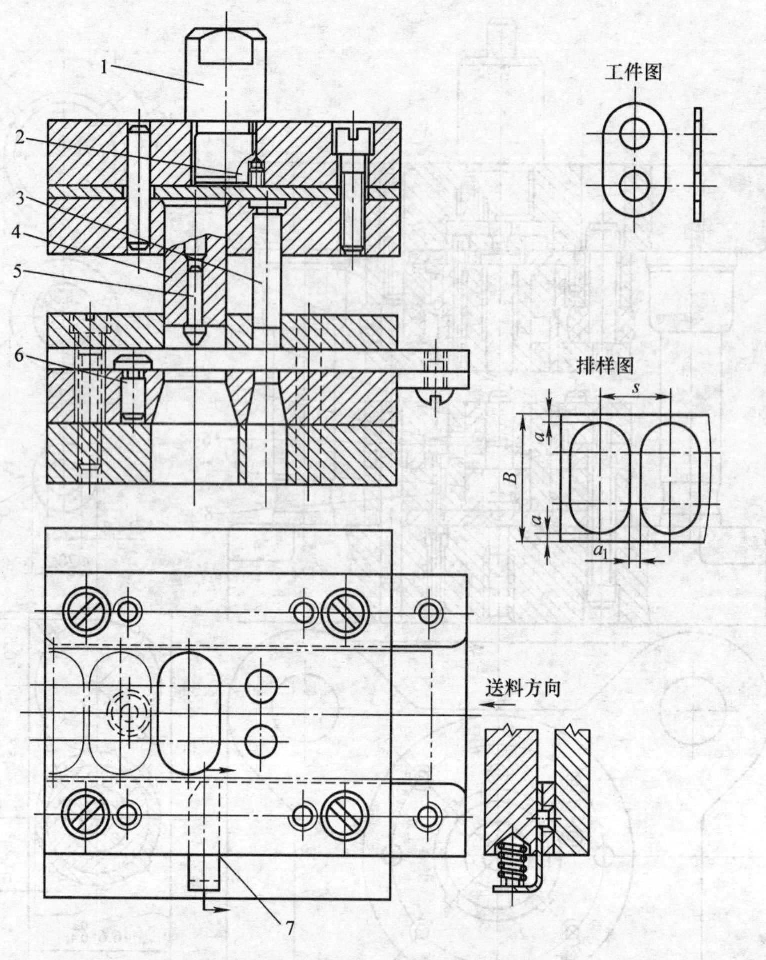

图 2-52　用导正销定距的冲孔落料级进模

1—模柄　2—螺钉　3—冲孔凸模　4—落料凸模

5—导正销　6—固定挡料销　7—始用挡料销

2）采用侧刃定距的级进模。如图 2-53 所示为冲裁接触环的双侧刃定距的冲孔落料级进模。它与上述级进模相比，用成形侧刃 12 代替了始用挡料销，挡料销和导正销控制条料送进距离（亦称步距），用弹压卸料板 7 代替了固定卸料板，用对角导柱模架代替了中间导柱模架。该模具中侧刃是有特殊功用的凸模，其作用是在压力机的每次冲压行程中，沿条料边缘切下一块长度等于步距的料边。由于沿送料方向上、在侧刃前后、两导料板间距不同，前宽后窄形成一个凸肩，所以条料上只有切去料边的部分才能通过，通过的距离即等于步距。本模具因工位较多，采用双侧刃前后对角排列，可冲下料尾的全部冲裁件。

弹压卸料板 7 装于上模，用卸料螺钉 6 与上模座联接。其作用是：当上模下降，凸模冲裁时，弹簧 11（可用橡胶弹性体代替）被压缩而压料。当凸模回升、弹簧回复，推动卸料板卸料。

侧刃定距是级进模中常用的控制步距和导正条料的方式，它一般用于 3 ~ 6 工位的冲裁加工，适用于不便采用始用和固定挡料销与导正销组合方式定位的冲裁件或料厚为 0.1 ~

1.5mm 的冲裁件。侧刃定距的定距精度一般低于导正销，模具结构比较复杂，材料有额外浪费。

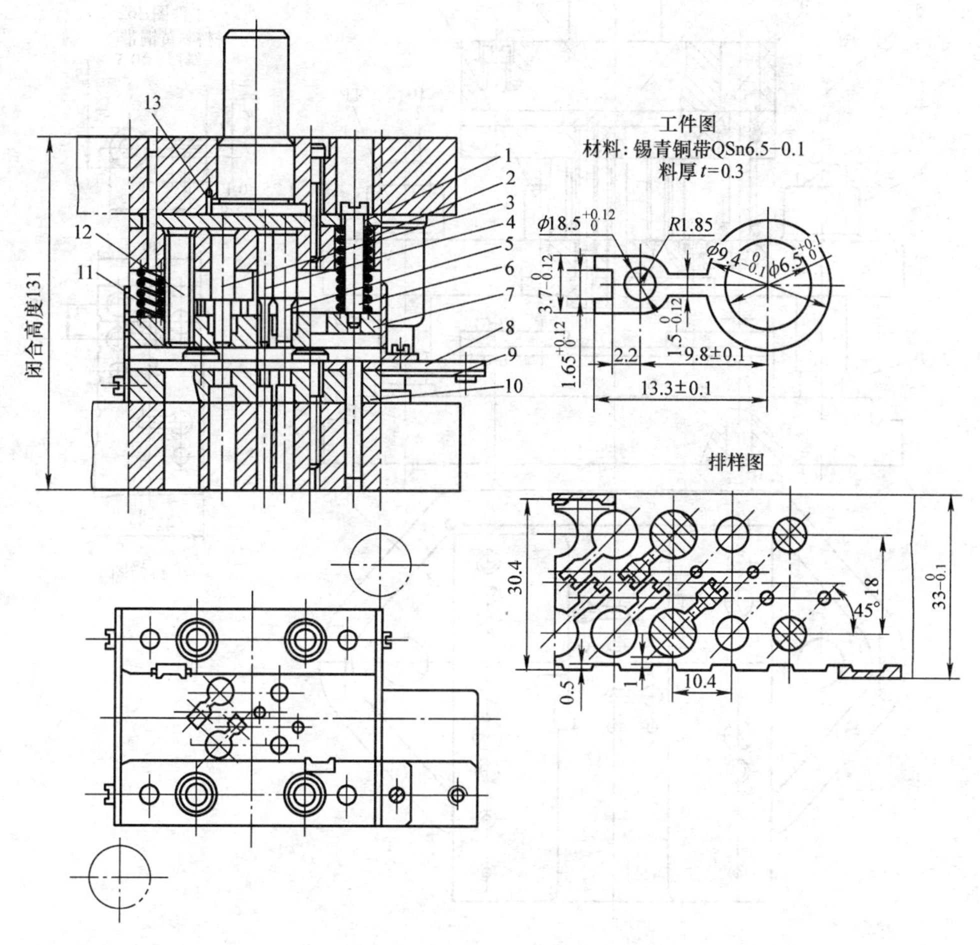

图 2-53　双侧刃冲孔落料级进模

1—垫板　2—固定板　3—落料凸模　4、5—冲孔凸模　6—卸料螺钉　7—弹压卸料板　8—导料板　9—承料板　10—凹模　11—弹簧　12—成形侧刃　13—防转销钉

图 2-54 所示为侧刃定距的弹压导板级进模。此类模具除了具有上述侧刃定距级进模的特点外，还有如下特点：各凸模（如冲孔凸模 7）与凸模固定板 6 成间隙配合（普通导柱模多为过渡配合），凸模的装卸、更换方便；凸模以弹压导板导向，导向准确；弹压导板 2 由安装在下模座 14 上的导柱 1 和 10 导向，导板由 6 根卸料螺钉 5 与上模联接，因此能消除压力机导向误差对模具的影响，模具寿命长，零件质量好。

侧刃定距的弹压导板级进模用于冲裁工件尺寸小而复杂，凸模需要保护的场合。

当冲裁件的精度较高（可达 IT10 级），且采用多工位冲裁时，可采用定距侧刃与导正销联合定距的方式。此时，定距侧刃相当于始用和固定挡料销，用于粗定位，导正销作为精定位。不同的是导正销是专用的，像凸模一样安装在凸模固定板上，在凹模的相应位置有让位孔，在条料的废料处预冲工艺孔供导正销导正条料。

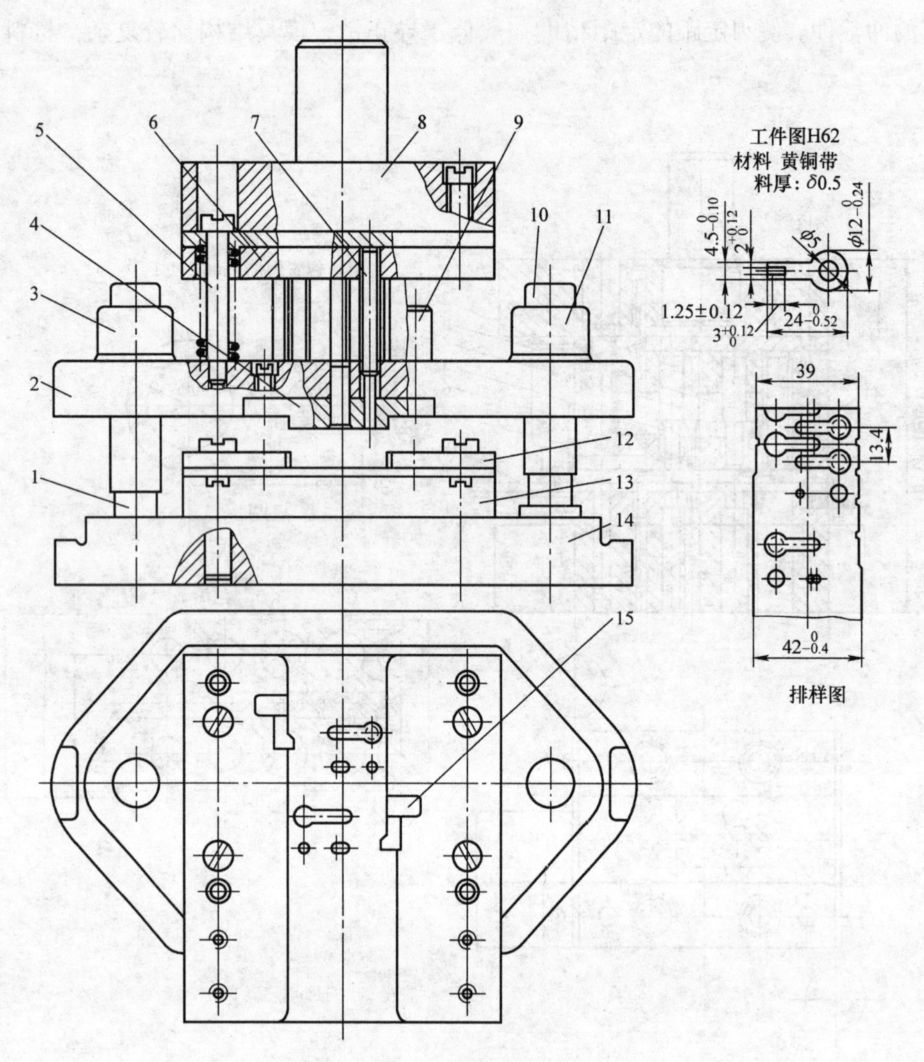

图 2-54　侧刃定距的弹压导板级进模

1、10—导柱　2—弹压导板　3—导套　4—导料板镶块　5—卸料螺钉　6—凸模固定板　7—冲孔凸模　8—上模座　9—限制柱　11—导套　12—导料板　13—凹模　14—下模座　15—侧刃挡块

（2）连续冲裁排样　采用连续冲裁方式，排样设计十分重要，它不仅考虑材料的利用率，还要考虑冲裁件的精度要求、冲压成形规律、模具结构及强度等。当冲裁件精度要求高时，除了注意采用精确的定位装置外，还应尽量减少工步数，以减少工步积累误差。孔距公差较小的孔应尽量在同一工步中冲出。

全部是冲裁工位的级进模，一般是先冲孔后落料或切断。先冲出的孔可作后续工位的定位孔。若该孔不适于定位或冲裁定位精度要求较高，则可在料边冲出辅助定位孔（亦称导正孔），如图 2-55a 所示。

模具结构对排样的要求：孔壁距小的冲裁件可分步冲出，如图 2-55b 所示；工位之间凹模壁厚小的，应增设空步，如图 2-55c 所示；外形复杂的冲裁件，应分步冲出，以简化凸、凹模形状，增加强度，便于加工和装配，如图2-55d所示；侧刃的位置应尽量避免导致凸、凹模局部工作，以免损坏刃口，影响模具寿命，如图2-55b所示，用侧刃与落料凹模刃口距离增大0.2~0.4mm来实现。

工件成形规律对排样的要求：需要弯曲、拉深、翻边等成形工序加工的工件，采用连续冲压时，位于变形部位上的孔，应安排在成形工序之后冲裁；落料或切断工序一般安排在最后工位上。

套料连续冲裁，如图2-55e所示，按由里向外的顺序，先冲内轮廓后冲外轮廓。

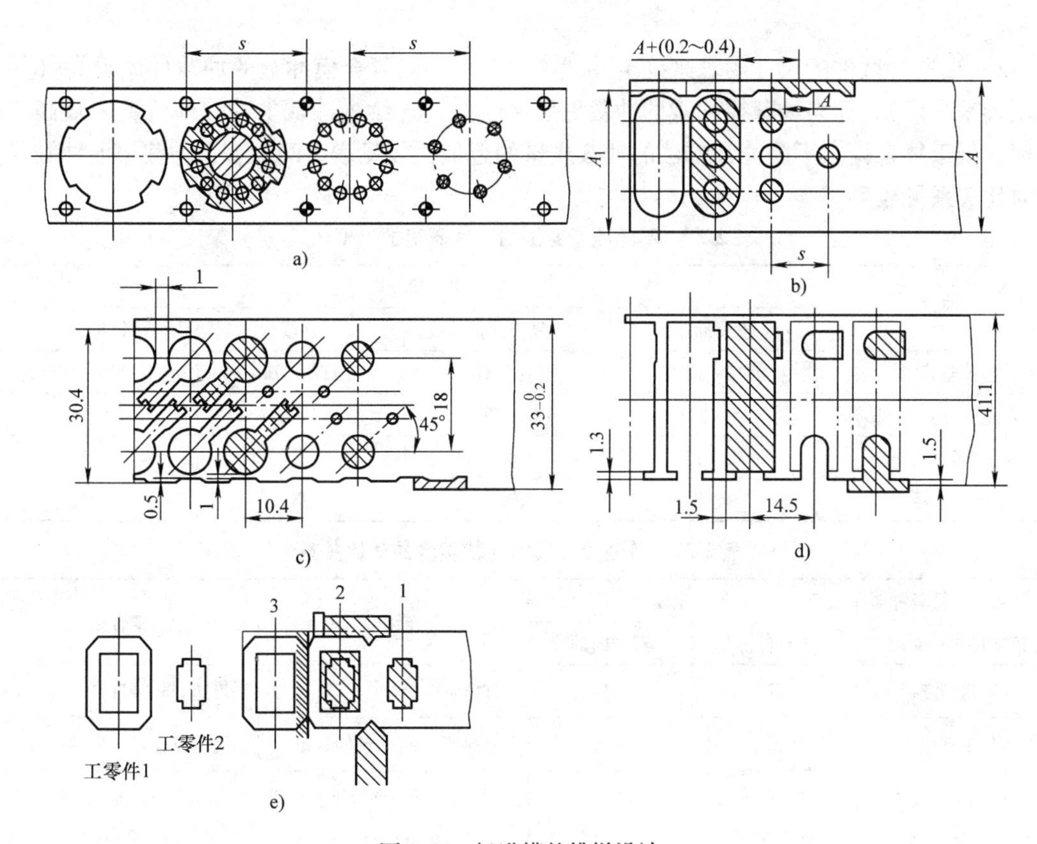

图2-55　级进模的排样设计

a）连续—复合排样法　b）分步冲孔排样法　c）增设空步排样法

d）分步冲裁排样法　e）套料连续冲裁排样法

二、冲裁模结构类型选择

模具结构类型选择是以合理的工艺方案为基础的，在综合考虑冲裁件的结构特点、精度等级、尺寸形状和厚度、材料种类、生产批量以及制模条件、操作方法等因素之后，合理选择模具结构类型，其选择原则如下：

1）根据冲裁件生产批量的多少，来确定是采用简易冲裁模结构还是复杂冲裁模结构。一般说来，生产批量小时考虑采用寿命短、成本低的简易冲裁模较为合适；生产批量大时考虑采用寿命较长的常规冲裁模结构较为合适；冲压生产批量与模具类型的关系见表2-25。

表 2-25　冲压生产批量与模具类型的关系

生产性质	生产批量/万件	模具类型	设备类型
小批量或试制	<1	简易模、组合模、单工序模	通用压力机
中批量	1 ~ 30	单工序模、复合模、连续模、半自动模	半自动通用压力机、自动通用压力机、高速压力机
大批量	30 ~ 150	复合模、多工位自动连续模、自动模	机械化高速压力机、自动化压力机
大量	>150	硬质合金模、多工位自动连续模	自动化压力机、专用压力机

2）根据冲裁件的尺寸要求来确定冲裁模类型。一般复合模冲裁的冲裁件质量高（尤其是正装复合模），简易冲裁模冲裁的冲裁件质量较差，连续模冲裁的冲裁件质量一般高于简易模、低于复合模。不同冲裁方法的冲裁质量的近似比较见表 2-26，普通冲裁模的冲裁质量的对比关系见表 2-27。

表 2-26　不同冲裁方法的冲裁质量的近似比较

项目	冲　裁　方　法			
	连续冲裁	复合冲裁	整修	精密冲裁
公差等级	IT13 ~ IT10	IT10 ~ IT8	IT7 ~ IT6	IT8 ~ IT6
表面粗糙度 $Ra/\mu m$	25 ~ 6.5	12.5 ~ 3.2	0.8 ~ 0.4	0.8 ~ 0.4
毛刺高度 h/mm	≤0.15	≤0.10	无	微
平面度	较差	较高	高	高

表 2-27　普通冲裁模的冲裁质量的对比关系

比较项目＼模具种类	单工序模		连续模	复合模
	无导向的	有导向的		
冲压精度	低	一般	IT13 ~ IT10	可达 IT10 ~ IT8
零件平整程度	差	一般	不平整，高质量件需校平	因压料较好，零件平整
零件最大尺寸和材料厚度	尺寸不受限制厚度不限	中小型尺寸厚度较厚	尺寸在 250mm 以下，厚度在 0.1 ~ 6mm 之间	尺寸在 300mm 以下，厚度在 0.05 ~ 3mm 之间
冲压生产率	低	较低	工序间自动送料，可以自动排除冲裁件，生产率高	冲裁件落到或被顶到模具工作面上必须用手工或机械排除，生产率稍低
使用高速自动压力机的可能性	不能使用	可以使用	可以在行程次数为 400 次/min 或更多的高速压力机上工作	操作时出件困难，可能损坏弹簧缓冲机构，不作推荐
多排排样法的应用			广泛应用于尺寸较小的冲裁件	很少采用
模具制造的工作量和成本	低	比无导向的略高	冲裁较简单的工件时比复合模低	冲裁复杂零件时比连续模低
安全性	不安全，需采取安全措施		比较安全	不安全，需采取安全措施

3）根据制模条件和经济性来选择模具类型。在有相当制模设备和技术的情况下，为了能提高模具寿命，满足大批量生产及冲裁件的质量要求，应选择较复杂的精度较高的冲裁模结构。

模块四　冲裁模工作零件结构设计与制造

冲裁模工作零件包括凸模、凹模和凸凹模。

一、凸模

1. 凸模的结构形式及其固定方法

凸模的结构形式由冲裁件的形状、尺寸、冲裁模的加工工艺以及装配工艺等实际条件决定。其结构有整体式、镶拼式、阶梯式、直通式和带护套式等；其截面形状有圆形和非圆形。凸模的固定方法有台肩固定、铆接固定、直接用螺钉和销钉固定、粘结剂浇注法固定等。

（1）圆形凸模的结构形式及其固定方法　按标准规定，圆形凸模有4种结构形式及其固定方法，如图2-56所示。

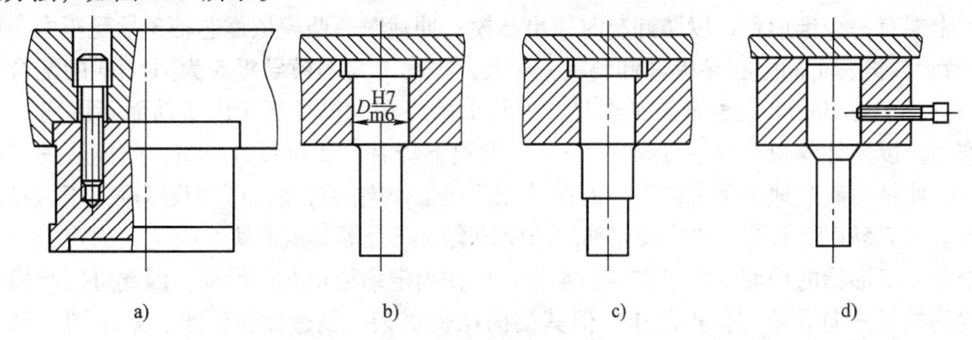

图2-56　圆形凸模的结构形式及其固定方法

a）平面尺寸大于ϕ80mm的凸模　b）较大直径的凸模　c）较小直径的凸模　d）快换式小凸模

图2-56a所示结构用于平面尺寸大于ϕ80mm的凸模，可以直接用销钉和螺栓固定。

当凸模直径小于ϕ80mm时，可采用台阶式的凸模。台阶式凸模强度、刚性较好，装配修磨方便，其工作部分的尺寸由计算得到；与凸模固定板配合部分按过渡配合（H7/m6或H7/n6）制造；凸模的最大直径形成台肩，以便固定凸模，保证工作时凸模不被拉出。

图2-56b所示结构为用于较大直径的凸模；图2-56c所示结构为用于较小直径的凸模，它们适用于冲裁力和卸料力大的场合。图2-56d所示结构为快换式小凸模，维修更换方便。

（2）非圆形凸模的结构形式及其固定方法　在实际生产中广泛应用的非圆形凸模如图2-57所示。图2-57a所示是台阶式的非圆形凸模。凡是截面为非圆形的凸模，如果采用台阶式的结构，其固定部分应尽量简化成简单形状的圆形几何截面。

图2-57a所示是台肩固定非圆形凸模结构，只有工作部分的截面是非圆形的，而固定部分是圆形的，但在固定端接缝处必须加防转销。图2-57b、c、d所示是直通式凸模。直通式凸模用线切割加工或成形铣削、成形磨削加工。截面形状复杂的凸模，广泛采用这种结构。图2-57b所示凸模采用铆接固定，图2-57c所示凸模采用粘接剂（如环氧树脂或502胶等粘

接剂）固定。近几年来，随着电加工技术的普及，对于尺寸相对比较大、截面形状复杂的凸模，可采用图 2-57d 所示的直通式台阶凸模结构，其固定方法可靠。

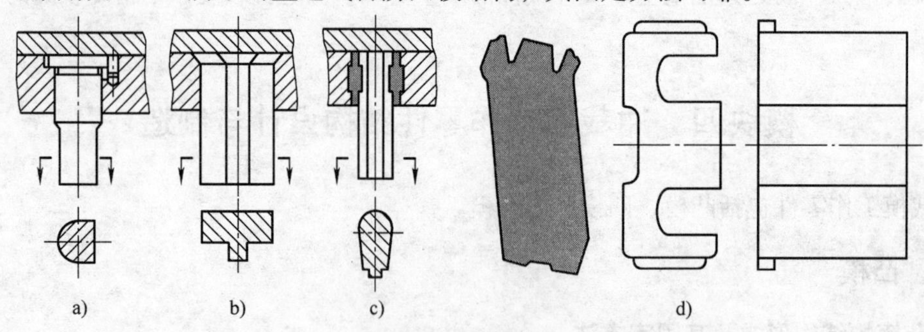

图 2-57　非圆形凸模的结构形式及其固定方法
a）台肩固定　b）铆接固定　c）粘接剂固定　d）直通式台阶凸模结构

2. 冲小孔凸模结构

所谓小孔，一般是指孔径 d 小于被冲板料厚度的孔。冲小孔凸模的强度和刚度差，容易弯曲和折断，所以必须对冲小孔凸模加保护与导向措施，提高它的强度和刚度，从而提高其使用寿命。冲小孔凸模一般采用局部保护与导向和全长保护与导向，如图 2-58 所示。如图 2-58a 所示，护套 1、凸模 2 均用铆接固定。如图 2-58b 所示，护套 1 采用台肩固定，凸模 2 很短，上端有一个锥形台，以防卸料时拔出凸模；冲裁时，凸模依靠芯轴 3 承受压力。如图 2-58c 所示，护套 1 固定在导板（卸料板）4 上，护套 1 与上模导板 5 为 H7/h6 的配合，凸模 2 与护套 1 为 H8/h8 的配合。工作时，护套 1 始终在上模导板 5 内滑动而不脱离（起小导柱作用，以防卸料板在水平方向摆动）。当上模下降时，卸料弹簧压缩，凸模从护套中伸出冲孔。此结构有效地避免了卸料板的摆动和凸模工作端的弯曲，可冲裁厚度大于直径两倍的小孔。图 2-58d 所示是一种比较完善的凸模护套，三个等分扇形块 6 固定在固定板中，具有三个等分扇形槽的护套 1 固定在导板 4 中，可在固定扇形块 6 内滑动，因此可使凸模在任意位置均处于三向导向与保护之中，但其结构比较复杂，制造比较困难。采用图 2-58c、d 的两种结构时应注意两点：其一，上模处于上死点位置时，护套 1 的上端不能离开上模的导向元件（如上模导板 5、扇形块 6），其最小重叠部分长度不小于 3mm；其二，上模处于下死点位置时，护套 1 的上端不能受到碰撞。

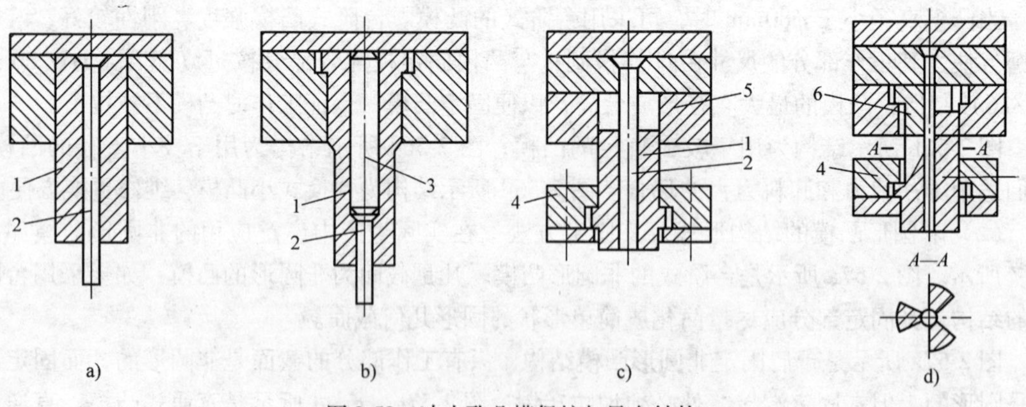

图 2-58　冲小孔凸模保护与导向结构
a）铆接固定　b）台肩固定　c）、d）导板固定
1—护套　2—凸模　3—芯轴　4—导板　5—上模导板　6—扇形块

3. 凸模长度的确定

如图 2-59 所示，凸模长度尺寸应根据模具的具体结构，并考虑修磨、固定板与卸料板之间的安全距离、装配等的需要来确定。

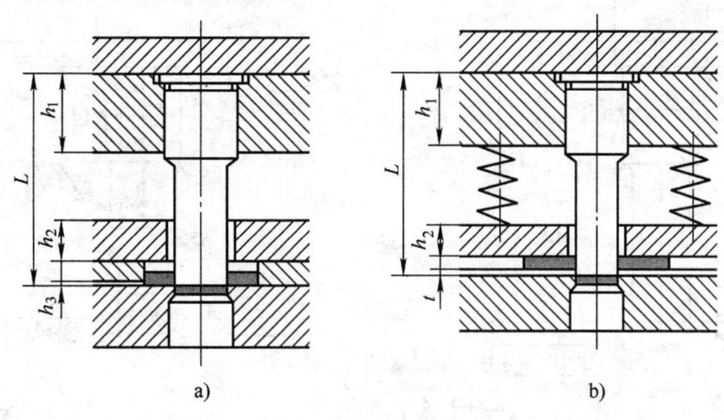

图 2-59　凸模长度尺寸

a）采用固定卸料板和导料板　b）采用弹压卸料板

当采用固定卸料板和导料板时（图 2-59a），其凸模长度按下式计算

$$L = h_l + h_2 + h_3 + h$$

当采用弹压卸料板时（图 2-59b），其凸模长度按下式计算

$$L = h_1 + h_2 + t + h$$

式中　h_1——凸模固定板厚度；

h_2——卸料板厚度；

h_3——导料板厚度；

t——材料厚度；

h——附加长度，包括凸模的修磨量、凸模进入凹模的深度及凸模固定板与卸料板间的安全距离，一般为 15 ~ 20mm。

4. 凸模技术要求

模具刃口要求有较高的耐磨性，并能承受冲裁时的冲击力。因此，凸模材料应有高的硬度与适当的韧性。形状简单且模具寿命要求不高的凸模可选用 T8A、T10A 等材料；形状复杂且具有较高寿命要求的凸模应选用 Cr12、Cr12MoV、CrWMn 等制造，硬度取 58 ~ 62HRC；要求高寿命、高耐磨性的凸模，可选用硬质合金材料。凸模图样的技术规范如图 2-60 所示。

二、凹模

1. 凹模刃口形式

常用凹模刃口形式如图 2- 61 所示。图 2- 61a、b、c 所示为直筒式刃口凹模，其特点是制造方便，刃口强度高，刃磨后工作部分尺寸不变。该种凹模广泛用于冲裁公差要求较小、形状复杂的精密制件。但因废料（或制件）的聚集而增大了推件力和凹模的胀裂力，给凸、凹模的强度都带来了不利的影响。一般复合模和上出件的冲裁模用图 2- 61a、c 所示结构形式，下出件的冲裁模用图 2- 61a、b 所示结构形式。图 2- 61d、e 所示是锥筒式刃口，在凹模内不聚集材料，侧壁磨损小，但刃口强度差，刃磨后刃口径向尺寸略有增大（如 $\alpha=30'$ 时，刃磨 0.1mm，其尺寸增大 0.0017mm）。

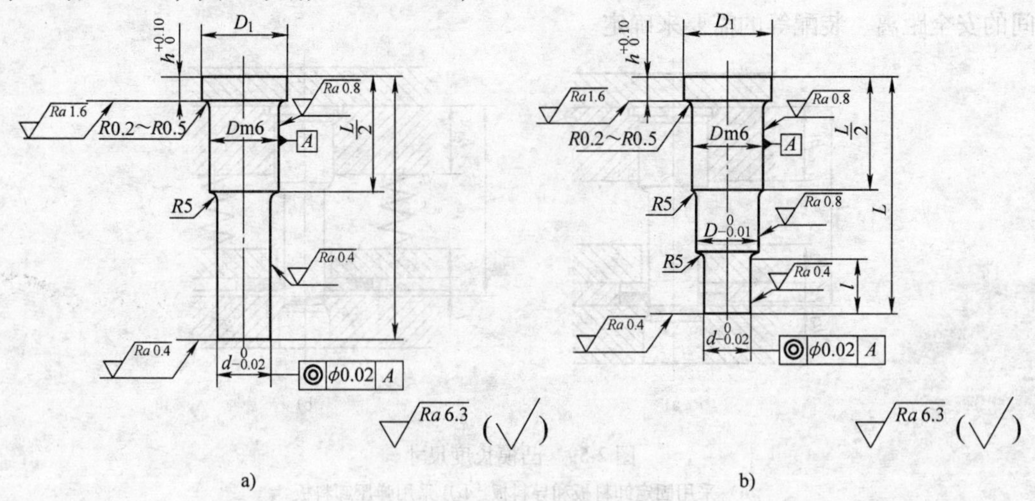

图 2-60　凸模图样的技术规范

a）单凸模结构　b）增强型凸模结构

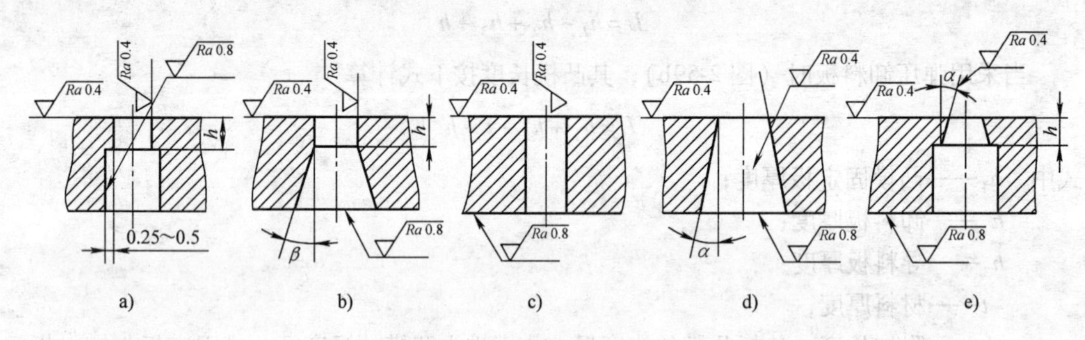

图 2-61　凹模刃口形式

a）、b）、c）直筒式刃口凹模　d）、e）锥筒式刃口凹模

凹模锥角 α、后角 β 和洞口高度 h，均随制件材料厚度的增加而增大，一般取 $\alpha=15'\sim30'$、$\beta=2°\sim3°$、$h=4\sim10$mm。

2. 凹模外形结构及其固定方法

凹模的外形与工件外形类似，有圆形和矩形，其固定方式如图 2-62 所示。图 2-62a、b 所示为标准中的两种圆形凹模及其固定方法。这两种圆形凹模尺寸都不大，直接装在凹模固定板中，主要用于冲孔。

图 2-62c 所示是采用螺钉和销钉直接固定在支承件上的凹模，这种凹模板已经有标准件，它与标准固定板、垫板和模座等配合使用。图 2-62d 所示为快换式冲孔凹模固定方法。

凹模采用螺钉和销钉定位固定时，要保证螺钉（或沉孔）间、螺孔与销孔间及螺孔、销孔与凹模刃壁间的距离不能太近，否则会影响模具寿命。

3. 凹模的外形尺寸

冲裁时，凹模承受冲裁力和侧向挤压力的作用。由于凹模结构形式及固定方法不同，受力情况又比较复杂，目前还不能用理论方法确定凹模轮廓尺寸。在生产中，通常根据冲裁的板料厚度和冲裁件的轮廓尺寸，或凹模孔口刃壁间距离，按经验公式来确定，如图2-63所示。

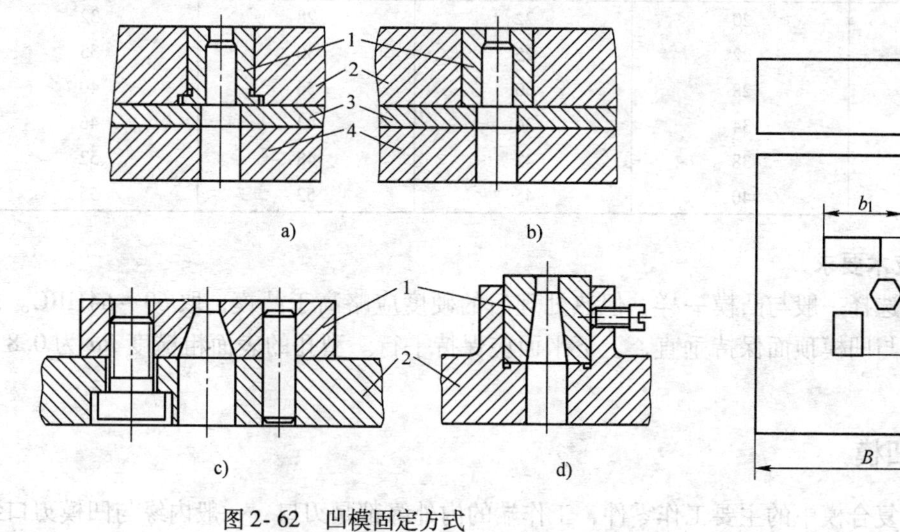

图2-62　凹模固定方式

1—凹模　2—凹模固定板　3—垫板　4—模板（座）

a)、b）圆形凹模直接固定　c）用螺钉和销钉直接固定

d）快换式冲孔凹模的固定

图2-63　凹模外形尺寸

凹模厚度 H（$H>15$mm）为

$$H=Kb_1$$

垂直于送料方向的凹模宽度 B 为

$$B=b_1+(2.5\sim4)H$$

窄料取小值，但应有足够的螺纹孔、销孔位置，即孔至凹模边缘及孔壁的距离应大于孔径的1.5倍。

送料方向的凹模长度 L 为

$$L=L_1+2C$$

式中　b_1——垂直于送料方向的凹模型孔壁间最大距离（mm）；

K——系数，考虑板料厚度的影响，见表2-28；

L_1——送料方向的凹模型孔壁间最大距离（mm）；

C——送料方向的凹模型孔壁与凹模边缘的最小距离，见表2-29。

计算出凹模外形尺寸的长和宽后，可查阅相关资料选取标准凹模板。

表2-28　系数 K 值

凹模宽度 B/mm	材料厚度 t/mm				
	0.5	1	2	3	>3
≤50	0.3	0.35	0.42	0.5	0.6
>50~100	0.2	0.22	0.28	0.35	0.42
>100~200	0.15	0.18	0.2	0.24	0.3
>200	0.1	0.12	0.15	0.18	0.22

表 2-29　凹模型孔壁与凹模边缘的最小距离 C　　（单位：mm）

L_1	材料厚度 t			
	≤0.8	0.8～1.5	1.5～3.0	3.0～6.0
≤40	20	22	28	32
40～50	22	25	30	35
50～70	28	30	36	40
70～90	34	36	42	46
90～120	38	42	48	52
120～150	40	45	52	55

4. 凹模技术要求

凹模材料选择一般与凸模一样，但热处理后的硬度应略高于凸模，取 60～64HRC。凹模洞孔轴线应与凹模顶面保持垂直，上下平面应保持平行。型孔的表面粗糙度 Ra 为 0.8～0.4μm。

三、凸凹模

凸凹模是复合模中的主要工作零件，工作端的内外缘都是刃口，一般内缘与凹模刃口结构形式相同，外缘与凸模刃口结构形式相同，图 2-64 所示为凸凹模的常见结构及固定形式。

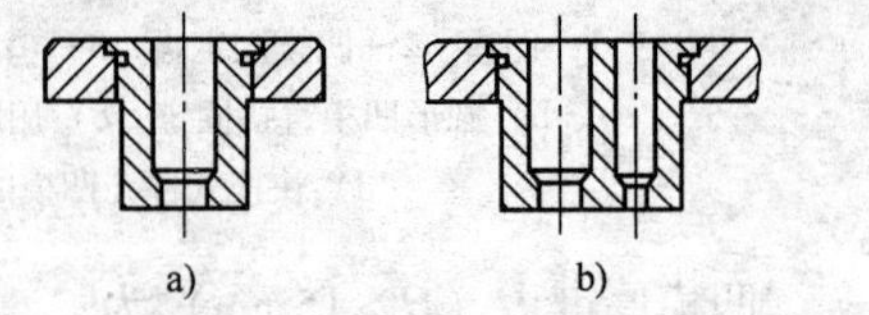

图 2-64　凸凹模结构及固定
a）凸凹模（单凹模）　b）凸凹模（双凹模）

由于凸凹模内外缘之间的壁厚是由冲裁件孔边距决定的，所以当冲裁件孔边距较小时必须考虑凸凹模强度；凸凹模强度不够时就不能采用复合模冲裁。凸凹模的最小壁厚与冲模的结构有关：正装式复合模因凸凹模内孔不积存废料，胀力小，最小壁厚可小些；倒装式复合模的凸凹模内孔一般积存废料，胀力大，最小壁厚应大些。凸凹模的最小壁厚目前一般按经验数据确定：倒装式复合模可查表 2-30；对于正装式复合模，冲裁件材料为钢铁材料时取其料厚的 1.5 倍，但不应小于 0.7mm；冲裁件材料为非铁金属材料时取料厚的等值，但不应小于 0.5mm。

表 2-30　倒装式复合模凸凹模最小壁厚　　（单位：mm）

简　图											
材料厚度	0.4	0.6	0.8	1.0	1.2	1.4	1.6	1.8	2.0	2.2	2.5
最小壁厚 a	1.4	1.8	2.3	2.7	3.2	3.6	4.0	4.4	4.9	5.2	5.8
材料厚度	2.8	3.0	3.2	3.5	3.8	4.0	4.2	4.4	4.6	4.8	5.0
最小壁厚 a	6.4	6.7	7.1	7.6	8.1	8.5	8.8	9.1	9.4	9.7	10

四、工作零件制造

在模具制造中，通常按照零件结构和加工工艺过程的相似性，可将各种模具零件大致分为工作型面零件、板类零件、轴类零件、套类零件等。其中，工作型面零件是一副模具中最重要的零件，是加工精度最高、加工难度最大、涉及加工技术最多的零件，掌握模具制造技术的关键在工作型面零件的制造。由于模具结构复杂，模具材料性能好、难加工，所以模具制造方法既采用切削加工方法，又采用电加工（电加工主要加工高性能难加工材料，复杂型腔、型孔、小孔、窄槽等）及其他特种加工方法。表2-31和表2-32给出了不同加工方法可能达到的加工精度、表面粗糙度，供制订加工工艺时参考。

表2-31　加工方法与公差等级的关系

加工方法	公差等级 IT																			
	01	0	1	2	3	4	5	6	7	8	9	10	11	12	13	14	15	16	17	18
精研磨	—	—	—																	
细研磨			—	—	—	—	—													
粗研磨					—	—	—	—												
终珩磨						—	—	—												
初珩磨								—	—											
精磨				—	—	—	—													
细磨						—	—	—												
粗磨								—	—	—										
圆柱面磨							—	—	—											
平面磨							—	—	—	—										
金刚车削							—	—	—											
金刚镗孔							—	—	—											
精铰								—	—	—										
细铰										—	—	—	—							
精铣										—	—	—								
粗铣											—	—	—							
精车、精刨、精镗									—	—	—									
细车、细刨、细镗										—	—	—								
粗车、粗刨、粗镗												—	—	—						
插削												—	—	—						
钻削													—	—	—	—				
锻造																	—	—		
砂型铸造																—	—			

表 2-32 不同加工方法可能达到的表面粗糙度

加工方法		表面粗糙度 $Ra/\mu m$													
		0.012	0.025	0.05	0.10	0.20	0.40	0.80	1.60	3.20	6.30	12.5	25	50	100
锉削															
刮削															
刨削	粗														
	半精														
	精														
插削															
钻孔															
扩孔	粗														
	精														
金钢镗孔															
镗孔	粗														
	半精														
	精														
铰孔	粗														
	半精														
	精														
滚铣	粗														
	半精														
	精														
端面铣	粗														
	半精														
	精														
车外圆	粗														
	半精														
	精														
金刚车削															
车端面	粗														
	半精														
	精														
磨外圆	粗														
	半为表														
	精														
磨平面	粗														
	半精														
	精														

（续）

加工方法		表面粗糙度 $Ra/\mu m$													
		0.012	0.025	0.05	0.10	0.20	0.40	0.80	1.60	3.20	6.30	12.5	25	50	100
珩磨	平面														
	圆柱														
研磨	粗														
	半精														
	精														
电火花加工															
螺纹加工	丝锥板牙														
	车														
	搓丝														
	滚压														
	磨														

凸模和凹模是冲裁模的工作零件，形状、尺寸差别较大，有较高的加工要求。一般尺寸精度在IT6～IT9，工作表面粗糙度 Ra 为1.6～0.4μm，非工作表面粗糙度 Ra 为12.5～3.2μm；材料一般采用碳素工具钢或合金工具钢，热处理后的硬度为58～62 HRC。它们的加工质量直接影响模具的使用寿命及冲裁件的质量。

凸模和凹模的加工方案一般有分开加工和配合加工两种，其加工特点和适用范围见表2-33。

表2-33　凸模和凹模两种加工方案的比较

加工方案		加工特点	适用范围
分开加工	方案一	凸、凹模分别按图样加工至尺寸要求，凸模和凹模之间的冲裁间隙由凸、凹模的实际尺寸之差来保证	1. 凸、凹模刃口形状较简单，特别是圆形，直径大于5mm时，基本都用此方法 2. 要求凸模或凹模具有互换性 3. 成批生产 4. 加工手段比较先进，分开加工能保证尺寸精度
配合加工	方案二	先加工好凸模，然后按此凸模配作凹模，并保证凸模和凹模之间规定的间隙值	1. 刃口形状比较复杂。非圆形冲孔模可采用方案二；非圆形落料模，可采用方案三 2. 凸、凹模间的配合间隙比较小
	方案三	先加工好凹模，然后按此凹模配作凸模，并保证凹模和凸模之间规定的间隙值	

凸模的加工主要是外形加工，凹模的加工主要是孔（或孔系）加工，而外形加工比较简单。凸模和凹模的加工方法除与工厂的设备条件有关外，主要决定于凸模和凹模的形状和结构特点。冲裁凸、凹模常用加工方法见表2-34和表2-35。

凸模和凹模的加工多属于单件生产，一般都制订以工序为单位、简单明了的工艺规程。加工顺序一般遵循先粗后精，先基面后其他，先面后孔，且工序要适当集中的原则。凸、凹模加工的典型工艺路线主要有以下几种形式：

1）下料→锻造→退火→毛坯外形加工（包括外形粗加工、精加工、基面磨削）→划线

→刃口轮廓粗加工→刃口轮廓精加工→螺纹孔、销孔加工→淬火与回火→研磨或抛光。此工艺路线钳工工作量大，技术要求高，适用于形状简单、热处理变形小的模具零件加工。

表 2-34　冲裁凸模常用加工方法

凸模形式		常用加工方法	适用场所
圆形凸模		车削加工毛坯，淬火后精磨，最后抛光及刃磨工作表面	各种圆形凸模
非圆形凸模	带安装台肩式	方法一：凹模压印修锉法。车、铣或刨削加工毛坯，磨削安装面和基准面，划线铣轮廓，留 0.2 ~ 0.3mm 单边余量，凹模（已加工好）压印后修锉轮廓，淬硬后抛光、磨刃口	无间隙模或设备条件较差的工厂
		方法二：仿形刨削加工。粗加工轮廓，留 0.2 ~ 0.3mm 单边余量，用凹模（已加工好）压印后仿形精刨，最后淬火、抛光、磨刃口	一般要求的凸模
	直通式	方法一：线切割。粗加工毛坯，磨安装面和基准面，划线加工安装孔、穿丝孔，淬硬后磨安装面和基准面，切割成形、抛光、磨刃口	形状较复杂或较小、精度较高的凸模
		方法二：成形磨削。粗加工毛坯，磨安装面和基准面，划线加工安装孔，加工轮廓，留 0.2 ~ 0.3mm 单边余量，淬硬后磨安装面，再成形磨削轮廓	形状不太复杂、精度较高的凸模或镶块

表 2-35　冲裁凹模常用加工方法

型孔形式	常用加工方法	适用场所
圆形孔	方法一：钻铰法。车削加工毛坯上、下底面及外圆，钻、铰工作型孔，淬火后磨上、下底面和工作型孔，抛光	孔径小于 5mm 的情况
	方法二：磨削法。车削加工毛坯上、下底面，钻、镗工作型孔，划线加工安装孔，淬火后磨削的上、下底面和工作型孔，抛光	孔较大的凹模
圆形孔系	方法一：坐标镗削。粗、精加工毛坯上、下底面和凹模外形，磨削上、下面和定位基面，钻、坐标镗削型孔系列，加工固定孔，淬火后磨上、下面，研磨、抛光型孔	位置精度要求高的凹模
	方法二：立铣加工。粗、精加工毛坯，与坐标镗削方法相同；不同之处为孔系加工用坐标法在立铣机床上加工，后续加工与坐标镗削方法也一样	位置精度要求一般的凹模
非圆形孔	方法一：锉削法。毛坯粗加工后，按样板轮廓线切除中心余料后按样板修锉，淬火后磨上、下面，研磨、抛光型孔	设备条件较差的工厂，加工形状简单的凹模
	方法二：仿形铣。凹模型孔精加工在仿形铣床或立铣床上靠模加工（要求铣刀半径小于型孔圆角半径），钳工锉斜度，淬火后磨削上、下面，研磨、抛光型孔	形状不太复杂，精度不太高，过渡圆角较大的凹模
	方法三：压印加工。毛坯粗加工后，用加工好的凸模或样冲压印后修锉，淬火后研磨、抛光型孔	尺寸不太大、形状不复杂的凹模
	方法四：线切割。毛坯外形加工好后，划线加工安装孔，淬火后磨削上、下面，切割型孔	各种形状、精度高的凹模
	方法五：成形磨削。毛坯平面加工好后，划线粗加工轮廓，淬火后磨削上、下面，成形磨削轮廓，研磨、抛光型孔	凹模镶拼件
	方法六：电火花加工。毛坯外形加工好后，划线加工安装孔，淬火后磨削上、下面，作电极或用凸模打凹模型孔，最后研磨、抛光型孔	形状复杂、精度高的整体凹模

注：表中加工方法应根据工厂设备情况和模具要求具体选用。

2）下料→锻造→退火→毛坯外形加工（包括外形粗加工、精加工、基面磨削）→划线→刃口轮廓粗加工→螺纹孔、销孔加工→淬火与回火→采用成形磨削进行刃口轮廓精加工→研磨或抛光。此工艺路线能消除热处理变形对模具精度的影响，使凸、凹模的加工精度容易保证，可用于热处理变形大的零件。

3）下料→锻造→退火→毛坯外形加工→螺纹孔、销孔、穿丝孔加工→淬火与回火→磨削加工上下面及基准面→线切割加工→钳工修整。此工艺路线主要用于以线切割加工为主要工艺的凸、凹模加工，尤其适用于形状复杂、热处理变形大的直通式凸模、凹模零件加工。线切割加工的使用，大有取代仿形刨削和成形磨削之势。

加工实例：现以图 2-65 所示冲孔凸模、图 2-66 所示落料凹模为例介绍凸、凹模的加工过程。

其加工工艺过程见表 2-36 和表 2-37。

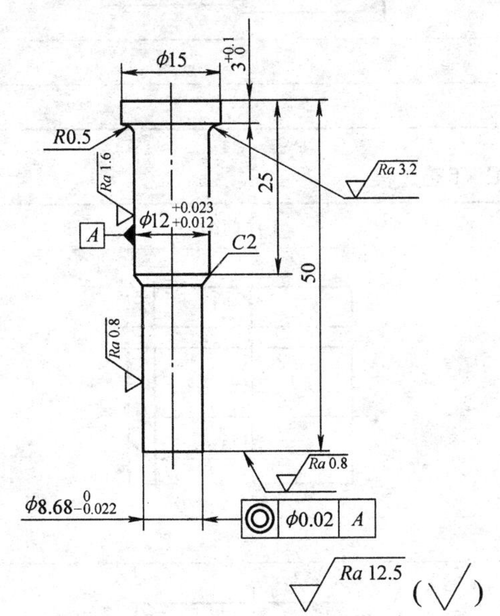

图 2-65　冲孔凸模

材料：T10A　热处理：58～62HRC

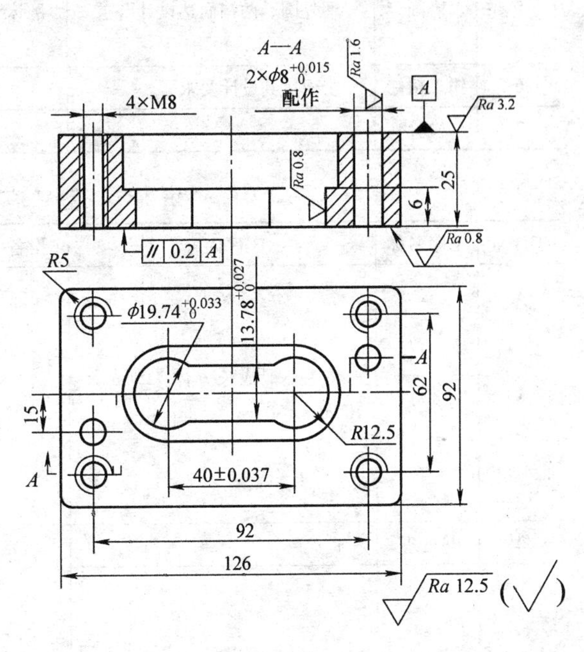

图 2-66　落料凹模

材料：T10A　热处理：60～64HRC

表 2-36　冲孔凸模加工工艺过程

工序号	工序名称	工序内容	设备	工序简图
1	备料	将毛坯锻成圆棒 ϕ18mm × 55mm	—	ϕ18　55
2	热处理	退火	—	—

（续）

工序号	工序名称	工序内容	设备	工序简图
3	车削	按图样车全形，单边留0.2mm精加工余量	车床	R0.5 C2 φ15.4 φ12.4 φ9.08 3.2 25.2 50.4
4	热处理	按热处理工艺，淬火回火达到58～62 HRC	—	
5	磨削	磨外圆、两端面达设计要求	磨床	
6	钳工精修	全面达到设计要求		—
7	检验			—

表 2-37 落料凹模加工工艺过程

工序号	工序名称	工序内容	设备	工序简图
1	备料	将毛坯锻成长方体 135mm×100mm×30mm	—	30 100 135
2	热处理	退火		—
3	粗刨	刨六面达到 126mm×92mm×26mm，互为直角	刨床	26 92 126
4	热处理	调质		—
5	磨平面	磨光六面互为直角	磨床	
6	钳工划线	划出各孔位置线，型孔轮廓线		

（续）

工序号	工序名称	工序内容	设备	工序简图
7	铣漏料孔	达到设计要求	铣床	
8	加工螺钉孔、销孔及穿丝孔	按位置加工螺钉孔、销孔及穿丝孔	钻床	
9	热处理	按热处理工艺，淬火回火达到60～64HRC		—
10	磨平面	磨削上、下平面	磨床	
11	线切割	按图示切割型孔达到尺寸要求	—	
12	钳工精修	全面达到设计要求	—	—
13	检验	—	—	—

模块五　冲裁模定位零件结构设计与制造

定位零件的作用是使坯料或工序件在模具上相对凸、凹模有正确的位置。定位零件的结构形式很多，用于对条料进行定位的定位零件有挡料销、导料销、导料板、侧压装置、导正销、侧刃等；用于对工序件进行定位的定位零件有定位销、定位板等。

定位零件基本上都已标准化，可根据坯料或工序件形状、尺寸、精度及模具的结构形式与生产率要求等选用相应的标准件。

一、导料销、导料板

1. 导料销

导料销的作用是保证条料沿正确的方向送进。导料销一般设两个，并位于条料的同一侧，条料从右向左送进时位于后侧，从前向后送进时位于左侧。导料销可设在凹模面上（一般为固定式的），也可设在弹压卸料板上（一般为活动式的），还可设在固定板或下模座上，用挡料螺栓代替。

固定式和活动式导料销的结构与固定式和活动式挡料销基本一样，可从标准中选用。导料销多用于单工序模或复合模中。

2. 导料板

导料板的作用与导料销相同，但采用导料板定位时操作更方便，在采用导板导向或固定卸料板的冲模中必须用导料板导向。导料板一般设在条料两侧，其结构有两种：一种是国家标准推荐的结构，如图 2-67a 所示，它与导板或固定卸料板分开制造；另一种是与导板或固定卸料板制成整体的结构，如图 2-67b 所示。为使条料沿导料板顺利通过，两导料板间距离应略大于条料最大宽度，导料板厚度 H 取决于挡料方式和板料厚度，以便于送料为原则。采用固定挡料销时，导料板厚度见表 2-38。

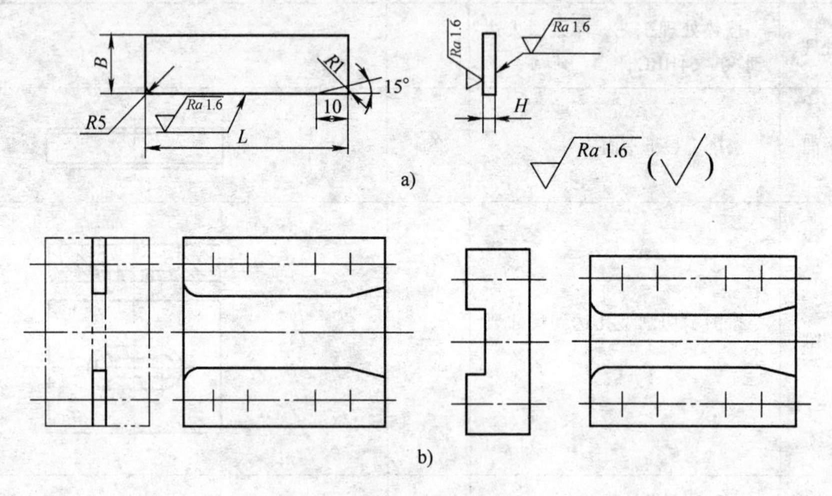

图 2-67　导料板结构

a）国家标准结构　b）整体结构

表 2-38　导料板厚度　（单位：mm）

简　图	卸料板、挡料销、导料板、H、t、h		
材料厚度 t	挡料销高度 h	导料板厚度 H	
		固定挡料销	自动挡料销或侧刃
0.3 ~ 0.2	3	6 ~ 8	4 ~ 8
2 ~ 3	4	8 ~ 10	6 ~ 8
3 ~ 4	4	10 ~ 12	8 ~ 10
4 ~ 6	5	12 ~ 15	8 ~ 10
6 ~ 10	8	15 ~ 25	10 ~ 15

二、挡料销

挡料销的作用是挡住条料搭边或冲裁件轮廓以限定条料送进的距离。根据挡料销的工作特点及作用分为固定挡料销、活动挡料销和始用挡料销。

1. 固定挡料销

固定挡料销一般固定在位于下模的凹模上。国家标准中推荐的固定挡料销结构如图 2-68a 所示，该类挡料销广泛用于冲裁中、小型冲裁件时的挡料定距，其缺点是销孔距凹模孔口较近，削弱了凹模的强度。图 2-68b 所示是一种行业标准中推荐的钩形挡料销，这种挡料销的销孔距凹模孔口较远，不会削弱凹模的强度，但为了防止钩头在使用过程中发生转动，需增加防转销，从而增加了制造工作量。

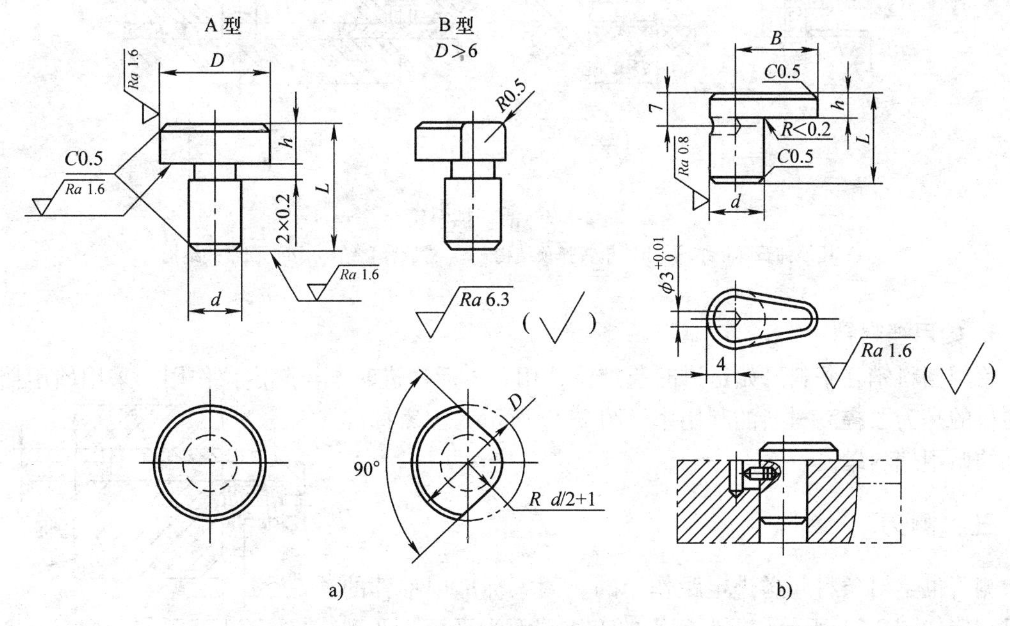

图 2-68 固定挡料销

a）国家标准中推荐的结构 b）行业标准中推荐的钩形结构

2. 活动挡料销

当凹模安装在上模时，挡料销只能设置在位于下模的卸料板上。此时若在卸料板上安装固定挡料销，因凹模上要开设让开挡料销的让位孔，会削弱凹模的强度，这时应采用活动挡料销。

国家标准中的活动挡料销结构如图 2-69 所示。其中图 2-69a 为压缩弹簧弹顶挡料销；图 2-69b 为扭簧弹顶挡料销；图 2-69c 为橡胶（直接依靠卸料装置中的橡胶弹性体）弹顶挡料销；图 2-69d 为回带式挡料装置，这种档料销对着送料方向带有斜面，送料时搭边碰撞斜面使挡料销跳起并越过搭边，然后将条料后拉，挡料销便挡住搭边而定位，即每次送料都要先推后拉，作方向相反的两个动作，操作比较麻烦。采用哪一种结构形式的挡料销需根据卸料方式、卸料装置的具体结构及操作方式等因素决定。

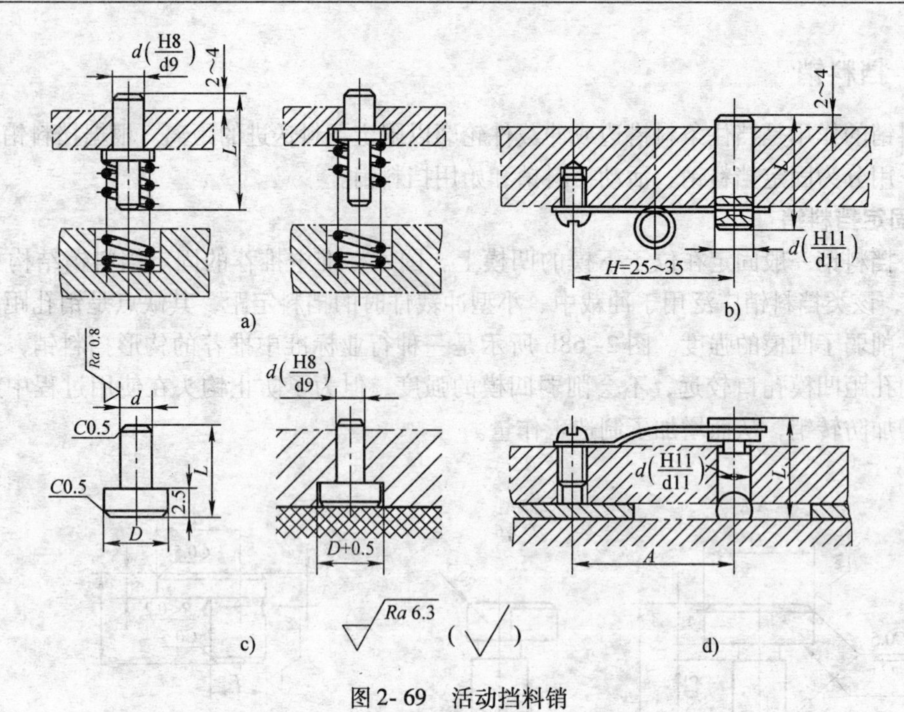

图 2-69　活动挡料销

a）压缩弹簧弹顶结构　b）扭簧弹顶结构　c）橡胶弹顶结构　d）回带式结构

3. 始用挡料销

始用挡料销在条料开始送进时起定位作用，以后送进时不再起定位作用。采用始用挡料销的目的是为了提高材料的利用率。图 2-70 所示为国家标准确定的始用挡料销。

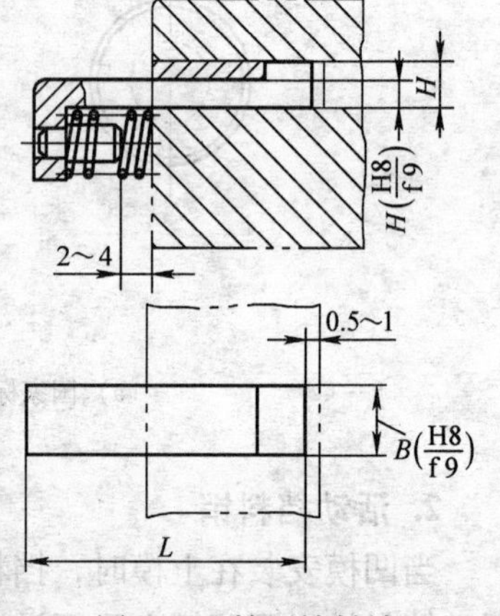

图 2-70　始用挡料销

三、侧刃

侧刃也是对条料起送进定距作用的。国家标准中推荐的侧刃结构如图 2-71 所示，Ⅰ型侧刃的工作端面为平面，Ⅱ型侧刃的工作端面为台阶面。台阶面侧刃的凸出部分在冲切前先进入凹模起导向作用，可避免因侧刃单边冲切而产生的侧压力导致侧刃损坏。Ⅰ型和Ⅱ型侧刃按断面形状分为长方形侧刃和成形侧刃，长方形侧刃（ⅠA 型、ⅡA 型）结构简单，易于制造，但当侧刃刃口尖角磨损后，在条料侧边形成的毛刺会影响送进和定位的准确性，如图 2-72a 所示。成形侧刃（ⅠB 型、ⅡB 型、ⅠC 型、ⅡC 型）如果磨损后在条料侧边形成的毛刺离开了导料板和侧刃挡块的定位面，因而不影响送进和定位的准确性，如图 2-72b 所示，但这种侧刃消耗材料增多，结构较复杂，制造较麻烦。长方形侧刃一般用于板料厚度小于 1.5mm、冲裁件精度要求不高的送料定距；成形侧刃用于板料厚度小于 0.5mm，冲裁件精度要求较高的送料定距。

生产实际中，还可采用既可起定距作用，又可成形冲裁件部分轮廓的特殊侧刃，如图 2-73 所示中的侧刃 1 和侧刃 2。

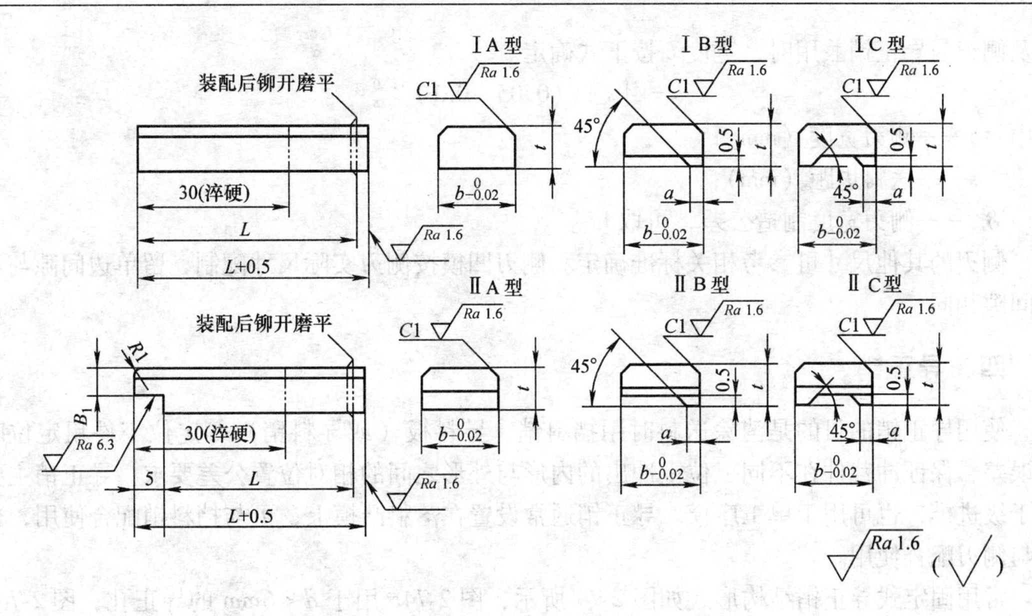

图 2-71　侧刃结构

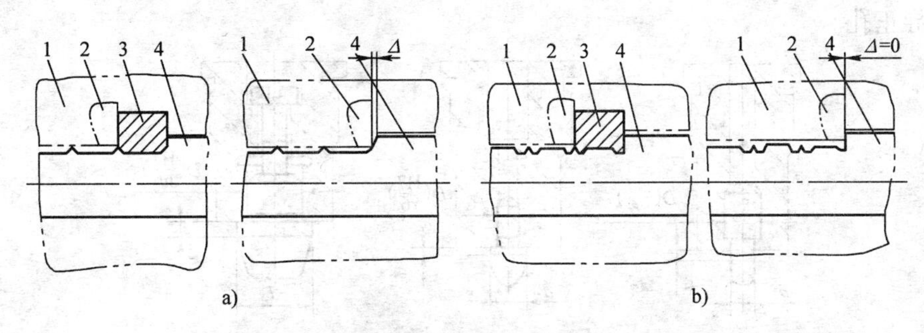

图 2-72　侧刃定位误差比较

a）长方形侧刃　b）成形侧刃

1—导料板　2—侧刃挡块　3—侧刃　4—挡块

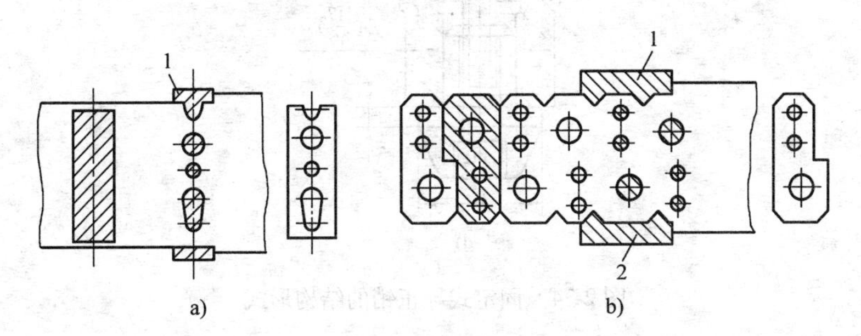

图 2-73　特殊侧刃

a）单侧刃　b）双侧刃

1、2—侧刃

侧刃相当于一种特殊的凸模，按与凸模相同的固定方式固定在凸模固定板上，长度与凸模长度基本相同。侧刃断面的主要尺寸是宽度 b，其值原则上等于送料进距，但对长方形侧刃及侧刃与导正销兼用时，宽度 b 按下式确定。

$$b = [s + (0.05 \sim 0.1)]_{-\delta_{侧}}^{0}$$

式中　b——侧刃宽度（mm）；

s——送料进距（mm）；

$\delta_{侧}$——侧刃宽度制造公差，可取 h6。

侧刃的其他尺寸可参考相关标准确定。侧刃凹模按侧刃实际尺寸配制，留单边间隙与冲裁间隙相同。

四、导正销

使用导正销的目的是消除送料时用挡料销、导料板（或导料销）等定位零件粗定位时的误差，保证冲裁件在不同工位上冲出的内形与外形之间的相对位置公差要求。导正销主要用于级进模，也可用于单工序模。导正销通常设置在落料凸模上，可与挡料销配合使用，也可与侧刃配合使用。

常用固定式导正销结构形式如图 2-74 所示，图 2-74a 用于 $d<6$mm 的导正孔；图 2-74b 用于 $d<10$mm 的导正孔；图 2-74c 用于 $d=10 \sim 30$mm 的导正孔；图 2-74d 用于 $d=20 \sim 50$mm 的导正孔。

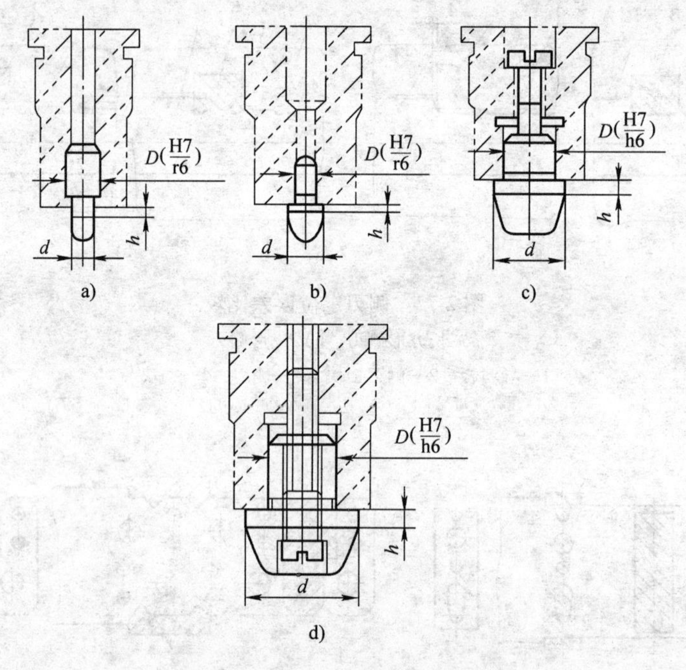

图 2-74　固定式导正销的结构形式

为了使导正销工作可靠，导正销的直径一般应大于 2mm。当冲裁件上的导正孔径小于 2mm 时，可在条料上另冲直径大于 2mm 的工艺孔进行导正。

导正销的头部由圆锥形的导入部分和圆柱形的导正部分组成。导正部分的直径可按下式计算，即

$$d = d_{凸} - a$$

式中　d——导正销导正部分直径（mm）；

$d_凸$——导正孔的冲孔凸模直径（mm）；

a——导正销直径与冲孔凸模直径的差值（mm），可参考表 2-39 选取。

导正部分的直径公差可按 h6 ~ h9 选取。导正部分的高度一般取 $h=(0.5\sim1)t$，或按表 2-40 选取。

表 2-39　导正销直径与冲孔凸模直径间的差值 *a*　（单位：mm）

冲裁件料厚 t	冲孔凸模直径 $d_凸$						
	1.6 ~ 6	>6 ~ 10	>10 ~ 16	>16 ~ 24	>24 ~ 32	>32 ~ 42	>42 ~ 60
<1.5	0.04	0.07	0.06	0.08	0.09	0.10	0.12
1.5 ~ 3	0.05	0.08	0.08	0.10	0.12	0.14	0.16
3 ~ 6	0.06	0.09	0.10	0.12	0.16	0.18	0.20

表 2-40　导正销导正部分高度 *h*　（单位：mm）

冲裁件料厚 t	导正孔直径 d		
	1.5 ~ 10	>10 ~ 25	>25 ~ 50
<1.5	1	1.2	1.5
1.5 ~ 3	0.6t	0.8t	t
3 ~ 5	0.5t	0.6t	0.8t

由于导正销常与挡料销配合使用，挡料销只起粗定位作用，所以挡料销的位置应能保证导正销在导正过程中条料有被前推或后拉少许的可能。挡料销与导正销的位置关系如图 2-75 所示。

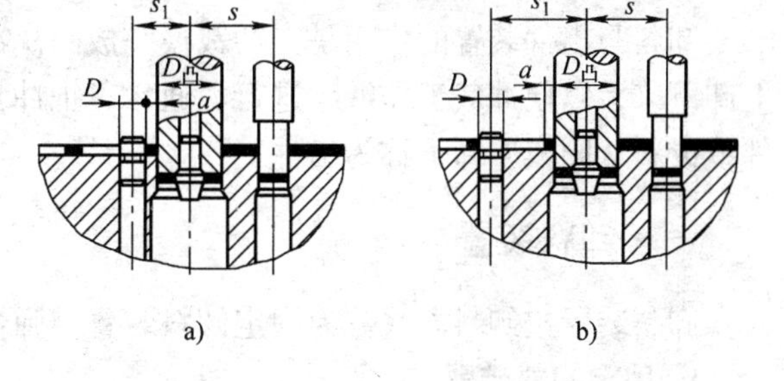

图 2-75　挡料销与导正销的位置关系

a）挡料销与落料凸模较近时　b）挡料销与落料凸模较远时

按图 2-75a 方式定位时，挡料销与导正销的中心距为

$$s_1=s-D_凸/2+D/2+0.1$$

按图 2-75b 方式定位时，挡料销与导正销的中心距为

$$s_1'=s+D_凸/2-D/2-0.1$$

式中　s_1，s_1'——挡料销与导正销的中心距（mm）；

s——送料步距（mm）；

$D_凸$——落料凸模直径（mm）；

D——挡料销头部直径（mm）。

五、定位板和定位销

定位板和定位销用于单个坯料或工序件的定位。常见的定位板和定位销的结构形式如图 2-76 所示，其中图 2-76a 是以坯料或工序件的外缘作定位基准；图 2-76b 是以坯料或工序件的内缘作定位基准。具体选择哪种定位方式，应根据坯料或工序件的形状、尺寸及冲裁工序性质等决定。定位板的厚度或定位销的定位高度应比坯料或工序件厚度大 1 ~ 2mm。

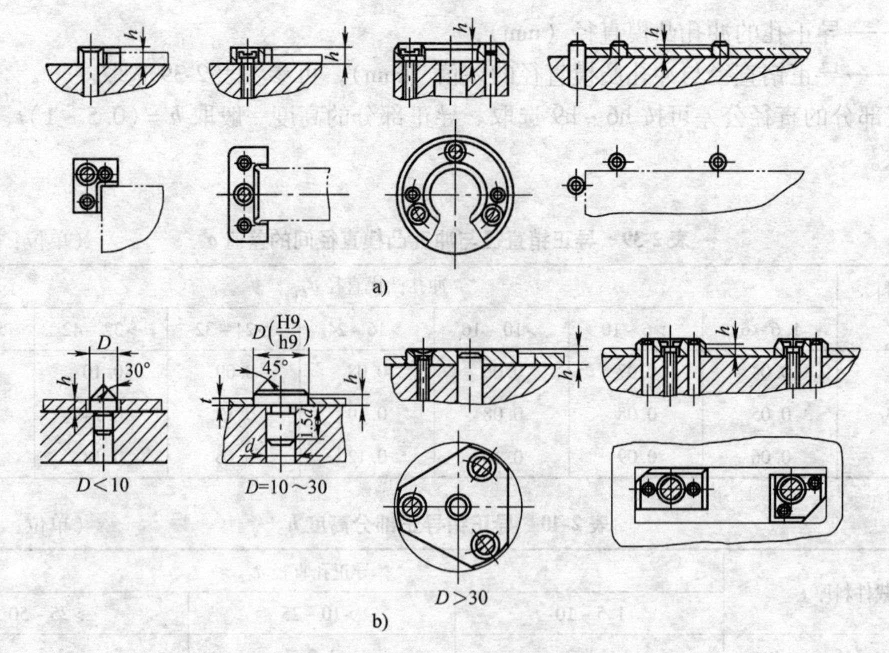

图 2-76　定位板与定位销的结构形式

a）以坯料或工序件的外缘作定位基准　b）以坯料或工序件的内缘作定位基准

模块六　卸料装置与出件装置结构设计与制造

卸料与出件装置的作用是当冲裁模完成一次冲压之后，把冲裁件或废料从模具工作零件上卸下来，以便冲裁工作继续进行。通常，把冲裁件或废料从凸模上卸下称为卸料，把冲裁件或废料从凹模中卸下称为出件。

一、卸料装置

卸料装置按卸料方式分为固定卸料装置、弹性卸料装置和废料切刀三种。

1. 固定卸料装置

固定卸料装置仅由固定卸料板构成，一般安装在下模的凹模上。生产中常用的固定卸料装置的结构如图 2-77 所示，其中图 2-77a、b 用于平板件的冲裁卸料，图 2-77c、d 用于经弯曲或拉深等成形后的工序件的冲裁卸料。

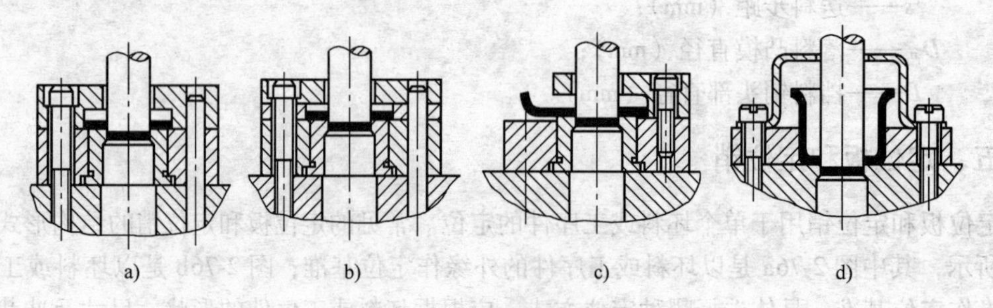

图 2-77　固定卸料装置

a）、b）平板件的冲裁卸料　c）、d）经弯曲或拉深等成形后的工序件的冲裁卸料固定卸料板的平面外形尺寸一般与凹模板相同，其厚度可取凹模厚度的0.8～1倍。当卸料板仅起卸料作用时，凸模与卸料板的双边间隙一般取0.2～0.5mm（板料薄时取小值，板料厚时取大值）。当固定卸料板兼起导板作用时，凸模与导板之间一般按H7/h6配合，但应保证导板与凸模之间的间隙小于凸、凹模之间的冲裁间隙，以保证凸、凹模的正确配合。

固定卸料装置卸料力大，卸料可靠，但冲裁时坯料得不到压紧，因此常用于冲裁坯料较厚（大于0.5mm）、卸料力大、平直度要求不太高的冲裁件。

2. 弹性卸料装置

弹性卸料装置由卸料板、卸料螺钉和弹性元件（弹簧或橡胶弹性体）组成。

常用的弹性卸料装置的结构形式如图2-78所示。其中图2-78a是直接用橡胶弹性体卸料，用于简单冲裁模；图2-78b是用导料板导向的冲裁模使用的弹性卸料装置，卸料板凸台部分的高度 h 应比导料板厚度 H 小 $(0.1\sim0.3)t$（t 为材料厚度），即 $h=H-(0.1\sim0.3)t$；图2-78c和d是倒装式冲模上用的弹性卸料装置，其中图c是利用安装在下模下方的弹顶器作弹性元件，卸料力大小容易调节；图2-78e为带小导柱的弹性卸料装置，卸料板由小导柱导向，可防止卸料板产生水平摆动，从而保护小凸模不被折断，此结构多用于小孔冲裁模。

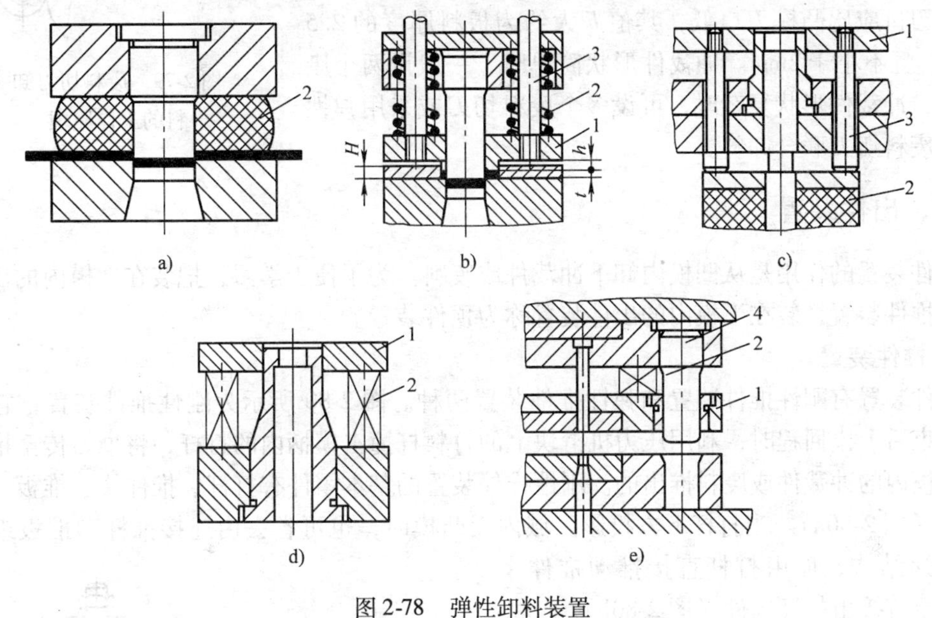

图2-78　弹性卸料装置

a）橡胶弹性体卸料　b）弹性卸料板卸料　c）弹顶器卸料

d）弹性卸料装置　e）带小导柱的弹性卸料装置

1—卸料板　2—弹性元件　3—卸料螺钉　4—小导柱

弹性卸料板的平面外形尺寸等于或稍大于凹模板尺寸，厚度取凹模板厚度的0.6～0.8倍。卸料板与凸模的双边间隙根据冲裁件料厚确定，一般取0.1～0. 3mm（料厚时取大值，料薄时取小值）。在级进模中，特别小的冲孔凸模与卸料板的双边间隙可取0.3～0.5mm。

当卸料板对凸模起导向作用时，卸料板与凸模间按H7/h6配合，但其间隙应比凸、凹模间隙小。此外，为便于可靠卸料，在模具开启状态时，卸料板工作平面应高出凸模刃口端面0.3～0.5mm。

卸料螺钉一般采用标准的阶梯形螺钉，其数量按卸料板形状与大小确定：卸料板为圆形时常用3～4个；为矩形时一般用4～6个。卸料螺钉的直径根据模具大小可选8～12mm，各卸料螺钉的长度应一致，以保证装配后卸料板位置水平和均匀卸料。

弹性卸料装置可装于上模或下模，依靠弹簧或橡胶弹性体的弹力来卸料，卸料力不太大，但冲裁时可兼起压料作用，故多用于冲裁料薄及平面度要求较高的冲裁件。

3. 废料切刀

废料切刀是在冲裁过程中将冲裁废料切断成数块，从而实现卸料的一种卸料装置。废料切刀卸料的工作原理如图2-79所示。废料切刀安装在下模的凸模固定板上，当上模带动凹模下压进行切边时，同时把已切下的废料压向废料切刀上，从而将其切开卸料。这种卸料方式不受卸料力大小的限制，卸料可靠，多用在大型冲裁件的落料或切边冲裁模上。

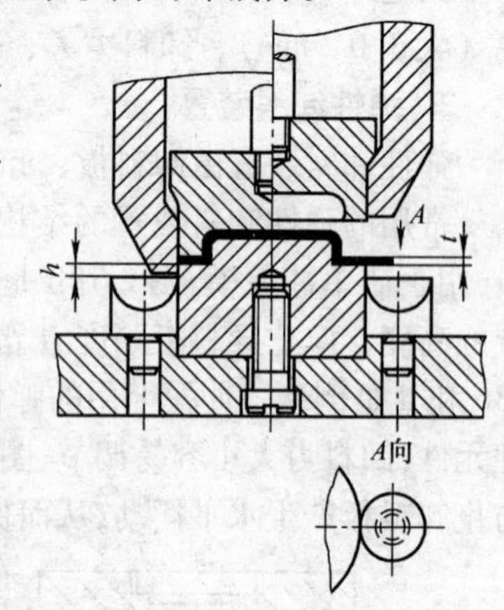

图2-79　废料切刀卸料的工作原理

废料切刀已经标准化，可根据冲裁件及废料尺寸、料厚等进行选用。废料切刀的刃口长度应比废料宽度大些，安装时切刀刃口应比凸模刃口低，其值 h 大约为板料厚度的2.5～4倍，且不小于2mm。冲裁件形状简单时，一般设两个废料切刀；冲裁件形状复杂时，可设多个废料切刀或采用弹性卸料与废料切刀联合卸料。

二、出件装置

出件装置的作用是从凹模内卸下冲裁件或废料。为了便于学习，把装在上模内的出件装置称为推件装置，装在下模内的出件装置称为顶件装置。

1. 推件装置

推件装置有刚性推件装置和弹性推件装置两种。图2-80所示为刚性推件装置，它是在冲裁结束后上模回程时，利用压力机滑块上的打料杆撞击模柄内的打杆，将推力传至推件块而将凹模内的冲裁件或废料推出的。刚性推件装置的基本零件有打杆、推件块、推板、连接推杆等（图2-80a）。当打杆下方投影区域内无凸模时，也可省去由连接推杆和推板组成的中间传递结构，而由打杆直接推动推件块，甚至直接由打杆推件（图2-80b）。

刚性推件装置推件力大，工作可靠，所以应用十分广泛。打杆、推板、连接推杆等都已标准化，设计时可根据冲裁件结构形状、尺寸及推件装置的结构要求从标准件中选取。

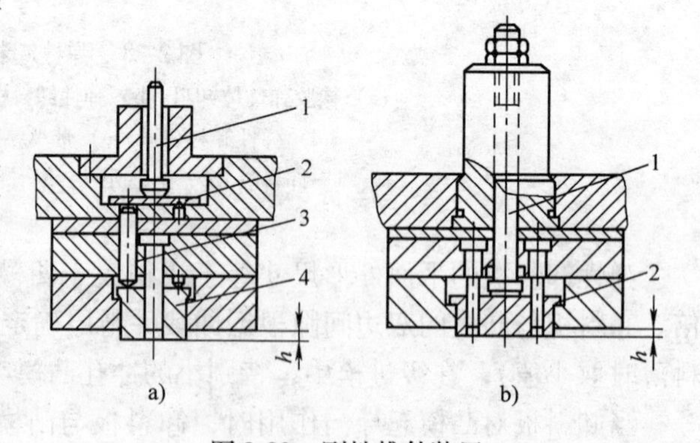

图2-80　刚性推件装置

a）刚性推件装置的基本零件　b）直接由打杆推件

1—打杆　2—推板　3—连接推杆　4—推件块

图2-81所示为弹性推件装置。与刚性推件装置不同的是，它是以安装在上模内的弹性元件的弹力来代替打杆给予推件块推件力的。视模具结构的可能性，可把弹性元件装在推板之上（图2-81a），也可

装在推件块之上（见图2-81b）。采用弹性推件装置时，可使板料处于压紧状态下分离，因而冲裁件的平直度较高，但开模时冲裁件易嵌入边料中，取件较麻烦，且受模具结构空间限制，弹性元件产生的弹力有限，所以主要适用于板料较薄且平直度要求较高的冲裁件。

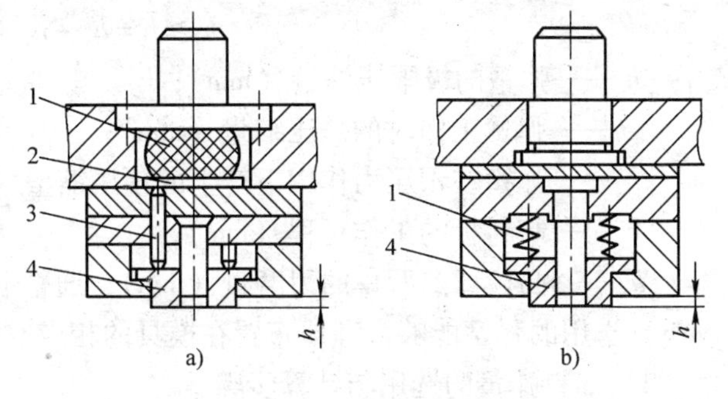

图2-81　弹性推件装置

a）弹性元件装在推板之上　b）弹性元件装在推件块之上

1—弹性元件　2—推板　3—连接推杆　4—推件块

2. 顶件装置

顶件装置一般是弹性的，其基本零件是顶件块、顶杆和弹顶器，如图2-82a所示。弹顶器可做成通用的，其弹性元件可以是弹簧或橡胶弹性体。图2-82b所示结构直接在顶件块下方安放弹簧，可用于顶件力不大的场合。

弹性顶件装置的顶件力容易调节，工作可靠，冲裁件平直度较高，但冲裁件也易嵌入边料。大型压力机本身具有气垫作弹顶器。

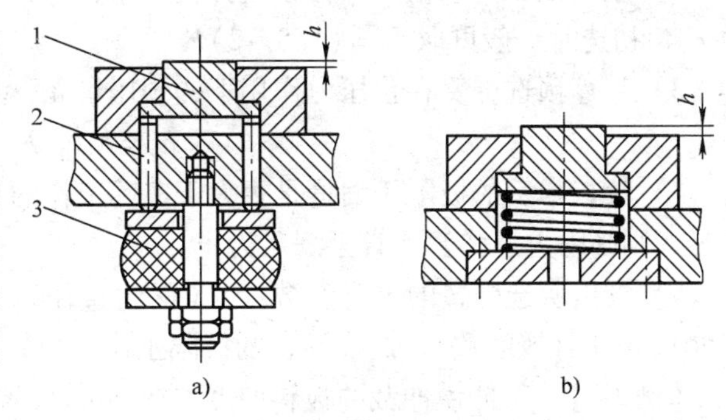

图2-82　弹性顶件装置

a）基本结构　b）在顶件块下安放弹簧

1—顶杆　2—顶件块　3—弹顶器

在推件和顶件装置中，推件块和顶件块工作时与凹模孔口配合并作相对运动，对它们的要求是：模具处于闭合状态时，其背后应有一定空间，以备修模和调整的需要；模具处于开启状态时，必须顺利复位，且工作面应高出凹模平面0.2～0.5mm，以保证可靠推件或顶件；与凹模和凸模的配合应保证顺利滑动，一般与凹模的配合为间隙配合，推件块或顶件块的外形配合面可按h8制造，与凸模的配合可呈较松的间隙配合，或根据料厚取适当间隙。

三、弹性元件的选用与计算

在冲裁模卸料与出件装置中，常用的弹性元件是弹簧和橡胶弹性体。考虑模具设计时出件装置中的弹性元件很少需专门选用与计算，故这里只介绍卸料弹性元件的选用与计算。

1. 弹簧的选用与计算

在卸料装置中，常用的弹簧是圆柱螺旋压缩弹簧。这种弹簧已标准化（GB/T 2089—2009），设计时根据所要求弹簧的压缩量和产生的压力选用标准件即可。

（1）卸料弹簧选择的原则

1）为保证卸料正常进行，在非工作状态下，弹簧应该预压，其预压力F_y，应大于等于单个弹簧承受的卸料力，即

$$F_y \geqslant F_x/n'$$

式中　F_y——弹簧的预压力（N）；

　　　F_x——卸料力（N）；

n'——弹簧数量。

2）弹簧的极限压缩量应大于或等于弹簧工作时的总压缩量，即

$$h_j \geqslant h = h_y + h_x + h_m$$

式中 h_j——弹簧的极限压缩量（mm）；

h——弹簧工作时的总压缩量（mm）；

h_y——弹簧在预压力作用下产生的预压缩量（mm）；

h_x——卸料板的工作行程（mm）；

h_m——凸模或凸凹模的刃磨量（mm），通常取 $h_m = 4 \sim 10$mm。

3）选用的弹簧能够合理地布置在模具的相应空间。

（2）卸料弹簧的选用与计算步骤

1）根据卸料力和模具安装弹簧的空间大小，初定弹簧数量 n，计算每个弹簧应产生的预压力 F_y。

2）根据预压力和模具结构预选弹簧规格，选择时应使弹簧的极限工作压力 F_j 大于预压力 F_y，初选时一般可取 $F_j = (1.5 \sim 2)F_y$

3）计算预选弹簧在预压力作用下的预压量 h_y

$$h_y = F_y h_j / F_j$$

4）校核弹簧的极限压缩量是否大于实际工作的总压缩量，即 $h_j \geqslant h = h_y + h_x + h_m$。如不满足，则必须重选弹簧，直至满足为止。

5）列出所选弹簧的主要参数：d（钢丝直径），D（弹簧中径），t（节距），H_0（弹簧高度），n（有效圈数）、F_j（弹簧的极限工作压力）、h_j（弹簧的极限压缩量）。

【例 2-4】 某冲模冲裁的板料厚度 $t = 0.6$mm，经计算卸料力 $F_x = 1350$N，若采用弹性卸料装置，试选用和计算卸料弹簧。

【解】（1）假设考虑了模具结构，初定弹簧的个数 $n' = 4$，则每个弹簧的预压力为

$$F_y = F_x / n' = 1350/4\text{N} \approx 338\text{N}$$

（2）初选弹簧规格。按 $2F_y$ 估算弹簧的极限工作压力 F_j

$$F_j = 2F_y = 2 \times 338\text{N} = 676\text{N}$$

查标准《普通圆柱螺旋压缩弹簧尺寸及参数（两端圈并紧磨平或制扁）》（GB 2089—2009），初选弹簧规格为 $d \times D_2 \times h_0^* = 4\text{mm} \times 22\text{mm} \times 60\text{mm}$，$F_j = 670$N，$h_j = 20.9$mm

（3）计算所选弹簧的预压量 h_y

$$h_y = F_y h_j / F_j = (338 \times 20.9/670)\ \text{mm} \approx 10.5\text{mm}$$

（4）校核所选弹簧是否合适。卸料板工作行程 $h_x = (0.6 + 1)\ \text{mm} = 1.6$mm，取凸模刃磨量 $h_m = 6$mm，则弹簧工作时的总压缩量为

$$h = h_y + h_x + h_m = (10.5 + 1.6 + 6)\ \text{mm} = 18.1\text{mm}$$

因为 $h < h_j = 20.9$mm，故所选弹簧合适。

（5）所选弹簧的主要参数为：$d = 4$mm，$D = 22$mm，$t = 7.12$mm，$n = 7.5$ 圈，$H_0 = 60$mm，$F_j = 670$N，$h_j = 20.9$mm。弹簧的标记为：YA 4×22×60 GB/T 2089—2009。弹簧的安装高度为 $h_a = H_0 - h_y = (60 - 10.5)\ \text{mm} = 49.5$mm。

2. 橡胶弹性体的选用与计算

由于橡胶弹性体允许承受的载荷较大，安装调整灵活方便，因而是冲裁模中常用的弹性

元件。冲裁模中用于卸料的橡胶弹性体有合成橡胶弹性体和聚氨酯橡胶弹性体，其中聚氨酯橡胶弹性体的性能比合成橡胶弹性体优异，是常用的卸料弹性元件。冲模标准中还专门规定了聚氨酯橡胶弹性体的规格与尺寸（GB/T 5574—2008），选用很方便。

（1）卸料橡胶弹性体选择的原则

1）为保证卸料装置正常工作，应使橡胶弹性体的预压力 F_y 大于或等于卸料力 F_x，即

$$F_y \geqslant F_x$$

橡胶装置的压力与压缩量之间不是线性关系，其特性曲线如图 2-83 所示。橡胶弹性体压缩时产生的压力按下式计算

$$F = Ap$$

式中 A——橡胶弹性体的横截面积（与卸料板贴合的面积）（mm^2）；

p——橡胶弹性体的单位压力（MPa），其值与橡胶弹性体的压缩量、形状及尺寸大小有关，可由图 2-83 所示的合成橡胶弹性体特性曲线中查取，或从表 2-41 中选取。

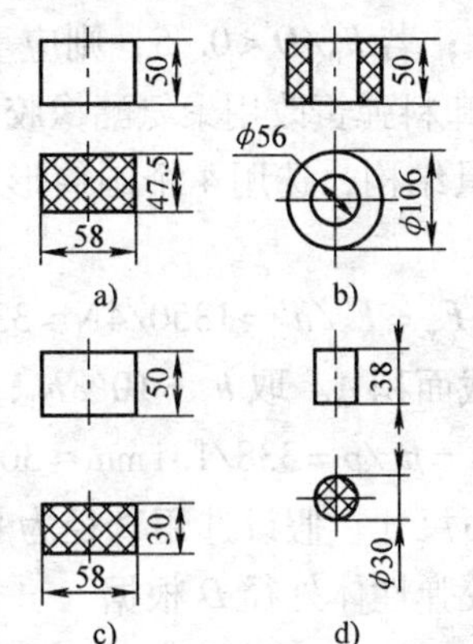

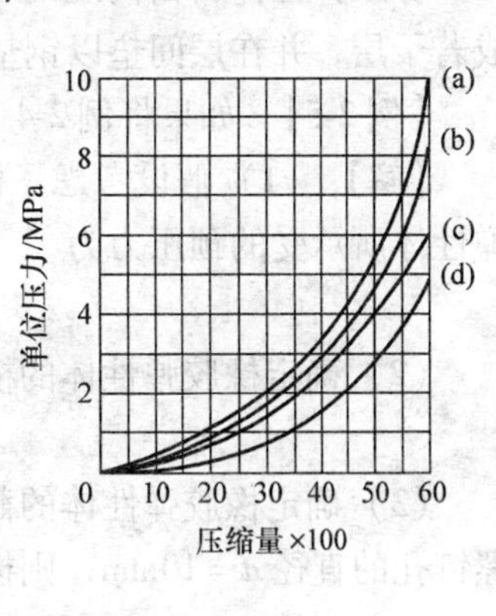

图 2-83 合成橡胶弹性体特性曲线

a)、b）矩形 c）圆筒形 d）圆柱形

表 2-41 橡胶弹性体压缩量与单位压力

压缩量（%）		10	15	20	25	30	35
单位压力 p/MPa	聚氨酯橡胶弹性体	1.1		2.5		4.2	5.6
	合成橡胶弹性体	0.26	0.5	0.74	1.06	1.52	2.1

2）橡胶弹性体极限压缩量应大于或等于橡胶弹性体工作时的总压缩量，即

$$h_j \geqslant h = h_y + h_x + h_m$$

式中 h_j——橡胶弹性体的极限压缩量（mm），为了保证橡胶不过早失效，一般合成橡胶弹性体取 $h_j =（0.3 \sim 0.45）h_0$，聚氨酯橡胶弹性体取 $h_j = 0.35h_0$，h_0 为橡胶弹性体的自由高度；

h——橡胶弹性体工作时的总压缩量（mm）；

h_y——橡胶弹性体的预压缩量（mm），一般合成橡胶弹性体取 $h_y =（0.1 \sim 0.15）h_0$，聚氨酯橡胶弹性体取 $h_y = 0.1h_0$；

h_x——卸料板的工作行程（mm），一般取 $h_x = t + 1$，t 为板料厚度；

h_m——凸模或凸凹模的刃磨量，一般取 $h_m = 4 \sim 10$mm。

3）橡胶弹性体的高度 h_0 与外径 D 之比应满足条件

$$0.5 \leqslant h_0/D \leqslant 1.5$$

（2）橡胶弹性体的选用与计算步骤

1）根据模具结构确定橡胶弹性体的形状与数量 n'。

2）确定每块橡胶弹性体所承受的预压力 $F_y = F_x/n'$。

3）确定橡胶弹性体的横截面积及截面尺寸。

4）计算并校核橡胶弹性体的自由高度 h_0。橡胶弹性体的自由高度可按下式计算

$$h_0=\frac{h_x+h_m}{0.25\sim0.3}$$

橡胶弹性体自由高度的校核式为 $0.5\leqslant h_0/D\leqslant1.5$。若 $h_0/D>1.5$，可将橡胶弹性体分成若干层，并在层间垫以钢垫片；若 $h_0/D<0.5$，则应重新确定其尺寸。

【例 2-5】 如果将例 2-4 的卸料弹簧改用聚氨酯橡胶弹性体，试确定橡胶弹性体的尺寸。

【解】（1）假设考虑了模具结构，选用 4 个圆筒形的聚氨酯橡胶弹性体，则每个橡胶弹性体所承受的预压力为

$$F_y=F_x/n'=1350/4\text{N}\approx338\text{N}$$

（2）确定橡胶弹性体的横截面积 A。取 $h_y=10\%h_0$，查表 2-41，得 $p=1.1\text{MPa}$，则

$$A=h_y/p=338/1.1\text{mm}\approx307\text{mm}$$

（3）确定橡胶弹性体的截面尺寸。假设选用直径为 8mm 的卸料螺钉，取橡胶弹性体上螺钉孔的直径 $d=10\text{mm}$，则橡胶弹性体外径 D 根据

$$\frac{\pi(D^2-d^2)}{4}=A$$

求得

$$D=\sqrt{d^2+\frac{4A}{\pi}}=\sqrt{10^2+\frac{4\times307}{3.14}}\text{mm}\approx22\text{mm}$$

为了保证足够的卸料力，可取 $D=25\text{mm}$。

（4）计算并校核橡胶弹性体的自由高度 h_0。

$$h_0=\frac{h_x+h_m}{0.25}=\frac{0.6+1+6}{0.25}\text{mm}\approx30\text{mm}$$

因为 $h_0/D=30/25=1.2$，故所选橡胶弹性体符合要求。橡胶弹性体的安装高度 $h_a=h_0-h_y=(30-0.1\times30)\text{ mm}=27\text{mm}$。

模块七　标准模架设计与制造

通常所说的模架是由上模座、下模座、导柱、导套四个部分组成，一般标准模架不包括模柄。模架是整副模具的骨架，它是连接冲模主要零件的载体。模具的全部零件都固定在模架上面，并且模架要承受冲压过程的全部载荷。模架的上模座和下模座分别与冲压设备的滑块和工作台固定。上、下模间的精确位置，由导柱，导套的导向来实现。

一、模架的分类与选择

根据模架导向机构摩擦性质的不同，分为滑动和滚动导向模架两大类。每类模架中由于导柱的安装位置和导柱数量的不同，又分为多种模架形式。冲裁模滑动导向模架有对角导柱模架、后侧导柱模架、后侧导柱窄型模架、中间导柱模架、中间导柱圆形模架、四导柱模架（图 2-84）；冲裁模滚动导向模架有对角导柱模架、中间导柱模架、四导柱模架、后侧导柱模架

（图2-85）。滑动导向模架的导柱、导套结构简单，加工、装配方便，应用最广泛；滚动导向模架在导套内镶有成行的滚珠，导柱通过滚珠与导套实现有微量过盈的无间隙配合，（一般过盈量为0.01～0.02mm），因此，滚动模架导向精度高，使用寿命长，运动平稳。

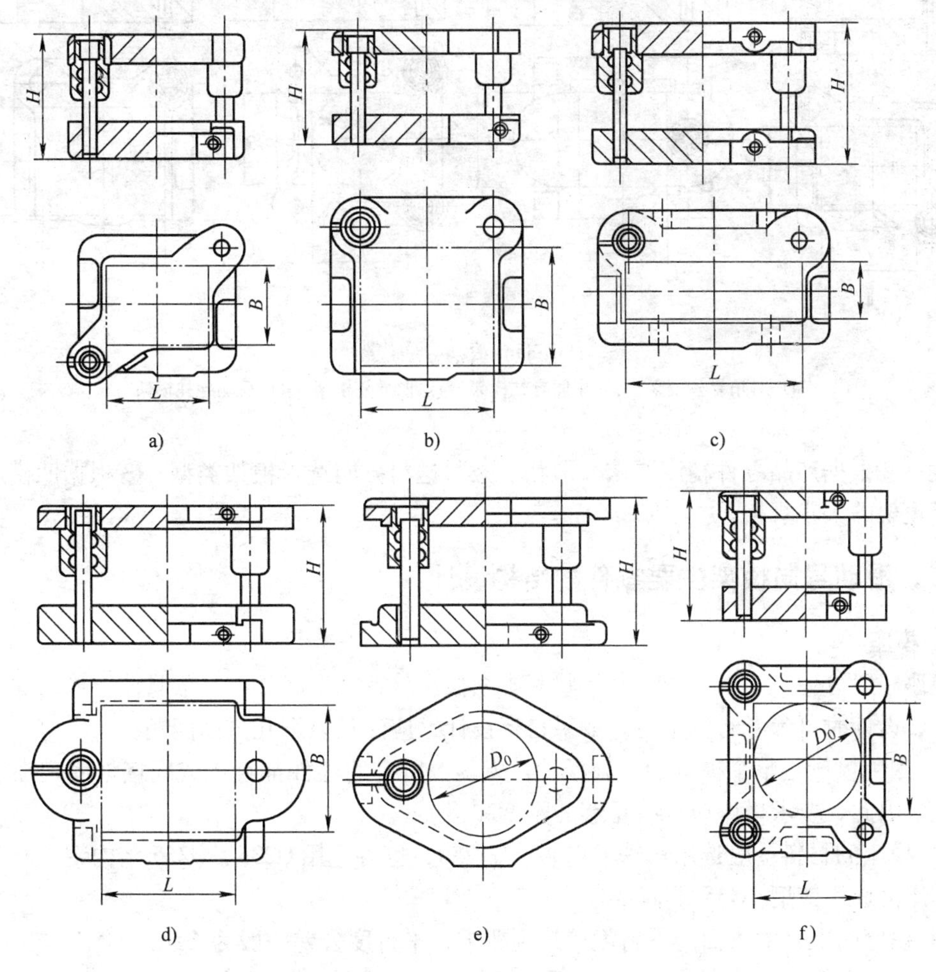

图2-84　滑动导向模架

a）对角导柱模架　b）后侧导柱模架　c）后侧导柱窄型模架

d）中间导柱模架　e）中间导柱圆形模架　f）四导柱模架

上述模架，除后侧导柱模架外，为防止装模时上模误转180°装配，造成模具损坏，通常将模架中两个导柱的直径做成粗细不等，一般相差2～5mm。

国家标准将模架精度等级分为0Ⅰ、Ⅰ级和0Ⅱ、Ⅱ级。Ⅰ级和Ⅱ级为滑动导向模架用精度，0Ⅰ级和0Ⅱ为滚动导向模架用精度。各级精度：上模座下平面对上平面的平行度；下模座上平面对下平面的平行度；导柱滑动部分的圆柱度；导柱滑动部分轴线对固定部分轴线的同轴度；导套滑动部分轴线对固定部分轴线的同轴度；导套台肩对滑动部分轴线的端面圆跳动；导柱轴线对下模座下平面的垂直度；导柱导套配合间隙配合值或过盈量；模架上模座上平面的平行度等均制订了指标值及检查方法，见《冲模模架技术条件》（JB/T 8050—2008）、《冲模模架零件技术条件》（JB/T 8070—2008）。

模架的选择应从三方面入手：①依据产品零件精度、模具工作零件配合精度高低确定模

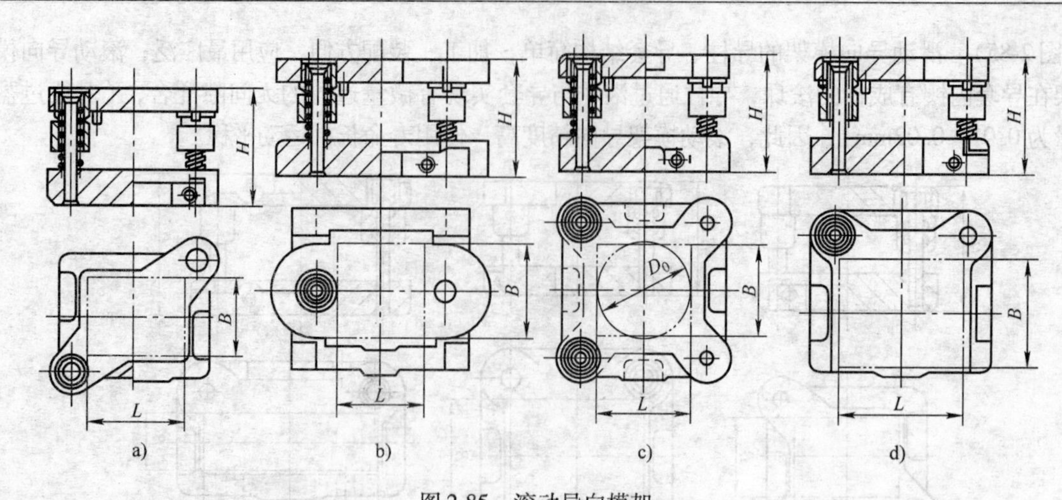

图 2-85　滚动导向模架

a）对角导柱模架　b）中间导柱模架　c）四导柱模架　d）后侧导柱模架

架精度；②根据产品零件精度要求、形状、条料送料方向选择模架类型；③根据凹模周界尺寸确定模架的大小规格。

二、滑动导向模架主要零件的结构设计

1. 模座

模座一般分为上、下模座，其形状基本相似。除特殊形状外，一般具体结构尺寸都有标准规定，设计时可参考有关手册。如果自行设计，应注意以下几方面问题：

1）因为模座是整个模具的基础零件，模具上所有的零件都直接或间接地固定在上、下模座上，因此，要求模座应具有足够的刚度和强度。

2）模座的材料一般选用铸铁 HT200、HT250，也可选用 Q235、Q255 结构钢，对于大型重要模座可选用铸钢 ZG35 或 ZG45。

3）模座的上、下表面的平行度应达到要求，平行度公差一般为 4 级。

4）上、下模座的导套、导柱安装孔中心距必须一致，精度一般要求在 ±0.02mm 以下；模座的导柱、导套安装孔的轴线应与模座的上、下平面垂直，安装滑动式导柱和导套时垂直度公差一般为 4 级。

5）模座的上、下表面的表面粗糙度为 $Ra1.6 \sim 0.8\mu m$，在保证平行度的前提下，可允许降低为 $Ra3.2 \sim 1.6\mu m$。

6）模座外形尺寸可依据以下原则确定，即如果模座为圆形，其直径应比凹模外径大 30 ~70mm，以便于模具的安装和固定；如果是矩形模座，其长度应比凹模外形长度大 40 ~ 70mm，而宽度尺寸可与凹模同宽或稍大一些。当采用导柱导向时，还应留出足够的安装导柱导套的位置。

下模座的最小轮廓尺寸，应比压力机工作台上漏料孔的尺寸每边至少要大 40 ~50mm，模座厚度一般可根据凹模厚度来确定，通常取

$$H_s = H_x = (1 \sim 1.5)\ H_a$$

式中　H_s——上模座厚度（mm）；

H_x——下模座厚度（mm）；

H_a——凹模厚度（mm）。

有时把上模座的厚度取得比下模座稍薄些。

通常，如果冲下的工件或废料需从下模座漏下时，则应在冲裁模的下模座上开一个漏料孔。如果压力机的工作台面上没有漏料孔或漏料孔太小，或因安装顶件装置的影响无法排料，可在下模座底面开一条通槽，冲下的工件或废料可以从槽内排出，故称排出槽。若冲裁模上有较多的冲孔装置，并且孔距离很近时，则可在下模座底面开一条公用的排出槽，此时，漏料孔可以倾斜，但倾斜角度 α 不得大于35°。若凹模上的漏料孔紧靠着凹模边缘，则可在下模座边缘开一倾斜的排出槽。

2. 导柱和导套

导向零件用来保证上模相对于下模的正确运动。模具中应用最广的导向零件是滑动导柱和导套。

1）导柱和导套的结构形式。滑动导柱和导套是标准件，其结构和尺寸都有标准规定，常用结构如图2-86所示。其中，图2-86a为导套，内孔开有贮油槽，以便贮油润滑，内孔 d 与导柱滑动配合，外径 D 和上模座采用H7/r6过盈配合。由于过盈配合装配时孔有缩小的现象，所以 d_0 在设计加工时比 d 大0.5～1mm。图2-86b、c为导柱，图2-86b两端基本尺寸相同，公差不同；图2-86c为直通式，只有一个尺寸公差，加工方便。在设计导柱时，其顶部应带有30°的斜角或采用圆弧过渡方式，以便导柱安全顺利地进入导套。

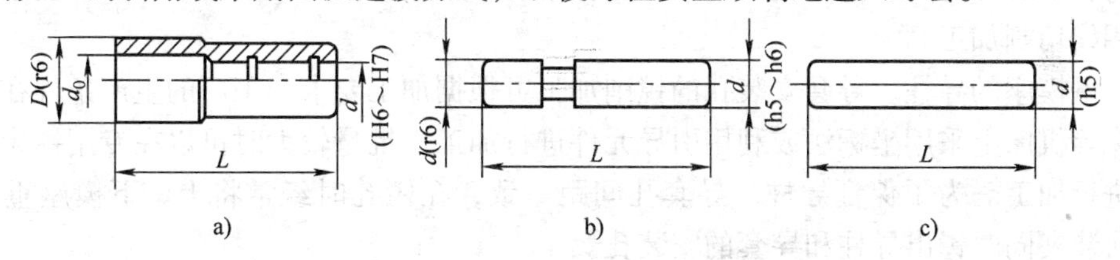

图2-86　导柱和导套的结构

a）导套　b）、c）导柱

2）导柱和导套的安装尺寸要求。导柱直径一般在16～60mm之间，长度在90～320mm之间。选择导柱长度时，应考虑模具闭合高度的要求，即保证冲模在最低工作位置（即闭合状态），导柱的上端面与上模座上平面之间的距离不小于10～15mm，以保证凸、凹模经多次刃磨而使模具闭合高度变小后，导柱也不会影响模具正常工作；而下模座下平面与导柱压入端的端面之间的距离不应小于2～3mm，以保证下模座在压力机工作台上的安装固定；导套的上端面与上模座上平面之间的距离应大于2～3mm，以便排气和出油，如图2-87所示。

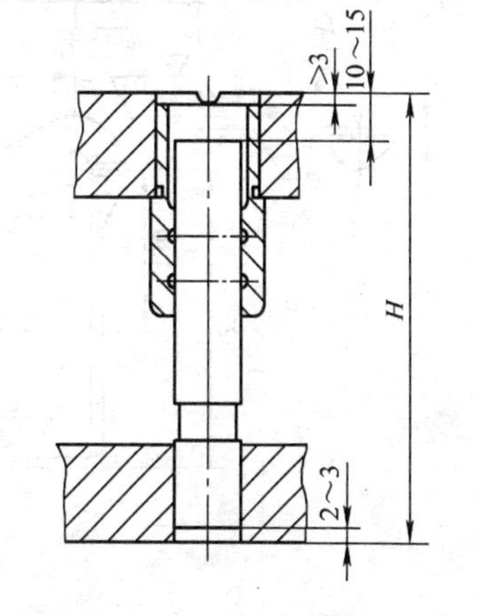

图2-87　导柱和导套安装尺寸要求

H—模具闭合高度

3）导柱和导套的尺寸配合要求。导柱、导套一般采用过盈配合H7/r6分别压入下模座和上模座的安装孔中。导柱、导套之间采用间隙配合，其配合间隙必须小于冲裁间隙。一般有以下三种情况：

当工件厚度在 0. 4mm 以下时，导柱与导套的间隙小于凸、凹模之间的间隙。

当工件的厚度在 0. 4 ~ 0. 8mm 时，导柱与导套之间的间隙可按 H6/h5 研配。

当工件的厚度在 0. 8mm 以上时，导柱与导套之间的间隙按 H7/h6 研配。

4）导柱和导套的材料及热处理。导柱和导套一般选用 20 钢制造。为了增强表面硬度和耐磨性，应进行表面渗碳处理，渗碳层厚为 0. 8 ~ 1. 2mm，渗碳后的淬火硬度为 58 ~ 62HRC，导柱的外表面和导套的内表面淬硬后进行磨削，其表面粗糙度应不大于 *Ra*0. 8μm（一般为 *Ra*0. 2 ~ 0. 1μm），其余部分为 *Ra*1. 6μm。

三、模座零件及导向零件制造

1. 模座零件制造

模座是组成模架的主要零件之一，属于板类零件，一般都是由平面和孔系组成。其加工精度要求主要体现在：模座的上、下平面的平行度，上、下模座的导套、导柱安装孔中心距，模座的导柱、导套安装孔的轴线与模座的上、下平面的垂直度，以及表面粗糙度和尺寸精度。

模座的加工主要是平面加工和孔系的加工。在加工过程中为了保证技术要求和加工方便，一般遵循先面后孔的加工原则，即先加工平面，再以平面定位进行孔系加工。模座的毛坯经过刨削或铣削加工后，对平面进行磨削可以提高模座平面的平面度和上下平面的平行度，同时，容易保证孔的垂直度要求。模座孔系可以采用钻削和镗削加工，对于复杂异型孔可以采用线切割加工。

上、下模座的导柱、导套安装孔的镗削加工可根据加工要求和工厂的生产条件在铣床或摇臂钻床等机床上采用坐标法或利用引导元件进行加工。批量较大时可以在专用镗床、坐标镗床上进行加工。为了保证导柱、导套孔间距一致，在镗孔时经常将上、下模座重叠在一起，一次装夹同时镗出导柱和导套的安装孔。

图 2-88 所示是一副后侧导柱的模座，其加工工艺过程见表 2-42 和表 2-43。

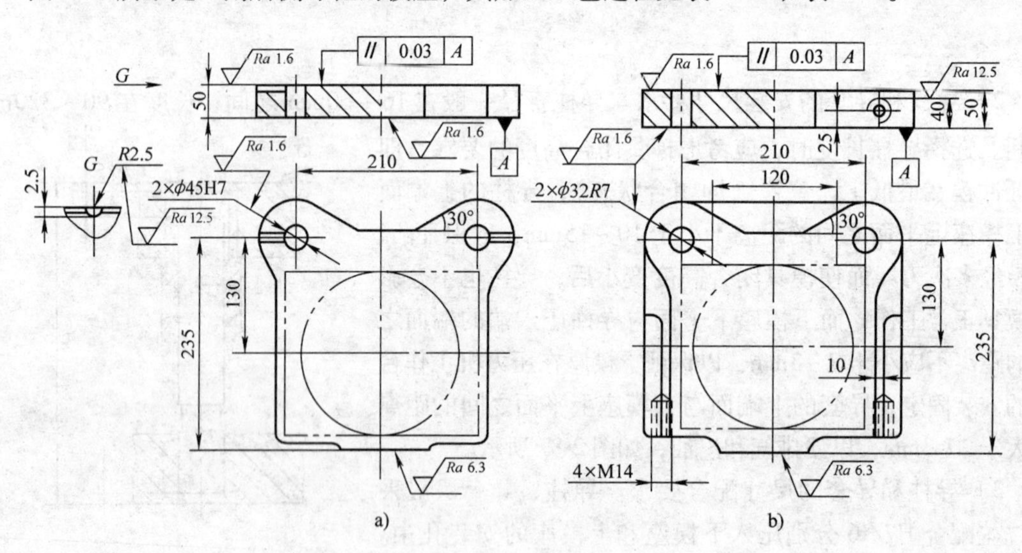

图 2-88　冲裁模座

a）上模座　b）下模座

表 2-42　加工上模座的工艺路线　（单位：mm）

工序号	工序名称	工序内容	设备	工序简图
1	备料	铸造毛坯	铸	
2	刨削或铣削平面	刨削或铣削上、下平面，保证尺寸 50.8mm	牛头刨床或铣床	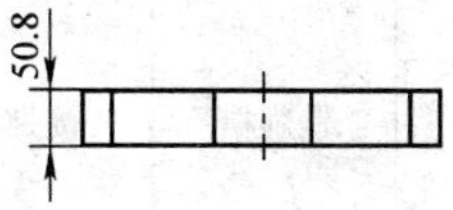 50.8
3	磨削平面	磨削上、下平面，保证尺寸 50	平面磨床	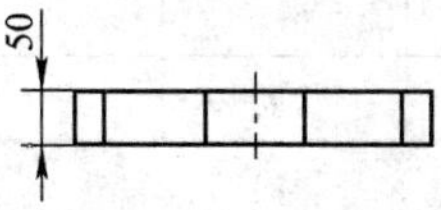 50
4	钳工划线	前部划线和导套孔划线	钳工设备	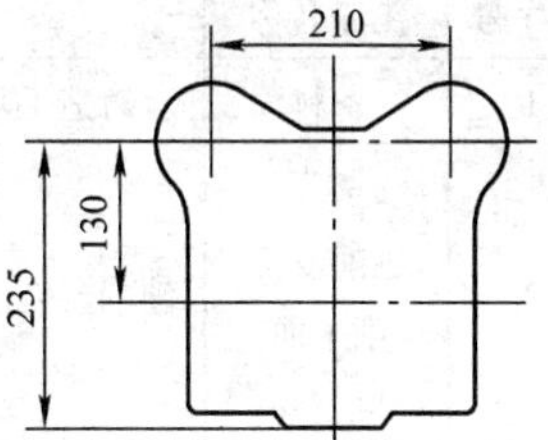 210 130 235
5	铣削前部	按划线铣削前部	立铣床	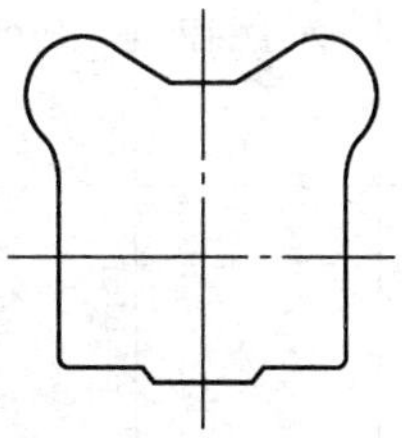
6	钻孔	按划线钻削导套孔至 $\phi43$	立式钻床	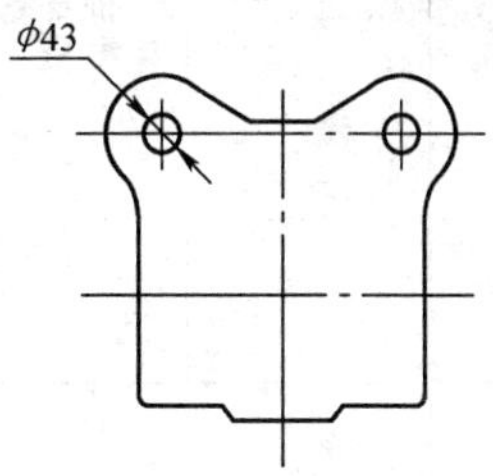 $\phi43$
7	镗孔	和下模座重叠，镗孔至 $\phi45H7$	镗床或铣床	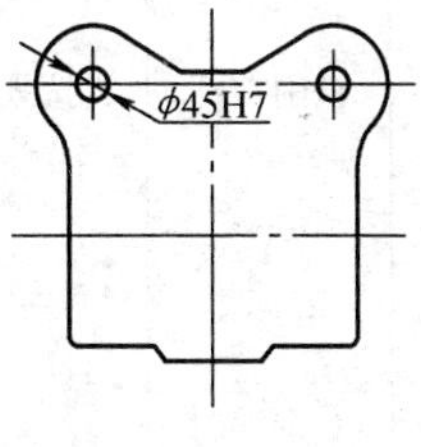 $\phi45H7$

（续）

工序号	工序名称	工序内容	设备	工序简图
8	铣削槽	按划线铣削 R2.5 的圆弧槽	卧式铣床	
9	检验	—	—	—

表 2-43　加工下模座的工艺路线　（单位：mm）

工序号	工序名称	工序内容	设备	工序简图
1	备料	铸造毛坯	铸造	—
2	刨削或铣削平面	刨削或铣削上、下平面，保证尺寸 50.8	牛头刨床或铣床	50.8
3	磨削平面	磨削上、下平面，保证尺寸 50	平面磨床	50
4	钳工划线	前部划线，导柱孔和螺纹孔划线	钳工设备	25 210 235
5	铣削前部	按划线铣削前部	立铣床	40 235

（续）

工序号	工序名称	工序内容	设备	工序简图
6	钻孔攻螺纹	钻导柱孔至 $\phi30$，钻螺纹底孔并攻螺纹	立式钻床	
7	镗孔	与上模座重叠，一起镗孔至 $\phi32_{-0.05}^{-0.025}$	镗床或铣床	
8	检验			

2. 导向零件的加工

导柱和导套在模具中起导向作用。导柱安装在下模座上，导套安装在上模座上，导柱和导套滑动配合，以保证凸模和凹模在工作时具有正确的相对位置。图 2-89 所示为冲裁模的标准导柱和导套。

（1）导柱、导套的技术要求　导柱和导套的基本表面都是圆柱体表面，可以根据图示的结构尺寸，直接选用适当尺寸的热轧圆钢作毛坯，经渗碳淬火后，再磨削。导柱和导套的技术要求如下：

1）为了保证良好的导向作用，导柱和导套的配合间隙应小于凸、凹模之间的间隙，导柱和导套的配合间隙一般采用 H7/h6，精度要求很高时为 H6/h5。导柱与下模座孔，导套与上模座孔采用 H7/r6 的过盈配合。

2）导柱和导套工作部分的圆度公差，当直径 $d<30$mm 时，圆度公差不大于 0.003mm；当直径 $30\text{mm}<d<60$mm 时，圆度公差不大于 0.005mm；当直径 $d>60$mm 时，圆度公差不大于 0.008mm。

（2）导柱和导套的加工工艺路线

1）导柱的加工工艺路线。对于图 2-89a 所示的导柱，采用表 2-44 的加工工艺路线。

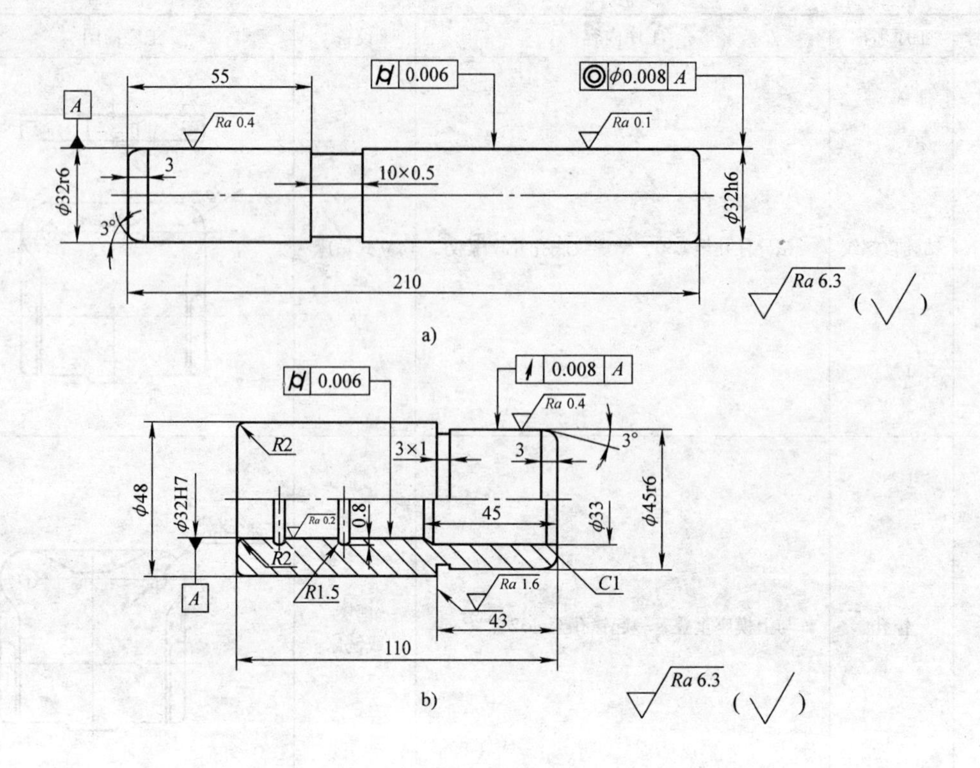

图 2-89　导柱和导套

a）导柱　b）导套

表 2-44　导柱的加工工艺路线　（单位：mm）

工序号	工序名称	工序内容及要求	设　备
1	下料	按尺寸 ϕ35 ×215 下料	锯床
2	车削端面 钻中心孔	①车削端面（车白）； ②钻中心孔 A3； ③调头车削端面保证长度 210； ④钻中心孔 A3	卧式车床
3	车削外圆	①车削外圆至尺寸 ϕ32.4； ②切槽 10 ×0.5 至尺寸； ③车削端部； ④调头车削外圆至尺寸 ϕ32.4； ⑤车削端部	卧式车床
4	检验	—	—
5	热处理	按热处理工艺进行，保证渗碳层深度 0.8 ~1.2，表面硬度 58 ~62HRC	—
6	研磨中心孔	①研磨中心孔； ②调头研磨另一端中心孔	卧式车床

（续）

工序号	工序名称	工序内容及要求	设　备
7	磨削外圆	①磨削 ϕ32h6 外圆，留研磨量 0.01； ②调头磨 ϕ32r6 外圆到尺寸	外圆磨床
8	研磨、抛光	①研磨 ϕ32h6 外圆到尺寸； ②抛光圆角	卧式车床
9	检验	—	—

导柱的心部要求韧性好，材料一般选用 20 低碳钢。

在导柱加工过程中，外圆柱面的车削和磨削以两端的中心孔定位，使设计基准与工艺基准重合。中心孔的形状精度和同轴度，对导柱的加工质量有着直接的影响。所以，导柱在热处理后要修正中心孔，以消除中心孔在热处理过程中可能产生的变形和其他缺陷，使中心孔与顶尖之间的接触良好，以保证外圆柱面的形状精度和位置精度要求。

修正中心孔可采用磨、研磨和挤压等方法，可以在车床、钻床和专用机床上进行。

①在车床上用磨削方法修正中心孔。如图 2-90 所示，在被磨削的中心孔处加入少量的煤油或机油，手持零件进行磨削。用这种方法修正中心孔效率高，质量较好；但砂轮磨损快，需要经常修整。

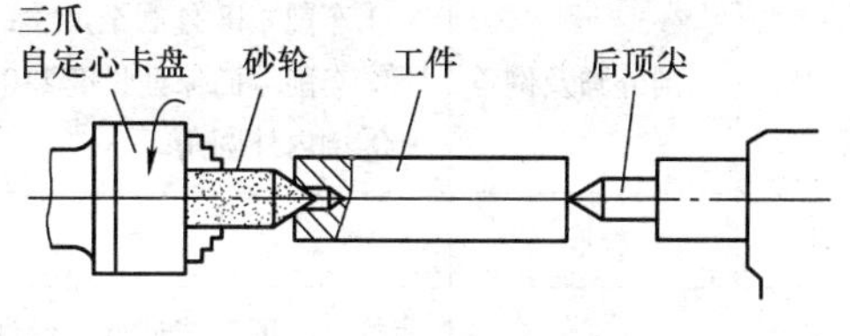

图 2-90　修正中心孔

②研磨法修正中心孔。这种方法是用锥形的铸铁研磨头代替锥形砂轮，在被研磨的中心孔表面加研磨剂进行研磨。如果用一个与磨削外圆的磨床顶尖相同的铸铁顶尖作研磨工具，将铸铁顶尖与磨床顶尖一起磨出 60°锥角后研磨出中心孔，则可以保证中心孔和磨床顶尖达到良好配合，能磨削出圆度和同轴度误差不超过 0.002mm 的外圆柱面。

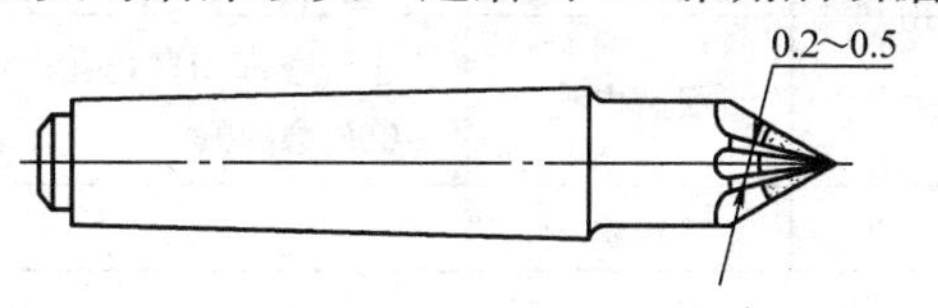

图 2-91　多棱顶尖

③用硬质合金多棱顶尖挤压中心孔。硬质合金多棱顶尖如图 2-91 所示。将硬质合金多棱顶尖装在车床主轴的锥孔内，零件装夹在多棱顶尖和尾架顶尖之间，利用车床的尾架顶尖将零件压向多棱顶尖，通过多棱顶尖的挤压作用来修正中心孔的几何误差。这种方法只需几秒钟，生产率极高，但质量稍差，一般用于修正精度要求不高的中心孔。

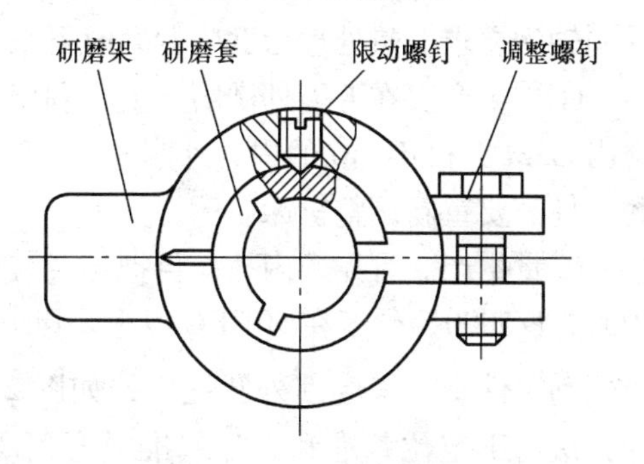

图 2-92　导柱研磨工具

导柱的研磨加工，目的在于进一步提高外圆柱表面的质量。在生产量较大时，可以在专用研磨机床上研磨；单件小批量生产时，可以采用简单的研磨工具，在普通车床上进行研磨，如图 2-92 所示。研磨时将导柱安装在车床上，由主轴带动旋转，在导柱表面均匀涂上一层研磨剂，然后套上研磨工具，手持研磨工具作直线往复运动。

2）导套的加工工艺路线。对于图 2-89b 所示的导套，采用表 2-45 的加工工艺路线。

表 2-45　导套的加工工艺路线　（单位：mm）

工序号	工序名称	工序内容及要求	设　备
1	下料	按尺寸 $\phi52\times115$ 下料	锯床
2	车削外圆及内孔	①车削端面（车白）； ②钻 $\phi32$ 至 $\phi30$； ③车削 $\phi45$ 外圆至 $\phi45.4$； ④倒角； ⑤车削 3×1 退刀槽至尺寸； ⑥镗削 $\phi32$ 孔至 $\phi31.6$； ⑦镗削油槽； ⑧镗削 $\phi32$ 孔至尺寸； ⑨倒角	卧式车床
3	车削外圆及倒角	①车削 $\phi48$ 外圆至尺寸； ②车削端面保证长度 110； ③倒内外圆角	卧式车床
4	检验	—	—
5	热处理	按热处理工艺进行，保证渗碳层深度 0.8 ~ 1.2，表面硬度 58 ~ 62HRC	—
6	磨削内外圆	①磨削 $\phi45r6$ 外圆至尺寸； ②磨削 $\phi32H7$ 内孔，留研磨量 0.01	万能外圆磨床
7	研磨内孔	①研磨 $\phi32H7$ 内孔达图样尺寸； ②研磨圆弧	卧式车床
8	检验	—	—

导套一般选用 20 圆钢作毛坯。导套加工时必须正确选择定位基准，以保证内外圆柱面的同轴度要求。热处理后磨削导套时可采用以下方法：

①件生产。在万能外圆磨床上，利用自定心卡盘夹持 $\phi48$mm 的外圆柱面，一次装夹后磨出 $\phi32H7$ 和 $\phi45r6$ 的内、外圆柱面。这种方法可以避免由于多次装夹带来的误差，但每磨一件需要重新调整机床。

②量生产。可先磨内孔，再把导套装在专门设计的锥度心轴上，这种心轴的锥度为 1/1000 ~ 1/5000，硬度在 60HRC 以上。以心轴两端的中心孔定位，借助心轴和导套间的摩擦力带动零件旋转来磨削外圆柱面，如图 2-93 所示。这种方法由于定位基准和设计基准重合，所以能获得较高的同轴度，并且操作过程简化，生产率较高。

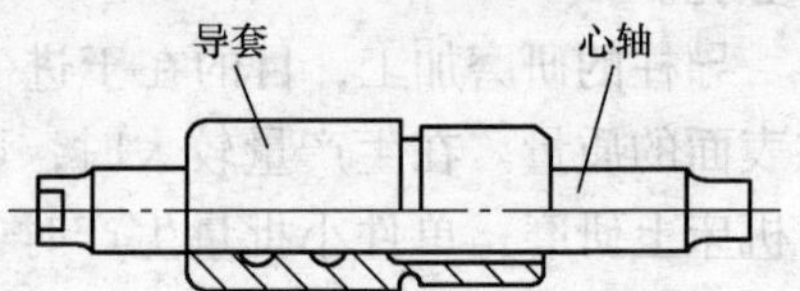

图 2-93　用小锥度心轴安装导套

为了进一步提高被加工表面的质量，导套也需要研磨加工。在生产量较大时，可以在专用研磨机上研磨；单件小批量生产，可以采用简单的研磨工具，如图 2-94 所示。研磨导套与研磨导柱相类似，由车床主轴带动研磨工具旋转，手持套在研磨工具上的导套作直线往复运动。调整研磨工具上的调整螺钉和螺母，可以调整研磨套的直径，以控制研磨量的大小。

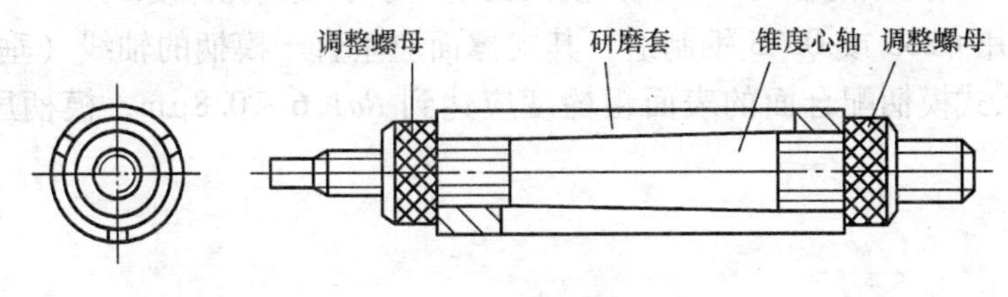

图 2-94　导套研磨工具

模块八　连接与固定零件设计与制造

用于模具的连接与固定的零件有模柄、固定板、垫板、销钉、螺钉等。这些零件大多有标准件，设计时可按国家标准选用。

一、模柄的设计与制造

模柄可使模具的中心线与压力机的中心线重合，并把上模固定在压力机滑块的连接零件上。模柄常用于 1000kN 以下的压力机上的中、小型模具的安装。国家标准推荐的模柄结构形式如图 2-95 所示。以下对模柄结构类型分别予以介绍。

1. 旋入式模柄

如图 2-95a 所示为旋入式模柄，通过螺纹与上模座联接，为防止松动，常用防转螺钉紧固。这种模柄装拆方便，但模柄轴线与上模座的垂直度较差，多用于有导柱的小型冲模。

2. 压入式模柄

如图 2-95b 所示为压入式模柄，它与模座孔采用过渡配合 H7/m6，并加销钉防转。这种模柄可较好保证轴线与上模座的垂直度，适用于各种中、小型冲模，生产中最常用。

3. 凸缘模柄

如图 2-95c 所示为凸缘模柄，用 3～4 个螺钉固定在上模座的窝孔内，模柄的凸缘与上模座的窝孔采用 H7/js6 过渡配合，多用于较大型的模具。

4. 槽型模柄和通用模柄

如图 2-95d 和 e 是槽型模柄和通用模柄，均用于直接固定凸模，也称为带模座的模柄。这类模柄更换凸模方便，主要用于简单模。

5. 浮动模柄

如图 2-95f 所示为浮动模柄，主要特点是压力机的压力通过凹球面模柄和凹球面垫块传递到上模，可以消除压力机导向误差对模具导向精度的影响，主要用于硬质合金等精密导柱模。

6. 推入式活动模柄

如图 2-95g 所示为推入式活动模柄。压力机的压力通过活动模柄、凹球面垫块和活动模柄传递到上模，它也是一种浮动模柄。因模柄的槽孔单面开通（呈 U 形），所以使用时导柱、导套不宜脱离，主要用于精密模具。

选择模柄时应注意模柄安装直径 d 和长度 L 应与滑块模柄孔尺寸相适应。模柄直径可取与模柄孔相等，采用间隙配合 H11/d11，模柄长度应小于模柄孔深度 5 ~ 10mm。

模柄通常采用 Q235 或 Q275 钢制造，其支撑面应垂直于模柄的轴线（垂直度不应超过 0.02/100）。压入式模柄配合面的表面粗糙度应达到 $Ra1.6 \sim 0.8\mu m$，模柄压入上模座后，应将底面磨平。

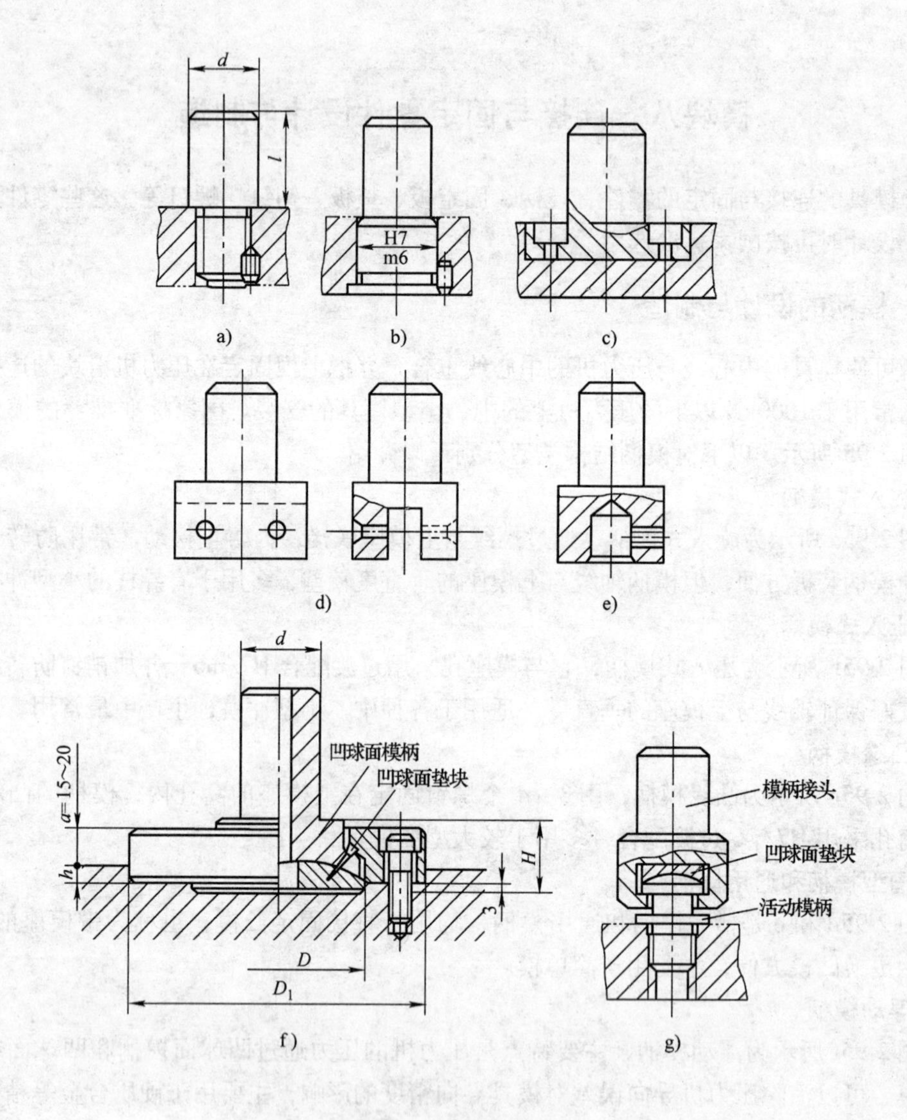

图 2-95　模柄的类型

a）旋入式模柄　b）压入式模柄　c）凸缘模柄　d）槽型模柄
e）通用模柄　f）浮动模柄　g）推入式活动模柄

二、固定板的设计与制造

固定板将凸模或凹模按一定相对位置压入固定后，作为一个整体安装在上模座或下模座的板件上。模具中最常见的是凸模固定板，固定板分为圆形固定板和矩形固定板两种，主要用于固定小型的凸模和凹模。

固定板的设计应注意以下几点：

1）凸模固定板的厚度一般取凹模厚度的0.6～0.8倍，其平面尺寸可与凹模、卸料板外形尺寸相同，但还应考虑紧固螺钉及销钉的位置。

2）固定板上的凸模安装孔与凸模采用过渡配合 H7/m6，凸模压装后端面要与固定板一起磨平。

3）固定板的上、下表面应磨平，并与凸模安装孔的轴线垂直。固定板基面和压装配合面的表面粗糙度为 $Ra1.6 \sim 0.8\mu m$，另一非基准面可适当降低要求。

4）固定板材料一般采用 Q235 或 45 钢制造，无需热处理淬硬。

三、垫板的设计与制造

垫板的作用是直接承受和扩散凸模传递的压力，以降低模座所受的单位压力，防止模座被局部压陷。模具中最为常见的是凸模垫板，它被装于凸模固定板与模座之间。模具是否加装垫板，要根据模座所受压力的大小进行判断，若模座所受单位压力大于模座材料的许用压应力，则需加垫板。

垫板外形尺寸可与固定板相同，其厚度一般取 3～10mm。垫板材料为 45 钢，淬火硬度为 43～48HRC。垫板上、下表面应磨平，表面粗糙度为 $Ra1.6 \sim 0.8\mu m$，以保证平行度要求。为了便于模具装配，垫板上销钉通过孔直径可比销钉直径增大 0.3～0.5mm；螺钉通过孔也类似。

四、螺钉与销钉的选用

螺钉与销钉都是标准件，设计模具时按标准选用即可。螺钉用于固定模具零件，而销钉则起定位作用。模具中广泛应用的是内六角螺钉和圆柱销钉，其中 M6～M12 的螺钉和 $\phi4 \sim \phi10mm$ 的销钉最为常用。

在模具设计中，选用螺钉、销钉应注意以下几点：

1）螺钉要均匀布置，尽量置于被固定件的外形轮廓附近。当被固定件为圆形时，一般采用 3～4 个螺钉；当为矩形时，一般采用 4～6 个。销钉一般都用两个，且尽量远距离错开布置，以保证定位可靠。螺钉的大小应根据凹模厚度选用，见表 2-46。

2）螺钉之间、螺钉与销钉之间的距离，螺钉、销钉距刃口及外边缘的距离，均不应过小，以防降低强度；其最小距离见表 2-47，供设计时参考。

3）内六角螺钉通过孔及其螺钉装配尺寸应合理，可参考表 2-48 选取。

4）圆柱销孔形式及其装配尺寸可参考表 2-49。联接件的销孔应配合加工，以保证位置精度。销钉孔与销钉采用 H7/m6 或 H7/n6 过盈配合。

5）弹压卸料板上的卸料螺钉，用于联接卸料板，主要承受拉应力。根据卸料螺钉的头部形状，也可分为内六角和圆柱头两种。圆形卸料板常用 3 个卸料螺钉，矩形卸料板一般用

4 或 6 个卸料螺钉。由于弹压卸料板在装配后应保持水平，故卸料螺钉的长度 L 应控制在一定的公差范围内，装配时要选用同一长度的螺钉。卸料螺钉孔的装配尺寸见表 2-50。

表 2-46 螺钉的选用 （单位：mm）

凹模厚度	<13	<13~19	<19~25	<25~32	<35
螺钉直径	M4，M5	M5，M6	M6，M8	M8，M10	M10，M12

表 2-47 螺钉、销钉之间及至刃口的最小距离 （单位：mm）

简图								
螺钉孔		M6	M8	M10	M12	M16	M20	M24
A	淬火	10	12	14	16	20	25	30
	不淬火	8	10	11	13	16	20	25
B	淬火	12	14	17	19	24	28	35
C	淬火	5						
	不淬火	3						
销钉孔		$\phi4$	$\phi6$	$\phi8$	$\phi10$	$\phi12$	$\phi16$	$\phi20$
D	淬火	7	9	11	12	15	16	20
	不淬火	4	6	7	8	10	13	16

表 2-48 内六角螺钉通过孔及装配尺寸 （单位：mm）

简图									
螺钉直径 d_0		M4	M6	M8	M10	M12	M16	M20	M24
螺钉通过孔尺寸	d	5	7	9	11.5	13.5	17.5	21.5	25.5
	D	8	11	13.5	16.5	19.5	25.5	31.5	37.5
	H_{min}	3	3	4	5	6	8	10	12
	H_{max}	15	25	35	45	55	75	85	95
	H_1	d_0+1							
螺钉旋进深度 L	铸铁	8	12	16	20	24	32	40	48
	钢	6	9	12	15	18	24	30	36
螺纹外加深度 L_1		4			5			6	

注：表中螺钉旋进深度 L 为生产应用值。对于铸铁，其最小深度可取 $1.5d_0$；对钢可取 d_0。

表 2-49　圆柱销孔及其装配尺寸　（单位：mm）

简图				
说明	两板厚均不超过 50mm 时，采用直通销孔。销在板 1 中可全长配合，在板 2 中的长度 $L=(1.5\sim2)\ d$	板 2 厚度超过 50mm 时，采用半通销。取 $D_1=0.5d+(0.5\sim1)$ mm，$L=(1.5\sim2)\ d$，$s=3\sim5$mm	板 1 厚度超过 50mm 时，采用阶梯销孔。取 $D_2=d+(0.5+1)$ mm，$L\geqslant(1.5\sim2d)$	当板 2 较厚或其下表面不允许有通孔时，采用不通孔形式。此时最好采用带螺纹的销钉，$L=(1.5\sim2)\ d$

注：销孔与销钉采用过盈配合 H7/n6。

表 2-50　卸料螺钉孔的尺寸　（单位：mm）

简　图

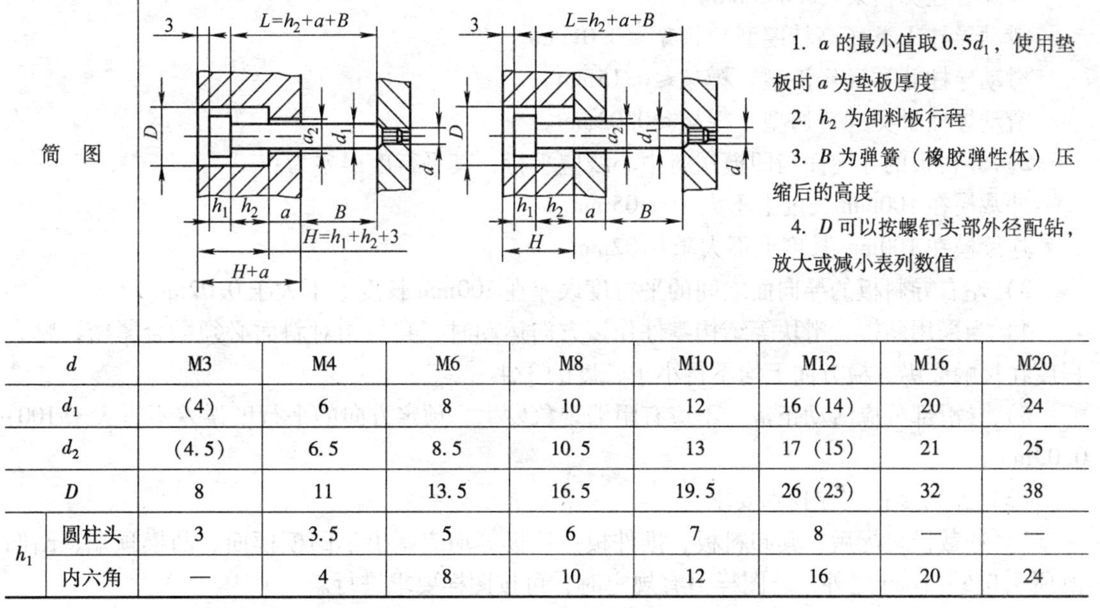

1. a 的最小值取 $0.5d_1$，使用垫板时 a 为垫板厚度
2. h_2 为卸料板行程
3. B 为弹簧（橡胶弹性体）压缩后的高度
4. D 可以按螺钉头部外径配钻，放大或减小表列数值

d		M3	M4	M6	M8	M10	M12	M16	M20
d_1		(4)	6	8	10	12	16 (14)	20	24
d_2		(4.5)	6.5	8.5	10.5	13	17 (15)	21	25
D		8	11	13.5	16.5	19.5	26 (23)	32	38
h_1	圆柱头	3	3.5	5	6	7	8	—	—
	内六角	—	4	8	10	12	16	20	24

注：表内括号中数值用于圆柱头卸料螺钉，不带括号的数值表示内六角和圆柱头卸料螺钉孔通用。

模块九　冲裁模的装配与调试

一、模具的装配

1. 冲裁模零件装配技术要求

（1）凸模与凹模的装配技术要求

1）凸模、凹模的侧刃与固定板安装基面装配后，在 100mm 长度上的垂直度误差：

刃口间隙小于等于 0.06mm 时小于 0.04mm；

刃口间隙为 0.06～0.15mm 时小于 0.08mm；

刃口间隙大于0.15mm时小于0.12mm。

2）冲裁凸、凹模的配合间隙必须均匀。其误差不大于规定间隙的20%，在局部尖角或转角处其误差不大于规定间隙的30%。

3）压弯、成形、拉深类凸、凹模的配合间隙装配后必须均匀，其偏差值最大应不超过料厚加料厚的上偏差；最小值也应不得超过料厚加料厚的下偏差。

4）凸模、凹模与固定板装配后，其安装尾部与固定板安装面必须在平面磨床上磨平。磨平后的表面粗糙度值应在 *Ra*1.6～0.80μm以内。

5）对多个凸模工作部分的高度（包括冲裁凸模、弯曲凸模、拉深凸模以及导正销等）必须按图样保证相对的尺寸要求，其相对误差不大于0.1mm。

6）拼块式的凸模或凹模，其刃口两侧平面应光滑一致，无接缝感。对弯曲、拉深、成形模的拼块凸模或凹模工作表面，其接缝处的直线度误差应不大于0.02mm。

（2）导向零件装配技术要求

1）导柱压入模座后的垂直度，在100mm长度内的误差：

滚珠导柱类模架≤0.005mm。

滑动导柱Ⅰ类（高精度型）模架≤0.01mm。

滑动导柱Ⅱ类（经济型）模架≤0.15mm。

滑动导柱Ⅲ类（普通型）模架≤0.02mm。

2）导料板的导向面与凹模送料中心线应平行，其平行度误差为：

冲裁模在100mm长度上不大于0.05mm。

连续模在100mm长度上不大于0.02mm

3）左右导料板的导向面之间的平行度误差在100mm长度上不大于0.02mm。

4）当采用斜楔、滑块等结构零件作多方向运动时，其与相对斜面必须贴合紧密，贴合程度在接触面纵、横方向上均不得小于长度的3/4。

5）导滑部分应活动正常，不应有阻滞现象发生。预定方向的平行度误差不得大于100:0.03mm。

（3）卸料零件装配技术要求

1）冲裁模装配后，其卸料板、推件板、顶板等均应露出于凹模模面、凸模顶端、凸凹模顶端0.5～1mm之外。若图样另有规定时，可按图样要求进行。

2）弯曲模顶件板装配后，应处于最低位置。料厚为1mm以下时，允差为0.01～0.02mm；料厚大于1mm时，允差为0.02～0.04mm。

3）顶杆、推杆长度，在同一模具装配后应保持一致，误差小于0.1mm。

4）卸料机构运动要灵活，无卡阻现象。卸料元件应承受足够的卸料力。

（4）紧固件装配技术要求

1）螺栓装配后必须拧紧，不许有任何松动。螺纹旋入长度在钢件联接时不小于螺栓的直径；铸铁件联接时不小于1.5倍螺栓直径。

2）定位圆柱销与销孔的配合松紧适度。圆柱销与每个零件的配合长度应大于1.5倍销直径（即销深入零件深度>1.5倍销直径）。

（5）模具装配后的各项技术要求

1）装配后模具闭合高度的技术要求：

模具闭合高度小于等于200mm时，偏差$^{+1}_{-3}$mm。

模具闭合高度为200～400mm时，偏差$^{+2}_{-5}$mm。

模具闭合高度大于400mm时，偏差$^{+3}_{-7}$mm。

2）装配后模板平行度要求：

冲裁模，当刃口间隙小于等于0.06mm时，在300mm长度内允差为0.06mm。

刃口间隙大于0.06mm时，在300mm长度内允差为0.08mm或0.10mm。

其他模具在300mm长度内允差为0.10mm。

3）漏料孔，下模座漏料孔一般按凹模孔尺寸每边应放大0.5～1mm。要求漏料孔通畅，无卡阻现象。

2. 冲裁模工作零件的固定

（1）凸、凹模固定的形式

1）轴台式凸、凹模是依靠其柱面和台阶压紧在凸、凹模固定板中，再用螺钉和定位销固定在模座上，如图2-96a所示。

2）形状复杂的等截面凸模，多采用挂销形式固定，如图2-96b所示。

3）采用粘结剂、低熔点合金将凸模固定在凸模固定板上，如图2-96c所示。这种方法可以简化模具的加工和装配。

4）采用过盈配合，将凹模压入模座内固定，如图2-96d所示。这种方法

5）较大的凸模和凹模，可分别采用与模柄、模座直接连接的方法，如图2-96e所示。

6）对于经常更换的凸、凹模，可采用滚珠定位、顶丝压紧的方法，如图2-96f所示。用这种方法固定时，可迅速更换凸、凹模。

7）凸模用铆接方法与固定板连接，这种方法目前已很少应用。

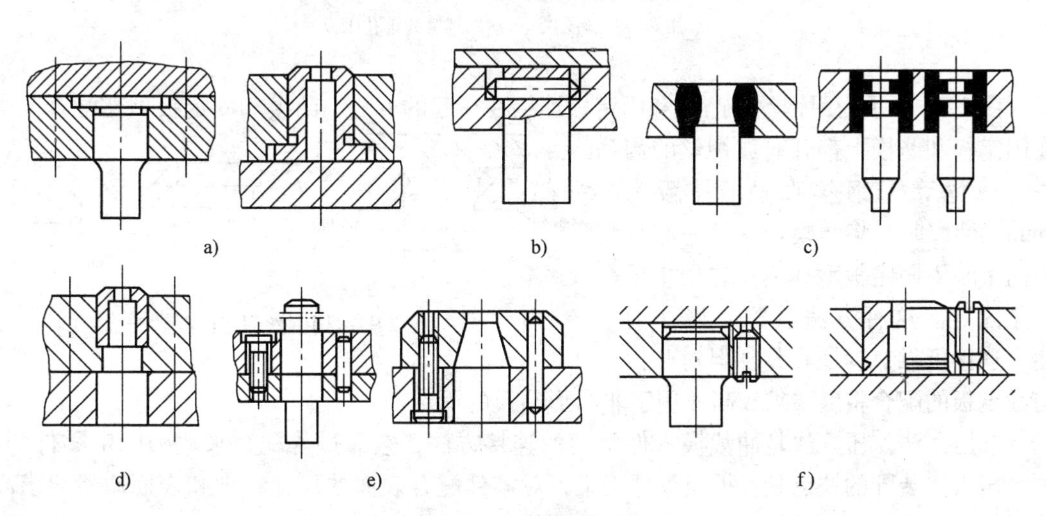

图2-96　凸、凹模固定的形式

a）螺钉和定位销固定　b）挂销固定　c）粘结剂、低熔点合金固定

d）过盈配合固定　e）直接连接固定　f）滚珠定位、顶丝压紧固定

（2）凸、凹模固定的方法

凸、凹模固定的方法主要有机械固定法、物理固定法和化学固定法。

1）机械固定法。

①螺钉紧固法。冲裁模零件可以用螺钉、斜压块等紧固件进行固定。这种方法连接可靠，工艺简便。图 2-97 所示为用螺钉将凸模和固定板连接在一起的方法。如果凸模的材料为硬质合金时，凸模上的螺孔可以用电火花加工的方法制出。

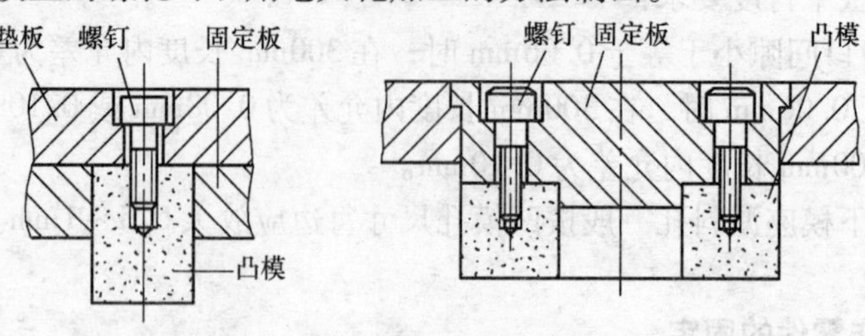

图 2-97　用螺钉固定凸模

图 2-98a 所示为用螺钉和斜压块将凹模紧固在模座上的方法，图 2-98b 所示为用螺钉和锥孔压板将凹模紧固在固定板上的方法。斜压块、锥孔压板和凹模的斜度均为 10°，要求制造精确，配合准确。

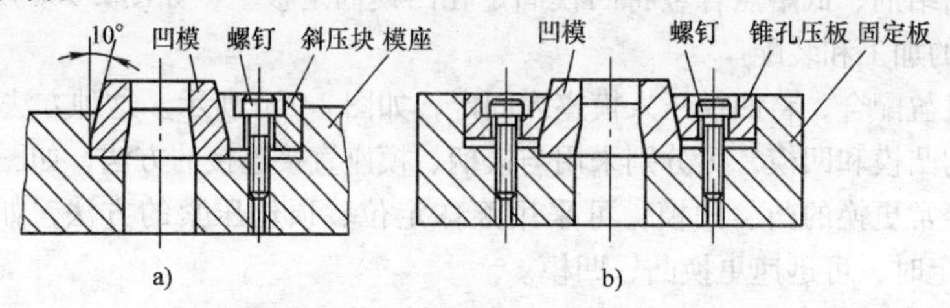

图 2-98　用螺钉和斜压块、锥孔压板固定凹模

a）用螺钉和斜压块　b）用螺钉和锥孔压板

图 2-99 所示为用钢丝将凸模和固定板连接在一起的方法。凸模和固定板型孔配合紧密，在固定板和凸模上都开有放钢丝的沟槽，槽宽等于钢丝直径，一般为 2mm。装配时，将凸模与钢丝一起从上向下装入固定板型孔内，并用垫板压紧固定。这种方法装配时操作简便，连接可靠，拆换容易，但对凸模与固定板的配合精度要求较高，用于非圆形凸模的固定。

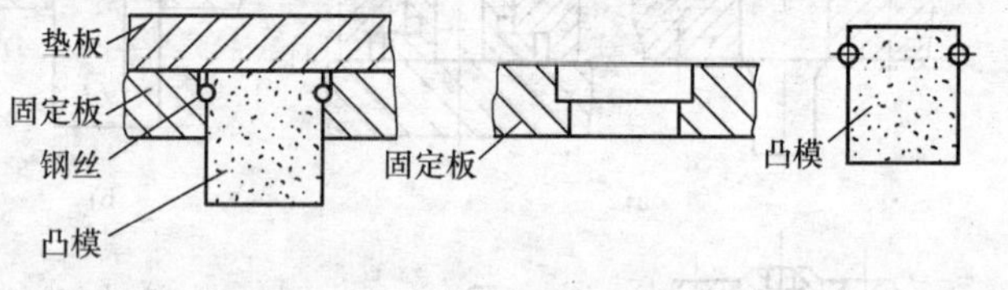

图 2-99　用钢丝固定凸模

②压入法。压入法是冲裁模零件常用的连接方法，它靠过盈配合来达到固定零件的目的。压入法装配的缺点是：拆换零件困难，对零件配合表面的尺寸精度和表面质量要求高，特别是形状复杂的型孔或对孔中心距要求严格的多型孔模具的装配。这种方法常用于凸模与固定板的连接。如图 2-96a 所示带台肩凸模和图 2-96b 所示带挂销凸模都属于压入法固定的形式，其配合均采用 H7/n6 或 H7/m6。如图 2-100 所示为压入法装配示意图。

采用压入法固定凸模时，配合面表面粗糙度应符合图样要求（一般取 $Ra1.6 \sim 0.8\mu m$），固定板型孔应与端面垂直，不允许有锥度或呈鞍形，以保证组装后凸模的垂直度要求。其装配工艺要点为：

a. 压入端应设引导部分。为了便于压入，对有台肩的圆凸模，其固定部分压入端应采用小圆角、小锥度或在3mm左右长度内将直径磨小0.03～0.05mm作为引导部分。无台肩的异型凸模，压入端（非刃口端）四周应修出斜度或小圆角；当凸模不允许设引导部分时，应在固定板型孔的凸模压入处修出斜度小于1°、高度小于5mm的引导部分或倒成圆角。

b. 压入时不能用锤击，而应将凸模置于压力机的中心，保持其压入过程的平稳、垂直。凸模压入型孔少许即应进行垂直度检查（图2-101），压入深度达1/3时，再作一次垂直度检查，校正后将凸模全部压入。

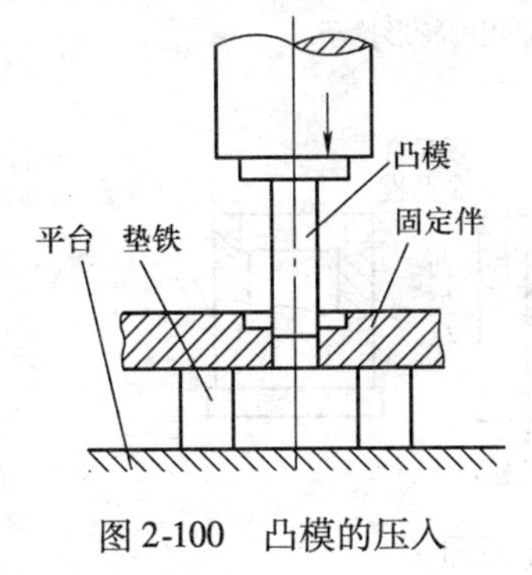

图2-100　凸模的压入

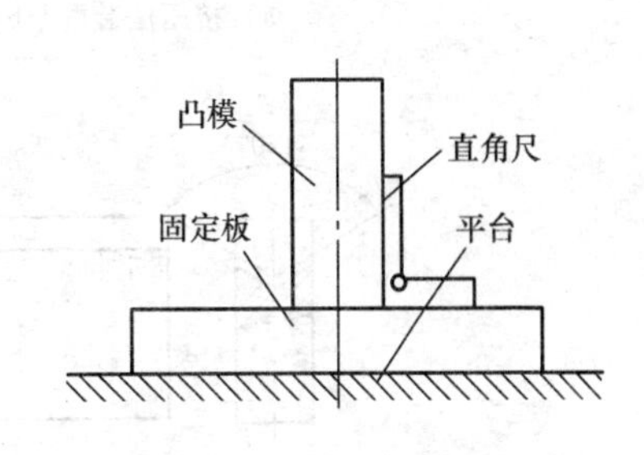

图2-101　压入时的检查

凸模压入固定板后，将固定板与凸模底面磨平，最后以固定板底面为基准磨削凸模刃口面，如图2-102所示。刃磨小凸模时，应采用小吃刀量磨削，以防其变形。

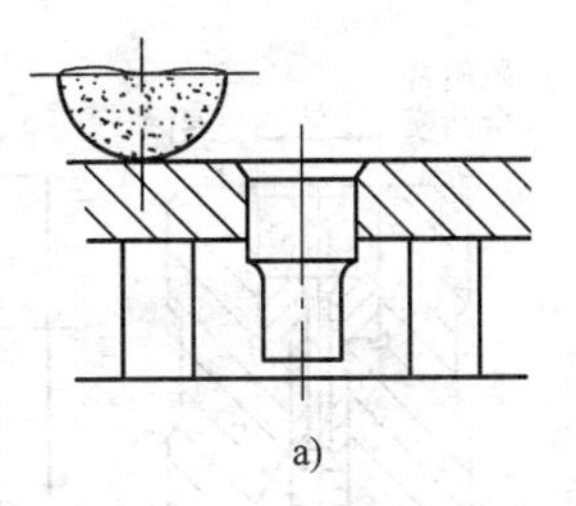

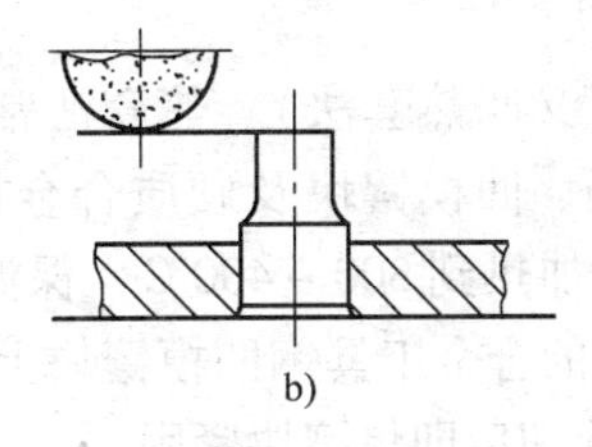

图2-102　磨底平面和刃口

a）固定板与凸模底面磨平　b）以固定板底面为基准磨凹模刃口面

③挤紧法。这种方法是先将凸模装入固定板中（要求配合紧密），然后用手锤和特形捻子环绕凸模外圈对固定板进行局部敲击（图2-103），使固定板的局部材料挤向凸模而紧固。紧固后应保证凸模与固定板的垂直度符合要求。图2-103c所示为挤紧用的特形捻子，其工作部分圆滑而无刃口，并经热处理淬火，截面形状可按凸模的轮廓曲线选择使用。

用挤紧法固定多凸模时，可先挤紧最大的凸模，这样当挤紧其他凸模时不受影响，稳定性好。然后再装离该凸模最远的凸模。以后的各凸模挤紧次序就可随意决定了。用挤紧法固定，其可靠性差，只能用于承受冲压力较小的模具。

④焊接法。焊接法一般只用于硬质合金凸模和凹模的固定连接，但由于硬质合金与钢的热膨胀系数相差很大，焊接时容易产生内应力而引起开裂，所以只有在用其他固定法比较困难时才用。图2-104所示为焊接法固定凸模示意图。

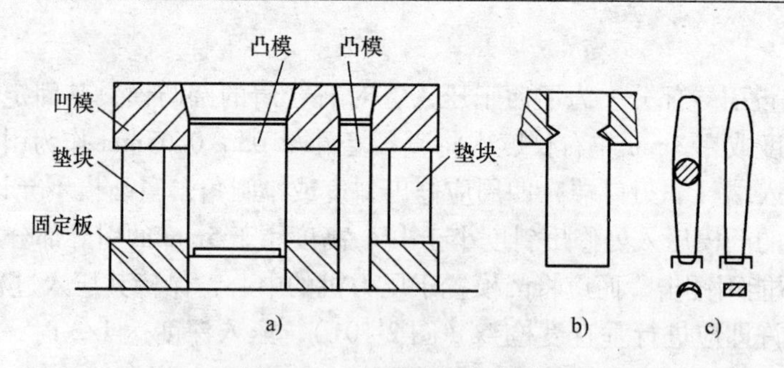

图 2-103　挤紧法固定凸模

a）挤压法装配　b）固定凸模　c）挤紧用的特形捻子

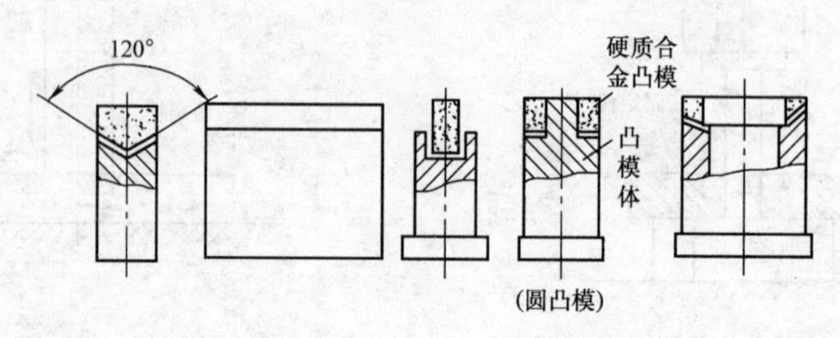

图 2-104　焊接法固定凸模示意图

为了减少焊接内应力，焊接前，要把焊件预热到 700 ~ 800℃，然后用乙炔焰钎焊或高频电流钎焊，用 H62 黄铜为钎料，脱水硼砂为钎剂。焊接后还要再加热到 250 ~ 300℃，保温 4 ~ 6h，以消除内应力。

2）物理固定法。

①热膨胀法（又叫热套法）。热套法常用于固定合金工具钢凸、凹模镶块及硬质合金模块。方法是将钢制套圈加热到 300 ~ 400℃，保温 1h，然后套在未经加热的合金工具钢凹模镶块上（图 2-105b），待套圈冷却后即将镶块紧固。

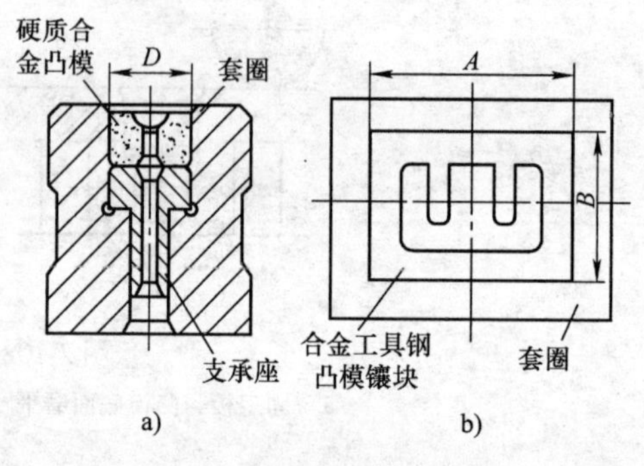

图 2-105　热套法固定凹模镶块

a）硬质合金冲模　b）钢球冷镦模

用热套法固定模具零件时，对过盈量的要求较为严格。对于圆形凸、凹模镶块，过盈量为 0.001 ~ 0.002D，对于矩形镶块，过盈量分别为 0.001 ~ 0.002A（长度）或 0.001 ~ 0.002B（宽度）。

为了减少内应力，用热套法固定硬质合金模块时，除套圈加热到 400 ~ 450℃外，硬质合金模块也要加热到 200 ~ 250℃。必要时，还要在热套后将套圈连同模块一起加热到 150 ~ 160℃，保温数小时，以消除内应力。

采用热套法固定硬质合金凸模时，一般是在热套冷却后，再通过电火花加工或线切割的方法加工出型孔。

②低熔点合金固定法。该方法是利用低熔点合金冷却凝固时体积膨胀的特性来紧固零件的，这一方法可以固定凸模、凹模和导套等模具零件。图 2-106 所示为用低熔点合金固定的

凸模和凹模，图 2-107 所示为固定凸模的几种结构形式。采用低熔点合金固定凸模，不仅工艺简单、操作方便，而且具有较高的连接强度，可用于厚度在 2mm 以下钢板的冲裁，可实现多孔冲模凸、凹模间隙的调整；当个别凸模损坏需要更换时，可将低熔点合金熔化，取出凸模更换后重新浇注；另外，熔化了的低熔点合金可重复使用。

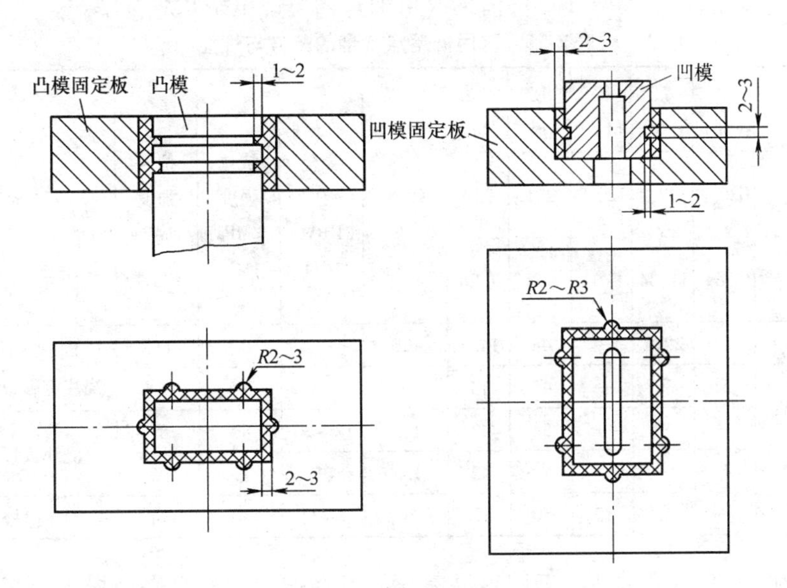

图 2-106　低熔点合金浇注的凸模和凹模

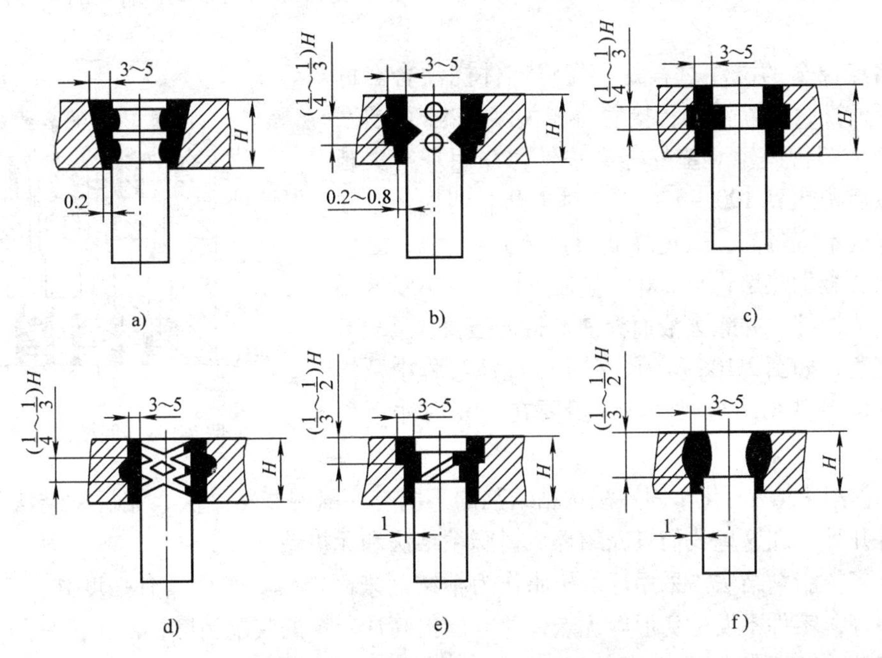

图 2-107　低熔点合金固定凸模的结构形式

a）双凹弧双槽形结构　b）单尖槽结构　c）单槽形结构　d）双斜槽结构

e）单槽形与单斜槽结构　f）单凹弧形结构

常用低熔点合金的配方与性能见表2-51。具体配制时，可根据各种金属熔点高低的先后次序进行。首先将合金元素中的锑和铋打碎成边长为5～25mm大小的碎块，然后把锑装入坩埚或其他容器内进行加热，使其熔化并搅拌均匀，接着放入铅，再放入铋，最后放入锡。每放一种金属都要搅拌一段时间（10～15 min），待所有金属都熔化，并在温度适当降低后（约300℃），浇入烘干的模型（可用槽钢或角钢）内急冷呈条状后备用。

表2-51　常用低熔点合金的配方与性能

合金序号	构成元素	名称	锑(Sb)	铅(Pb)	镉(Cd)	铋(Bi)	锡(Sn)	合金熔点/℃	合金硬度(HBW)	抗拉强度/MPa	抗压强度/MPa	应用范围
		熔点/℃	630.5	327.4	320.9	271	232					
		密度/(g/cm³)	6.69	11.34	8.64	9.8	7.28					
1	成分（%）（质量分数）		9	28.5	—	48	14.5	120	—	90	110	固定凸、凹模、导套、浇注卸料板、导向孔
2			5	35	—	45	15	100	—	—	—	
3			—	—	—	58	42	135	18～20	80	87	浇注成形模型腔
4			1	—	—	57	42	135	21	77	95	
5			—	27	10	50	13	70	9～11	40	74	固定电极及电气靠模

合金熔化时温度不可过高，否则容易氧化。可在熔化的合金表面撒上石墨粉，以防氧化。在合金熔化过程中，应随时去除合金液体表面的浮渣，以免影响合金的浇注质量。另外，浇注合金条所用的模型必须事先烘干，否则会引起爆炸，使金属液体飞溅，容易造成事故。

低熔点合金的浇注过程是：先将零件浇注合金的部分进行清洗，去除油污；接着将相关零件准确定位，调整好凸、凹模间隙，垫好等高垫铁，并用平行夹板夹紧，然后预热到100～120℃（对于凸、凹模，应注意预热温度不宜过高，以免降低刃口部分硬度）；之后将低熔点合金加热熔化至200℃左右，其间要不断地用清洁的铁棒搅拌，并除去液面浮渣。待温度降至150℃时开始浇注，如图2-108所示。在合金浇注过程中及浇注后，相关零件均不得碰动，一般要在24h后才可移动和使用。

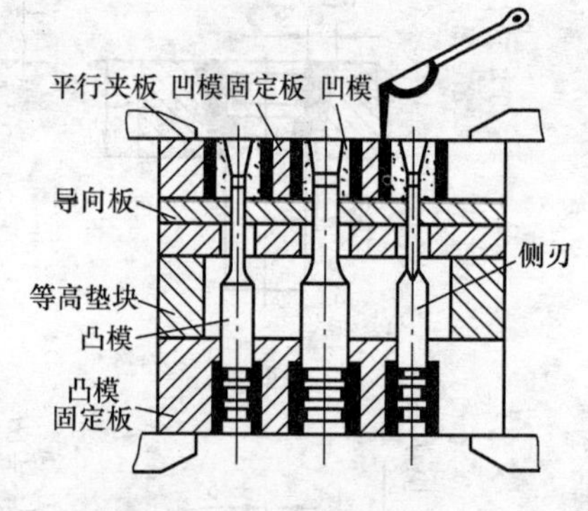

图2-108　凹模的浇注

3）化学固定法。化学固定法按粘结剂的不同有环氧树脂粘结法、无机粘结法和厌氧胶粘结法等几种。在这里我们只介绍环氧树脂粘结法和无机粘结法。

①环氧树脂粘结法。采用环氧树脂作为粘结剂来固定模具零件具有强度高，工艺简便，粘结效果好，零件不发生变形等优点，并且能提高冲裁模的装配精度，便于模具的修理。但环氧树脂粘结剂不耐高温（使用温度应低于100℃），有脆性，硬度低，在小面积上不能承受过高的压力，并且有的固化剂毒性大，当操作不严格时会降低粘结固定的质量。

环氧树脂粘结剂的组成成分，按其性能和用途可分为以下几种：

a. 粘结剂。常用牌号有610、634、637等，是黄色黏稠的物质，是最基本的粘结物质。

b. 固化剂。环氧树脂中加入固化剂才能凝固硬化。有些固化剂有剧毒，使用时应尽量选用无毒或低毒的固化剂，如间苯二胺等。

c. 增塑剂。加入适量的增塑剂可在配制中增加流动性，便于搅拌和操作，并可改善固化后的性能，提高抗冲击性和抗拉强度。

d. 填充剂。加入适量的填充剂可以提高环氧树脂粘结剂的强度、硬度、耐磨性，减小热膨胀性和收缩率。常用的填充剂有铁粉、铝粉、石英粉等，填充剂粒度要细而均匀，用量不可太多，否则会影响操作和粘结强度。

e. 稀释剂。当需要降低环氧树脂的黏度，以便操作时，可加入稀释剂。常用的稀释剂有丙酮、甲苯等。稀释剂属于辅助材料。

模具用环氧树脂粘结剂的几种参考配方见表2-52。

表2-52　模具用环氧树脂粘结剂的几种参考配方

组成成分	名　称	配比（按质量分数）				
		1	2	3	4	5
粘结剂	环氧树脂610、634	100	100	100	100	100
填充剂	铁粉200～300目	250	250	250	—	—
	石英粉200目	—	—	—	200	100
增塑剂	邻苯二甲酸二丁酯	15～20	15～20	15～20	10～12	15
固化剂	无水乙二胺	8～10	16～19	—	—	—
	二乙烯三胺	—	—	—	—	10
	间苯二胺①	—	—	14～16	—	—
	邻苯二甲酸酐①	—	—	—	35～38	—

① 此固化剂适于作卸料孔的填充剂，并需要加温固化。

其配制工艺如下：

a. 称料。按表2-52选出配方，分别将各组成成分称好重量。

b. 加热。将粘结剂放在容器内，并把容器放在盛水的铁盒中，加热到70～80℃，增加其流动性。

c. 烘干填充剂。在环氧树脂加热的同时，将填充剂放在烘箱中烘干，温度约为200℃，除去填充剂中的湿气。

d. 加填充剂。将烘干的填充剂加入加热后的环氧树脂中，并搅拌均匀。

e. 加增塑剂。加入邻苯二甲酸二丁酯，继续搅拌，使其均匀。

f. 加固化剂。当温度降至40℃左右时，将固化剂加入（固化剂只能在粘结前加入），加入后要控制温度并继续搅拌。待无气泡时，方可使用其进行浇注。

在配制环氧树脂粘结剂时应注意：填充剂在使用前要进行干燥处理；粘结剂和固化剂存放时间不可过长，容器要盖紧，以防老化失效；加入固化剂时温度一定要严格控制（如采用间苯二胺时要先加热到熔点以上，再将其加入到60℃左右的粘结剂中）；当室温较低时，应将所需粘结的零件适当加热。

图2-109所示为采用环氧树脂浇注固定凸模和凹模的示例。其工艺过程如下：

a. 用丙酮等有机溶剂清洗干净凸模及固定板浇注型孔的粘结表面，干燥后将零件组装。

b. 把凸模插入凹模中，并调好间隙，使之均匀。可用垫片法或用涂漆、镀铜法来保证。

c. 用垫块将凸模与凹模组合垫起，并使凸模固定端插入固定板相应的型孔内，端面与平板贴合（平板上预先涂一层黄油，以防粘模），调整好位置及间隙。

d. 将调好的环氧树脂用料勺倒入凸模与固定模板型孔的缝隙中，使其充满并分布均匀，或将凸模抬起一段距离，待环氧树脂全部填满孔后，再将其插人固定。

e. 浇注时，应边浇注边校正凸模与固定板上、下平面的垂直度。

f. 自然冷却 24h 后可进行其他形式的加工或装配。

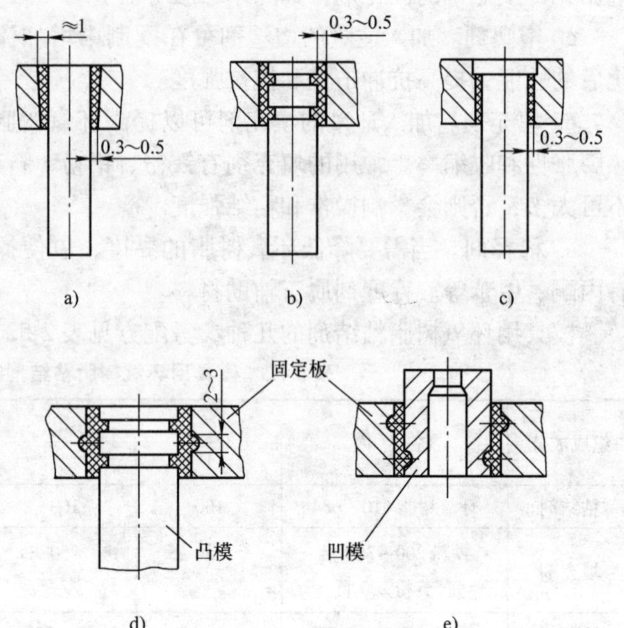

图 2-109　用环氧树脂浇注固定凸模、凹模
a）圆锥孔固定板结构　b）双槽形结构　c）单台阶结构
d）带内槽固定板与双槽形结构
e）带内槽固定板及单槽形结构

②无机粘结固定法。无机粘结固定法是由氢氧化铝、磷酸溶液和氧化铜粉末定量混合，经化学反应生成胶凝物而起粘结作用的一种固定方法。它适用于凸模与固定板的粘结，导柱、导套与模座的粘结以及硬质合金模块与钢料的粘结等。

采用无机粘结固定法具有以下特点：

a. 工艺简单，操作方便，不需要专用设备，并可适当降低模具零件粘结部位的机械加工要求，成本低，无毒害。

b. 不变形，粘结凝固快，粘结时可不加热或加热温度很低，因此零件不会产生由于热应力而引起的变形。

c. 具有足够的粘结强度（但低于环氧树脂粘结强度），电绝缘性能好。

d. 耐高温，一般在 60℃时仍不软化，当在氧化铜中加入适量的硅铁或氧化钴粉末时，耐热温度可达 100℃左右。耐油但不耐酸碱（主要是盐酸），微溶于水；有脆性，不宜对接。凝固后，难以去除，故必须用于长期固定的结构。

e. 操作不严格会影响粘结质量，配方必须严格按比例调制，且粘结部位要干净。无机粘结剂的配方见表 2-53。

在粘结剂中，氧化铜和磷酸溶液的配比叫作固液比，用 R 表示，即 R = 氧化铜（g）/磷酸溶液（ml）。一般 R 取 3 ~ 4.5g/ml，R 越大，粘接强度就越高，凝固速度就越快。但 R 不能大于 5，否则反应过快，固化作用快，使用困难。因此，根据实际情况，选用适当的配比，冬天常取 R = 4 ~ 4.5g/ml，夏天常取 R = 3 ~ 3.5g/ml。

表 2-53　无机粘结剂配方

原料名称	配　比	技术要求	说　明
氧化铜 [CuO] (黑色粉末)	3～4.5g	①粒度 250～300 目 ②二、三级试剂 ③纯度 98%以上	①粒度太粗则固化慢，黏性差；粒度太细，则反应过快，质量差 ②防潮；若已受潮，可在 200℃温度下烘干 1h
磷酸 [H_3PO_4] (无色、无嗅浆状液)	100ml	①密度 1.72g/cm^3 ②二、三级试剂	①密度 1.72g/cm^3 的可加热到 200～250℃进行浓缩；当冷却到 25℃时密度为 1.85g/cm^3 或 20℃时为 1.9g/cm^3 即可 ②密度 1.9 g/cm^3 的粘结强度较好，固化时间延长，但注意易析出结晶，结晶后可加少量水分缓热到 230℃再冷到室温使用
氢氧化铝 [$Al(OH)_3$] (白色粉末)	5～8g		①作为缓冲剂，起延长固化时间的作用，但对密度为 1.9g/cm^3 的磷酸作用不显著，所以不一定加入 ②一般夏天多加，冬天少加

模具零件在进行无机粘结固定时，一般按下列顺序进行：

a. 清洗。用丙酮、甲苯等有机溶剂清洗模具零件的粘结表面。

b. 安装定位。零件经清洗后干燥，按装配要求进行安装定位，方法与浇注低熔点合金时相同。

c. 粘结剂的配制。先将 5～8g 氢氧化铝与 10ml 磷酸慢慢混合，用玻璃棒搅拌成均匀的乳状物，再加入 90ml 磷酸，边搅拌、边加热到 200～240℃，呈淡茶色（也可以加热到 100～120℃，不断搅拌成透明甘油状，但黏性较差）；然后，将氧化铜粉（按配比）放在铜板（尺寸可取 100mm×140mm×3mm）或玻璃板上，用滴管将自然冷却的磷酸溶液倒入氧化铜粉中，用竹片由里向外缓慢调匀，约 2～5min 后呈棕黑色乳胶状，并可拉出 10～20mm 长的丝条时，即可进行粘结。夏天宜用铜板，以利于反应热的迅速散发；冬天室温低时宜用玻璃板，以利于反应热的保持。粘结剂要在较低的室温下（≤25℃）配制，用密度较小的磷酸时，一般应在 20℃以下进行。

d. 粘结。用竹片将配制好的粘结剂涂在模具零件的各粘结表面上，在粘结前要把粘结零件上下移动，充分排出气体。粘结时必须保持模具零件的正确位置，在粘结完全固化之前不得移动或碰动。

e. 固化。粘接后的模具零件，在室温下自然干燥 24h 即可使用。但最好放在烘箱中或在 60～100℃的温度下烘烤 1～2h，使反应更完全，粘接效果更好。

3. 冲裁模凸、凹模间隙的调整

控制凸模与凹模间隙均匀的方法很多，需根据冲裁模结构特点、间隙值的大小和装配条件来确定。常用的方法有以下几种：

（1）垫片法　在凸模与凹模间隙间垫入厚薄均匀、厚度等于单边间隙值的金属片或纸片来达到控制凸、凹模间隙均匀的一种方法，称垫片法。它适用于冲裁材料较厚，且为大间隙的冲裁模，也是适用于控制弯曲模和拉深模等成形模具间隙的一种工艺方法。

装配时，一般先将凹模固定在模座上，在凹模刃口四周适当位置上放置垫片，如图2-110所示。然后合模观察各凸模是否顺利地进入凹模且与垫片接触，用敲打凸模固定板的方法来调整间隙，使凸模与凹模对中。

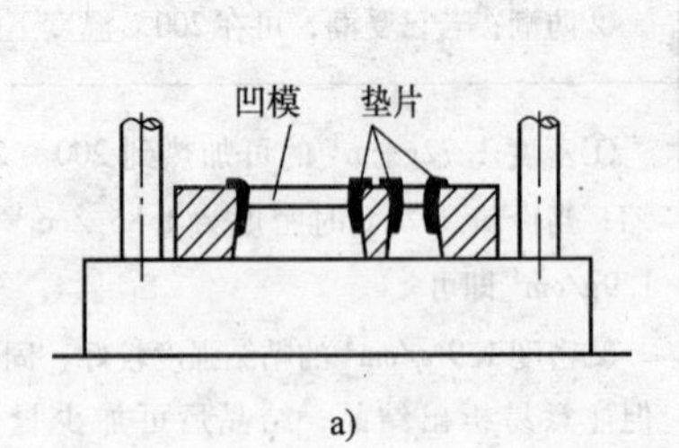

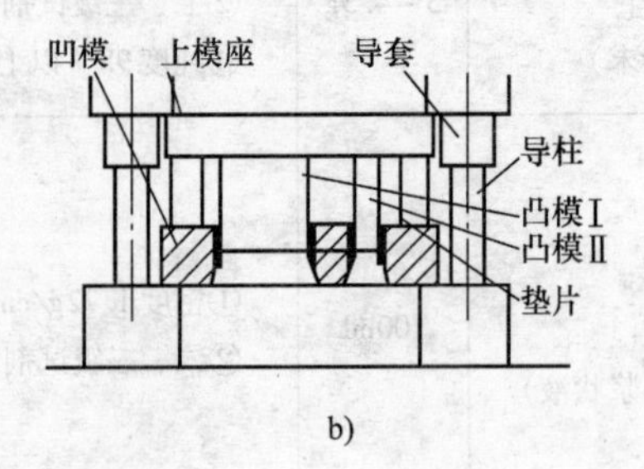

图2-110　垫片法调整间隙

a）放垫片　b）合模观察调整

（2）光隙法（透光法）　光隙法是利用上、下模合模后，从凸模与凹模间隙中透过光缝的大小来判断模具间隙均匀程度的一种方法，如图2-111所示。此法对小型模具简便易行，可凭肉眼来判断光缝的大小，也可以借助模具间隙测量仪器来检测。

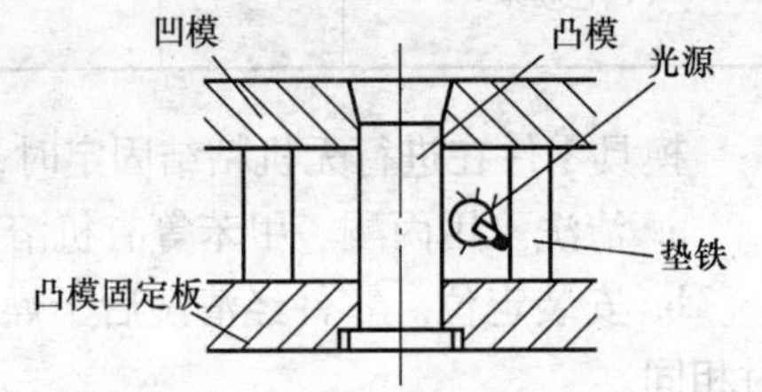

图2-111　光隙法调整凸、凹模间隙

装配时，一般先将模具倒置，用灯光照射，然后从下模座的排料孔中观察光缝状态来调整间隙，使之均匀。由于光线能透过很小的缝隙，因此光隙法特别适用于判断小间隙冲裁模的间隙均匀程度。

（3）工艺留量法　工艺留量法是将冲裁模的装配间隙值以工艺余量余在凸模或凹模上，通过工艺余量来保证间隙均匀的一种方法。具体做法是：在装配前先不将凸模（或凹模）刃口尺寸做到所需的尺寸，而是留出工艺余量，使凸模与凹模成H7/h6的配合。待装配后取下凸模（或凹模）去除工艺余量或换上工作凸模，以得到应有的间隙。去除工艺余量的方法，可采用机械加工或腐蚀法。

采用腐蚀法去除工艺余量后，应用水清洗干净。腐蚀剂可用硝酸20%＋醋酸30%＋水50%。

（4）镀铜法　这种方法是在凸模刃口部分8～10mm长度上，用电镀法镀上一层厚度等于单边间隙值的铜层来保证间隙均匀。装配时，将凸模插入凹模内即可。镀层在冲裁模使用过程中会自行脱落，装配后可不必去除。

当间隙较大时，需多次镀铜，在生产中一般不采用。因此，这种方法只适用于冲裁间隙值较小的模具。

（5）涂层法　涂层法是指在凸模上涂一层薄膜材料，涂层厚度等于凸、凹模单边间隙值。涂料一般采用绝缘漆。不同的间隙可选用不同黏度的漆或涂不同的次数来达到。这种方法较简便，适用于装配小间隙的冲裁模。凸模上的漆膜，在冲裁过程中会自行脱落，装配后可不必去除。

（6）切纸法　无论采用哪种方法来控制凸、凹模间隙，装配后都需用一定厚度的纸片来试冲。根据所切纸片的切口状态来检验装配间隙的均匀程度，从而确定是否需要以及往哪个方向进行调整。如果切口一致，则说明间隙均匀；如果纸片局部未被切断或毛刺较大，则该处间隙较大，需作进一步的调整。试冲所用纸片厚度应根据模具冲裁间隙的大小而定，间隙越小则试冲所用的纸片厚度也就越薄。

（7）利用工艺定位器法　如图 2-112 所示，利用工艺定位器控制凸、凹模的间隙可以保证上、下模同轴。图中定位器的尺寸 d_1 与凸模、d_2 与凹模、d_3 与凸凹模孔成间隙配合。由于定位器的 d_1，d_2，d_3 要求在一次装夹中车削而成，能保证三个圆柱及孔的同轴度，因此采用工艺定位器控制间隙比较可靠，且对模具装配比较方便。这种方法适用于大间隙的冲模，如冲裁模、拉深模等；对复合模尤为适用。待凸模和凸模固定板用定位销固定后拆去工艺定位器即可。

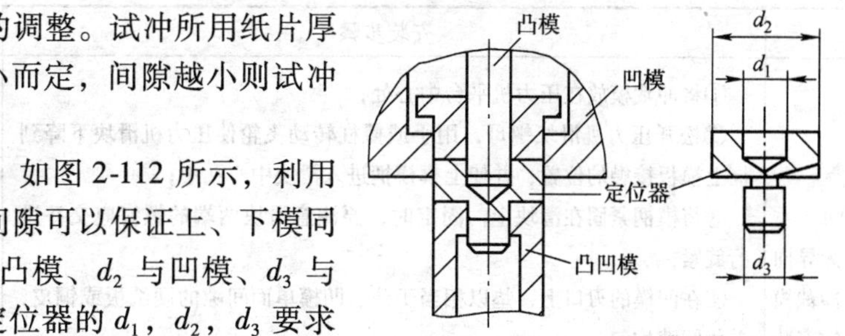

图 2-112　用工艺定位器控制间隙

二、模具的安装与调试

1. 冲裁模的安装

（1）安装连接

1）冲裁模上模的安装连接。根据模具的大小不同，上模的安装形式与连接方法主要有以下三种：

①利用模具的模柄进行安装连接。通常用于开式压力机上，模具比较小时。模柄被固定在压力机的滑块模柄孔内，其直径的大小与所使用的压力机的滑块模柄固定孔的大小有关，不同规格的压力机有相应的模柄孔，可从相应的压力机设备说明书中选取。

②利用模具的上模座进行安装连接。通常用于闭式压力机和大的开式压力机上，模具比较大时。通过压板、垫块和螺栓等，利用压力机滑块底平面上的 T 形槽将上模座紧紧地固定在压力机的滑块上。

③既利用模柄又利用上模座来安装连接模具。现在有些压力机的滑块上既有用来固定上模的模柄孔，又有 T 形槽，安装的模具也比较大。这既方便了不同规格模具的安装，又便于模具的可靠对中。

2）冲裁模下模的安装连接。下模的安装形式与连接方法一般是利用垫块、压板和螺栓直接固定在压力机的工作台垫板平面上（其上有 T 形槽）。下模的安装常在上模安装之后进行。

（2）冲裁模安装的步骤和安装要点　其步骤和要点见表 2-54。

2. 冲裁模的调整与试模

（1）冲裁模的调整

1）模具闭合高度的调整。模具的上、下模安装到压力机上后，要调整模具闭合高度。不同的压力机有不同的闭合高度可调范围，其值 Δ_H 等于压力机最大闭合高度 H_{max} 与压力机最小闭合高度 H_{min} 之差，即 $\Delta_H = H_{max} - H_{min}$。常用开式压力机闭合高度调节量的选取数据见表 2-55。在调节时，可通过旋转螺杆来实现。右旋时，压力机的闭合高度变大；左旋时，压力机的闭合高度变小。需要注意的是：旋转螺杆前，应将螺杆的锁紧机构松开，待闭合高度调整好后再将锁紧机构锁住。

表 2-54 各类冲裁模的安装步骤和安装要点

	安装步骤	安装要点
无导向冲裁模的安装	①将冲裁模放在压力机平台中心处； ②松开压力机滑块螺母，用手或撬杠转动飞轮使压力机滑块下降到同上模板接触的位置，并使上模模柄进入滑块中心孔中； ③将模柄紧固在滑块上。固定时，要注意滑块两端的螺钉应交替进行旋紧； ④在凹模的刃口上，垫以相当于凸、凹模单面间隙的硬纸板或铜皮，并使间隙均匀； ⑤调整间隙后，将下模压紧； ⑥用手扳动压力机飞轮，进行首件试冲； ⑦检查首件，并进行调整； ⑧调整合格后，可进行批量生产	①压力机及模座的安装面在安装前应擦拭干净。只有在确定无任何附着物和杂质时，才能将冲裁模安装到压力机上去； ②将模具放在压力机台面规定的位置上后，可用压力机行程尺检查滑块底面至冲裁模上平面之间的距离是否大于压力机行程。必要时，调节滑块高度，以保证该距离大于压力机行程。若模具有托杆（如拉深模、弯曲模顶出缓冲系统），则应先按图样位置将其插入压力机台面孔内，并把模具位置摆正； ③模具的闭合高度必须在压力机的最大闭合高度（H_{max}）和最小闭合高度（H_{min}）之间，即应满足关系式：$H_{max}-5mm \geqslant H_M \geqslant H_{min}+10mm$； 若模具的闭合高度小于所选用压力机的最小闭合高度，为了保证使用顺畅，可以在下模座底平面上垫上一定厚度的垫板。当垫板是由两块组成时，需注意两块垫板平齐一致，且垫板与垫板之间开档距离应尽量的小。当多副模具联合安装在同一台压力机上工作时，各副模具的闭合高度应完全相同； ④在双动压力机上安装拉深模时，有时需要过渡垫板，其作用有两点：一是连接拉深模和压力机；二是用来调节内、外滑块不同的闭合高度； ⑤固定冲模的螺栓、螺母和压板应采用专用件，尽量不用替代品。在用压板紧固下模座时，其紧固用的螺栓拧入螺孔中的长度应大于螺栓直径的1.5~2倍； ⑥对于冲裁厚度小于2mm的冲裁模的安装，其凸模进入凹模的深度应不超过0.8mm；硬质合金模具应不超过0.5mm。而对于拉深模或弯曲
有导向冲裁模的安装	①将闭合状态下的模具放在压力机台面中心位置上； ②把上模与下模分开，用木块或垫铁支承上、下模； ③将压力机滑块下降到下死点位置，并调整到能使其与模具上模板上平面接触； ④分别把上模、下模紧固在压力机滑块和压力机台面上。滑块调整位置应使其在上死点时，凸模不至于逸出导柱之外或导套下降距离不能超过导柱长度的1/3； ⑤紧固模具，紧固后进行试冲与调整； ⑥在安装拉深模或弯曲模时，在凸、凹模间最好要垫以样件，以便调整其间隙值	
在单动压力机上的安装	①开动压力机，把压力机滑块上升到上死点位置； ②把压力机滑块底面，压力机台面和冲裁模的上、下面擦拭干净； ③将模具放在压力机台面规定的位置上，粗调闭合高度，并把模具位置摆正； ④开动压力机将滑块降至下死点位置，并调节滑块高度，使其与冲裁模上平面接触； ⑤用螺钉将上模（模柄）紧固在压力机滑块上，并将下模初步固定在压力机台面上（即用压板压住，先不将螺栓紧固）； ⑥将滑块稍往上调一点距离（约3~5mm），然后开动压力机，把滑块上升到上死点位置。松开下模的安装螺栓，让滑块空行程数次，再把滑块降到下死点位置； ⑦拧紧下模固定螺栓（注意对称交错进行），再开动压力机使滑块上升到上死点； ⑧在导柱上加润滑油，并清除异物； ⑨开动压力机，再使滑块空行程数次，并检查导柱、导套配合情况；若发现导柱与导套配合不合适，应及时调整下模的位置； ⑩进行试冲，并调节滑块所需的位置高度；	

（续）

	安装步骤	安装要点
在单动压力机上的安装	⑪调整好闭合高度；将滑块上的打料螺杆调节到适当高度，使打料杆能正常工作； ⑫若冲裁模有气垫，则应调整压缩空气达到适当的压力； ⑬再重新检查模具和压力机，检查无误后便可进行首次冲裁； ⑭检查首件，合格后即可开始批量生产	模，其凸模进入凹模深度的确定可通过试模的方法进行； ⑦若在闭式压力机上安装使用气垫托杆顶件的模具，则在工作台规定的位置上预先插入气垫托杆，并将压力机的气垫充气，使托杆上升而进入模具的托杆孔内； ⑧对于弯曲模和拉深模的安装，其方法与冲裁模基本相同。只是在具体安装时，应注意避免碰坏凸、凹模。最好是在凸、凹模中垫入试件，以便进行调整和保护模具。
在双动压力机上的安装	①双动压力机主要适用于大型双动拉深模及覆盖件拉深模。其安装前应根据所用拉深模的闭合高度来确定双动压力机内、外滑块是否需要过渡垫板和所需要过渡垫板的形式与规格； ②预装，先将压边圈和过渡垫板、凸模和过渡垫板分别用螺栓紧固在一起； ③安装凸模，将压力机内滑块降到下死点位置，操纵内滑块的连杆调节机构，使内滑块上升到一定位置，并使其下平面比凸、凹模闭合时的凸模过渡垫板的上平面高出10～15mm，之后操纵内、外滑块使它们上升到上死点位置；接着，将模具安放到压力机工作台上，凸、凹模呈闭合状态。然后再使内滑块下降至下死点位置，操纵内滑块连杆长度调节机构，使内滑块继续下降到与凸模过渡垫板的上平面相接触，最后用螺栓将凸模及其过渡垫板紧固在内滑块上； ④装配压边圈，压边圈内装在外滑块上，其安装过程与安装凸模类似，最后将压边圈及过渡垫板用螺栓紧固在外滑块上； ⑤安装下模，操纵压力机内、外滑块下降，使凸模、压边圈与下模闭合，由导向件决定下模的正确位置，然后用紧固零件将下模及过渡垫板紧固在工作台上； ⑥空车检查，通过内、外滑块的连续几次行程，检查其模具安装的正确性； ⑦检查无误后，即可投入生产	

表 2-55　开式压力机闭合高度调节量

名称	符号	量　值														
公称力	P/kN	40	63	100	160	250	400	630	800	1000	1250	1600	2000	2500	3150	4000
调节量	Δ_H/mm	35	40	50	60	70	80	90	100	110	120	130	130	150	150	170

在调整有校正、整形功能的模具时（如冲压U形件的弯曲模或压制筒形件的拉深模），调节压力机的闭合高度需特别小心，应使上模随滑块到下死点位置时，既能压实制品，又不发生硬性冲击或卡住现象。对此，可先将上模紧固到压力机滑块上，下模在工作台上暂不紧固。在凸、凹模上、下平面之间垫入一块等于或略厚于毛坯厚度的垫片，用调节螺杆长度的方法，一次又一次地用手盘动飞轮（或用微动按钮），直到使滑块能正常地通过下死点而无阻滞或卡住现象，并且上、下模均匀吻合为止。此时便可固定下模，取出垫片进行试冲裁，试冲裁合格后，再将各紧固件拧紧。

2）凸模与凹模的配合调整。

①冲孔、落料等冲裁模具，可将凸模调整到进入凹模刃口的深度为其被冲裁料厚的2/3或略深一些就可以了。

②弯曲模凸模进入凹模的深度与弯曲件的形状有关，一般凸模要全部进入凹模或进入凹模一定的深度，将弯曲件压制成形为止。图 2-113 所示为压弯 V 形件和 U 形件时凸模进入凹模的状况，图中 L 为弯曲件边长，L_0 为保证弯曲件成形的凹模最小直壁长度。

③对于拉深模的调整，除考虑凸模必须全部进入凹模外，还应考虑开模后制品能顺利地从模具中卸下来。如图 2-114 所示，左半部分为模具闭合状况（H_M），右半部分为模具开启状况（H_K），制品高为 h，模具开启后 $H>h$。

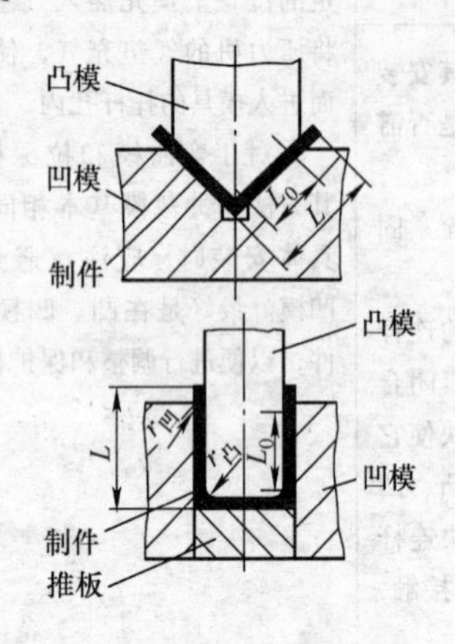

图 2-113　压弯时凸模进入凹模的状况

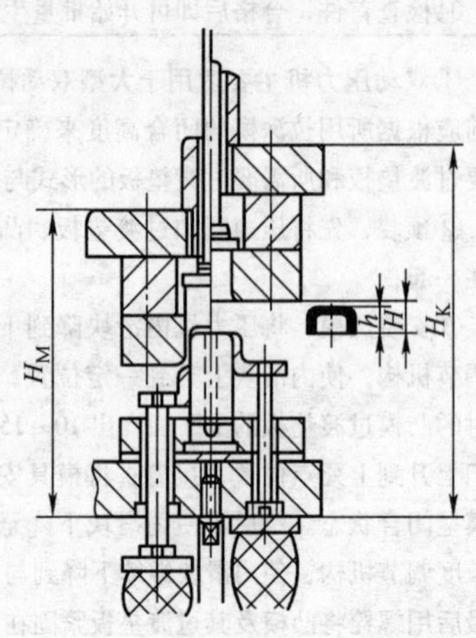

图 2-114　拉深模闭合高度调整

④有导向装置的模具，其调整过程比较简单，凸、凹模的位置可由导向零件决定，要求模具的导柱、导套要有良好的配合精度，不允许有位置偏移和卡住现象。对于无导向装置的模具，其凸、凹模的位置就要用测量间隙或用垫片方法来保证。

3）其他辅助装置的调整。

①对于定位装置的调整，应时常检查定位元件的定位状态；假如位置不合适或定位不准确，应及时修整其位置和形状，必要时可重新更换定位零件。

②对于卸料系统的调整，应使卸料板（或顶件器）与制品贴服；卸料弹簧或卸料橡胶弹性体弹力要足够大；卸料板（或顶件器）的行程要调整到足够使制品卸出的位置；漏料孔应畅通无阻；打料杆、推料板应调整到顺利将制品推出，不能有卡住、发涩现象。若需调整压力机上的推料装置，即需要用滑块中的活动横梁从上模中推件时，则应把压力机上的卸料螺栓调整到所需高度。

③调节气垫压力，如冲裁模需要使用气垫，则应调节压缩空气到适当的压力。

4）冲裁模辅助联动机构的调整。冲裁模辅助联动机构是指与模具安装有关的、除压力机以外的辅助工作机构，它所包括的内容对于不同的模具是不一样的。常规条件下，有关冲裁模辅助联动机构及其调整内容和作用见表 2-56。

（2）试模

1）试模的目的。模具装配完成后，要按使用要求在正常的生产条件下进行试模。通过试模可以了解以下情况：

①验证所用的设备是否合适，它包括冲压力是否足够和模具是否不用任何修整就能顺利地装到设备上使用。

表2-56　冲裁模辅助联动机构及其调整内容和作用

模具类型	相关的辅助联动机构	调整内容及作用
普通落料模 拉深模 弯曲模	①自动送料器 ②接件装置 ③机械取件装置 ④弹顶器	①调节送料距离和送料夹紧力 ②调整吹气和出件同步，做到制品下落时吹气必须跟上 ③做到压力机滑块上升时，接件托正好位于落件的位置上，将落件接住，当压力机滑块下滑时，将接住的件送走 ④对于拉深模通过调整弹压力大小来控制其压边力，保证拉深过程中制品边缘不起皱或不拉破制品 ⑤对于弯曲模调整弹压力大小可控制其压料力和顶件力
倒装式复合模 （包括落料拉深模）	①压力机滑块打杆横梁机构 ②送料器	①根据模具内推板的活动量需要来调节打杆横梁的活动距离 ②根据制品板料厚度调整辊轴之间距离，保证送料正常 ③根据送料距离，调节辊轴旋转角度
级进模	①开卷机 ②矫平机 ③材料弛张控制器 ④送料装置 ⑤废料切断装置 ⑥安全检测装置 ⑦分件器	①卷（带）料存放在开卷机上保证放料自如 ②调整滚轮之间的摩擦力使料得以矫正，并趋于平直 ③调整上、下接触棒之间的距离，控制带料松紧程度 ④调整送料距离与级进模步距相匹配 ⑤根据需要调整 ⑥遇到叠片等非正常故障时，能使压力机自动停止工作 ⑦调整废料与制品分别进入各自的容器内

②验证该模具所生产的制品在形状、尺寸精度、表面质量等方面是否符合设计要求；确定冲压成形零件毛坯的形状、尺寸及用料标准。

③验证该模具在卸料、定位、顶出件、排废料、送出料和安全生产方面是否正常可靠，能否进行生产性使用。

④验证冲裁工艺流程是否合理。确定产品的成形条件和工艺规程。

⑤验证并确定工艺设计、模具结构设计的某些尺寸。为模具设计制造反馈信息，以便了解模具结构设计的合理性和制造工艺的可靠性、适用性。

⑥验证模具质量和精度，为模具投入正常生产作准备。试模中暴露的各种问题解决后，使模具更趋完善、合理，这样才能正式用于生产。

2）试模操作要点。

①试模是一项不可缺省的重要工作。在正式试冲前，为了稳妥可靠，操作者需对模具进行全面的检查，检查无误后再进行试模。试模时先将模具安装固定好，然后人工转动飞轮或采用点动式开关控制，使模具在闭合状态下进行空运转循环试验（注：此时凸模先不进入凹模刃口），同时检查冲裁模的上模部分相对于下模部分的运动是否灵活正常，弹压类零件有无卡涩现象；若无异常，则可先用纸片试冲一下（注：此时要将上模往下调进一点，使凸模刃口进入凹模），观察其能否被冲下和被冲周边的情况，由此可以了解对刀深度和凸、凹模之间间隙均匀程度，直到调整、再试满意为止。然后就可以用正式材料试模。根据被冲料厚，重新调整凸模相对于凹模刃口之间的对刀深度，原则上是先浅后深进行试冲，待冲件能顺利冲下为止。

②试模的次数不宜太多，最好是一次成功，若不能做到，可在试冲一次之后把发现的问

题充分解决了再试 1 ~ 2 次即可。

③试冲的时间不宜过长，对于新装的模具初次试冲，时间应以能把所存在的问题暴露出来为前提。对于已经试模合格的模具，为了取样和验证模具的可靠性，试模时间可以长一些，但不同要求的模具试模的时间仍不相同。

④一般要求的冲裁模需连续试冲 20 ~ 1000 件，精密多工位级进模必须连续冲 1000 件以上，对于大型覆盖件要求连续冲裁 5 ~ 10 件，贵重金属材料试冲数量可根据实际情况确定。

⑤试模所用的材料性质、牌号及厚度需经检验，并符合技术要求。试模条料宽度要符合工艺图样的规定。冲裁模允许用材质相近、厚度相同的材料代替。大型冲裁模的局部试冲，允许用小块材料代用。其他材料的代用，需经用户同意。试模件的毛刺应控制在 0.03 ~ 0.10mm 范围内。

⑥试模成形件的表面不允许有伤痕、裂纹和皱褶等缺陷。试模件的尺寸公差及表面质量应符合图样规定的技术要求，尺寸不得达到制品的极限尺寸，需保留一定的磨损量，一般情况下保留的磨损量至少为冲件公差的 1/3。

⑦试模时最好通知用户到场，有利于用户对模具使用的全面了解和对模具验收的认可。

试模后的所有制品均应符合产品质量要求，最后由制造方开具检验合格证并附有合格样件入库或交用户。

3）试模后的要求。冲裁模经试模后，应满足以下要求：

①能顺利地安装到指定的压力机上去。

②能稳定地冲制出合格的产品。

③能安全地进行使用操作。

复习思考题

2-1　板料普通冲裁时，其切断面具有什么特征？影响冲裁件断面质量的因素有哪些？

2-2　影响冲裁件尺寸精度的因素有哪些？如何提高冲裁件的尺寸精度？

2-3　冲裁凸、凹模刃口尺寸的计算方法有哪几种？各有何特点？分别适用于什么场合？

2-4　什么是材料的利用率？在冲裁工作中如何提高材料的利用率？

2-5　什么是压力中心？压力中心在冲裁模设计中起什么作用？

2-6　什么是冲裁力、卸料力、推件力和顶件力？如何根据冲裁模结构确定冲压工艺总力？

2-7　冲裁模一般由哪几类零部件组成？它们在冲裁模中分别起什么作用？

2-8　试比较单工序模、级进模和复合模的结构特点及应用。

2-9　冲裁模的卸料方式有哪几种？分别适用于何种场合？

2-10　模架的作用是什么，一般由哪些零件组成？如何选择模架？

2-11　计算冲裁图 2-115 所示零件的凸、凹模刃口尺寸及其公差。图 2-115a 按单件加工法加工；图 2-115b 按配作加工法加工。

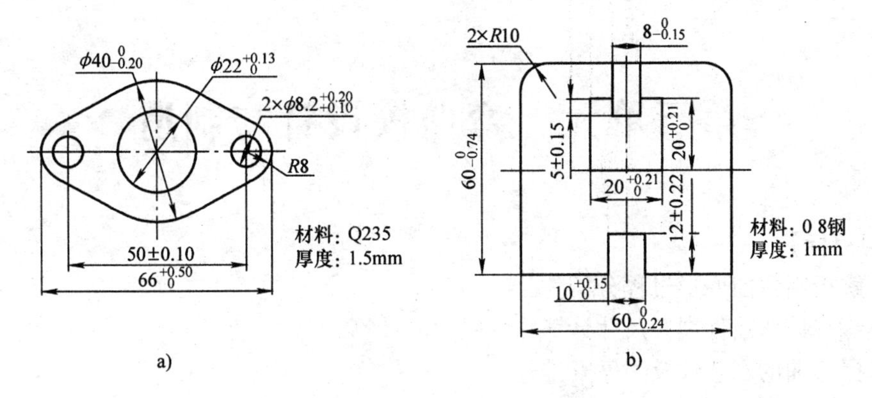

图 2-115　习题 2-11、2-12 附图

a）单件加工　b）配作加工

2-12　用复合冲裁方式冲裁图 2-115a 所示零件（材料为 10 钢，厚度为 2.2mm），生产批量为大批量。设模具采用弹性卸料、刚性推件的倒装式复合模，试完成以下有关冲裁工艺、模具设计工作：

1）确定合理的排样方法，画出排样图，并计算材料利用率和条料宽度（条料采用导料销和挡料销定位）。

2）计算冲压力及压力中心，并确定压力机的公称力。

3）计算凸、凹模刃口尺寸（按配作加工法）。

4）绘制模具结构草图。

5）绘制凸模、凹模及凸凹模零件图。

2-13　用级进冲裁方式冲裁图 2-116 所示零件，设模具采用弹性卸料、固定挡料销和导正销定位的级进模，试完成以下有关冲裁工艺、模具设计工作：

1）确定合理的排样方法，画出排样图，并计算材料利用率和条料宽度。

2）计算冲压力及压力中心，并确定压力机的公称力。

3）选用与计算卸料弹性元件。

4）绘制模具结构草图。

5）绘制凸、凹模零件图。

2-14　试分析图 2-117 所示零件的冲裁工艺性，并确定其冲裁工艺方案（零件按中批量生产）。

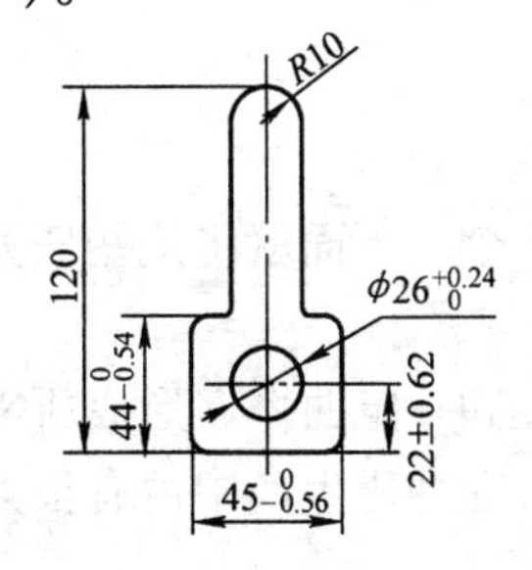

图 2-116　习题 2-13 附图

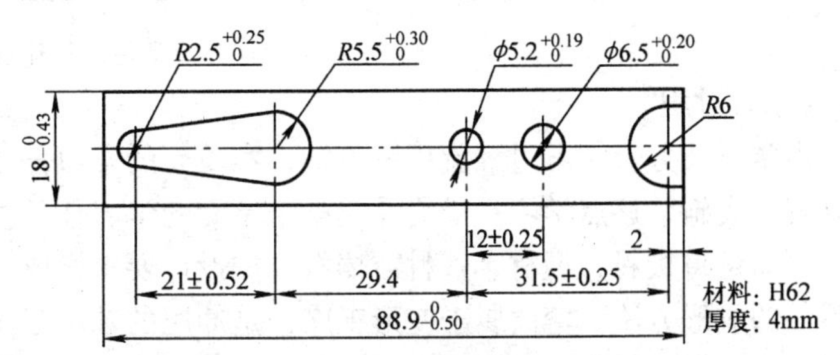

图 2-117　习题 2-14 附图

第三单元　弯曲模设计与制造

【学习目标】

1. 了解板料弯曲变形过程分析。
2. 熟练掌握弯曲件展开尺寸计算和弯曲力的计算。
3. 掌握弯曲的工艺性及工序安排。
4. 掌握弯曲模工作零件设计与制造。
5. 掌握弯曲模的典型结构。
6. 能正确设计和制造弯曲模。

【学习任务】

1. 单元学习任务

本单元的任务是弯曲模设计与制造。要求通过本单元的学习，首先了解板料弯曲变形过程分析、弯曲件展开尺寸计算、弯曲力的计算、弯曲的工艺性及工序安排、弯曲模工作零件设计与制造、弯曲模的典型结构；最后达到能正确设计和制造弯曲模。

2. 学习任务流程图

单元的具体学习任务及学习过程流程图如图 3-1 所示。

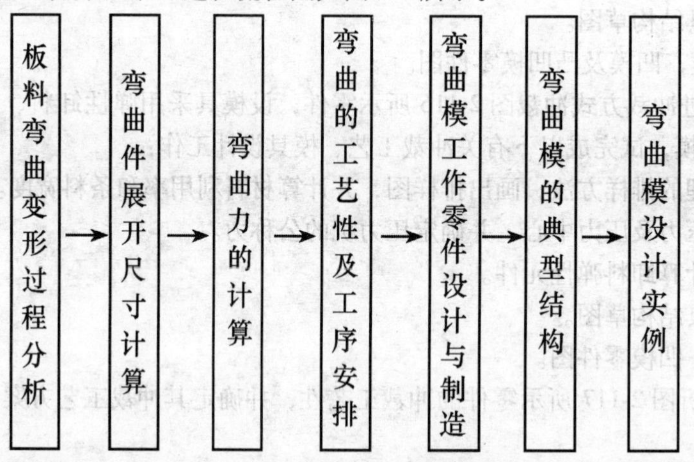

图 3-1　学习任务及学习过程流程图

【学习过程】

由学习任务及学习过程流程图可知，本单元的学习任务共有 7 个。下面就将这些任务逐一分解、实施，逐点学习，最终完成整个单元的学习任务。

弯曲是将板料、型材、管材或棒料等按设计要求弯成一定角度和一定曲率，形成所需形状零件的成形方法。弯曲属于变形工序，是冲压的基本工序之一，在冲压生产中占有很大的比例。一般把经过弯曲工序生产得到的冲压件称为弯曲件。

图 3-2 所示为利用弯曲方法生产的典型弯曲件示例。图 3-3 所示为利用模具成形的弯曲件实物。

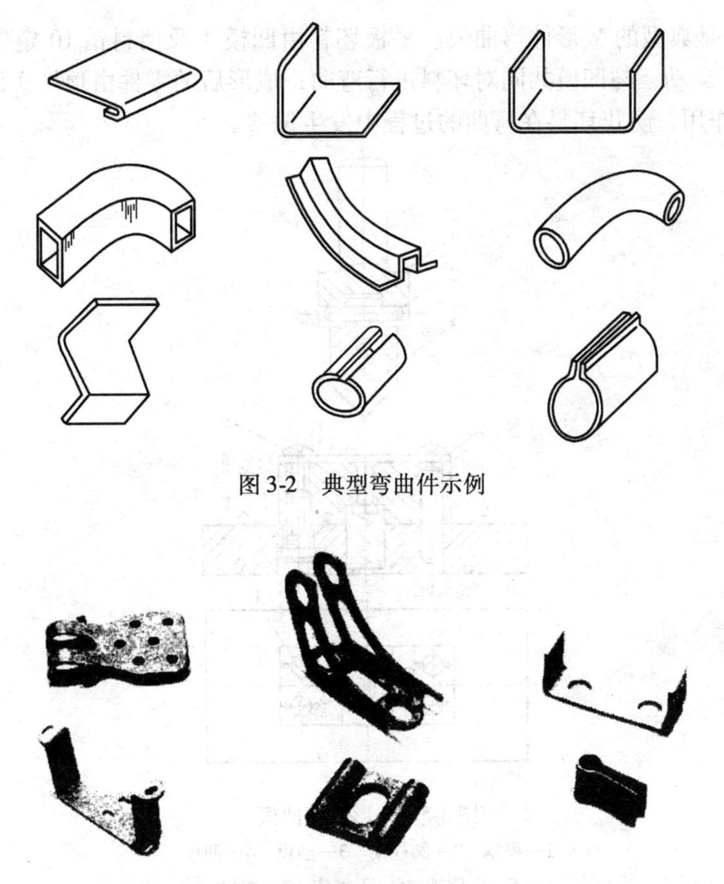

图 3-2　典型弯曲件示例

图 3-3　利用模具成形的弯曲件实物

弯曲件可以利用弯曲模在压力机上成形，也可以在其他专用的冲压设备，如折弯机、辊弯机、拉弯机、弯管机等设备上成形。虽然各种弯曲方法所使用的设备与工具不同，但其变形过程及特点是有一定共同规律的。图 3-4 所示为各种弯曲件的弯曲方法。

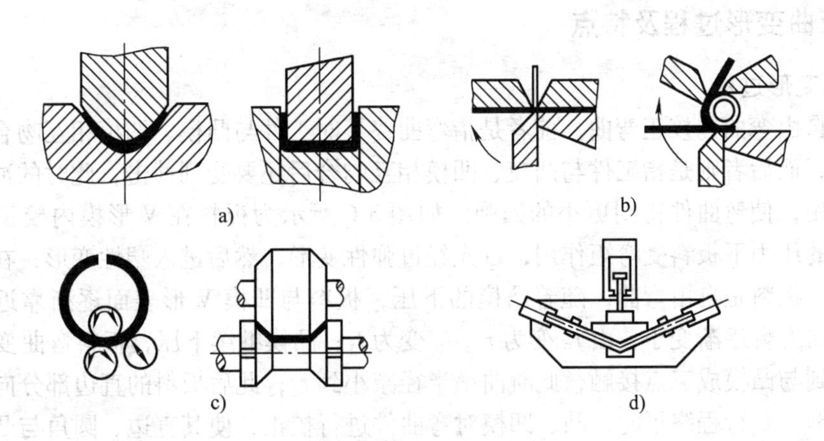

图 3-4　弯曲件的弯曲方法

a）模具弯曲　b）折弯　c）辊弯　d）拉弯

图 3-5 所示是典型的 V 形件弯曲模。平板坯料由凹模 4 及挡料销 10 定位，上模工作零件，即凸模向下运动，与凹模共同对坯料进行弯曲；成形后的零件由顶杆 9 顶出，同时顶杆还 可以起压料作用，防止坯料在弯曲的过程中发生偏移。

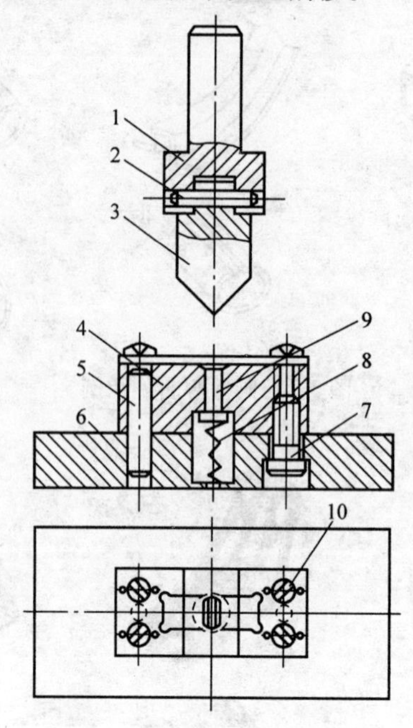

图 3-5　V 形件弯曲模

1—模柄　2—圆柱销　3—凸模　4—凹模

5—定位销　6—下模座　7—螺钉

8—弹簧　9—顶杆　10—挡料销

模块一　板料弯曲变形过程分析

一、弯曲变形过程及特点

1. 弯曲变形过程

弯曲分自由弯曲和校正弯曲。前者是指弯曲终了时工件与凸模、凹模相互吻合后不再受到冲击作用；而后者则是指工件与凸模、凹模相互吻合后还要受到冲击，此时的冲击对弯曲件起校正作用，使弯曲件得到更小的回弹。如图 3-6 所示为板料在 V 形模内校正弯曲的过程。在凸模的压力下板料受弯矩作用，首先经过弹性变形，然后进入塑性变形；在塑性变形的初始阶段，板料是自由弯曲，随着凸模的下压，板料与凹模 V 形表面逐渐靠近；同时曲率半径和弯曲力臂逐渐变小，由 r_0 变为 r_1，l_0 变为 l_1；凸模继续下压，板料弯曲变形区进一步减小，直到与凸模成三点接触，此时曲率半径减小到 r_2；此后板料的直边部分向与之前相反的方向变形，到行程终了时，凸、凹模对弯曲件进行校正，使其直边、圆角与凸模全部靠紧。因此，弯曲成形的效果表现为板料弯曲变形区曲率半径和两直边夹角的变化。

2. 弯曲变形特点

研究板料在弯曲时其内部所发生的变形常采用网格法，如图 3-7 所示。弯曲前坯料的侧面用机械刻线或照相腐蚀的方法画出网格，观察弯曲变形后位于工件侧壁的网格的变化情况，可以分析变形时坯料的受力情况。

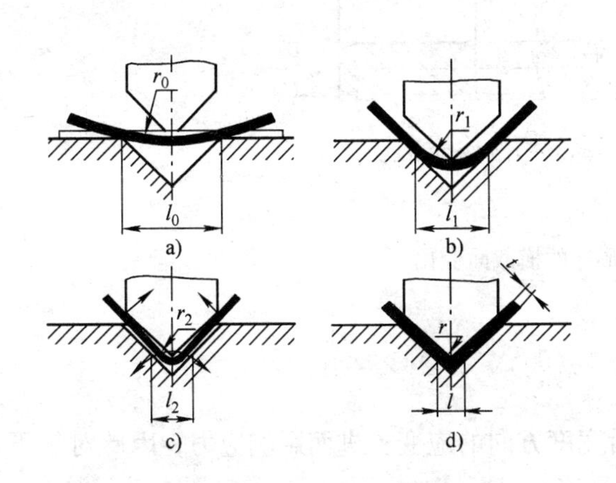

图 3-6　板料在 V 形模内校正弯曲的过程

a）受弯矩作用　b）弹性变形　c）塑性变形　d）校正

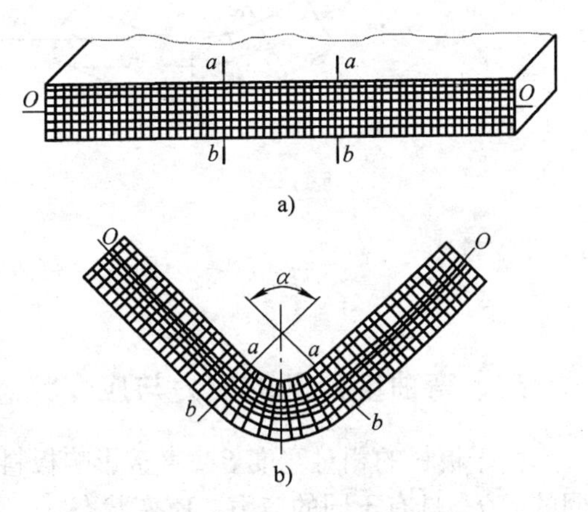

图 3-7　板料弯曲前后的内部变形

a）弯曲前　b）弯曲后

弯曲变形主要发生在弯曲带中心角 α 范围内，中心角以外部分基本不变形。如图 3-8 所示，弯曲后工件角度为 φ，反映弯曲变形区的弯曲带中心角为 α，二者关系为

$$\alpha = 180° - \varphi$$

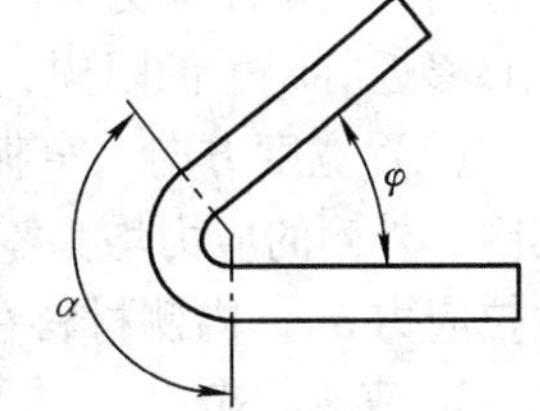

图 3-8　弯曲角与弯曲带中心角

弯曲变形区内网格的变形情况说明，坯料在长、宽、厚三个方向都发生了变形。

（1）长度方向　网格由正方形变成了扇形，靠近凹模的外侧长度增加，靠近凸模的内侧长度缩短，即 $\overset{\frown}{bb} > \overline{bb}$，$\overset{\frown}{aa} < \overline{aa}$。由内、外表面到坯料中心，其缩短与伸长的程度都在逐渐减小。在缩短与伸长两个变形区之间必然有一层金属，其长度在变形前后没有变化，我们称这层金属为变形中性层。

（2）厚度方向　由于板料内层长度方向上缩短，因此厚度应增加，但由于凸模的作用，厚度方向增加不易；外侧长度伸长，厚度变薄。总体上增厚量小于变薄量，毛坯材料厚度在弯曲变形区内有变薄现象，因此弹性变形时位于坯料厚度中间的中性层内移。弯曲变形程度越大，弯曲变形区变薄越严重，中性层内移量越大。弯曲时厚度变薄不仅影响零件的质量，在多数情况下还会导致弯曲变形区长度增加。

（3）宽度方向　内层材料受压缩，宽度应增加；外层材料受拉伸，宽度应减小。窄板（$B/t<3$）弯曲时，内区宽度增加，外区宽度减小，原来的矩形截面变成了扇形；宽板（$B/t>3$）弯曲时，横截面几乎不变，仍然为矩形，如图 3-9 所示。由于窄板弯曲时变形区断面发生了畸变，因此当弯曲件的侧面尺寸有一定的要求或与其他零件配合时，需要增加后续辅助工序。对于一般的板料弯曲来说，大部分属于宽板弯曲。

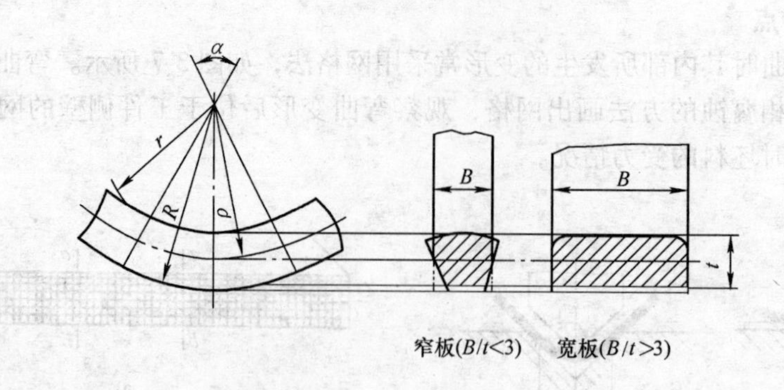

图 3-9　弯曲变形区的横截面变化

二、弯曲变形区的应力与应变状态

由于板料的相对宽度 B/t 直接影响板料沿宽度方向的应变，进而影响应力，因此对于不同的 B/t，具有不同的应力、应变状态。

1. 应力状态

（1）长度方向　外侧受拉应力，内侧受压应力，其应力 σ_1 为绝对值最大的主应力。

（2）厚度方向　在弯曲过程中，材料有挤向曲率中心的趋势，越靠近板料外表面，其切向拉应力 σ_1 越大，材料挤向曲率中心的倾向越大。这种不同步的材料转移，使板料在厚度方向产生了压应力 σ_2。在板料内侧，板料厚度方向的拉应变 ε_2 由于受到外侧材料向曲率中心移近所产生的阻碍，也产生压应力 σ_2。

（3）宽度方向　窄板（$B/t<3$）弯曲时，由于材料在宽度方向的变形不受限制，因此其内、外侧的应力均为零。宽板（$B/t>3$）弯曲时，外侧材料在宽度方向的收缩受阻，产生拉应力 σ_3；内侧材料在宽度方向的拉伸受阻，产生压应力 σ_3。

2. 应变状态

（1）长度方向　外侧拉伸应变，内侧压缩应变，其应变 ε_1 为绝对值最大的主应变。

（2）厚度方向　由于塑性变形时板料的体积不变，因此沿着板料的宽度和厚度方向必然产生与 ε_1 符号相反的应变。在板料的外侧，长度方向主应变 ε_1 为拉应变，所以厚度方向的应变 ε_2 为压应变；在板料的内侧，长度方向的主应变 ε_1 为压应变，所以厚度方向的应变 ε_2 为拉应变。

（3）宽度方向　窄板（$B/t<3$）弯曲时，材料在宽度方向可以自由变形，故外侧应为和长度方向主应变 ε_1 符号相反的压应变，内侧为拉应变；宽板（$B/t>3$）弯曲时，沿宽度方向材料之间的变形互相制约，材料的流动受阻，故外侧和内侧沿宽度方向的应变 ε_3 近似为零。

板料弯曲时的应力、应变状态如图 3-10 所示。从图中可以看出，窄板弯曲时处于平面应力状态、立体应变状态，而宽板弯曲时处于立体应力状态、平面应变状态。

三、弯曲件的质量分析

弯曲件的质量问题主要涉及弯裂、弯曲回弹、偏移、翘曲、畸变等。

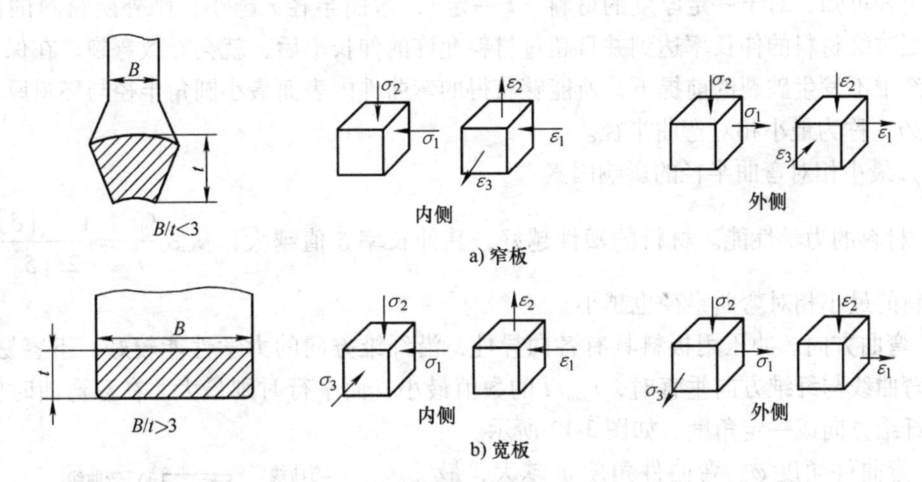

图 3-10　板料弯曲时的应力、应变状态

a）窄板　b）宽板

1. 弯曲变形程度与最小弯曲半径

（1）弯曲变形程度　在弯曲变形过程中，弯曲件的外层受拉应力。当料厚一定时，弯曲半径越小，拉应力就越大。当弯曲半径小到一定程度时，弯曲件的外层由于受过大的拉应力作用而出现开裂。因此常用板料的相对弯曲半径 r/t 来表示板料弯曲变形程度的大小。

（2）最小弯曲半径　通常将不致使材料弯曲时发生开裂的最小弯曲半径的极限值称为该材料的最小弯曲半径。各种不同材料的弯曲件都有各自的最小弯曲半径。一般情况下，不宜使制品的圆角半径等于最小弯曲半径，应尽量将圆角半径取大一些。只有当产品结构上有要求时，才采用最小弯曲半径。

2. 弯裂与最小相对弯曲半径的控制

（1）最小相对弯曲半径　如图 3-11 所示，设弯曲件中性层的曲率半径为 ρ，弯曲带中心角为 α，则最外层金属的伸长率 $\delta_{外}$ 为

$$\delta_{外}=\frac{\overset{\frown}{aa}-\overset{\frown}{OO}}{\overset{\frown}{OO}}=\frac{(r_1-\rho)\alpha}{\rho\alpha}=\frac{r_1-\rho}{\rho}$$

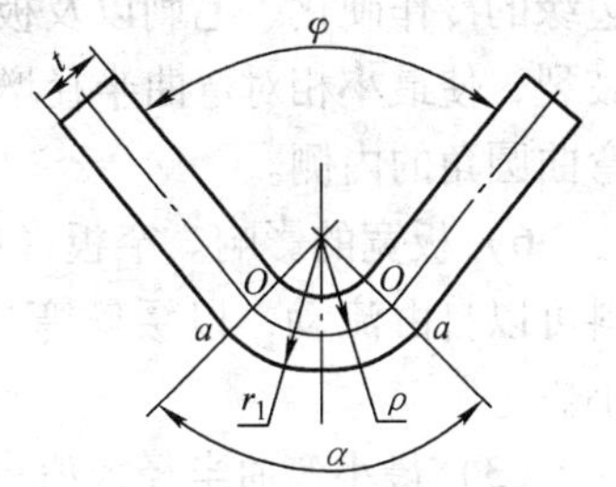

图 3-11　压弯时的变形情况

设中性层位置在半径为 $\rho=r+\dfrac{t}{2}$处，并且弯曲后料厚保持不变，则 $r_1=r+t$，有

$$\delta_{外}=\frac{(r+t)-\left(r+\frac{t}{2}\right)}{r+\frac{t}{2}}=\frac{\frac{t}{2}}{r+\frac{t}{2}}=\frac{1}{2\frac{r}{t}+1}$$

将 $\delta_{外}$ 用材料的许用伸长率［δ］代入，可以求得

$$\frac{r_{\min}}{t}=\frac{1-[\delta]}{2[\delta]}$$

从上式可知，对于一定厚度的材料（t 一定），弯曲半径 r 越小，则外层材料的伸长率越大。当边缘材料的伸长率达到并且超过材料允许的伸长率后，就会导致弯裂。在保证毛坯最外层纤维不发生破裂的前提下，所能够获得的弯曲件内表面最小圆角半径与坯料厚度的比值：r_{min}/t，称为最小相对弯曲半径。

（2）最小相对弯曲半径的影响因素

1）材料的力学性能。材料的塑性越好，其伸长率 δ 值越大，从式$\frac{r_{min}}{t}=\frac{1-[\delta]}{2[\delta]}$可知，此时材料的最小相对弯曲半径也越小。

2）弯曲方向。冲压用板料具有各向异性，沿纤维方向的力学性能较好，不容易拉裂。因此当弯曲线与纤维方向垂直时，r_{min}/t 的数值最小，而平行时则最大。在双弯曲时应使弯曲线与纤维方向成一定角度，如图 3-12 所示。

3）弯曲件角度 φ。弯曲件角度 φ 越大，最小相对弯曲半径 r_{min}/t 越小。主要原因是在弯曲过程中，毛坯的变形并不局限在圆角变形区。由于材料的相互牵连，其变形影响到圆角附近的直边，实际上扩大了弯曲变形的范围，分散了集中在圆角部分的弯曲应变，对于圆角外层纤维濒于拉裂的极限状态有所缓解，使最小相对弯曲半径减小。φ 越大，圆角中段变形程度的缓解程度越明显，因此许可的最小相对弯曲半径 r_{min}/t 就越小。

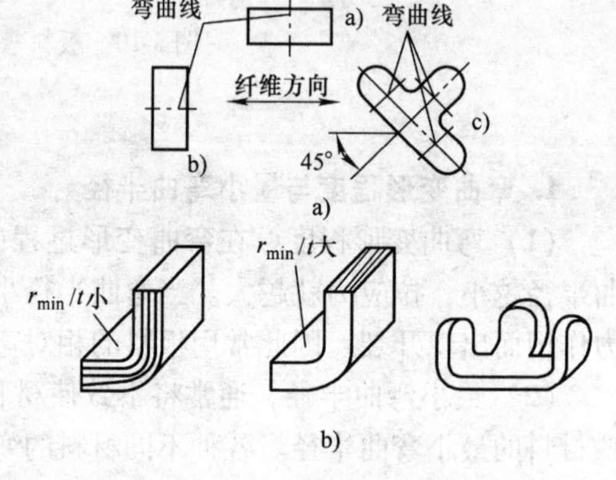

图 3-12　材料纤维方向对 r_{min}/t 的影响

a）弯曲线　b）材料纤维方向与弯曲方向垂直　c）材料纤维方向与弯曲方向平行　d）材料纤维方向与弯曲方向既有垂直又有平行

4）板料的热处理状态。经过退火的板料塑性好，r_{min}/t 小些；经过冷作硬化的板料塑性降低，r_{min}/t 应增大。

5）板料的边缘以及表面状态。下料时板料边缘的冷作硬化、毛刺以及板料表面带有的划伤等缺陷，使板料在弯曲时容易受到拉应力而破裂，使最小相对弯曲半径增大。为了防止弯裂，可以将板料上的大毛刺去除，小毛刺放在弯曲圆角的内侧。

6）板宽的影响。窄板（$B/t<3$）弯曲时，在板料宽度方向的应力为零，宽度方向的材料可以自由流动，以缓解弯曲圆角外侧的拉应力状态，因此可以使最小相对弯曲半径减小。

（3）最小弯曲半径数值　影响板料最小弯曲半径的因素较多，其数值一般由试验法确定。表 3-1 为最小弯曲半径的数值。

表 3-1　最小弯曲半径 r_{min}　（单位：mm）

材料	退火状态		冷作硬化状态	
	弯曲线的位置			
	垂直于纤维	平行于纤维	垂直于纤维	平行于纤维
08、10、Q195、Q215	0.1t	0.4t	0.4t	0.8t
15、20、Q235	0.1t	0.5t	0.5t	1.0t

（续）

材料	退火状态		冷作硬化状态	
	弯曲线的位置			
	垂直于纤维	平行于纤维	垂直于纤维	平行于纤维
25、30、Q255	0.2t	0.6t	0.6t	1.2t
35、40、Q275	0.3t	0.8t	0.8t	1.5t
40、50	0.5t	1.0t	1.0t	1.7t
55、60	0.7t	1.3t	1.3t	2.0t
铝	0.1t	0.35t	0.5t	1.0t
纯铜	0.1t	0.35t	1.0t	2.0t
软黄铜	0.1t	0.35t	0.35t	0.8t
半硬黄铜	0.1t	0.35t	0.5t	1.2t
磷青铜	—	—	1.0t	3.0t

注：1. 当弯曲线与纤维方向成一定角度时，可以采用垂直和平行于纤维方向的中间值。

2. 当冲裁或剪切以后没有退火的坯料弯曲时，应作为冷作硬化状态选用。

3. 弯曲时应使有毛刺的一边处于弯角的内侧。

4. 表中 t 为坯料的厚度。

（4）防止弯裂的措施　在一般情况下，不宜采用最小弯曲半径。当零件的弯曲半径小于表 3-1 所列数值时，为了提高极限弯曲变形程度并防止弯裂，常采用的措施有退火、加热弯曲、消除冲裁毛刺、两次弯曲（先加大弯曲半径，退火后再按工件要求以小弯曲半径弯曲）、校正弯曲以及对较厚的材料开槽后弯曲，如图 3-13 所示。

3. 弯曲卸载后的回弹

（1）回弹现象　与所有塑性变形一样，塑性弯曲时也伴有弹性变形。当外载荷去除以后，塑性变形保留下来，而弹性变形会完全消失，使弯曲件的形状和尺寸发生变化而与模具尺寸不一致，这种现象叫回弹。零件与模具在形状和尺寸上的差值叫回弹值。由于内外区弹性回复时方向相反，即外区弹性缩短而内区弹性伸长，这种反向的弹性回复大大加剧了工件形状和尺寸的改变。因此与其他变形工序相比，弯曲过程的回弹是一个非常重要的问题，它直接影响到工件的尺寸精度。

（2）回弹的表现形式　弯曲回弹有两个方面的表现形式，如图 3-14 所示。

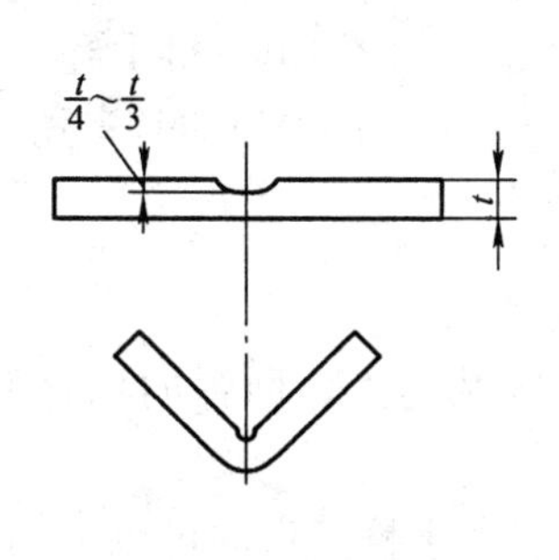

图 3-13　开槽后弯曲

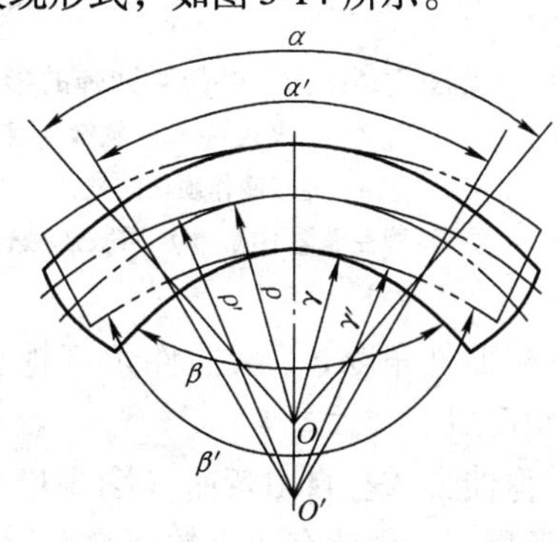

图 3-14　弯曲回弹

1）弯曲半径增加。卸料前坯料的内半径为 r（与凸模半径吻合），卸载后增加到 r'，半径的增加量 $\Delta r = r' - r$。

2）弯曲件角度增加。卸料前坯料的弯曲角度为 β（与凸模顶角吻合），卸载后增大到 β'，弯曲角的增大量 $\Delta\beta = \beta' - \beta$。

（3）影响回弹的因素

1）材料的力学性能。材料的屈服强度 σ_s 越大，弹性模量 E 越小，弯曲回弹越大，即 σ_s/E 值越大，材料的回弹值也越大。如图 3-15a 所示的两种材料，屈服强度基本相同，但弹性模量不同，在弯曲变形程度相同的条件下（r/t 相同），退火软钢在卸载时的回弹变形小于软锰黄铜，即 $\varepsilon_1' < \varepsilon_2'$；又如图 3-15b 所示的两种材料，其弹性模量基本相同，而屈服强度不同。在变形程度相同的条件下，经过冷作硬化而屈服强度较高的软钢在卸载时的回弹变形大于屈服强度较低的退火软钢。

2）相对弯曲半径 r/t。相对弯曲半径越小，回弹值越小。相对弯曲半径减小时，弯曲坯料外侧表面在长度方向上的总变形程度增大，其中塑性变形和弹性变形成分也同时增加。但在总变形中，弹性变形所占的比例则相应减小。由图 3-16 可知，当总的变形为 ε_1 时，弹性变形所占的比例为 $\varepsilon_1'/\varepsilon_1$；而当总的变形程度由 ε_1 增加到 ε_2 时，弹性变形所占的比例为 $\varepsilon_2'/\varepsilon_2$。很显然，$\varepsilon_1'/\varepsilon_1 > \varepsilon_2'/\varepsilon_2$，说明随着总的变形程度的增加，弹性变形在总变形中所占的比例反而减小了。所以，相对弯曲半径越小，回弹值越小；相反，如果相对弯曲半径过大，由于变形程度太小，使坯料大部分处于弹性变形状态，产生很大的回弹，以至于用普通的弯曲方法根本无法成形。

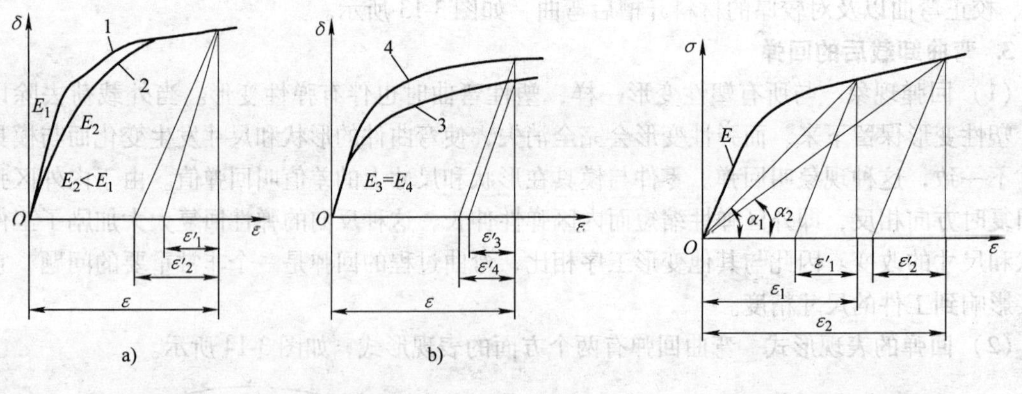

图 3-15　力学性能对回弹的影响
1、3—退火软钢　2—软锰黄铜
4—经过冷作硬化的软钢
a）弹性模量不同　b）屈服强度不同

图 3-16　相对弯曲半径对回弹的影响

3）弯曲件角度 φ。弯曲件角度越小，表示弯曲变形区域越大，回弹的积累就会越大，回弹的角度也会越大。

4）弯曲方式。自由弯曲（图 3-17）与校正弯曲相比，由于校正弯曲可以增加圆角处的塑性变形程度，因此有较小的回弹。

5）间隙。在弯曲 U 形件时，凸、凹模之间的间隙对回弹有较大的影响。间隙越大，回弹角也就越大，如图 3-18 所示。

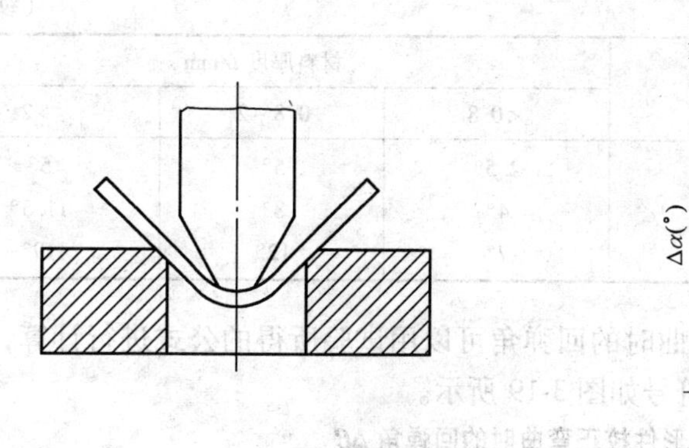

图 3-17　无底凹模内的自由弯曲

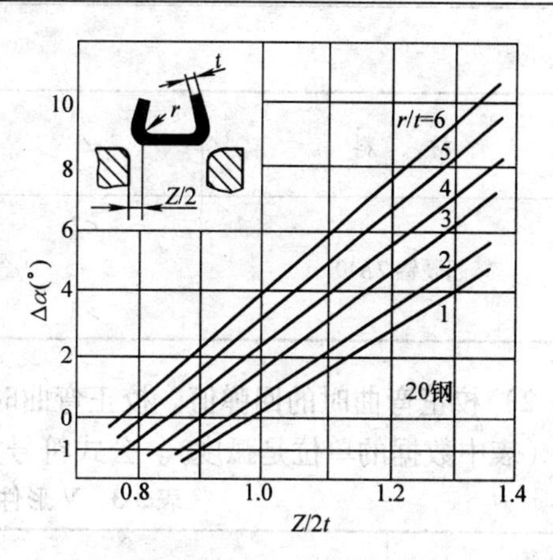

图 3-18　间隙对回弹的影响

6）工件形状。零件形状复杂，一次弯曲成形角的数量越多，各部分的回弹相互牵制作用越大，弯曲中拉伸变形的成分越大，因此回弹量就越小。一次弯曲成形时凵形件比 U 形件回弹量小，U 形件又比 V 形件回弹量小。

（4）回弹值的确定

1）大变形程度（$r/t<5$）自由弯曲时的回弹值。当相对弯曲半径 $r/t<5$ 时，弯曲半径的回弹值不大，一般只考虑角度的回弹，表 3-2 为自由弯曲 V 形件，当弯曲带中心角为 90° 时部分材料的平均回弹角。当弯曲件的弯曲带中心角不为 90°时，其回弹角可以用下式计算：

$$\Delta\alpha = (\alpha/90°) \times \Delta\alpha_{90}$$

式中　α——弯曲件的弯曲带中心角；

$\Delta\alpha_{90}$——弯曲带中心角为 90°时的平均回弹角，见表 3-2。

表 3-2　单角自由弯曲 90°时的平均回弹角 $\Delta\alpha_{90}$

材　料	r/t	材料厚度 t/mm		
		<0.8	0.8~2	>2
软钢 $\sigma_b=350$MPa	<1	4°	2°	0°
软黄铜 $\sigma_b\leqslant350$MPa	1~5	5°	3°	1°
铝、锌	>5	6°	4°	2°
中硬钢 $\sigma_b=400\sim500$MPa 硬黄铜 $\sigma_b=350\sim400$MPa	<1	5°	2°	0°
	1~5	6°	3°	1°
	>5	8°	5°	3°
硬钢 $\sigma_b>550$MPa	<1	7°	4°	2°
	1~5	9°	5°	3°
	>5	12°	7°	5°
硬铝 2A12	<2	2°	3°	4.5°
	2~5	4°	6°	8.5°
	>5	6.5°	10°	14°

（续）

材　　料	r/t	材料厚度 t/mm		
		<0.8	0.8~2	>2
超硬铝 7A40	<2	2.5°	5°	5°
	3~5	4°	8°	11.5°
	>5	7°	12°	19°

2）校正弯曲时的回弹值。校正弯曲时的回弹角可以用试验所得的公式进行计算，见表3-3（表中数据的单位是弧度）。公式符号如图3-19所示。

表3-3　V形件校正弯曲时的回弹角 $\Delta\beta$

材　　料	弯曲角 β			
	30°	60°	90°	120°
08、10、Q195	$\Delta\beta=0.75\frac{r}{t}-0.39$	$\Delta\beta=0.58\frac{r}{t}-0.80$	$\Delta\beta=0.43\frac{r}{t}-0.61$	$\Delta\beta=0.36\frac{r}{t}-1.26$
15、20、Q215、Q235	$\Delta\beta=0.69\frac{r}{t}-0.23$	$\Delta\beta=0.64\frac{r}{t}-0.65$	$\Delta\beta=0.43\frac{r}{t}-0.36$	$\Delta\beta=0.37\frac{r}{t}-1.58$
25、30、Q255	$\Delta\beta=1.59\frac{r}{t}-1.03$	$\Delta\beta=0.95\frac{r}{t}-0.94$	$\Delta\beta=0.78\frac{r}{t}-0.79$	$\Delta\beta=0.46\frac{r}{t}-1.36$
35、Q275	$\Delta\beta=1.51\frac{r}{t}-1.48$	$\Delta\beta=0.84\frac{r}{t}-0.76$	$\Delta\beta=0.79\frac{r}{t}-1.62$	$\Delta\beta=0.51\frac{r}{t}-1.71$

3）小变形程度（$r/t>10$）自由弯曲时的回弹值。当相对弯曲半径 $r/t>10$ 时，卸载后弯曲件的角度和圆角半径变化都比较大，如图3-20所示。凸模工作部分圆角半径和角度可用下式计算，然后在生产中进行修正。

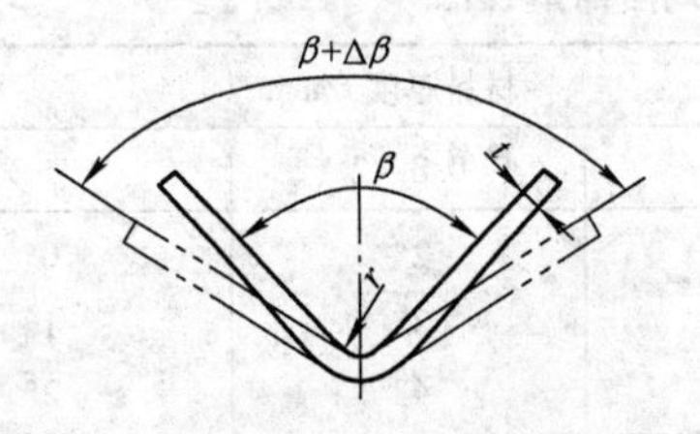

图3-19　V形件校正弯曲的回弹

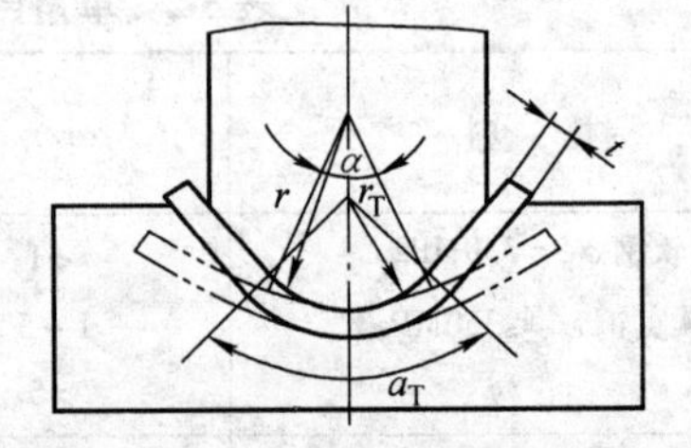

图3-20　相对弯曲半径较大时的回弹现象

$$r_T=\frac{r}{1+3\frac{\sigma_s r}{Et}}$$

$$\varphi_T=\varphi-(180°-\varphi)\left(\frac{r}{r_T}-1\right)$$

式中　r——工件的圆角半径（mm）；

r_T——凸模工作部分圆角半径（mm）；

φ_T——弯曲凸模角度（°），$\varphi_T = 180° - \alpha_T$；

φ——弯曲件角度（°），$\varphi = 180° - \alpha$；

t——坯料厚度（mm）；

E——弯曲材料的弹性模量（MPa）；

σ_s——弯曲材料的屈服强度（MPa）。

需要指出的是，上述公式的计算是近似的。根据工厂生产经验，修磨凸模时，放大弯曲半径比减小弯曲半径容易。因此，对于 r/t 值较大的弯曲件，生产中希望压弯后零件的曲率半径比图样要求略小，以方便在试模后进行修正。

【例 3-1】 如图 3-21a 所示工件，材料为超硬铝 7A40，$\sigma_s = 460\text{MPa}$，$E = 70000\text{MPa}$，试求凸模工作部分尺寸。

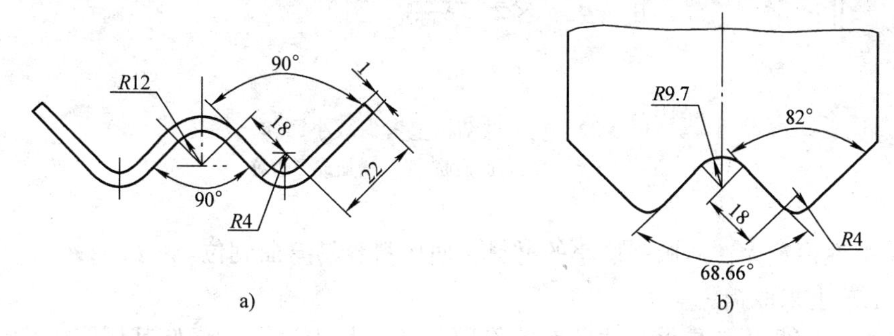

图 3-21　回弹值计算示例

a）弯曲工件　b）凸模工作部分尺寸

【解】（1）先求工件中间弯曲部分的回弹值。

由图 3-21a 可知，$r_1 = 12$，$\varphi = 90°$，$t = 1$。因为 $r_1/t = 12$，因此工件不仅角度有回弹，而且弯曲半径也有回弹。

由式 $r_T = \dfrac{r}{1 + 3\dfrac{\sigma_s r}{Et}}$ 和 $\varphi_T = \varphi - (180° - \varphi)\left(\dfrac{r}{r_T} - 1\right)$ 可知

$$r_{凸} = \frac{1}{\dfrac{1}{12} + \dfrac{3 \times 460}{70000 \times 1}}\text{mm} = 9.7\text{mm}$$

$$\varphi_{凸1} = 90° - (180° - 90°)\left(\frac{12}{9.7} - 1\right) = 68.66°$$

（2）然后求两侧弯曲部分的回弹值。

因为 $r_2/t = 4/1 = 4 < 5$，所以弯曲半径的回弹值不大。由表 3-2 可以查得，当材料的厚度为 1mm 时，超硬铝 7A40 的回弹角为 8°，故

$$\varphi_{凸2} = 90° - 8° = 82°$$

图 3-21b 为根据回弹值确定的凸模工作部分尺寸。

（5）减小回弹的措施　压弯中弯曲件回弹产生误差，很难得到合格的工件尺寸。同时由于材料的力学性能和厚度的波动，要完全消除弯曲件的回弹是不可能的，但可以采取一些措施来减小或补偿回弹所产生的误差。控制弯曲件回弹的措施如下：

1）改进弯曲件的结构设计。

①在变形区压制加强筋或成形边翼，增加弯曲件的刚性和成形边翼的变形程度，从而减小回弹，如图 3-22 所示。

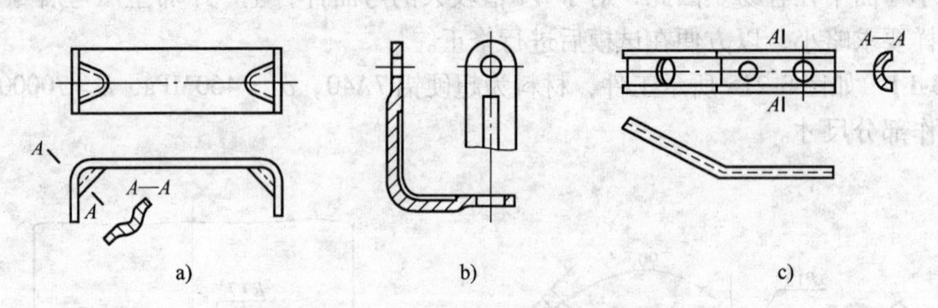

图 3-22　在零件结构上考虑减小回弹

a）、b）增加压制加强筋　c）增加成形边翼

②选用弹性模量大、屈服强度小的材料，使坯料容易弯曲到位。

2）从工艺上采取措施。

①采用校正弯曲代替自由弯曲。对冷作硬化的材料先退火，降低其屈服强度 σ_s，以减小回弹，弯曲后再淬硬。对回弹的材料，必要时可以采用加热弯曲。

②采用拉弯代替一般弯曲方法，如图 3-23 所示。拉弯的工艺特点是弯曲之前使坯料承受一定的拉伸应力，其数值使坯料截面内的应力稍大于材料的屈服强度，随后在拉力作用下同时进行弯曲。图 3-24 所示为工件在拉弯时沿截面高度的应变分布。图 3-24a 为拉伸时的应变，图 3-24b 为普通弯曲时的应变，图 3-24c 为拉弯时总的合成应变，图 3-24d 为卸载时的应变，图 3-24e 为最后永久变形。从图 3-24d 可以看出，拉弯卸载时坯料内、外变形区回弹方向一致（ε_t、ε_t'均为负值），因此大大减小了回弹。拉弯主要用于长度和曲率半径都比较大的零件。

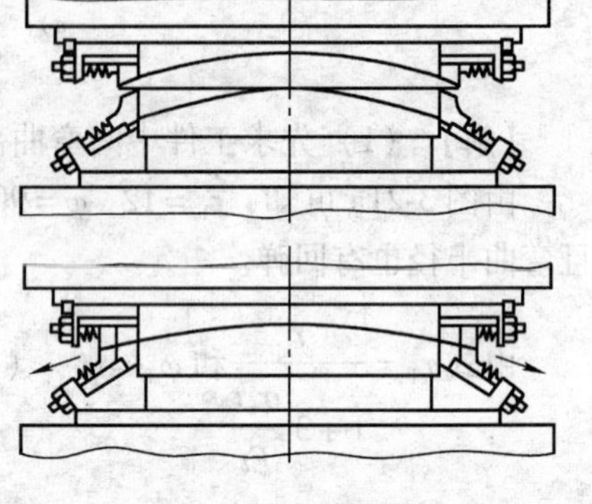

图 3-23　拉弯用模

3）从模具结构上采取措施。

①对于较硬的材料，如 45、50、Q275 和 H62（硬）等，可以根据回弹值对模具工作部分的形状和尺寸进行修正。

②对于软材料，如 Q215、Q235、10、20 钢和 H62（软）黄铜等，可以采用在模具上做出补偿角并取凸、凹模之间为小间隙的方法，如图 3-25 所示。

③对于厚度在 0.8mm 以上的软材料，相对弯曲半径又不大时，可以把凸模做成局部突起的形状，使凸模的作用力集中在变形区，以改变应力状态，达到减小回弹的目的，但易产

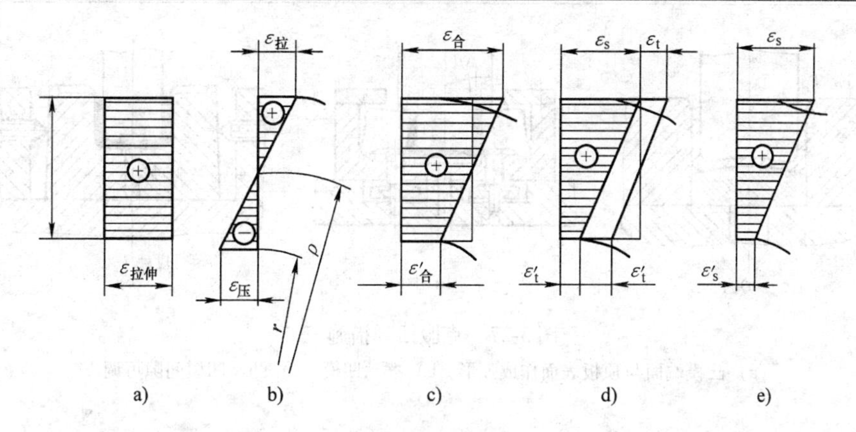

图3-24　拉弯时断面内切向应变的分布

a）拉伸时的应变　b）普通弯曲时的应变　c）拉弯时总的合成应变

d）卸载时的应变　e）永久变形

生压痕（图3-26a、图3-26b）。也可以采用将凸模角度减小2°～5°的方法来减小接触面积，同样可以减小回弹而使压痕减轻（图3-26c）。还可以将凹模角度减小2°，以减小回弹，同时还能减小长尺寸弯曲件的纵向翘曲度（图3-26d）。

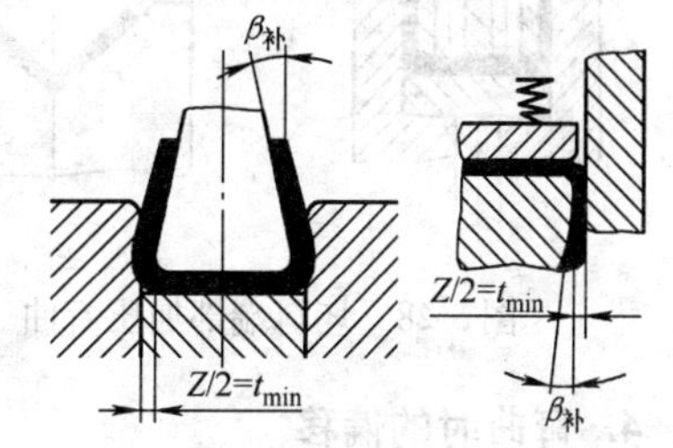

图3-25　克服回弹措施一（小间隙值）

④对于U形件弯曲，当相对弯曲半径较小时，也可以采用调整顶板压力的方法，即背压法，如图3-26b所示；当相对弯曲半径较大且背压无效时，可以将凸模端面和顶板表面作成一定曲率的弧形，如图3-27a所示。以上两种方法实际上都是使底部产生的负回弹和角部产生的正回弹互相补偿。此外还可以采用摆动凹模，凸模侧壁减小回弹角$\Delta\beta$（图3-27b）的方法。当材料厚度负偏差较大时，可以设计成凸、凹模间隙能调整的弯曲模（图3-27c）。

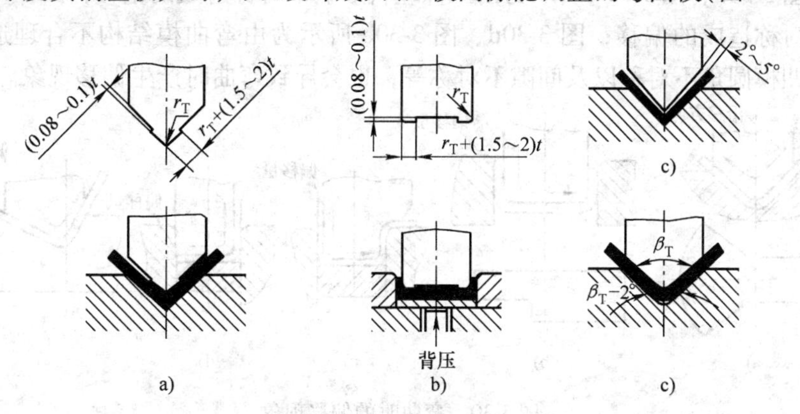

图3-26　克服回弹措施二

a）、b）凸模局部突起　c）减小凸模角度　d）减小凹模角度

⑤在弯曲件直边的端部加压，使弯曲变形的内、外变形区都成为压应力而减小回弹，并且可以得到精确的弯边高度，如图3-28所示。

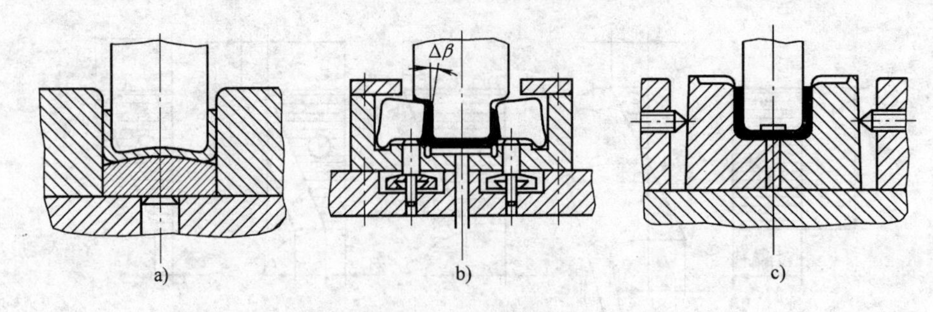

图 3-27　克服回弹措施三

a）凸模端面与顶板表面作成弧形　b）摆动凹模　c）凸、凹模间隙可调

⑥采用橡胶弹性体或聚氨酯代替刚性凹模，并且调节凸模压入深度，以控制弯曲角度，如图 3-29 所示。

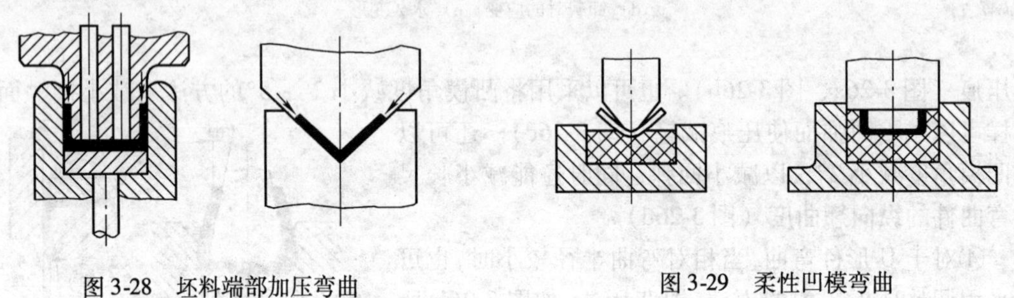

图 3-28　坯料端部加压弯曲　　　　图 3-29　柔性凹模弯曲

4. 弯曲时的偏移

（1）偏移现象的产生　板料在弯曲过程中沿凹模圆角滑移时，会受到凹模圆角处摩擦阻力作用。当坯料各边所受到的摩擦阻力不等时，有可能使坯料在弯曲过程中沿工件的长度方向产生移动，使工件两直边的高度不符合工件技术要求，这种现象称为偏移。产生偏移的原因很多。图 3-30a、图 3-30b 所示为由工件坯料形状不对称造成的偏移；图 3-30c 所示为由工件结构不对称造成的偏移；图 3-30d、图 3-30e 所示为由弯曲模结构不合理造成的偏移。此外，凸、凹模圆角不对称以及间隙不对称等，也会导致弯曲时产生偏移现象。

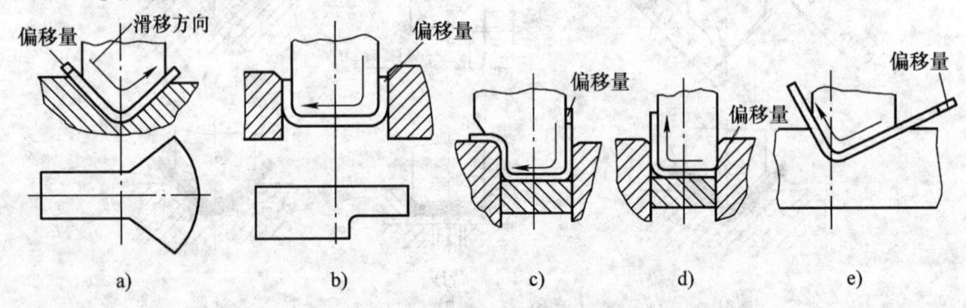

图 3-30　弯曲时的偏移现象

a）、b）坯料形状不对称造成的偏移　c）工件结构不对称造成的偏移

d）、e）弯曲模结构不合理造成的偏移

（2）消除偏移的措施

1）利用压料装置，使坯料在压紧状态下逐渐弯曲成形，从而防止坯料的滑动，并且能

够得到较为平整的弯曲，如图3-31a、图3-31b所示。

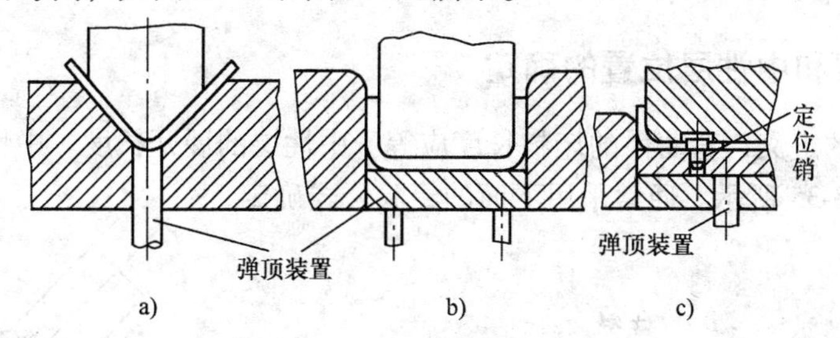

图3-31　克服偏移措施一

a)、b）利用压料装置　c）采用定位销插入孔内再弯曲

2）利用坯料上的孔或先冲出来的工艺孔，将定位销插入孔内再弯曲，从而使得坯料无法移动，如图3-31c所示。

3）将不对称的弯曲件组合成对称弯曲件后再弯曲，然后再切开，使坯料弯曲时受力均匀，不容易产生偏移，如图3-32所示。

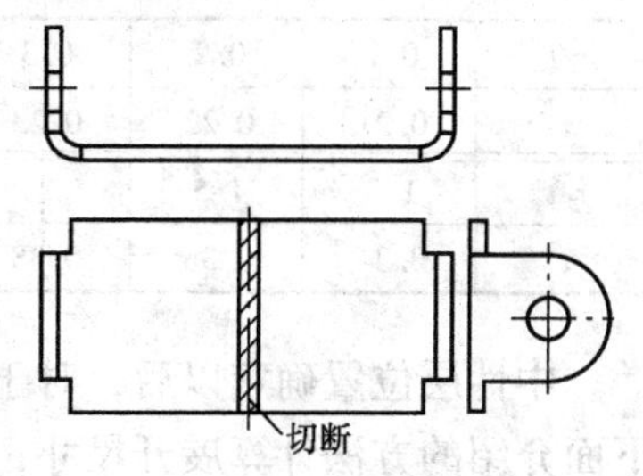

图3-32　克服偏移措施二

4）模具制造准确，间隙调整一致。

5. 弯曲后的翘曲与剖面畸变

（1）弯曲后的翘曲　细而长的板料弯曲件，弯曲后纵向产生翘曲变形，如图3-33所示。这是因为沿折弯线方向零件的刚度小，塑性弯曲时，外区宽度方向的压应变和内区的拉应变得以实现，使得折弯线翘曲。当板弯件短而粗时，沿工件纵向刚度大，宽度方向应变被抑制，翘曲则不明显。

（2）剖面畸变　对于窄板弯曲，如前所述（图3-9）；管材、型材弯曲后的剖面畸变如图3-34所示，这种现象是由径向压应力引起的。另外，在薄壁管的弯曲中，还会出现内侧面因受压应力的作用而失稳起皱的现象，因此弯管时在管中应加填料或芯棒。

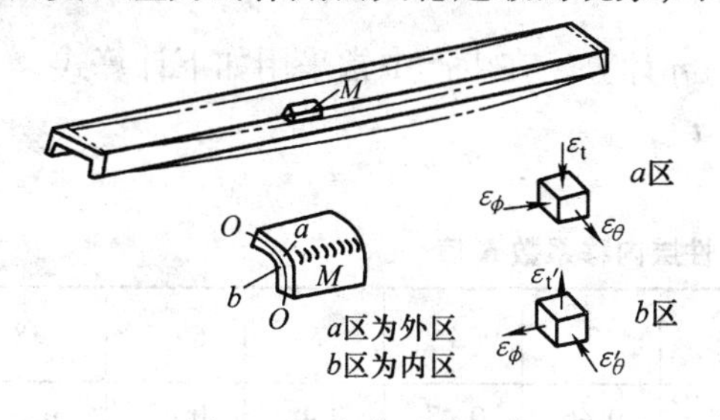

图3-33　弯曲后的翘曲

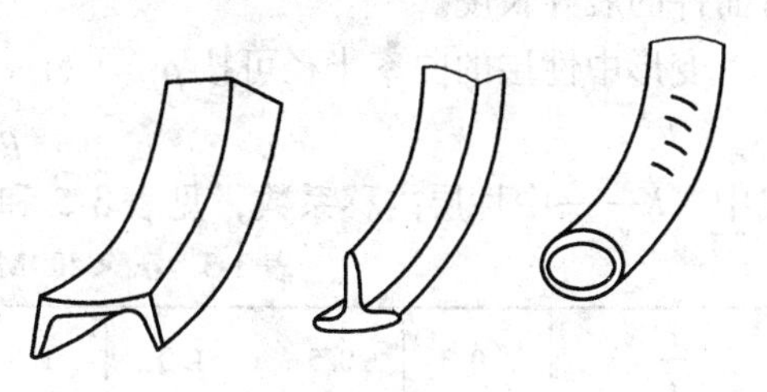

图3-34　型材、管材弯曲后的剖面畸变

模块二　弯曲件展开尺寸计算

在板料弯曲时，弯曲件展开尺寸准确与否直接关系到所弯工件的尺寸精度。因弯曲时坯料中性层在弯曲变形前后的长度不变，故可以利用中性层长度作为计算弯曲部分展开长度的

依据。

一、中性层和中性层位置的确定

根据中性层的定义，弯曲件的坯料长度应等于中性层的展开长度。中性层位置以曲率半径 ρ 表示，如图 3-35 所示。通常采用下面的经验公式确定，即

$$\rho = r + xt$$

式中　r——弯曲件的内弯曲半径；

t——材料厚度；

x——中性层位移系数，见表 3-4。

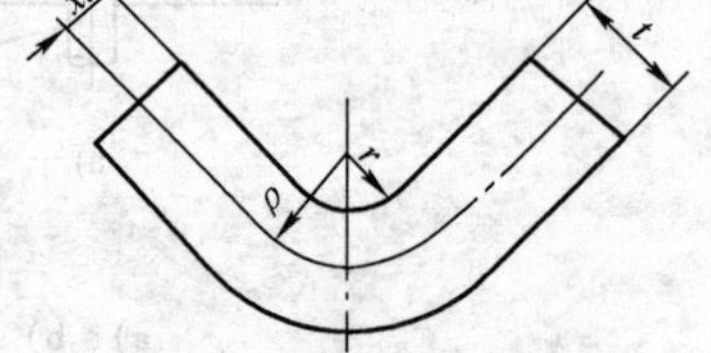

图 3-35　弯曲中性层位置

表 3-4　中性层位移系数 x 的值

r/t	0.1	0.2	0.3	0.4	0.5	0.6	0.7	0.8	1	1.2
x	0.21	0.22	0.23	0.24	0.25	0.26	0.28	0.3	0.32	0.33
r/t	1.3	1.5	2	2.5	3	4	5	6	7	≥8
x	0.34	0.36	0.38	0.39	0.4	0.42	0.44	0.46	0.48	0.50

中性层位置确定以后，对于形状比较简单、尺寸精度要求不高的弯曲件，可以直接按照下面介绍的方法计算展开尺寸；对于形状复杂或精度要求较高的弯曲件，在利用下面介绍的方法初步计算出展开长度后，还需要反复试弯并不断修正，才能最后确定毛坯的形状和尺寸。在生产中宜先制造弯曲模，然后制造落料模。

二、$r > 0.5t$ 时弯曲件展开尺寸计算

将弯曲件按直边区与圆角区分成若干段，视直边长度在弯曲前后不变，圆角区展开长度按弯曲前后中性层长度不变条件进行计算。全部直边长度与圆角区变形中性层长度之和就是弯曲件的展开长度。

变形中性层的曲率半径可按 $\rho_\varepsilon = (r + 1/2\eta t)\eta$ 计算，在生产中常采用如下计算式

$$\rho_\varepsilon = r + Kt$$

式中　K——中性层内移系数，见表 3-5 和表 3-6。

表 3-5　σ_b <400MPa 时中性层内移系数 K 值

$\frac{r}{t}$	<0.3	0.5	1.0	1.5	2	3	4	5	6~7	≥8
K	0.34	0.37	0.41	0.44	0.45	0.46	0.47	0.48	0.49	0.5

表 3-6　σ_b >400MPa 时中性层内移系数 K 值

$\frac{r}{t}$	1	2	3	4	5	6	8	10	12	15
K	0.35	0.38	0.40	0.42	0.43	0.44	0.46	0.47	0.48	0.49

单角弯曲件的展开长度按下式计算

$$L = l_1 + l_2 + \frac{\pi}{180°}\alpha\rho_\varepsilon = l_1 + l_2 + \frac{180° - \varphi}{180°}\pi(r + Kt)$$

式中　l_1、l_2——直边区长度；

α——弯曲中心角（°）；

φ——工件弯曲角（°）。

两圆角半径相同的双角弯曲件的展开长度按下式计算

$$L = l_1 + l_2 + l_3 + \frac{180° - \varphi}{180°}\pi\ (r + Kt)$$

对于有 n 个弯角的弯曲件，其展开长度按下式计算

$$L = l_1 + \cdots + l_n + l_{n+1} + \frac{180° - \varphi}{180°}\pi(r_1 + K_1 t) + \cdots + \frac{180° - \varphi}{180°}\pi(r_n + K_n t)$$

对于常见的直角弯曲件，如图 3-36 所示，$\varphi = 90°$，展开长度计算公式可得到简化。

对于图 3-36a 所示的单直角弯曲件

$$L = l_1 + l_2 + \pi/2(r + Kt)$$

对于图 3-36b 所示的双直角弯曲件

$$L = l_1 + l_2 + l_3 + \pi(r + Kt)$$

对于图 3-36c 所示的四直角弯曲件

$$L = 2l_1 + 2l_2 + l_3 + \pi(r_1 + K_1 t) + \pi(r_2 + K_2 t)$$

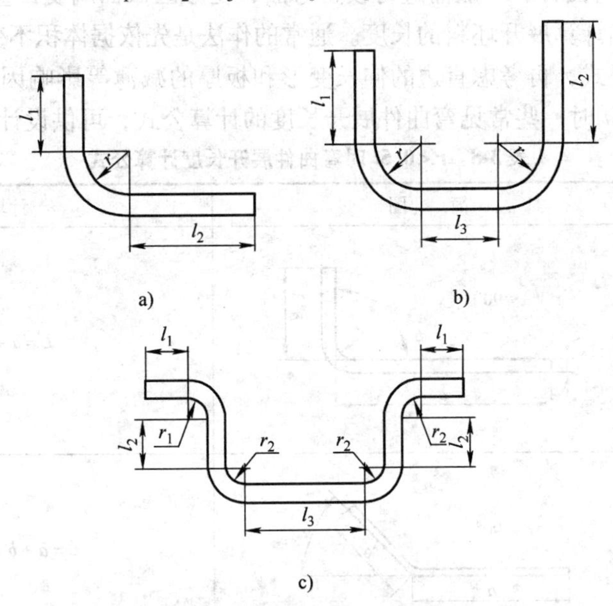

图 3-36　常见的直角弯曲件

a）单直角弯曲件　b）双直角弯曲件　c）四直角弯曲件

有时非直角弯曲件由于标注尺寸的方法不同，给计算展开长度带来不便，表 3-7 给出了这类弯曲件展开长度的辅助计算公式。

表 3-7　弯曲件展开长度辅助计算公式

序号	计算条件		
1	尺寸注在圆弧切线上	a t φ r b L	$L=a+b+\pi(r+Kt)\dfrac{180°+\varphi}{180°}-2(r+t)$
2	尺寸注在直边交点上	a t φ r b L	$L=a+b+\pi(r+Kt)\dfrac{180°-\varphi}{180°}-2(r+t)\cot\dfrac{\varphi}{2}$

三、$r<0.5t$ 时弯曲件展开尺寸计算

对于 $r<0.5t$ 的弯曲件，一般需进行校正弯曲，变形区截面畸变严重、板厚减薄量大且不够稳定，很难准确计算展开坯料的长度。通常的作法是先依据体积不变条件求出弯曲件展开长度的理论计算公式，再考虑直边的伸长变形和板厚的减薄等影响因素，适当进行修正。表 3-8 给出了 $r<0.5t$ 时一些常见弯曲件展开长度的计算公式，可供设计时选用。

表 3-8　$r<0.5t$ 时弯曲件展开长度计算公式

序号	弯曲特点	简　图	计算公式
1	单直角弯曲	$\alpha=90°$ α r b t a	$L=a+b+0.4t$
2	单角弯曲	$\alpha<90°$ b α a	$L=a+b+\dfrac{\alpha}{90°}\times0.5t$
3	对折弯曲	a t b	$L=a+b+0.43t$

（续）

序号	弯曲特点	简　图	计算公式
4	一次弯两个角		$L=a+b+c+0.6t$
5	一次弯三个角		$L=a+b+c+d+0.75t$
	分两次弯三个角		$L=a+b+c+d+t$
6	一次弯四个角		$L=a+2b+2c+t$
	分两次弯四个角		$L=a+2b+2c+1.2t$

四、卷圆展开尺寸计算

卷圆形的弯曲件有两种类型，如图 3-37 所示。

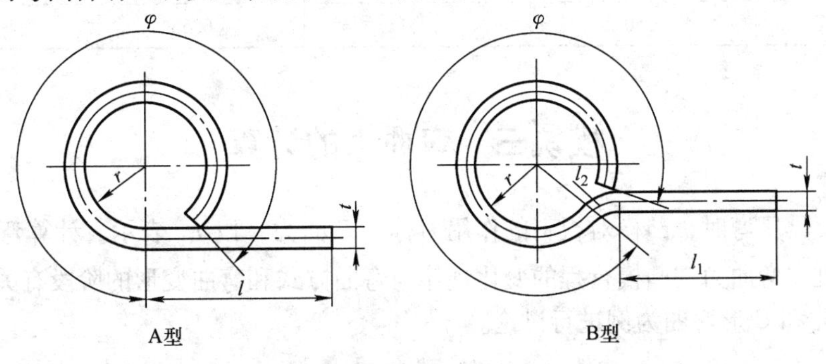

图 3-37　卷圆

铰链用的小型卷圆形件，通常采用推卷方法成形。在弯曲过程中，板料切向受较大的压应力，板厚不是减薄，而是增厚。因此变形中性层不是内移，而是外移。所以变形中性层外移系数 $K>0.5$，见表 3-9。

表 3-9　卷圆中性层外移系数 K 值

$\frac{r}{t}$	>0.5~0.6	>0.6~0.8	>0.8~1.0	>1.0~1.2	>1.2~1.5	>1.5~1.8	>1.9~2.0	>2.0~2.2	>2.2
K	0.76	0.73	0.70	0.67	0.64	0.61	0.58	0.54	0.50

对于图 3-37 所示的 A 型卷圆弯曲件，展开长度按下式计算（K 值按表 3-9 选取）

$$L=\frac{\varphi}{180°}\pi(r+Kt)+l$$

对于图 3-37 所示的 B 型卷圆弯曲件，展开长度按下式计算（K 值按表 3-9 选取）

$$L=\frac{\varphi}{180°}\pi(r+Kt)+l_1+l_2$$

如果图 3-37 所示的 A 型卷圆件分几道工序成形时，其展开长度应按下式计算（K 值按表 3-10 选取）

$$L=1.5\pi(r+Kt)+r+l$$

表 3-10　卷圆中性层系数 K 值

$\frac{r}{t}$	1.0	1.2	1.4	1.6	≥1.8
K	0.56	0.54	0.52	0.51	0.50

五、圆杆弯曲件展开尺寸计算

对于直径为 d 的圆杆弯曲件，其展开长度仍按各直线段和圆弧段展开长度求和计算。圆弧段长度需计算中性层展开长度，中性层位移系数 K 见表 3-11。

表 3-11　圆杆弯曲中性层位移系数 K 值

$\frac{r}{t}$	≥1.5	1.0	0.50	0.25
K	0.50	0.51	0.53	0.55

模块三　弯曲力的计算

在使用模具压弯时，凸模对板料的作用力称为弯曲力，以 F_b 表示。计算弯曲力主要用于选择压力机。弯曲力与凸模行程的变化规律与弯曲方式和弯曲变形的阶段有关。下面以常见的 V 形弯曲和 U 形弯曲为例进行讨论。

一、弯曲力曲线

弯曲力 F_b 随凸模行程 s 变化的曲线称为弯曲力曲线，或弯曲 F_b—s 曲线。

1. V 形弯曲力曲线

图 3-38a 表示用不带底的凹模进行 V 形弯曲的情形。凸模下压接触板料并对接触点施加集中载荷，与凹模肩部对板料的反作用力形成弯矩。凸模继续下压，板料将逐渐贴向凸模而产生弯曲变形。这与弯矩作用下的弯曲基本相同。用不带底的凹模进行的弯曲也称为自由弯曲。如采用图 3-38b 所示的带底凹模进行弯曲，在板料与凸模和凹模贴合之前进行的弯曲也属于自由弯曲。在自由弯曲结束后，如果凸模继续下压，材料将完全贴合凸模和凹模，并受到强烈的镦压作用，这时的弯曲称为校正弯曲。

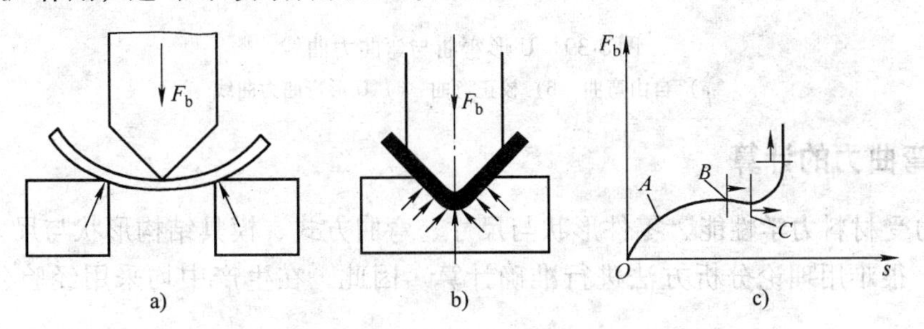

图 3-38　V 形弯曲与弯曲力曲线
a）自由弯曲　b）校正弯曲　c）V 形弯曲力曲线

图 3-38c 给出了弯曲力 F_b、随凸模行程 s 变化的曲线。在 C 点以前为自由弯曲阶段弯曲力的变化情况，它与弯曲变形的各阶段相对应。OA 段为弹性弯曲阶段，弯曲力 F_b 随凸模行程 s 直线上升，表明凸模的工作行程（凸模向下压板料移动的距离）不大，弯曲角和弯曲的曲率半径都较大，板料只引起弹性变形。当凸模继续下行，弯曲角与曲率半径随之减小，便进入弹—塑性弯曲阶段和塑性弯曲阶段。由于凹模对板料的支撑点不断内移，使弯曲力臂不断减小，又因材料的硬化作用，使这一阶段的弯曲力可能略有升高，如 AB 段所示。如果使用带底的凹模进行弯曲，到了 B 点就表明自由弯曲已经结束。当凸模进一步下行，在板料完全贴模之前，出现短暂的滑入现象，使弯曲力略有下降，如 BC 段所示。这一过程也称为接触弯曲阶段。过了 C 点，便进入校正弯曲阶段，弯曲力几乎直线上升。不严格区分，也可以把过了 B 点的弯曲统称为校正弯曲。

2. U 形弯曲力曲线

使用模具进行 U 形件弯曲时，凹模也有不带底的与带底的两种形式，如图 3-39a、b 所示。图 3-39c 表示弯曲力 F_b 随凸模行程 s 变化的曲线。OA 段表示弹性弯曲阶段 F_b 与 s 的线性关系。过了 A 点，由于材料的硬化作用使弯曲力继续保持上升趋势，并在凸模的工作行程达到约为 r_p+r_d 时，即板料包满凸模圆角时弯曲力达到最大值，即 B 点。之后，凸模继续下行，板料在凸模下行较长的一段距离内不再变形，而只发生与凹模工作表面的滑动。这时弯曲力只用于克服下滑过程中的摩擦阻力，便急速下降，如 BC 段所示。

当用不带底的凹模进行 U 形弯曲时，将在弯曲力处于 CD 段时结束弯曲。CD 段弯曲力的大小除受板料与凹模工作表面之间的摩擦力影响以外，还受凸模与凹模的间隙影响，而后者的影响可能更大：当间隙值小于板厚时，下滑过程 U 形件两侧将产生塑性变形，使板厚变薄，CD 段的弯曲力可能达到很高的数值。图示为间隙较大时的情形。

当用带底的凹模进行 U 形弯曲时，过了 C 点便进入校正弯曲阶段，弯曲力将急剧升高。

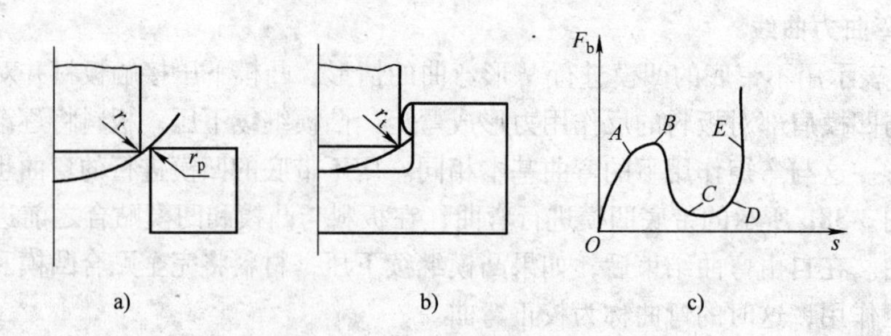

图 3-39　U 形弯曲与弯曲力曲线
a）自由弯曲　b）校正弯曲　c）U 形弯曲力曲线

二、弯曲力的计算

弯曲力受材料力学性能、零件形状与尺寸、弯曲方式、模具结构形状与尺寸等多种因素的影响，很难用理论分析方法进行准确计算。因此，在生产中均采用经验公式估算弯曲力。

各种资料给出的经验公式可能有些不同，有的差别还较大。从实用考虑，介绍较简单的公式。所计算的弯曲力均指弯曲过程中可能出现的最大弯曲力，以便用于选择压力机。

1. 自由弯曲力 F_f

（1）V 形件　适用于图 3-38a 所示使用不带底的凹模和图 3-38b 所示使用带底的凹模但不进行校正弯曲的情况。

$$F_{fV}=0.8\frac{Bt^2\sigma_b}{r_p+t}$$

（2）U 形件　适用于图 3-39a 所示使用不带底的凹模。

$$F_{fU}=0.8\frac{Bt^2\sigma_b}{r_p+t}$$

使用带反顶板的 U 形弯曲模但不进行校正弯曲时，反顶压力 F_Q 也要由压力机滑块承担，一般取 $F_Q=(0.3\sim0.6)F_f$。此时总弯曲力应按下式计算，即

$$F_U=F_{fU}+F_Q=(1.3\sim1.6)\frac{Bt^2\sigma_b}{r_p+t}$$

（3）L 形件　由平板毛坯弯成 L 形件或在级进模弯曲工位进行单边直角弯曲，都必须采用压料板，这相当于弯曲 U 形件的一半，所以总弯曲力为

$$F_U=\frac{F_{fU}+F_Q}{2}=(0.65\sim0.8)\frac{Bt^2\sigma_b}{r_p+t}$$

式中　B——弯曲线长度（mm）；
t——板料厚度（mm）；
σ_b——材料抗拉强度（MPa）；
r_p——弯曲凸模圆角半径（mm）。

2. 校正弯曲力 F_C

对 V 形件或 U 形件进行校正弯曲时，均按各种材料单位面积所需校正压力进行估算。

$$F_C = Ap_q$$

式中　A——校正面沿冲压方向投影面积；

p_q——单位校正压力，见表3-12。

表3-12　单位校正压力 p_q 值　（单位：MPa）

材　料	板料厚度 t/mm	
	<3	3~10
铝	30~40	50~60
黄铜	60~80	80~100
10、20钢	80~100	100~120
25、35钢	100~120	120~150
TB2钛合金	160~180	180~210
TB3钛合金	180~200	200~260

三、弯曲用压力机额定压力的确定

确定压力机的额定压力不仅要考虑能完成弯曲加工，而且要注意防止压力机过载。计算的弯曲力均指弯曲过程中可能出现的最大弯曲力，如果压力机的额定压力等于或略大于弯曲力，并不能保证压力机不过载。为了保证压力机不过载，在确定压力机的额定压力时，对于自由弯曲与校正弯曲所考虑的问题并不相同。

在自由弯曲时，最大弯曲力可能在凸模达到下死点前较长一段距离内就出现了。对于机械压力机，如果额定压力等于或略大于弯曲力，可能使压力机短时间过载。因为机械压力机所能提供的额定压力仅限于下死点前较小的范围内（约占滑块行程的5%~8%）或为曲轴转角的3°~5°以内。在此之前，允许的压力要小于额定压力，离下死点越远，所能提供的压力越小。如果压力机长时间在过载状态下工作，可能使曲轴、齿轮、键等传递转矩的部件过早疲劳损坏，严重时可能损坏压力机。因此，为了确保机械压力机的安全，按经验，可将计算的弯曲力限制在压力机额定压力的75%~80%，并据此确定机械压力机的额定压力。

校正弯曲时，最大弯曲力总是在凸模处于下死点时出现。虽不存在压力机早期过载问题，但从弯曲力曲线可见，弯曲力对下死点的位置是非常敏感的，当下死点位置稍偏下一点，将使弯曲力急剧升高。同样，板厚的波动也可造成校正弯曲力较大范围的变化。因此，在选择压力机（不限于机械压力机）时，要使其额定压力有足够的富余，如大于计算校正弯曲力的1.5~2倍。

模块四　弯曲的工艺性及工序安排

弯曲件的工艺性是指弯曲件的形状、尺寸、精度、材料以及技术要求等是否符合弯曲加工的工艺要求。具有良好工艺性的弯曲件，能简化弯曲的工艺过程及模具结构，提高工件的质量。

一、弯曲件的结构、精度和材料

1. 弯曲件的结构

（1）弯曲半径　弯曲件的弯曲半径不宜小于最小弯曲半径，也不宜过大。因为过大时，受到回弹的影响，弯曲角度与弯曲半径的精度都不易保证。

（2）弯曲件的形状　弯曲件形状对称，弯曲半径左右一致，则弯曲时毛坯受力平衡而无滑动，如图3-40所示。如果形状不对称，则易造成偏移现象。

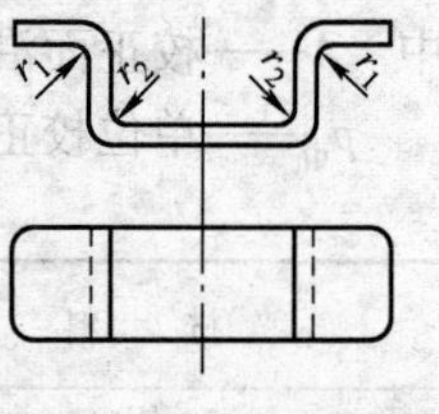

（3）弯曲高度　弯曲件的弯边高度不宜过小，其值应为 $h>(r+2t)$，如图3-41a所示。当 h 较小时，弯边在模具上支持的长度过小，不容易形成足够的弯矩，很难得到形状准确的零件。若 $h<(r+2t)$ 时，则需预先压槽，或增加弯边高度，弯曲后再切掉，如图3-41b所示。如果所弯直边带有斜角，则在斜边高度小于（$r+2t$）的区段不可能弯曲到要求的角度，而且此处也容易开裂，如图3-41c所示，因此必须改变零件的形状，加高弯边尺寸，如图3-41d所示。

图3-40　弯曲件形状对称

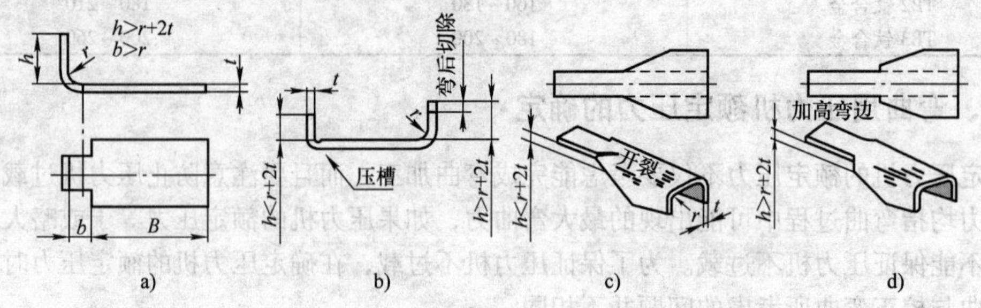

图3-41　弯曲件的弯边高度

a）$h>(r+2t)$　b）$h<(r+2t)$　c）在斜边高度小于 $(r+2t)$ 的区段不能得到所要求的角度　d）加高弯边尺寸

（4）防止弯曲根部裂纹的工件结构　在局部弯曲某一段边缘时，为避免弯曲根部撕裂，应减小不弯曲部分的长度 B，使其退出弯曲线之外，即 $b \geqslant r$，如图3-41a所示。如果零件的长度不能减小，则应在弯曲部分与不弯曲部分之间切槽，如图3-42a所示，或在弯曲前冲出工艺孔如图3-42b所示。

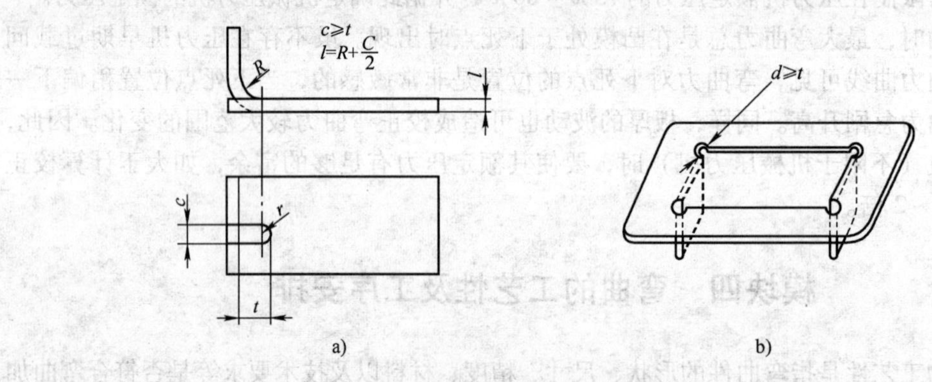

图3-42　加冲工艺槽和孔

a）冲工艺槽　b）弯曲前冲出工艺孔

（5）弯曲件孔边距离　弯曲有孔的工序件时，如果孔位于弯曲变形区内，则弯曲时孔要发生变形，为此必须使孔处于变形区之外，如图3-43a所示。一般孔边至弯曲半径 r 中心的距离按料厚确定：

当 $t<2\text{mm}$ 时，$l \geqslant t$；$t \geqslant 2\text{mm}$ 时，$l \geqslant 2t$。

如果孔边至弯曲半径 r 中心的距离过小，为防止弯曲时孔变形，可在弯曲线上冲工艺孔，如图 3-43b 所示，或工艺槽如图 3-43c 所示。如对零件孔的精度要求较高，则应弯曲后再冲孔。

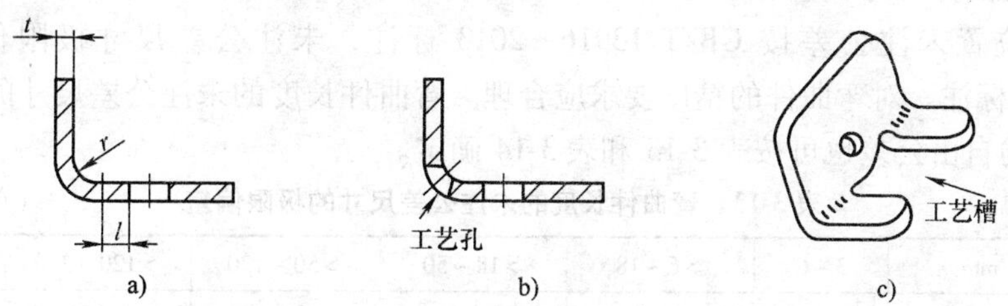

图 3-43 弯曲件孔边距离

a）孔处于变形区之外 b）在弯曲线上冲工艺孔 c）在弯曲线上冲工艺槽

（6）增添连接带和定位工艺孔 在弯曲变形区附近有缺口的弯曲件，若在毛坯上先将缺口冲出，弯曲时会出现叉口，严重时无法成形。这时应在缺口处留连接带，待弯曲成形后再将连接带切除，如图 3-44a、b 所示。

为保证毛坯在弯曲模内准确定位或防止在弯曲过程中毛坯偏移，最好能在毛坯上预先增添定位工艺孔，如图 3-44c 所示。

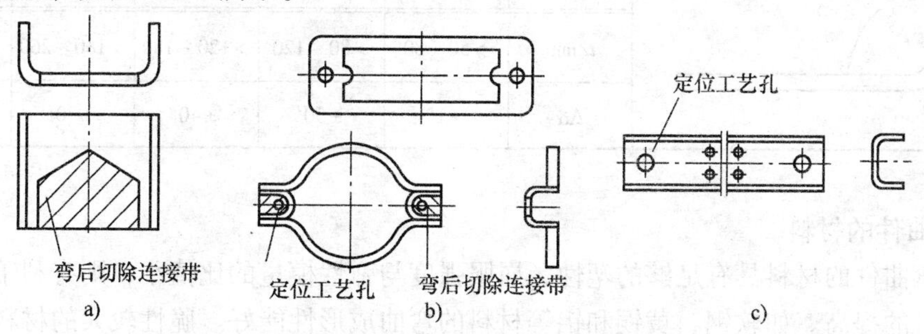

图3-44 增添连接带和定位工艺孔的弯曲件

a）、b）增添连接带 c）增添定位工艺孔

（7）尺寸标注 尺寸标注对弯曲件的工艺性有很大的影响。图 3-45 所示是弯曲件孔的位置尺寸的三种标注法。对于图 3-45a 的标注法，孔的位置精度不受毛坯展开长度和回弹的影响，将大大简化工艺设计。因此，在不要求弯曲件有一定装配关系时，应尽量考虑冲压工艺的方便来标注尺寸。

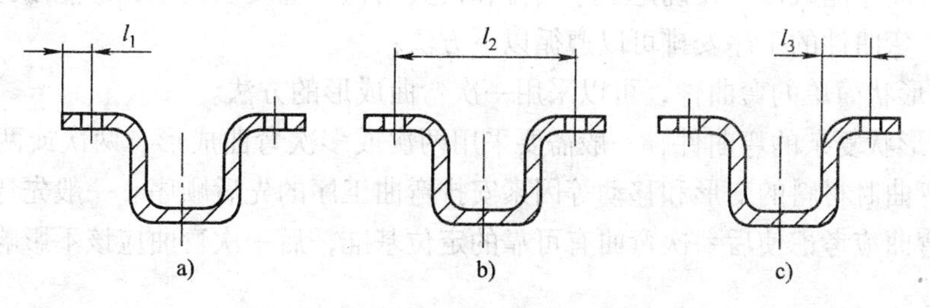

图 3-45 尺寸标注对弯曲工艺的影响

a）孔与外缘标注法 b）两孔中心位置标注法 c）孔与内缘标注法

2. 弯曲件的精度

弯曲件的精度受毛坯定位、偏移、翘曲和回弹等因素的影响，弯曲的工序数目越多，精度也越低。弯曲件尺寸公差按 GB/T 13914—2013 标注，角度公差按 GB/T 13915—2013 标注，形状和位置未注公差按 GB/T 13916—2013 标注，未注公差尺寸极限偏差按 GB/T 15055—2007 标注。对弯曲件的精度要求应合理。弯曲件长度的未注公差尺寸的极限偏差和弯曲件角度的自由公差也可按表 3-13 和表 3-14 确定。

表 3-13　弯曲件长度的未注公差尺寸的极限偏差　（单位：mm）

长度尺寸 l/mm		3 ~ 6	>6 ~ 18	>18 ~ 50	>50 ~ 120	>120 ~ 260	>260 ~ 500
材料厚度 t/mm	≤2	±0.3	±0.4	±0.6	±0.8	±1.0	±1.5
	>2 ~ 4	±0.4	±0.6	±0.8	±1.2	±1.5	±2.0
	>4	—	±0.8	±1.0	±1.5	±2.0	±2.5

表 3-14　弯曲件角度的自由公差

t/mm	~6	>6 ~ 10	>10 ~ 18	>18 ~ 30	>30 ~ 50
$\Delta\alpha$	±3°	±2°30′	±2°	±1°30′	±1°15′
t/mm	>50 ~ 80	>80 ~ 120	>120 ~ 180	>180 ~ 260	>260 ~ 360
$\Delta\alpha$	±1°	±50′	±40′	±30′	±25′

3. 弯曲件的材料

如果弯曲件的材料具有足够的塑性，屈服强度与弹性模量的比值小，则有利于弯曲成形和工件质量的提高。如软钢、黄铜和铝等材料的弯曲成形性能好。脆性较大的材料，如磷青铜、铍青铜、弹簧钢等，则最小相对弯曲半径大，回弹大，不利于成形。

二、弯曲件工序安排的原则

弯曲件的弯曲次数和工序安排必须根据工件形状的复杂程度、弯曲材料的性质、尺寸精度要求的高低以及生产批量的大小等因素综合进行考虑。合理地安排弯曲工序可以简化模具结构、便于操作定位、减少弯曲次数、提高工件的质量和劳动生产率。一般形状较复杂的弯曲件需多次弯曲才能成形，在确定工序安排和模具结构时应反复比较，才能制订出合理的成形工序方案。弯曲件的工序安排可以遵循以下方法：

1）对于形状简单的弯曲件，可以采用一次弯曲成形的方法。

2）对于形状复杂的弯曲件，一般需要采用两次或多次弯曲成形。两次或两次以上弯曲时，应根据弯曲时材料的变形和移动等因素安排弯曲工序的先后顺序。一般先弯外角，后弯内角；前次弯曲应考虑使后一次弯曲有可靠的定位基准，后一次弯曲应该不影响前一次弯曲的已成形部分。

3）对于批量大而尺寸较小的弯曲件，如电子产品中的元器件，为了提高生产率和产品质量，可以采用多工位级进冲压的工艺方法，即在一副模具上安排冲裁、弯曲、切断等多道工序连续地进行冲压成形。

4）某些结构不对称的弯曲件，弯曲时毛坯容易发生偏移，可以采取工件成对弯曲成形，弯曲后再切开的方法。这样既防止了偏移也改善了模具的受力状态，如图3-46所示。

5）如果弯曲件上孔的位置会受弯曲过程的影响，而且孔的精度要求较高时，应在弯曲后再冲孔，否则孔的位置精度无法保证（图3-47）。

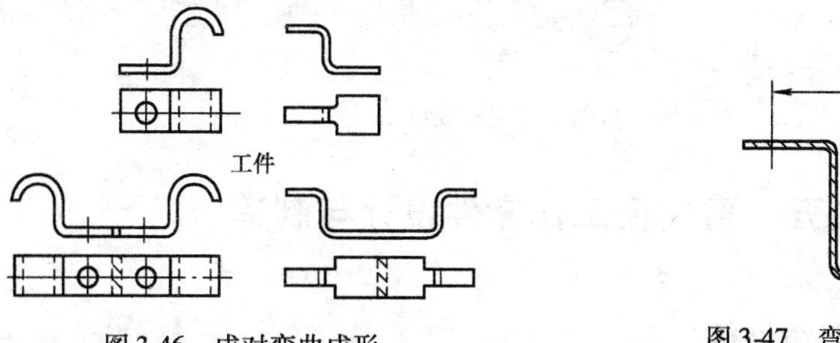

图3-46　成对弯曲成形

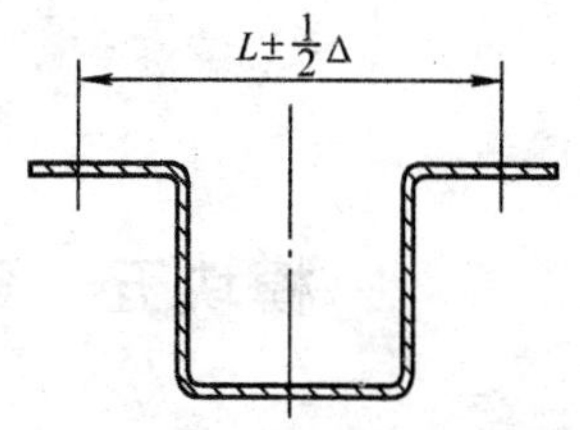

图3-47　弯曲件上孔的位置精度

三、弯曲件工序安排实例

图3-48～图3-51为一次弯曲、二次弯曲、三次弯曲以及多次弯曲成形工件的例子，可供制订弯曲件工艺程序时参考。

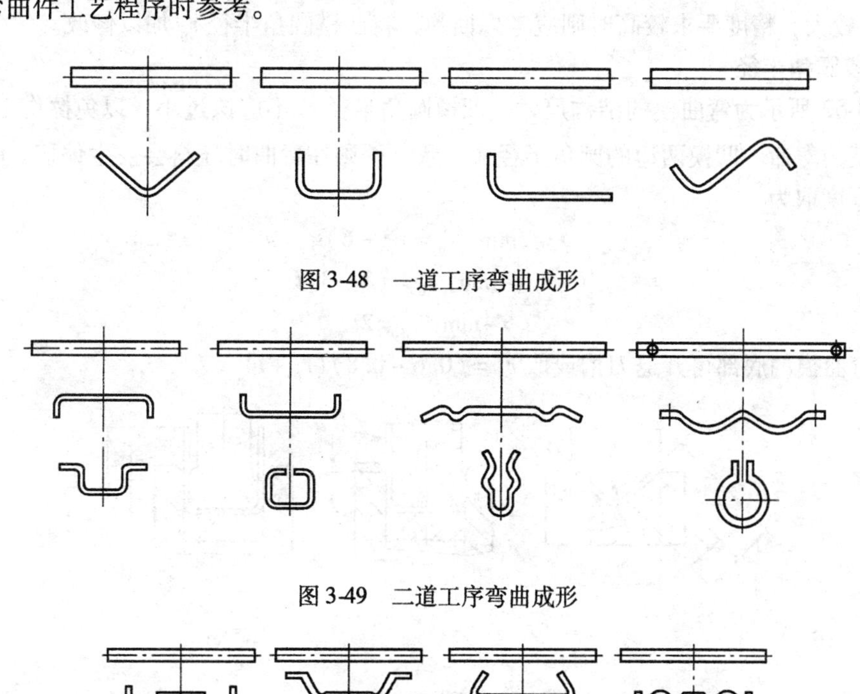

图3-48　一道工序弯曲成形

图3-49　二道工序弯曲成形

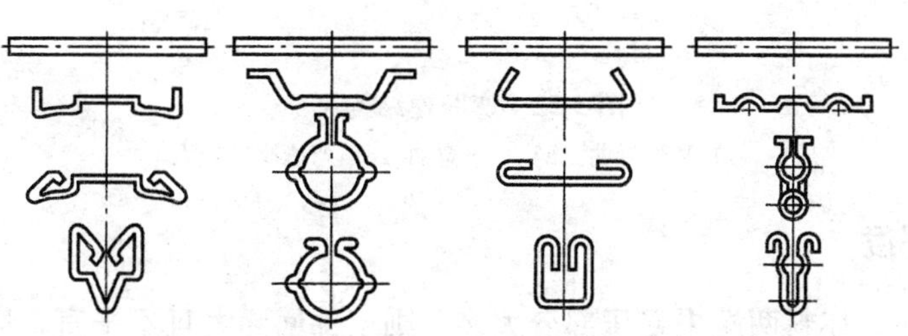

图3-50　三道工序弯曲成形

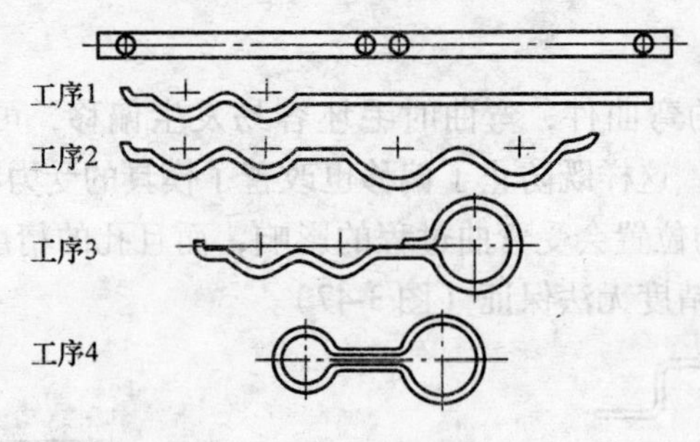

图 3-51　多道工序弯曲成形

模块五　弯曲模工作零件设计与制造

一、凸模与凹模的圆角半径

1. 凸模圆角半径

当工件的相对弯曲半径 r/t 较小时，凸模圆角半径 r_p 取等于工件的弯曲半径，但不应小于表 3-1 中所列出的最小弯曲半径。

当 r/t 较大，精度要求较高时则应考虑回弹，将凸模圆角半径 r_p 加以修改。

2. 凹模圆角半径

如图 3-52 所示为弯曲模的结构尺寸。凹模圆角半径 r_d 不应该过小，以免擦伤工件表面，影响弯曲模的寿命。凹模两边的圆角半径应一致，否则在弯曲时坯料会发生偏移。r_d 值通常根据材料厚度取为

$$t \leqslant 2\text{mm},\ r_d = (3 \sim 6)t$$

$$t = 2 \sim 4\text{mm},\ r_d = (2 \sim 3)t$$

$$t > 4\text{mm},\ r_d = 2t$$

V 形弯曲模的底部可开退刀槽或取 $r_d' = (0.6 \sim 0.8)(r_p + t)$

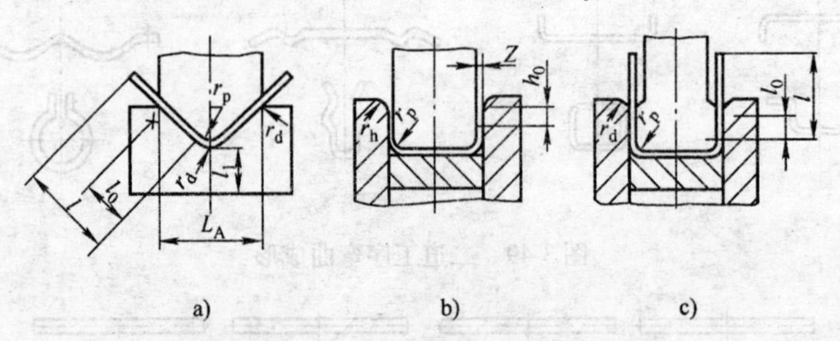

图 3-52　弯曲模结构尺寸

a）V 形弯曲　b）U 形弯曲　c）弯边高度较大

二、凹模深度

凹模深度过小，坯料两端未受压部分太多，则工件回弹大且不平直，影响其质量；凹模深度若过大，则浪费模具钢材，且需压力机有较大的工作行程。

V 形件弯曲模的凹模深度 l_0 及底部最小厚度 h 值可查表 3-15。但应保证开口宽度 L_A 的

值不能大于弯曲坯料展开长度的0.8倍。

表3-15　V形件弯曲的凹模深度 l_0 和底部最小厚度 h　（单位：mm）

弯曲件边长 l	材料厚度 t					
	≤2		2~4		>4	
	h	l_0	h	l_0	h	l_0
10~25	20	10~15	22	15	—	—
>25~50	22	15~20	27	25	32	30
>50~75	27	20~25	32	30	37	35
>75~100	32	25~30	37	35	42	40
>100~150	37	30~35	42	40	47	50

U形件弯曲模对于弯边高度不大或要求两边平直的U形件，则凹模深度应大于零件的高度，如图3-52b所示，图中 h_0 值见表3-16；对于弯边高度较大，而平直度要求不高的U形件，可采用图3-52c所示的凹模形式，凹模深度 l_0 值见表3-17。

表3-16　U形件弯曲凹模的 h_0 值

材料厚度 t/mm	≤1	1~2	2~3	3~4	4~5	5~6	6~7	7~8	8~10
h_0/mm	3	4	5	6	8	10	15	20	25

表3-17　U形件弯曲凹模深度的 l_0　（单位：mm）

弯曲件边长 l	材料厚度 t				
	<1	1~2	2~4	4~6	6~10
<50	15	20	25	30	35
50~75	20	25	30	35	40
75~100	25	30	35	40	40
100~150	30	35	40	50	50
150~200	40	45	55	65	65

三、弯曲模凸、凹模间隙

V形件弯曲模凸、凹模的间隙是靠调整压力机的装模高度来控制的，设计时可以不考虑。对于U形件弯曲模，则应当选择合适的间隙。间隙过小，会使工件弯边厚度变薄，降低凹模的寿命，增大弯曲力；间隙过大，则回弹大，降低工件的精度。U形件弯曲模的凸、凹模单边间隙一般可按下式计算，即

$$Z = t_{max} + ct = t + \Delta + ct$$

式中　Z——弯曲模凸、凹模单边间隙；

t——零件材料厚度（基本尺寸）；

Δ——材料厚度的上极限偏差；

c——间隙系数，可查表3-18。

当工件精度要求较高时，其间隙值应适当减小，取 $Z = t$。

表 3-18　U 形件弯曲模凸、凹模的间隙系数 c 值

弯曲件高度 H/mm	弯曲件宽度 $B \leqslant 2H$				弯曲件宽度 $B > 2H$				
	材料厚度 δ/mm								
	<0.5	0.6~2	2.1~4	4.1~5	<0.5	0.6~2	2.1~4	4.1~7.5	7.6~12
10	0.05	0.05	0.04	—	0.10	0.1	0.08	—	—
20	0.05	0.05	0.04	0.03	0.10	0.10	0.08	0.06	0.06
35	0.07	0.05	0.04	0.03	0.15	0.10	0.08	0.06	0.06
50	0.10	0.07	0.05	0.04	0.20	0.15	0.10	0.06	0.06
70	0.10	0.07	0.05	0.05	0.20	0.15	0.10	0.10	0.08
100	—	0.07	0.05	0.05	—	0.15	0.10	0.10	0.08
150	—	0.10	0.07	0.05	—	0.20	0.15	0.10	0.10
200	—	0.10	0.07	0.07	—	0.20	0.15	0.15	0.10

四、U 形弯曲件凸、凹模工作尺寸

确定 U 形件弯曲凸、凹模横向尺寸及公差的原则是：工件标注外形尺寸时（图 3-53a），应以凹模为基准件，间隙取在凸模上。工件标注内形尺寸时（图 3-53b），应以凸模为基准件，间隙取在凹模上。而凸、凹模的尺寸和公差则应根据工件的尺寸、公差，回弹情况以及模具磨损规律而定。

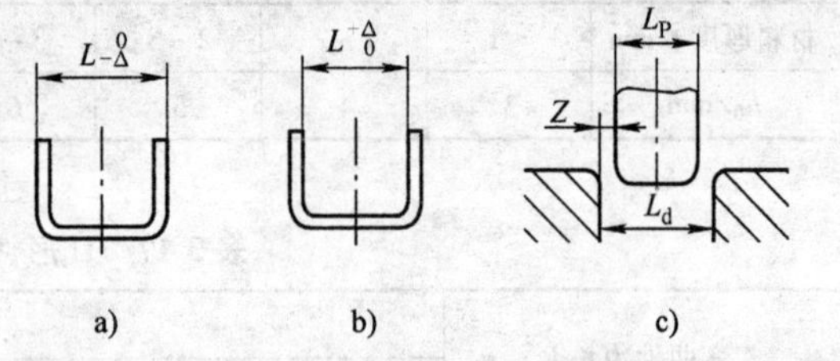

图 3-53　标注弯曲件内形和外形尺寸及模具尺寸
a）以凹模为基准　b）以凸模为基准
c）凸、凹模尺寸和公差的确定

当工件标注外形尺寸时，则

$$L_d = (L_{max} - 0.75\Delta)^{+\delta_d}_{\ 0}$$

$$L_p = (L_d - 2Z)^{\ 0}_{-\delta_p}$$

当工件标注内形尺寸时，则

$$L_p = (L_{min} + 0.75\Delta)^{\ 0}_{-\delta_p}$$

$$L_d = (L_p + 2Z)^{+\delta_d}_{\ 0}$$

式中　L_p、L_d——凸、凹模横向尺寸；

L_{max}——弯曲件横向的上极限尺寸；

L_{min}——弯曲件横向的下极限尺寸；

Δ——弯曲件横向的尺寸公差；

δ_p、δ_d——凸、凹模的制造公差，可采用 IT7 ~ IT9 级精度，一般可取凸模的精度比凹模的精度高一级。

五、凸模与凹模的制造

凸、凹模技术要求及加工特点：

1）凸、凹模材质应具有高硬度、高耐磨性、高淬透性，热处理变形小。形状简单的凸、凹模一般采用 T10A、CrWMn 等制作，形状复杂的凸、凹模一般采用 Cr12、Cr12MoV 等制作，热处理后的硬度为 58 ~ 62HRC。

2）凸、凹模精度主要由弯曲件精度决定，一般尺寸在IT6～IT9级，工作表面质量一般要求很高，尤其是凹模圆角处。

3）由于回弹等因素在设计时难以准确考虑，导致凸、凹模尺寸的计算值与实际要求值往往存在误差。因此，凸、凹模工作部分的形状和尺寸设计应合理，要留有试模后的修模余量，一般是先设计和加工弯曲模后再设计和加工冲裁模。

4）凸、凹模淬火有时在试模后进行，以便试模后的修模。

5）凸、凹模圆角半径和间隙的大小、分布要均匀。

6）凸、凹模一般是外形加工。

弯曲模的凸、凹模工作面一般是敞开面，其加工一般属于外形加工。对于圆形凸、凹模加工一般采用车削和磨削即可，比较简单。非圆形弯曲模的凸、凹模常用加工方法见表3-19。

表3-19　非圆形弯曲模的凸、凹模常用加工方法

实用加工方法	加工过程	适用场合
刨削加工	毛坯准备后粗加工，磨削安装面、基准面，划线，粗、精刨型面，精修后淬火，研磨抛光	大中型弯曲模
铣削加工	毛坯准备后粗加工，磨削基面，划线，粗、精铣型面，精修后淬火，研磨抛光	中小型弯曲模
成形磨削加工	毛坯加工后磨基面，划线，粗加工型面，安装孔加工后淬火，磨削型面，抛光	精度要求较高，不太复杂的凸、凹模
线切割加工	毛坯加工后淬火，磨安装面和基准面，线切割加工型面，抛光	小型凸、凹模（型面长小于100mm）

模块六　弯曲模的典型结构

弯曲模的结构主要取决于弯曲件的形状以及弯曲工序的安排。由于弯曲件的种类繁多，形状结构多变，因而弯曲模的结构类型也是多种多样的。简单的弯曲模工作时只有一个垂直运动，复杂的弯曲模则还有一个或多个水平运动。常见的弯曲模结构类型有单工序弯曲模、级进弯曲模、复合弯曲模和通用弯曲模。

一、单工序弯曲模

1. V形件弯曲模

图3-54所示为V形件弯曲模的基本结构。凸模3由销钉2固定在槽形模柄1上，凹模5通过螺钉和销钉固定在下模座上。弯曲时，平板坯料由定位板4定位，在凸模、凹模作用下一次弯曲成形。顶杆6和弹簧7组成的顶件装置，在工作行程中起压料作用，防止坯料偏移，回程时又可以将弯曲件从凹模中顶出。普通V形件弯曲模的特点是结构简单、通用性好，但弯曲时坯料容易偏移，从而影响弯曲件的精度。

图3-55所示为V形件精密弯曲模。两块活动凹模4通过心轴5连接，定位板3固定在活动凹模上。心轴可沿支架2的长槽上下移动，带动凹模摆动。弯曲前，顶杆7将心轴顶到最高位置，使两活动凹模成一平面。弯曲过程中，坯料始终与活动凹模和定位板接触，不会

产生相对滑动和偏移，因此弯曲件的精度和表面质量都较高。这种弯曲模适用于有精确孔位的小工件、形状复杂的窄长工件以及没有足够定位支承面的零件。

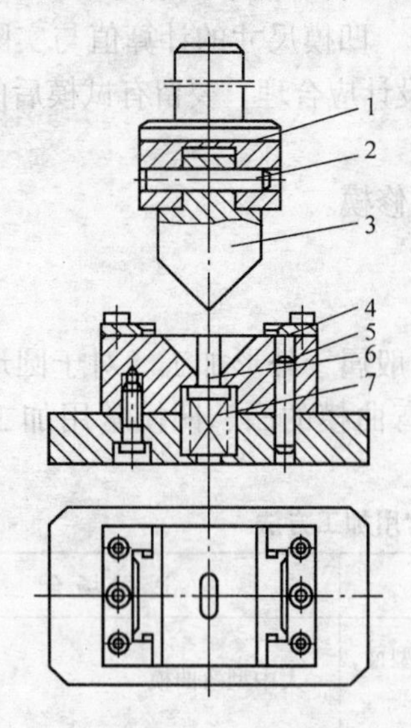

图 3-54　V 形件弯曲模

1—槽形模柄　2—销钉　3—凸模　4—定位板
5—凹模　6—顶杆　7—弹簧

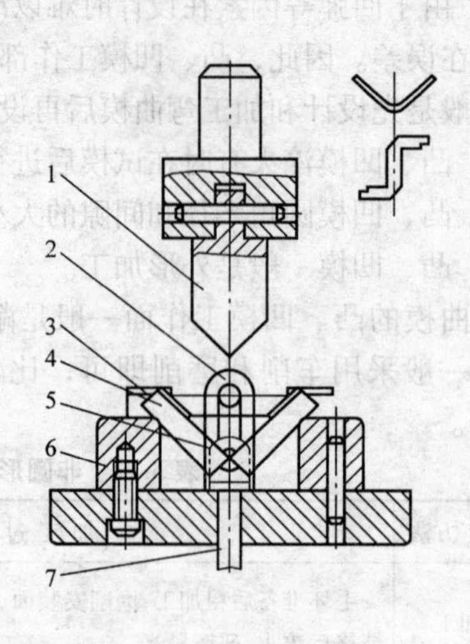

图 3-55　V 形件精密弯曲模

1—凸模　2—支架　3—定位板（或定位销）
4—活动凹模　5—心轴　6—支承板　7—顶杆

2. U 形件弯曲模

图 3-56 所示为上出件 U 形件弯曲模。坯料由定位板 4 和定位销 2 定位。凸模 1 下行时将坯料和顶板 3 同时压下，使坯料在凹模 5 中弯曲成形。凸模回程时，弯曲件通过顶杆推动的顶板顶出。由于凸模下压过程中顶板始终能压紧坯料，因而弯曲件底部平整。此外，定位销可以利用坯料上的孔（或工艺孔）定位坯料，即使两直边高度不同的弯曲件也不会发生偏移。

图 3-57 所示为弯曲角小于 90°的 U 形件弯曲模。凸模 1 下行时，首先将坯料在凹模 2 中弯成弯曲角为 90°的 U 形件。凸模继续下压，当坯料底部与两侧的凹模镶件接触后，凹模镶件转动使坯料压弯成弯曲角小于 90°的 U 形件。凸模上升时，弹簧使凹模镶件复位，U 形件则由垂直于图面方向从凸模上取出。

3. ㇁㇀形件弯曲模

如图 3-58 所示为一次成形㇁㇀形件弯曲模。由图中可以看出，在弯曲过程中，由于阶梯形凸模的肩部妨碍了坯料的转动，坯料通过凹模圆角的摩擦力大大增加，使弯曲件侧壁容易擦伤和变薄；同时，弯曲后回弹较大，弯曲件的两肩与底面不易保持平行。当坯料较厚、弯曲件直壁较高、圆角半径较小时，这一现象更为严重。

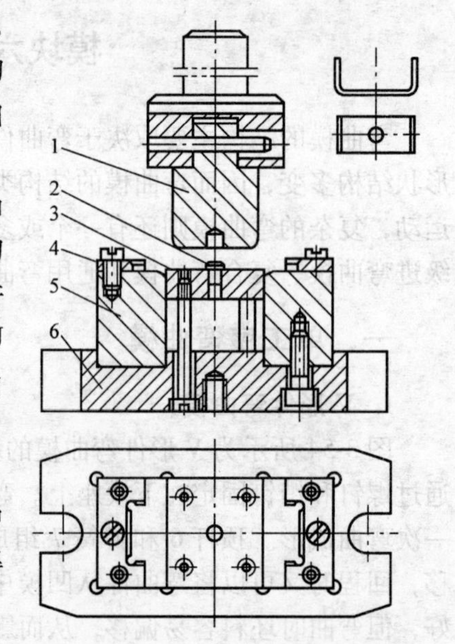

图 3-56　上出件 U 形件弯曲模

1—凸模　2—定位销　3—顶板
4—定位板　5—凹模　6—下模座

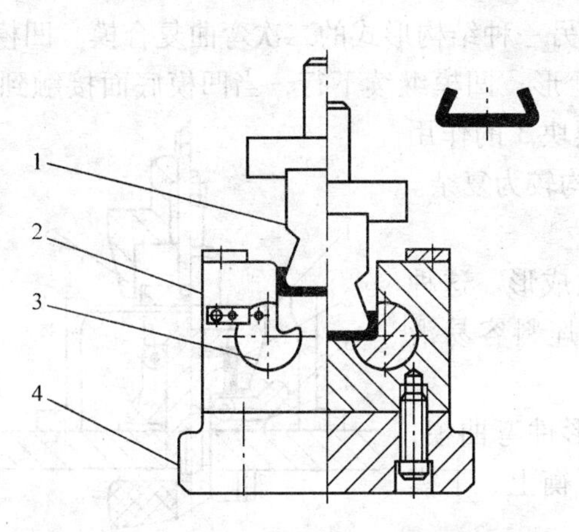

图 3-57　弯曲角小于 90°的 U 形件弯曲模

1—凸模　2—凹模　3—凹模镶件　4—下模座

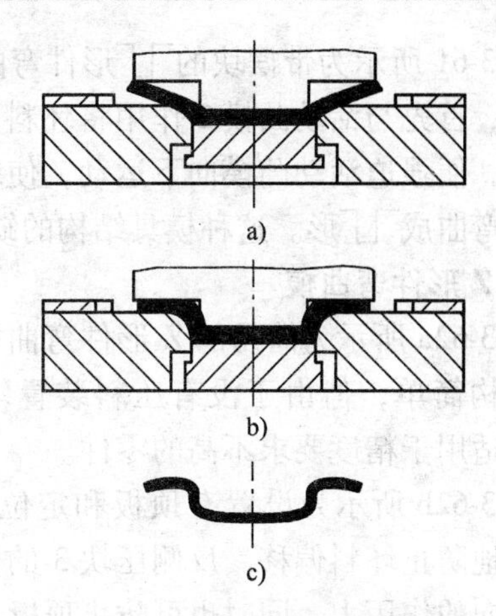

图 3-58　一次成形⎣⎦形件弯曲模

a）弯曲过程一　b）弯曲过程二

c）弯曲成形件（缺陷件）

图 3-59 所示为二次成形⎣⎦形件弯曲模。该工艺采用两道弯曲工序、两副弯曲模具，先弯外角、后弯内角，可以有效避免上述现象，提高了弯曲件质量。为了使凹模保持足够的强度，弯曲件高度 $H>(12\sim15)t$。

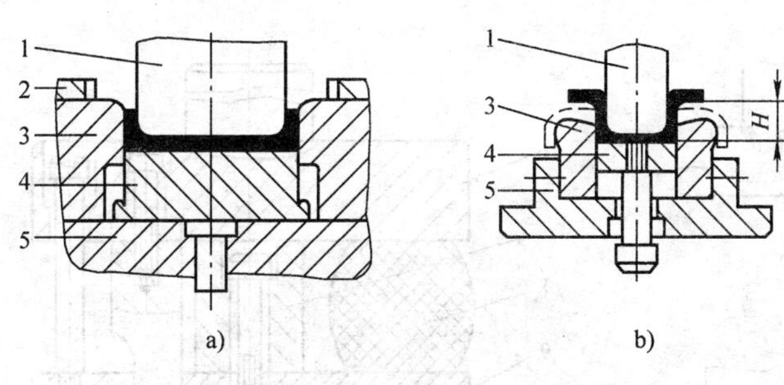

图 3-59　二次成形⎣⎦形件弯曲模

a）弯外角　b）弯内角

1—凸模　2—定位板　3—凹模　4—顶板　5—下模座

图 3-60 所示为二次弯曲复合的⎣⎦形件弯曲模。凸凹模 1 下行时，首先通过凹模 2 将坯料压弯成 U 形；凸凹模继续下行，再与活动凸模 3 作用，将 U 形坯料压弯成形。这种结构需要凹模下腔有较大的空间，以保证工件侧边的转动。

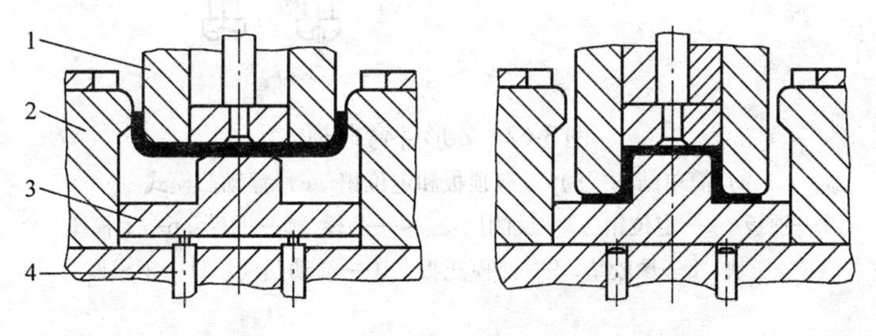

图 3-60　二次弯曲复合的⎣⎦形件弯曲模

1—凸凹模　2—凹模　3—活动凸模　4—顶杆

图 3-61 所示为带摆块的⎍形件弯曲模，是另一种结构形式的二次弯曲复合模。凹模 1 下行时，首先与活动凸模 2 作用将坯料压弯成 U 形；凹模继续下行，当凹模底面接触到推板 5 时，便强迫活动凸模向下运动，使坯料在摆块 3 的作用下最后弯曲成⎍形。这种模具结构的缺点是结构较为复杂。

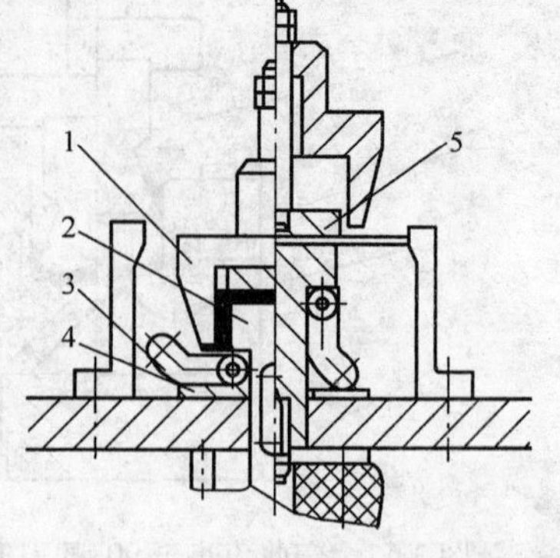

图 3-61　带摆块的⎍形件弯曲模
1—凹模　2—活动凸模　3—摆块
4—垫板　5—推板

4. Z 形件弯曲模

图 3-62a 所示为简易的 Z 形件弯曲模，一次成形。这种模具结构简单，但由于没有压料装置，压弯时坯料容易滑动，仅适用于精度要求不高的零件。

图 3-62b 所示为设置有顶板和定位销的 Z 形件弯曲模，能有效地防止坯料偏移。反侧压块 3 的作用是平衡上、下模水平方向的作用力，同时也可防止顶板 1 的窜动。

图 3-62c 所示为浮动凸模式 Z 形件弯曲模。工作前活动凸模 10 在橡胶弹性体 8 的作用下与凸模 4 端面平齐。工作时活动凸模与顶板 1 将坯料夹紧，通过凸模托板 9、橡胶弹性体 8 的传导，推动顶板下移使坯料左端弯曲。当顶板与下模座 11 接触后，橡胶垫受到压缩，凸模相对于活动凸模下移将坯料右端弯曲成形。当压块 7 与上模座 6 相碰时，整个弯曲件得到校正。

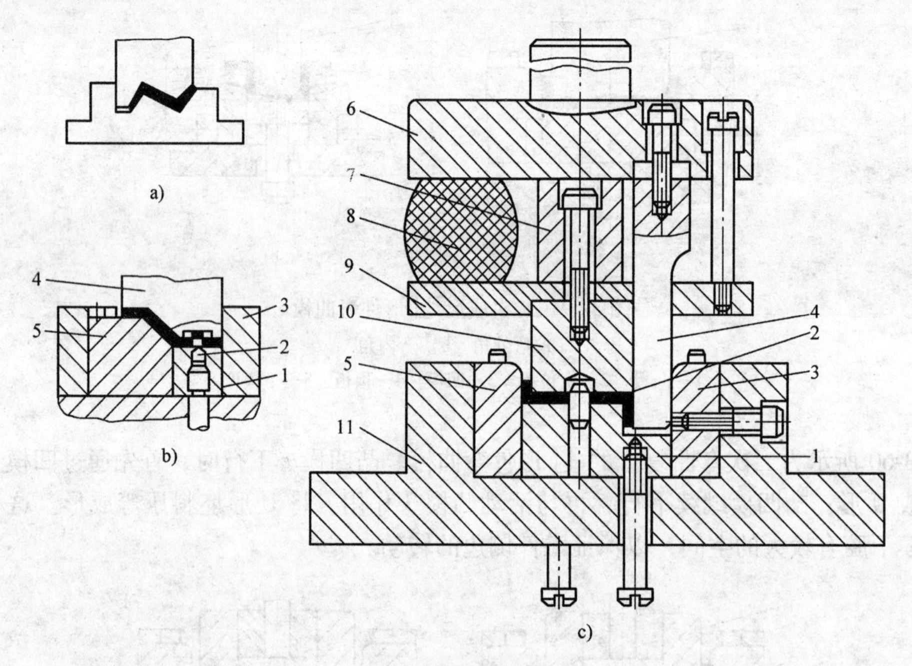

图 3-62　Z 形件弯曲模
a）简单结构　b）设有顶板和定位销　c）浮动凸模式
1—顶板　2—定位销　3—反侧压块　4—凸模　5—凹模　6—上模座
7—压块　8—橡胶垫　9—凸模托板　10—活动凸模　11—下模座

5. 圆形件弯曲模

圆形件按直径可分为小圆形件和大圆形件两种，其尺寸大小不同，弯曲方法也不相同。

（1）直径 $d \leqslant 5$mm 的小圆形件　图 3-63a 所示为二次小圆弯曲模，分两道工序，使用两副简单模具，先将坯料弯成 U 形，再将 U 形弯成圆形。由于工件较小，分两次弯曲操作不方便。

图 3-63b 所示为有侧楔的一次小圆弯曲模。工作时上模下行，芯棒 3 将坯料弯成 U 形；上模继续下行，侧楔 7 推动活动凹模 8 将 U 形弯成圆形。

图 3-63c 所示也是一次小圆弯曲模。工作时上模下行，压板 2 将滑块 6 往下压，滑块带动芯棒 3 将坯料弯成 U 形；上模继续下行，凸模 1 再将 U 形弯成圆形。当工件精度要求高时，可旋转工件连冲几次，以获得较好的圆度。工件由垂直图面方向从芯棒上取下。

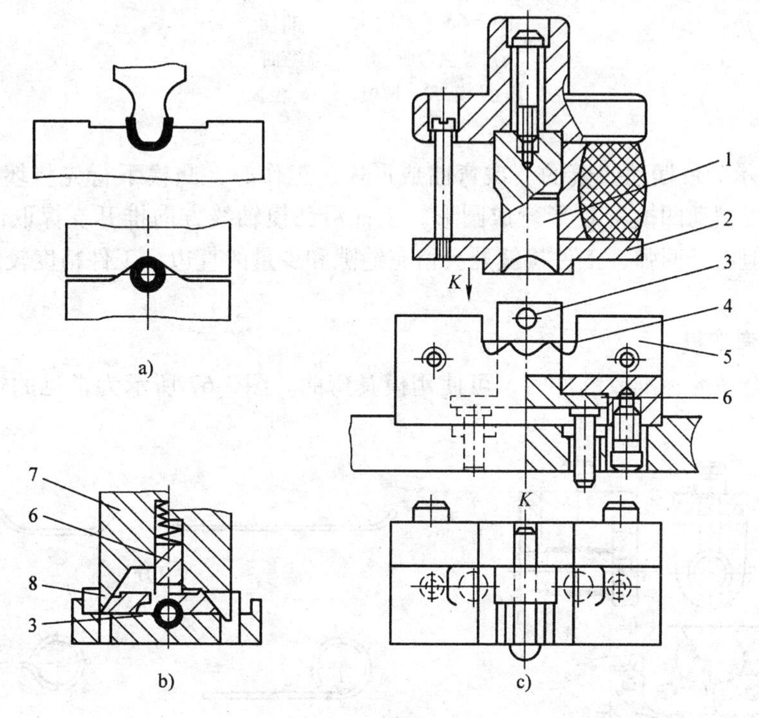

图 3-63　小圆弯曲模

a）二次小圆弯曲模　b）有侧楔的一次小圆弯曲　c）一次小圆弯曲模

1—凸模　2—压板　3—芯棒　4—坯料　5—凹模　6—滑块　7—侧楔　8—活动凹模

（2）直径 $d \geqslant 20$mm 的大圆形件　图 3-64 所示为三次大圆弯曲模，分三道工序将坯料弯曲成大圆。这种模具生产率较低，适用于材料较厚零件的弯圆。

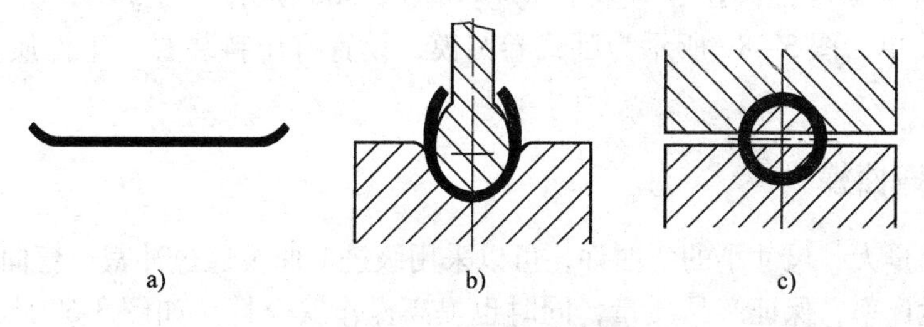

图 3-64　三次大圆弯曲模

a）首次弯曲　b）二次弯曲模　c）三次弯曲模

图 3-65 所示为二次大圆弯曲模，分两道工序，用两副模具，先将坯料预弯成三个 120°的波浪形，然后再将波浪形弯成圆形，工件沿凸模轴线方向取出。

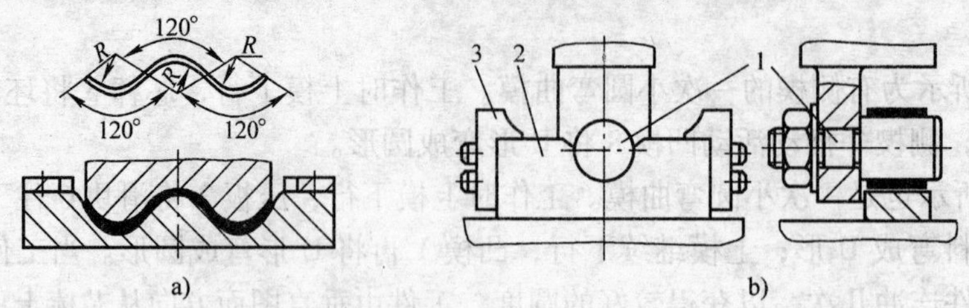

图 3-65　二次大圆弯曲模
a）首次弯曲　b）二次弯曲
1—凸模　2—凹模　3—定位板

图 3-66 所示为带摆动凹模的一次弯曲成形模。工作时，凸模下行先将坯料压成 U 形；凸模继续下行，摆动凹模将 U 形弯成圆形，工件沿凸模轴线方向推开支撑取出。这种模具生产率较高，但由于回弹，工件接缝处会留有缝隙和少量的直边，工件精度较低，模具结构也较为复杂。

6. 铰链件弯曲模

当选不到合适的标准铰链件时，可使用模具弯曲。图 3-67 所示为常见的铰链件弯曲工序安排。

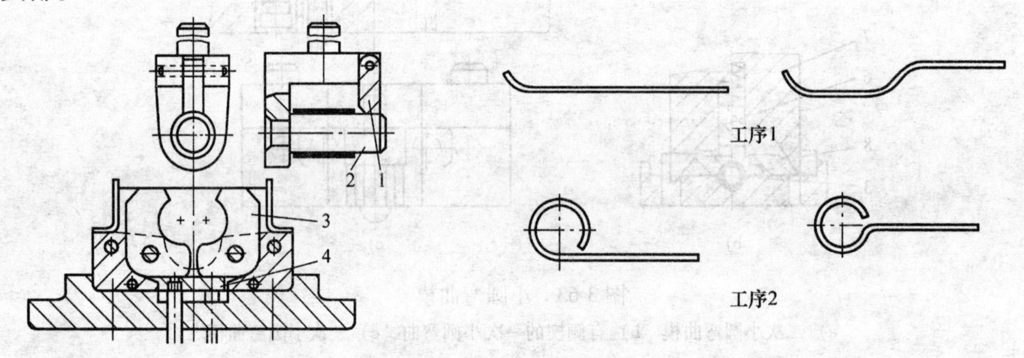

图 3-66　带摆动凹模的一次弯曲成形模
1—支撑　2—凸模　3—摆动凹模　4—顶板

图 3-67　铰链件弯曲工序安排

卷圆工艺通常采用推圆法，坯料预弯模如图 3-68a 所示。图 3-68b 所示为立式卷圆模，模具结构简单。图 3-68c 所示为卧式卷圆模，设置有压料装置，工件质量较好，操作方便。

二、级进弯曲模

对于生产批量大、尺寸小的弯曲件，可以采用级进弯曲模通过冲裁、弯曲、切断等工序成形，以提高生产率，保证产品质量，同时也提高操作安全性。如图 3-69 所示，共分四工位（步），第一工位冲两端孔及槽，第二工位冲中间孔，第三工位空，第四工位切断、弯曲成形。

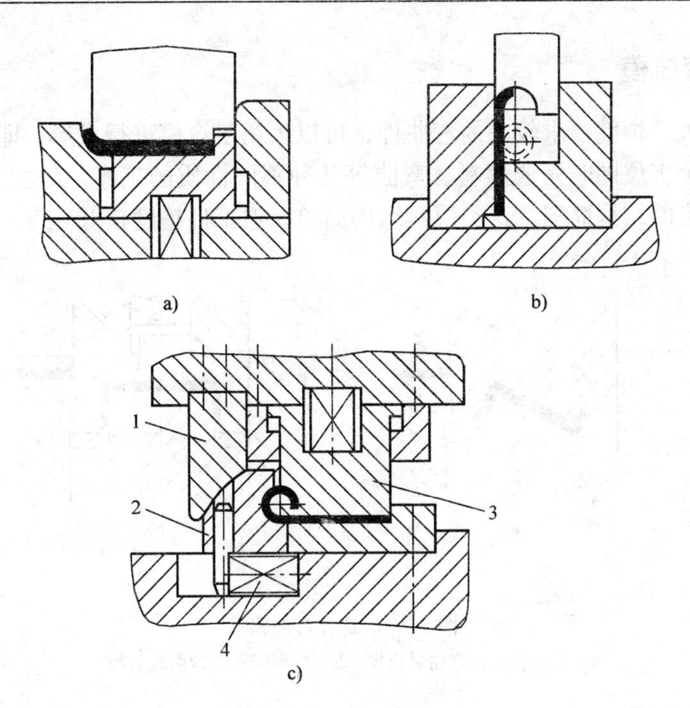

图 3-68　铰链件弯曲模

a）坯料预弯模　b）立式卷圆模　c）卧式卷圆模

1—斜楔　2—凹模　3—凸模　4—弹簧

图 3-70 所示为冲孔、切断和弯曲两工位级进模。条料以导料板导向，送至挡块 5 的右侧定位。上模下行时，在第一工位由冲孔凸模 4 与冲孔凹模 8 完成冲孔；在第二工位由凸凹模 1 与下剪刃 7 将条料切断，随即由凸凹模与弯曲凸模 6 将所切断的坯料压弯成形。上模回程时，卸料板 3 卸下条料，推杆 2 则在弹簧的作用下推出零件，获得底部带孔的 U 形弯曲件。弹性卸料板除了起卸料作用外，冲压时还可压紧条料，以防单边切断时条料上翘。

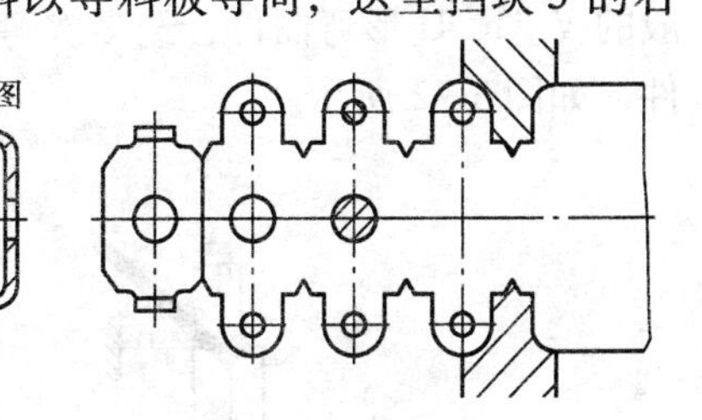

图 3-69　级进弯曲模排样

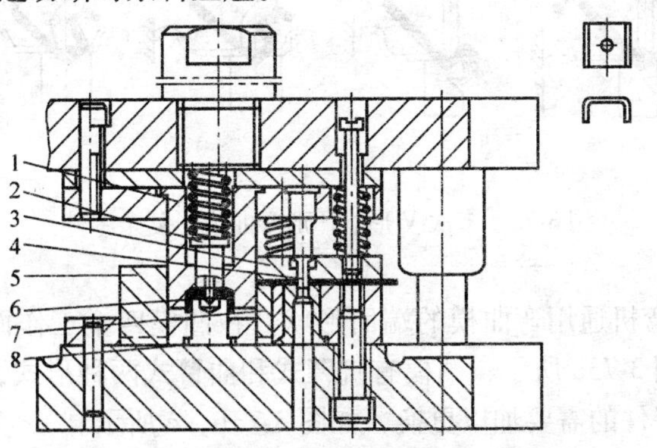

图 3-70　冲孔、切断和弯曲两工位级进模

1—凸凹模　2—推杆　3—卸料板　4—冲孔凸模

5—挡块　6—弯曲凸模　7—下剪刃　8—冲孔凹模

三、复合弯曲模

对于尺寸不大、精度要求较高的弯曲件，可以采用复合模进行成形，即在压力机的一次行程中，在同一个工位同时完成落料、弯曲等几种不同性质的工序。如图 3-71a、b 所示为切断、弯曲复合模的结构简图。这类模具结构简单，但工件精度较低。

图 3-71　复合弯曲模

a）Z 形切断、弯曲复合模　b）U 形切断、弯曲复合模

四、通用弯曲模

在小批量生产或试制弯曲件时，由于产量小、品种多，工件的形状尺寸经常改变，为了降低成本，提高生产率，往往采用通用弯曲模在折弯机上生产。通用弯曲模不仅可以制造一般的 V 形、U 形弯曲件，经多次弯曲，还可以成形一些精度要求不高而形状相对复杂的零件，如图 3-72 所示。

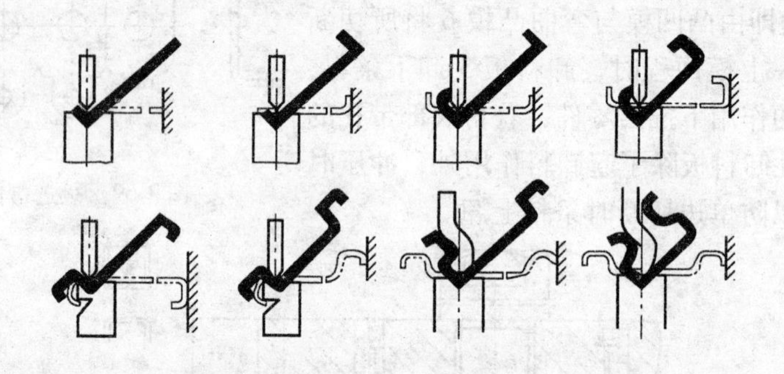

图 3-72　多次 V 形、U 形弯曲成形复杂零件

图 3-73 所示为折弯机通用弯曲模的端面形状。在凹模四个工作面上分别制出适应多种弯曲类型的槽口，如图 3-73a 所示；凸模有直臂式和曲臂式两种形式，其工作圆角半径也做成几种尺寸，以便按工件的需要加以更换，如图 3-73b、c 所示。

图 3-74 所示为通用 V 形弯曲模。凹模四个工作面上有多个不同角度的 V 形槽口和定位缺口，可以弯曲多种角度的 V 形件。凸模按工件的弯曲角度和圆角半径加以更换即可。

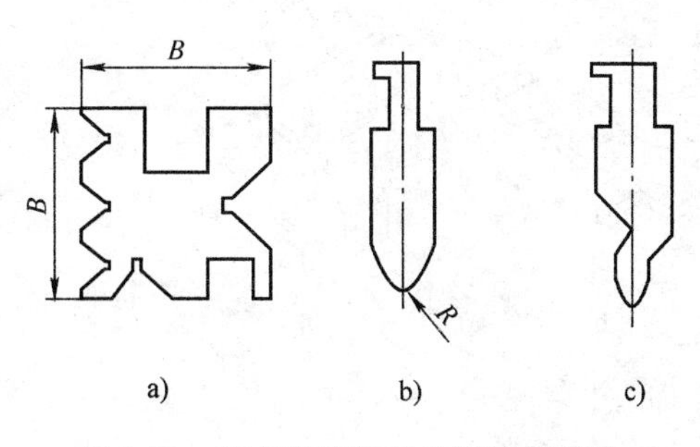

图 3-73　折弯机通用弯曲模端面形状
a）通用凹模　b）直臂式凸模　c）曲臂式凸模

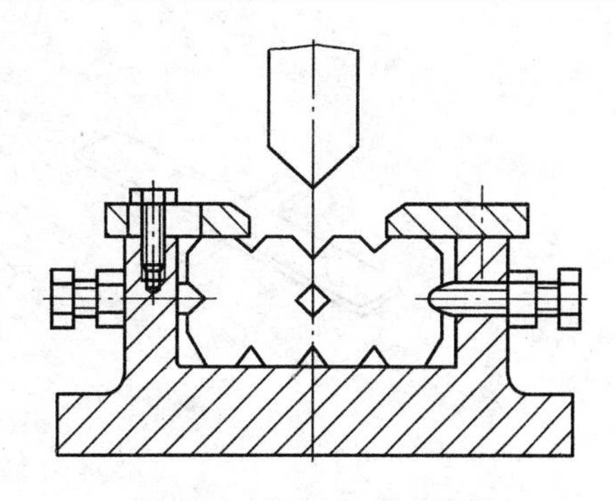

图 3-74　通用 V 形弯曲模

模块七　弯曲模设计实例

一、弯曲模设计步骤

1）选择弯曲模的结构形式。弯曲模的结构形式很多，按其弯曲方向可分为垂直方向的弯曲模、水平方向的弯曲模和螺旋方向的弯曲模三种。在设计时，应根据弯曲件的形状和尺寸精度以及质量要求来决定采用哪种弯曲模结构比较合适。必要时要通过结构草图进行分析论证，最后确定一种比较合理的结构形式。

2）坯料的准备。在准备坯料时，首先要考虑到弯曲坯料时应使弯曲工序的弯曲线与材料的纤维方向垂直或成一定角度，并且尽量使坯料的冲裁断裂带处于弯曲件的内侧。

3）工序的安排。在安排弯曲工序时，一般先弯外角，后弯内角，并且注意前次弯曲要为后次弯曲准备合适的定位基准，而后次弯曲时不应破坏前次弯曲的精度。所以在设计弯曲模时，首先要进行展开尺寸的计算，确定毛坯的形状和尺寸，以便落料工序的设计，为弯曲工序做准备。

4）设计弯曲凸模和凹模。凸模和凹模是弯曲模的主要工作零件，因此，对其形状、尺寸及间隙应该合理地给予确定。

5）确定定位方式。根据工件的形状特点，选择合理的定位方式，如果工件上有适当的孔时，尽可能采用内孔定位方式。

6）确定顶件及卸料方式。

7）画出装配图，并核对各零件图的正确性。

8）计算弯曲力，合理选择压力机。

二、弯曲模设计实例

弯曲零件名称为保持架，生产批量为中批量，弯曲件材料为 20 钢，板厚 0.5mm。零件简图如图 3-75 所示。

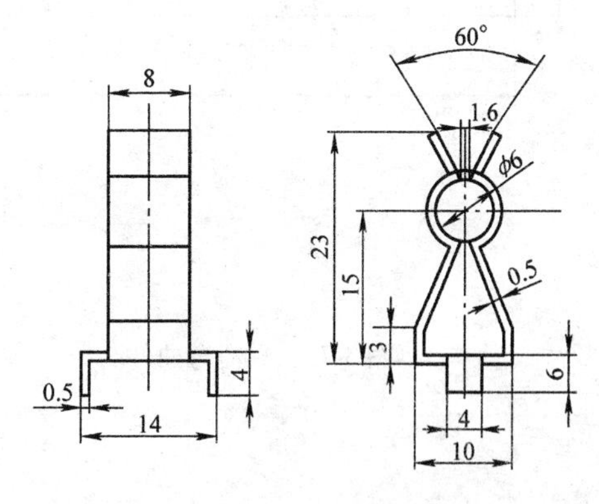

图 3-75　保持架零件简图

（1）弯曲零件工艺分析　保持架采用单工序冲压，需要三道工序，如图 3-76 所示。三道工序依次为落料、异向弯曲、最终弯曲。

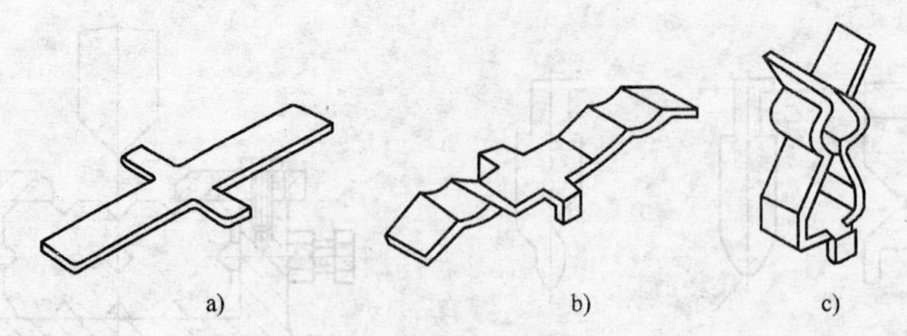

图3-76　弯曲工序图

a）落料　b）异向弯曲　c）最终弯曲

每道工序各用一套模具。现将第二道工序的异向弯曲模介绍如下：

异向弯曲工序的工件，如图3-77所示。工件左右对称，在 *b*、*c*、*d* 各有两处弯曲。*bc* 弧段的半径为 *R*3，其余各段是直线。中间部位为对称的向下弯曲。通过上述分析可知，其共有八条弯曲线。

（2）模具结构　坯料在弯曲过程中极易滑动，必须采取定位措施。本工件中部有两个突耳，在凹模的对应部位设置沟槽，冲压时突耳始终处于沟槽内，用这种方法实现坯料的定位。

模具的总体结构如图3-78所示。上模座采用带柄矩形模座1，凸模4用凸模固定板3固定；下模部分由凹模9、凹模固定板7，垫板6和下模座组成。模座下面装有弹顶器8，弹顶力通过两推杆13传递到顶件块12上。

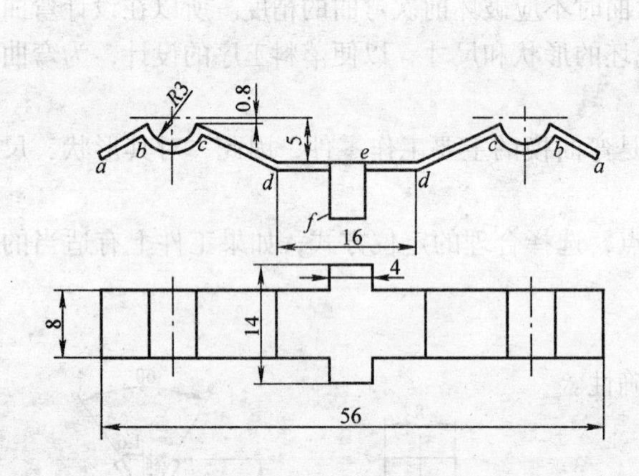

图3-77　异向弯曲件

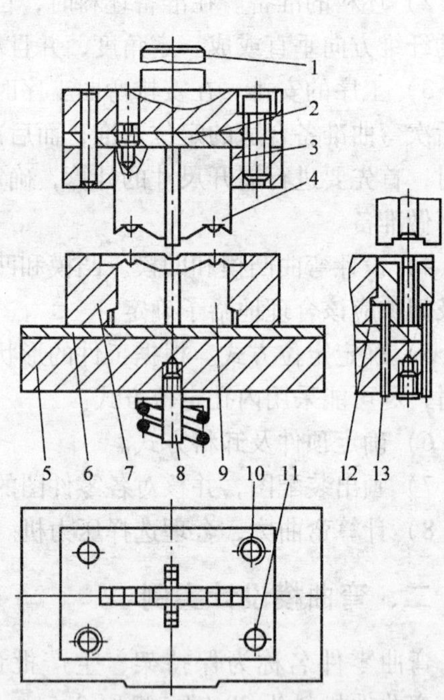

图3-78　保持架弯曲模装配图

1—带柄矩形上模座　2、6—垫板　3—凸模固定板　4—凸模　5—模座　7—凹模固定板　8—弹顶器　9—凹模　10—螺栓　11—销钉　12—顶件块　13—推杆

模具的工作过程是：将落料后的坯料放在凹模上，并使中部的两个突耳进入凹模固定板的槽中，当上模下行时，凸模中部和顶件块压住坯料的突耳，使坯料准确定位在槽内。上模继续下行，使各部弯曲逐渐成形。上模回程时，弹顶器通过顶件块将工件顶出。

（3）主要计算

1）弯曲力计算。八条弯曲线均按自由弯曲计算。图3-77中的 b、c、d 各处弯曲按下式计算，当弯曲内半径 r 取 $0.1t$ 时，则每处的弯曲力为

$$F_{自}=\frac{0.6KBt^2\sigma_b}{r+t}=\frac{0.6\times1.3\times8\times0.5^2\times450}{0.1\times0.5+0.5}\text{N}=1276.36\text{N}$$

式中　K——系数；

B——弯曲线长度。

工件共有六处弯曲，六处总的弯曲力为 $1276.36\text{N}\times6\text{N}=7658.16\text{N}$

图3-77中 e 处的弯曲与上述计算类同，只是弯曲件宽度为4mm，则 e 处单侧弯曲力为638.18N，而两侧的弯曲力应再乘以2，即1276.36N。总的弯曲力为

$$F_{总}=(7658.16+1276.36)\text{N}=8934.52\text{N}$$

2）校正弯曲力的计算

$$F_{校}=Ap_q$$

式中，p_q 查表3-12取值为30MPa，面积 A 按水平投影面积计算（图3-77俯视图）为

$$A=[56\times8+4\times(14-8)]\text{mm}^2=472\text{mm}^2$$

所以，$F_{校}=Ap_q=(472\times30)\text{N}=14160\text{N}$

自由弯曲力和校正弯曲力的和为

$$F=(8934.52+14160)\text{N}=23094.52\text{N}$$

3）弹顶力的计算。弹顶器的作用是将弯曲后的工件顶出凹模。由于所需的顶出力很小，在突耳的弯曲过程中，弹顶器的力不宜过大，应当小于单边的弯曲力，否则弹顶器将压弯工件，使工件在直边部位出现变形。

选用圆柱螺旋压缩弹簧，其中径 $D=14\text{mm}$，钢丝直径 $d=1.2\text{mm}$，最大工作负荷 $F_n=41.3\text{N}$，最大单圈变形量 $f_n=5.575\text{mm}$，节距 $t=744\text{mm}$。

如图3-77主视图所示，顶件块位于上死点时应和 b、c 点等高，上模压下时与 f 点等高，弹顶器的工作行程 $f_x=(4.2+6)\text{mm}=10.2\text{mm}$，弹簧有效圈数 $n=3$ 圈，最大变形量为

$$f_1=nf_n=3\times5.575\text{mm}=16.73\text{mm}$$

弹簧预先压缩量选为 $f_0=8\text{mm}$。弹簧刚度 F' 可按下式估算

$$F'=\frac{F_n}{nf_n}=\frac{41.3}{3\times5.575}\text{N/mm}=2.47\text{N/mm}$$

则弹簧的预紧力为

$$F_0=F'f_0=2.47\text{N/mm}\times8\text{mm}=19.76\text{N}$$

下死点时弹簧弹顶力为

$$F_1=F'f_x=2.47\text{N/mm}\times10.2\text{mm}=25.2\text{N}$$

此值远小于 e 处的弯曲力，故符合要求。

4）回弹量的计算。影响回弹值的因素很多，各因素又互相影响，理论计算出来的数值往往不准确，所以在实际中，根据经验来初定回弹角，然后再试模修正。本实例采用补偿法

来减小回弹。

(4) 主要零、部件设计

1) 凸模。凸模是由两部分组成的镶拼结构，如图 3-79 所示，这样的结构便于线切割机床加工。图中凸模 B 部位的尺寸按回弹补偿角度设计；A 部位在弯曲工件的两突耳时起凹模作用。凸模用凸模固定板和螺钉固定。凸模固定板与该部位的凸模间隙计算如下

$$Z/2 = (1.05 \sim 1.15)t = (1.05 \sim 1.15) \times 0.5\text{mm} = 0.525 \sim 0.575\text{mm}$$

取单边间隙 $Z/2 = 0.575\text{mm}$

2) 凹模。凹模采用镶拼结构，与凸模结构类同，如图 3-80 所示。凹模下部设计有凸台，用于凹模的固定。凹模工作部分的几何形状，可对照凸模的几何形状并考虑工件厚度进行设计。凸模和凹模均采用 Cr12 制造，热处理硬度为 62 ~ 64HRC。

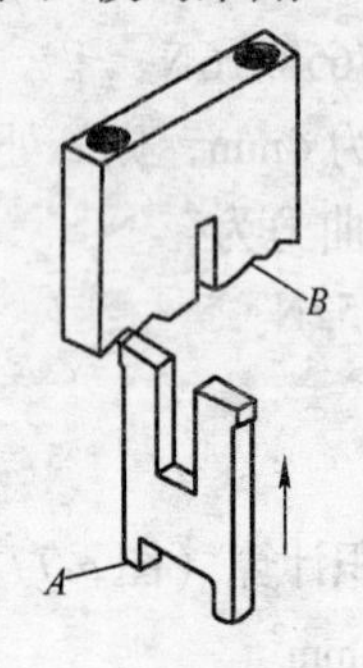

图 3-79 凸模镶拼结构

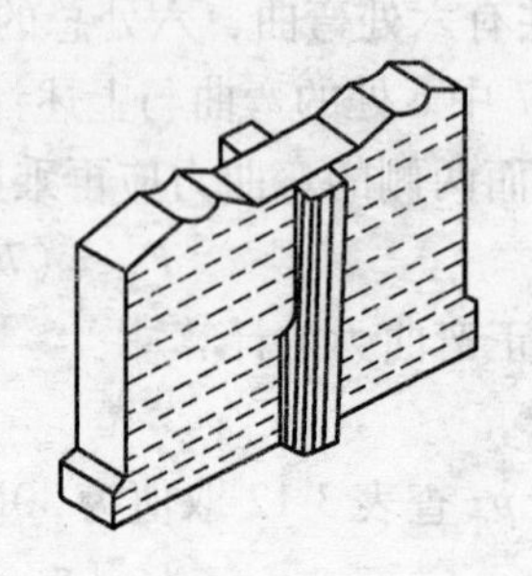

图 3-80 凹模镶拼结构

复习思考题

3-1 弯曲过程有几个阶段？各阶段有什么特点？

3-2 窄板弯曲和宽板弯曲有什么不同？

3-3 什么是弯曲的回弹现象？弯曲件产生回弹的原因是什么？影响回弹的因素有哪些？

3-4 导致弯曲偏移的主要原因是什么？如何解决弯曲时产生的偏移？

3-5 弯曲时为何要考虑最小相对弯曲半径？其影响因素有哪些？

3-6 怎样确定弯曲模的凸、凹模的间隙？

3-7 怎样用模具弯曲型材零件？

3-8 如何确定弯曲模的凸、凹模工作部分尺寸？

3-9 弯曲件应具有哪些工艺性？

3-10 试计算图 3-81 所示弯曲件的坯料长度。

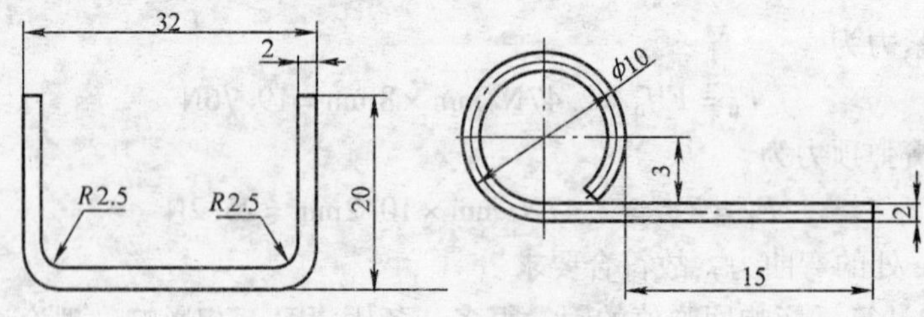

图 3-81 习题 3-10 附图

3-11　计算图3-82所示弹簧吊耳的毛坯尺寸、校正弯曲力、弯曲模工作部分尺寸，并绘制弯曲模具草图。

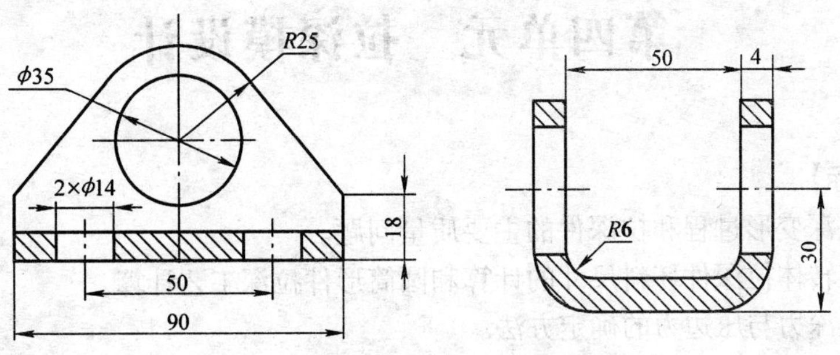

图3-82　习题3-11 附图

第四单元　拉深模设计

【学习目标】

1. 了解拉深变形过程和拉深件的主要质量问题。
2. 掌握旋转体拉深件坯料尺寸的计算和圆筒形件拉深工艺计算。
3. 掌握拉深力与压边力的确定方法。
4. 掌握其他形状零件的拉深技术。
5. 掌握拉深模的典型结构。
6. 能正确设计拉深模。

【学习任务】

1. 单元学习任务

本单元的学习任务是拉深模设计。要求通过本单元的学习，首先了解拉深变形过程分析、拉深件的主要质量问题、旋转体拉深件坯料尺寸的计算、圆筒形件拉深工艺计算、拉深力与压边力的确定、其他形状拉深件的拉深、最后达到能正确设计拉深模。

2. 学习任务流程图

单元的具体学习任务及学习过程流程图如图 4-1 所示。

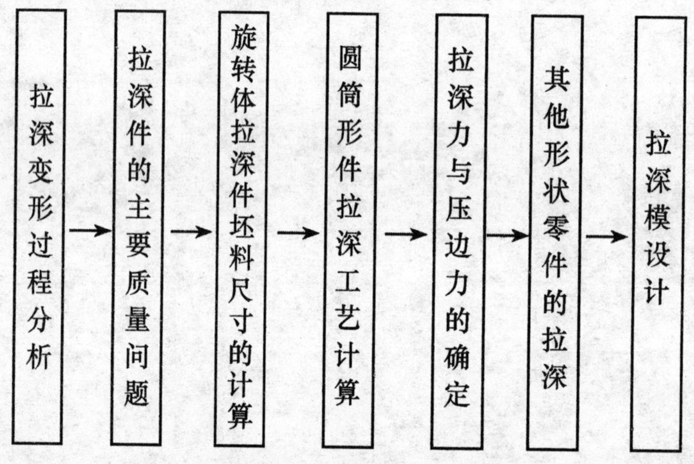

图 4-1　学习任务及学习过程流程图

【学习过程】

由学习任务及学习过程流程图可知，本单元的学习任务共有 7 个。下面就将这些任务逐一分解、实施，逐点学习，最终完成整个单元的学习任务。

拉深是利用拉深模将一定形状的平面坯料或空心件制成开口空心件的冲压工艺。拉深工艺可以在普通的单动压力机上进行，也可以在专用的双动、三动拉深压力机或液压机上进行。

用拉深方法可制成筒形、阶梯形、盒形、球形、锥形及其他复杂形状的薄壁零件，可加工从轮廓尺寸几毫米、厚度仅0.2mm的小零件到轮廓尺寸达2～3m、厚度200～300mm的大型零件，且生产率高、精度高、材料消耗少、零件强度与刚度也高。因此，拉深在汽车、拖拉机、电器、仪表、电子、航空、航天等工业部门及日常生活用品的生产中占据相当重要的地位。

拉深件的种类很多，按变形力学特点可以分为四种基本类型，如图4-2所示。同一类型的拉深件，尽管其形状和尺寸各有一定区别，但有共同的变形特点，生产中出现质量问题的形式和解决问题的方法也基本相同。而不同类型的拉深件，其变形特点和生产中出现的问题及解决问题的方法则有较大差别。

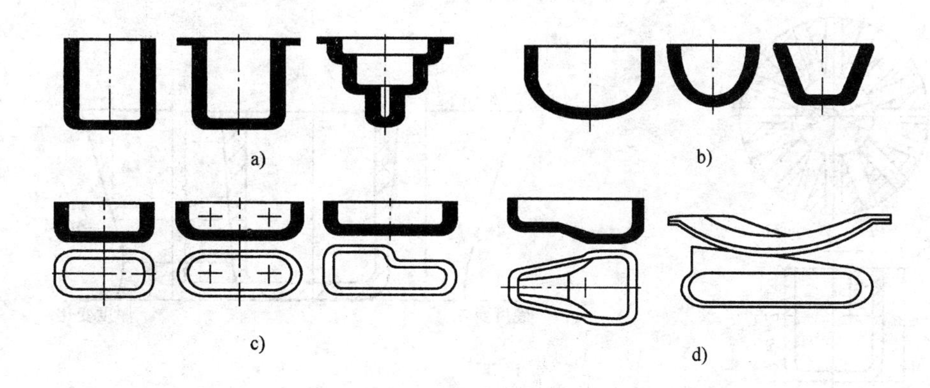

图4-2　按变形力学特点分类的拉深件示意图

a）直壁旋转体拉深件　b）曲面旋转体拉深件　c）盒形件　d）非旋转体曲面形状拉深件

模块一　拉深变形过程分析

一、拉深的变形过程及特点

图4-3所示为圆筒形件的拉深过程。直径为D、厚度为t的圆形毛坯经过拉深模拉深，得到具有内径为d、高度为h的开口圆筒形工件。

图4-4所示为拉深时材料的转移过程。它表明了圆形平板坯料拉深成筒形件时材料的转移情况。若将平板坯料的三角形阴影部分切除，把留下部分的狭条沿着直径为d的圆周折弯过来，再把它们加以焊接，就可以做成一个高度为$h=(D-d)/2$的圆筒形工件。但实际上，在拉深过程中并没有把这“多余的三角形材料”切掉。由此可见，这部分材料在拉深过程中产生了塑性流动而转移，使得拉深后工件的高度增加了Δh，所以$h>(D-d)/2$；另一方面工件壁厚及硬度也有所变化，如图4-5所示。

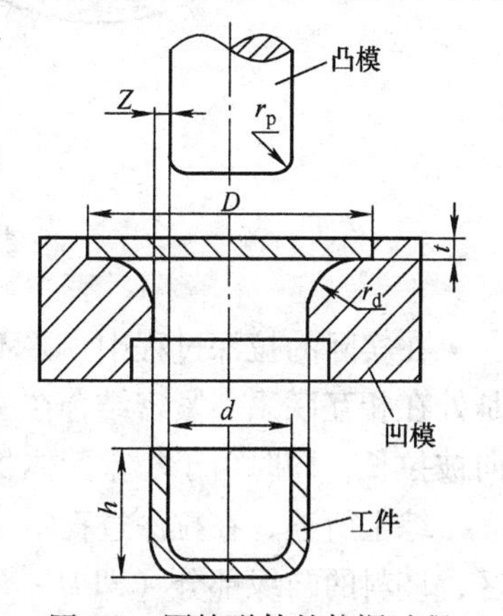

图4-3　圆筒形件的拉深过程

为了分析拉深时工件材料的变形情况，在圆形平板坯料上画许多间距都等于a的同心圆和分度相等的辐射线，由这些同心圆和辐射线组成如图4-6所示的网格。拉深后，筒形件底部的网格基本上保持原来的形状，而筒壁上的网格与坯料凸缘部分上的网格发生了较大的变化：原来直径不等的同心圆变为筒壁上直径相等的圆，其间距增大了，越靠近筒形件口部增大越多，即由原来的 a 变为 a_1，a_2，a_3，且 $a_1>a_2>a_3>a$；原来分度相等的辐射线变成筒壁上的垂直平行线，其间距缩小了，越接近筒形件口部缩小越多，即由原来的 $b_1>b_2>b_3>b$，变为 $b_1=b_2=b_3=b$。如果从网格中取一个小单元来看，其在拉深前是扇形，其面积为 A_1；拉深后变为矩形，其面积为 A_2。实践证明，拉探后板料厚度变化很小，因此，可以近似地认为拉深前后小单元的面积不变，即 $A_1=A_2$。这与一块扇形毛坯被拉着通过一个楔形槽（图 4-6b）的变化过程类似，在直径方向被拉长的同时，切向则被压缩。

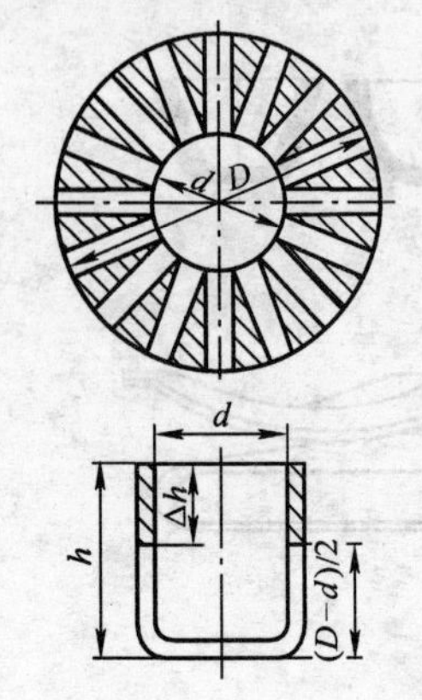

图 4-4　拉深时材料的转移过程

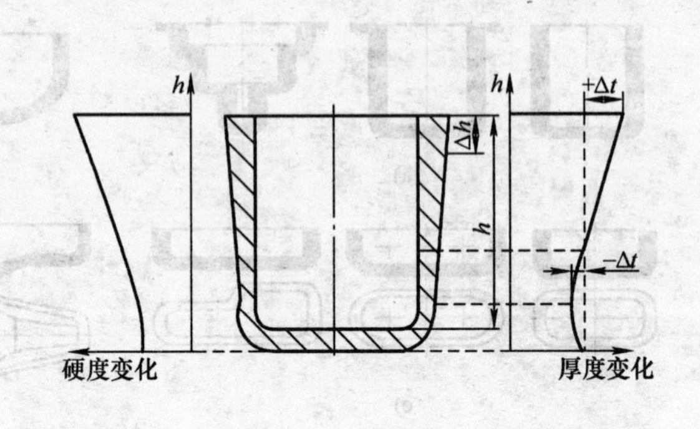

图 4-5　拉深件沿高度方向壁厚与硬度的变化

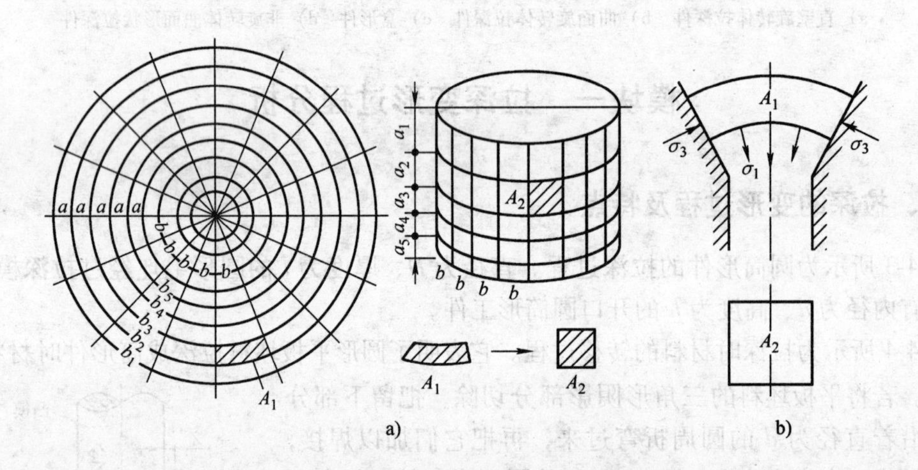

图 4-6　拉深件的网格试验

a）网格的变化　b）扇形小单元体的变形

在实际的拉深过程中，并不存在楔形槽，料坯上的扇形小单元体也不是单独存在的，而是处在相互联系、紧密结合在一起的坯料整体内。由于拉深力的直接作用，使小单元体在径向被拉长，同时由于小单元体材料之间的相互挤压使小单元体在切向被压缩。

综上所述，在拉深过程中，坯料的中心部分成为筒形件的底部，基本不变形，是不变形区，坯料的凸缘部分（即 $D-d$ 的环形部分）是主要变形区。拉深过程实质上就是将坯料的凸缘部分材料逐渐转移到筒壁的过程。在转移过程中，凸缘部分材料由于拉深力的作用，径

向产生拉应力 σ_1，切向产生压应力 σ_3。在 σ_1 和 σ_3 的共同作用下，凸缘部分金属材料产生塑性变形，其“多余的三角形”材料沿径向伸长，切向压缩，且不断被拉入凹模中变为筒壁，成为圆筒形开口空心件。

圆筒形件拉深的变形程度，通常以筒形件直径 d 与坯料直径 D 的比值来表示，即

$$m=\frac{d}{D}$$

式中，m 称为拉深系数，m 越小，拉深变形程度越大；相反，m 越大，拉深变形程度就越小。

二、拉深过程中材料的应力与应变状态

拉深过程是一个较复杂的塑性变形过程。为了更深刻地认识拉深过程，了解拉深过程所发生的各种现象，有必要分析拉深过程中材料各部分的应力、应变状态。

图 4-7a 所示为在压边圈作用下，毛坯在拉深过程中的某一时刻所处的状态。图 4-7b 所示是拉深时毛坯的受力情况。图 4-7c 所示即为各变形区的应力、应变状态。图中：

σ_1、ε_1 表示毛坯的径向应力与应变。

σ_2、ε_2 表示毛坯的厚度方向应力与应变。

σ_3、ε_3 表示毛坯的切向应力与应变。

根据应力、应变状态的不同，可将拉深毛坯划分为五个区域。

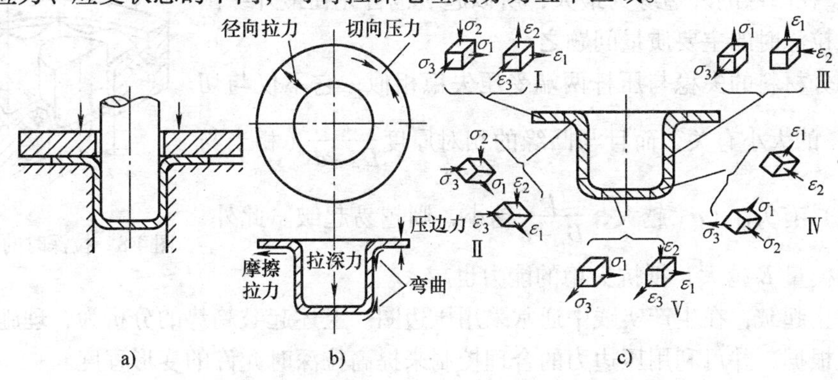

图 4-7　拉深过程中毛坯各部分的应力应变状态

a）压边圈作用下毛坯拉深的状态　b）毛坯受力情况　c）各变形区应力、应变情况

Ⅰ—凸缘部分。这是拉深时的主要变形区。拉深变形主要在这个区域内完成。这部分材料径向受拉应力 σ_1、切向受压应力 σ_3 的作用。在压边圈作用下，板厚方向产生压应力 σ_2，其应变状态为径向拉应变 ε_1、切向压应变 ε_3。由于凸缘部分的最大主应变是切向压缩应变，ε_3 的绝对值最大，因此板厚方向产生拉应变 ε_2，板料略有变厚。

Ⅱ—凹模圆角部分。这是由凸缘进入筒壁部分的过渡变形区。该区域材料变形比较复杂，除有与凸缘部分相同的特点，即径向受拉而产生拉应力 σ_1 与拉应变 ε_1，切向受压而产生压应力 σ_3 与压应变 ε_3 外，还由于承受凹模圆角的压力和弯曲作用而产生压应力 σ_2。在这个区域，拉应力 σ_1 的值最大，其相应的拉应变 ε_1 的绝对值也最大，因此板厚方向产生压应变 ε_2，板料厚度减薄。

Ⅲ—筒壁部分。这是已变形区。这部分材料已经形成筒形，基本不再发生变形，但是它

又是传力区。在继续拉深时，凸模作用的拉深力要经过筒壁传递到凸缘部分。由于此处是平面应变状态（$+\varepsilon_1$ 与 $-\varepsilon_2$），且板厚方向的 σ_2 为零，因此其切向应力 σ_3（中间应力）为轴向拉应力 σ_1 的一半，即 $\sigma_3=\sigma_1/2$。

Ⅳ—凸模圆角部分。这是筒壁与圆筒底部的过渡变形区。它承受径向和切向拉应力 σ_1 和 σ_3 的作用，同时在厚度方向由于凸模的压力和弯曲作用而受到压应力 σ_2 的作用。其应变状态与筒壁部分相同，但是其压应变 ε_2 引起的变薄现象比筒壁部分严重得多。

Ⅴ—筒底部分。这部分材料受双向平面拉伸作用，产生拉应力 σ_1 与 σ_3。其应变为平面方向的拉应变 ε_1 与 ε_3 以及板厚方向的压应变 ε_2。由于凸模圆角处摩擦的制约，筒底材料的应力与应变均不大，板料的变薄甚微，可忽略不计。

模块二　拉深件的主要质量问题

一、起皱

前面已经分析，凸缘部分是拉深过程中的主要变形区，而凸缘变形区的主要变形是切向压缩。当切向压应力 σ_3 较大而板料又较薄时，凸缘部分材料便会失去稳定而在凸缘的整个周围产生波浪形的连续弯曲（图 4-8），这就是拉深时的起皱现象。由于 σ_3 在凸缘的外边缘为最大，所以起皱也首先在最外缘出现。起皱是拉深时的主要质量问题之一。

凸缘部分材料的失稳与压杆两端受压失稳相似，它不仅与切向压应力 σ_3 的大小有关，而且与凸缘的相对厚度 $\frac{t}{D_t-d}$（相当与压杆的粗细）有关。（σ_3 越大，$\frac{t}{D_t-d}$ 越小，则越易起皱。此外，材料的弹性模量 E 越大，抵抗失稳的能力也越大。

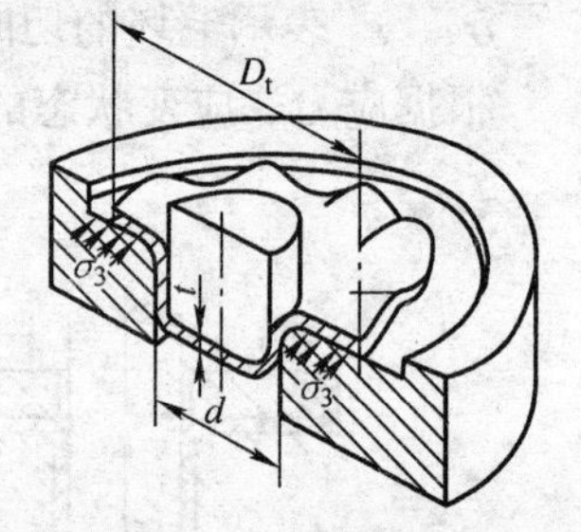

图 4-8　拉深时的起皱现象

为了防止起皱，在生产实践中通常采用压边圈。上述起皱趋势的分析为合理施加压边力提供了理论根据，并可利用压边力的合理控制来提高拉深时允许的变形程度。

二、拉裂

如图 4-9 中给出了圆筒形拉深件板厚变化的示意图和板厚变化的曲线，横坐标 t 表示实际板厚，纵坐标 h 表示拉深件高度，Δt 为板厚最大增加量，$-\Delta t$为板厚最大减小量。如图 4-10 所示为某拉深件的厚度变化的具体数值，其最大的增厚量可达板厚的 20% ~30%，其最大的变薄量可达板厚的 10% ~18%。在筒壁部分与凸模圆角相接处的地方，变薄最为严重。成为筒壁部分最薄弱的地方，是拉深时最容易破裂的危险断面。

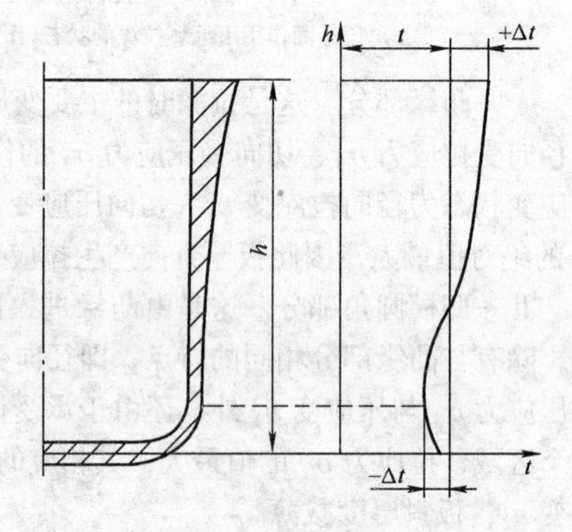

图 4-9　拉深件板厚的变化

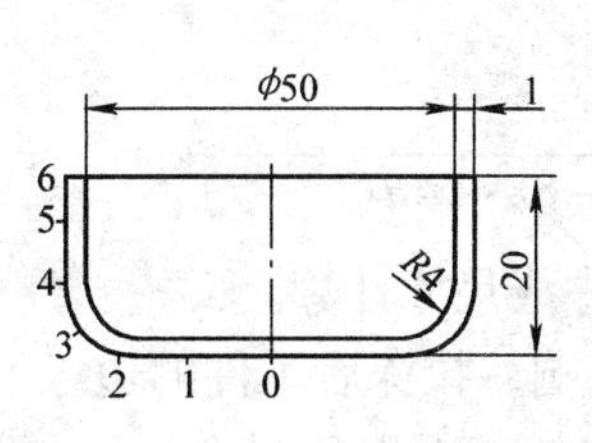

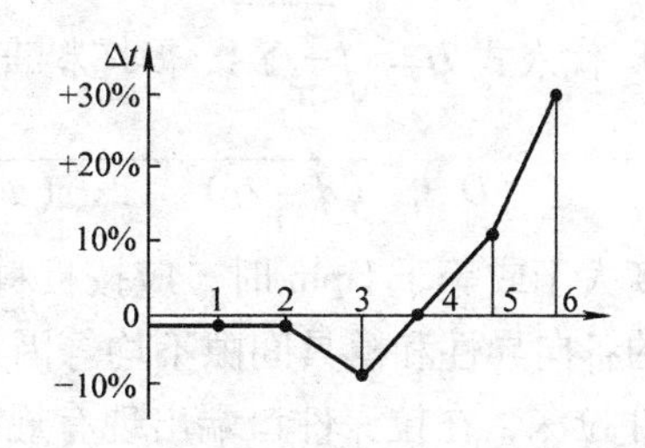

图 4-10　拉深件的厚度变化的具体数值

起皱与拉裂是拉深过程中的两大障碍，是拉深时的主要质量问题。在一般情况下，起皱并不是筒形件拉深工艺的主要问题，因为它总是可以通过使用压边圈等方法加以解决。因而拉裂就成为拉深时的主要破坏形式。拉深时，极限变形程度的确定就是以不拉裂为前提的。

模块三　旋转体拉深件坯料尺寸的计算

拉深件坯料尺寸一般是以拉深件尺寸为基础，按体积不变原则和相似原则进行计算。体积不变原则，即对于不变薄拉深，利用拉深前坯料面积与拉深件面积相等的关系求得；相似原则，即利用拉深前坯料的形状与拉深件断面形状相似求得。当拉深件的断面是圆形、正方形、长方形或椭圆形时，其坯料形状应与拉深件的断面形状相似，但坯料的周边必须是光滑的曲线连接。对于形状复杂的拉深件，利用相似原则仅能初步确定坯料形状，必须通过多次试压，反复修改，才能最终确定出坯料形状。因此，拉深件的模具设计一般是先设计拉深模，坯料形状尺寸确定后再设计冲裁模。

一、计算方法

在不变薄拉深中，虽然在拉深过程中坯料的厚度发生一些变化，但在工艺设计时，可以不计坯料的厚度变化，概略地按拉深前后坯料的面积相等的原则进行坯料尺寸的计算。旋转体拉深件采用圆形坯料，其直径可按面积相等的原则计算。计算坯料尺寸时，先将拉深件划分为若干便于计算的简单几何体，分别求出其面积后相加，得出拉深件总面积 ΣA，则坯料直径为

$$D=\sqrt{\frac{4}{\pi}\Sigma A}$$

例如，图 4-11 所示的薄壁圆筒件，可划分为三部分，每部分面积分别为

$$A_1=\pi d(h_1-r)$$

$$A_2=\frac{\pi}{4}[2\pi r(d-2r)+8r^2]$$

$$A_3=\frac{\pi}{4}(d-2r)^2$$

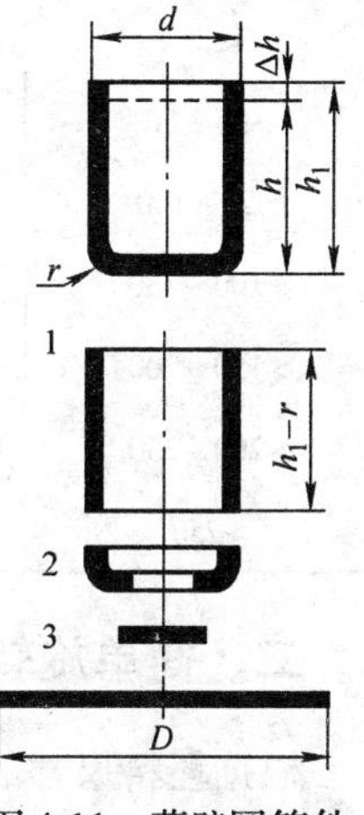

图 4-11　薄壁圆筒件

$\Sigma A = A_1 + A_2 + A_3$ 代入式 $D = \sqrt{\frac{4}{\pi}\Sigma A}$，得坯料直径为

$$D = \sqrt{(d-2r)^2 + 2\pi r(d-2r) + 8r^2 + 4d(h_1 - r)}$$

当板料厚度大于或等于 1mm 时，应按板料厚度中线尺寸计算。

由于坯料的各向异性和模具间隙不均等因素的影响，拉深后工件的边缘不整齐，甚至出现突耳（筒形件拉深，在拉深件口端出现有规律的高低不平现象叫突耳），需在拉深后进行修边。因此，计算坯料直径时需要增加修边余量。表 4-1 和表 4-2 示出圆筒件和有凸缘圆筒形件拉深的修边余量。当拉深次数多或板平面方向性较大时，取表中较大值。当工件的 h/d 值很小时，也可不进行修边。

表 4-1　圆筒件拉深的修边余量 Δh　　（单位：mm）

高度 h	相对高度 h/d			
	>0.5~0.8	>0.8~1.6	>1.6~2.5	>2.5~4
≤10	1.0	1.2	1.5	2
>10~20	1.2	1.6	2	2.5
>20~50	2	2.5	3.3	4
>50~100	3	3.8	5	6
>100~500	4	5	6.5	8
>150~200	5	6.3	8	10
>200~250	6	7.5	9	11
>250	7	8.5	10	12

表 4-2　有凸缘圆筒形件拉深的修边余量 ΔR　　（单位：mm）

凸缘直径 d_F	凸缘的相对直径 d_F/d			
	1.5 以下	>1.5~2	>2~2.5	>2.5
≤25	1.8	1.6	1.4	1.2
>25~50	2.5	2.0	1.8	1.6
>20~100	3.5	3.0	2.5	2.2
>100~150	4.3	3.6	3.0	2.5
>150~200	5.0	4.2	3.5	2.7
>200~250	5.5	4.6	3.8	2.8
>250	6	5	4	3

二、简单旋转体拉深件坯料尺寸的计算

根据坯料尺寸的计算方法，对于常见旋转体拉深件，可选用表 4-3 所列公式直接求得其坯料尺寸 D。

表 4-3　常见旋转体拉深件坯料直径的计算公式

序号	零件形状	坯料直径 D
1	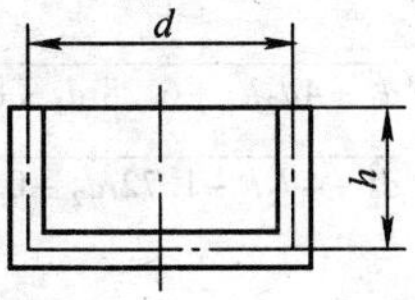 d, h	$\sqrt{d^2+4dh}$
2	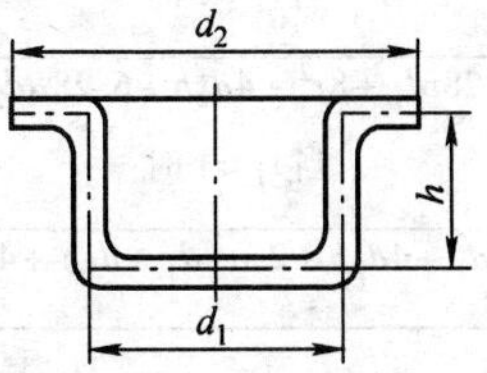 d_2, h, d_1	$\sqrt{d_2^2+4d_1h}$
3	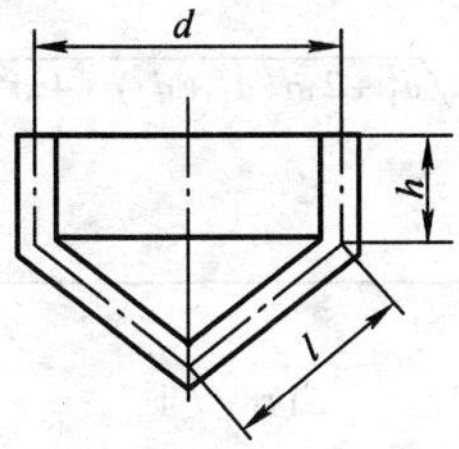 d, h, l	$\sqrt{2d(l+2h)}$
4	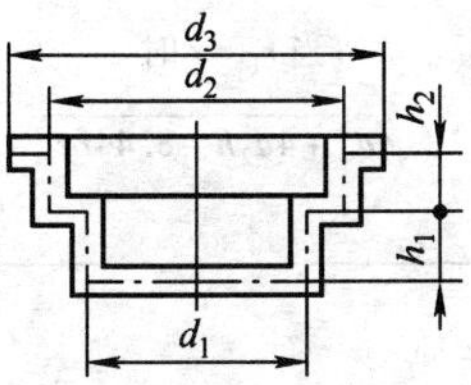 d_3, d_2, h_2, h_1, d_1	$\sqrt{d_3^2+4(d_1h_1+d_2h_2)}$
5	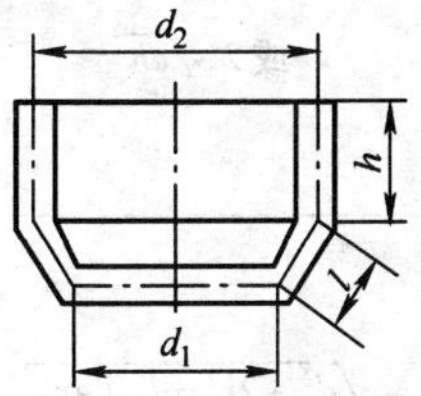 d_2, h, l, d_1	$\sqrt{d_1^2+2l(d_1+d_2)+4d_2h}$
6	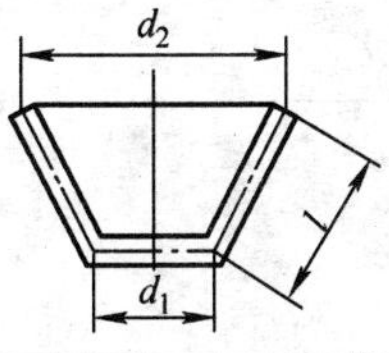 d_2, l, d_1	$\sqrt{d_1^2+2l(d_1+d_2)}$
7	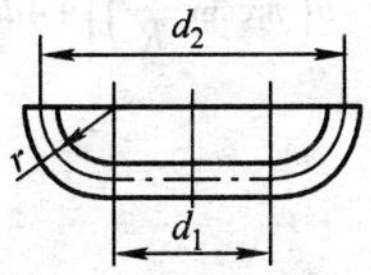 d_2, r, d_1	$\sqrt{d_1^2+2r(\pi d_1+4r)}$

（续）

序号	零件形状	坯料直径 D
8	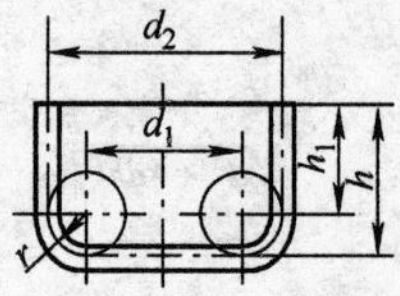	$\sqrt{d_1^2+4d_2h_1+6.28rd_1+8r^2}$ 或 $\sqrt{d_2^2+4d_2h-1.72rd_2-0.56r^2}$
9	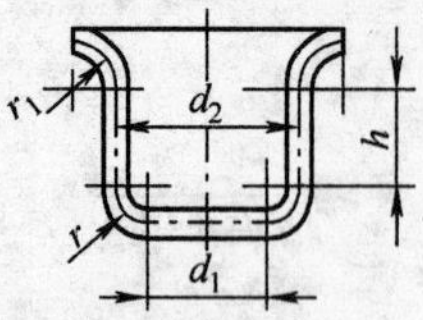	当 $r_1 \neq r$ 时 $\sqrt{d_1^2+6.28rd_1+8r^2+4d_2h+6.28Rd_2+4.56R^2}$ 当 $r_1=r$ 时 $\sqrt{d_1^2+4d_2h+2\pi r(d_1+d_2)+4\pi r^2}$
10	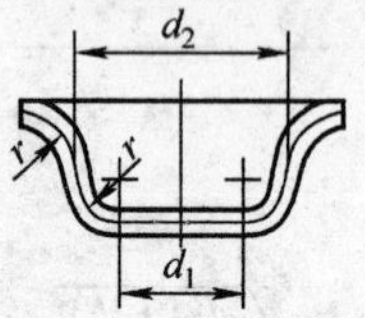	$\sqrt{d_1^2+2\pi r(d_1+d_2)+4\pi r^2}$
11	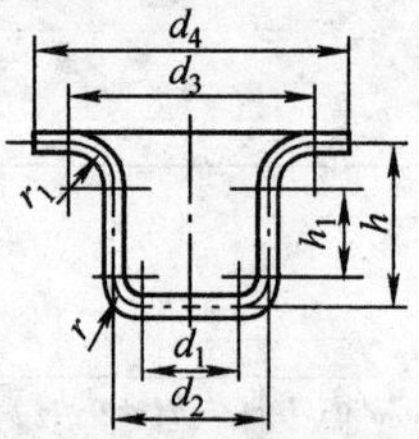	当 $r_1 \neq r$ 时 $\sqrt{d_1^2+6.28rd_1+8r^2+4d_2h_1+6.28Rd_2+4.56R^2+d_4^2-d_3^2}$ 当 $r_1=r$ 时 $\sqrt{d_4^2+4d_2h-3.44rd_2}$
12	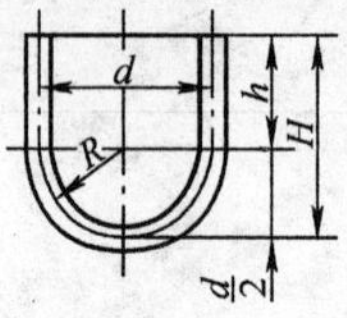	$1.414\sqrt{d^2+2dh}$ 或 $2\sqrt{dh}$
13	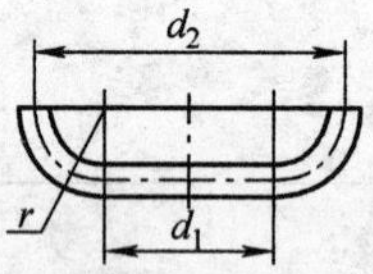	$\sqrt{d_1^2+2r(\pi d_1+4r)}$
14	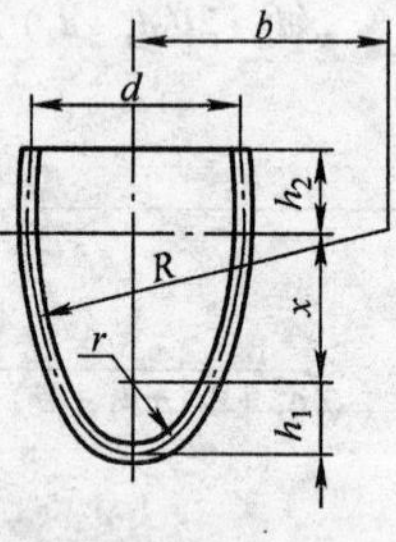	$\sqrt{8R\left[x-b\left(\arcsin\frac{x}{R}\right)\right]+4dh_2+8rh_1}$

三、复杂旋转体拉深件坯料尺寸的计算

复杂旋转体拉深件是指生成其轮廓的母线较复杂的旋转体工件，其母线可能由一段曲线组成，也可能由若干直线段与圆弧段相接组成。复杂旋转体拉深件的表面积可根据久里金法则求出，即任何形状的母线绕轴旋转一周所得到的旋转体表面积，等于该母线的长度与其形心绕该轴线旋转所得周长的乘积。如图 4-12 所示旋转体表面积计算图，旋转体表面积为

$$A = 2\pi R_x L$$

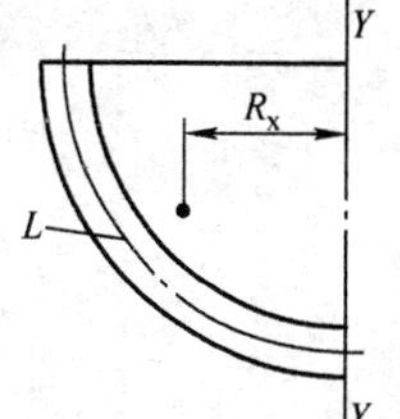

图 4-12　旋转体表面积计算图

根据拉深前后表面积相等的原则，坯料直径可按下式求出，即

$$\frac{\pi D^2}{4} = 2\pi R_x L$$

$$D = \sqrt{8R_x L}$$

式中　A——旋转体表面积（mm^2）；

R_x——旋转体母线形心到旋转轴线的距离（称旋转半径）（mm）；

L——旋转体母线长度（mm）；

D——坯料直径（mm）。

由式 $D = \sqrt{8R_x L}$ 可知，只要知道旋转体母线长度及其形心的旋转半径，就可以求出坯料的直径。当母线较复杂时，可先将其分成简单的直线和圆弧，分别求出各直线和圆弧的长度 L_1，L_2，…，L_n 和其形心到旋转轴的距离 R_{x1}，R_{x2}，…，R_{xn}（直线的形心在其中点，圆弧长度及形心位置到旋转轴的距离可按表 4-4 的公式计算），再根据下式进行计算，即

$$D = \sqrt{8\sum_{i=1}^{n} R_{xi} L_i}$$

表 4-4　圆弧长度和形心位置到旋转轴的距离计算公式

中心角 $\alpha < 90°$ 时的弧长	中心角 $\alpha = 90°$ 时的弧长
$l = \pi R \frac{\alpha}{180}$	$l = \frac{\pi}{2} R$
R　α　l	R　l
中心角 $\alpha < 90°$ 时弧的形心到 YY 轴的距离	中心角 $\alpha = 90°$ 时弧的形心到 YY 轴距离
$R_x = R\frac{180\sin\alpha}{\pi\alpha}$　$R_x = R\frac{180(1-\cos\alpha)}{\pi\alpha}$	$R_x = \frac{2}{\pi} R$
R_x　Y　α　R　Y　　R_x　Y　R　α　Y	R_x　Y　R　Y

【例 4-1】 如图 4-13 所示的拉深件，板料厚度为 1mm，用解析法计算坯料直径。

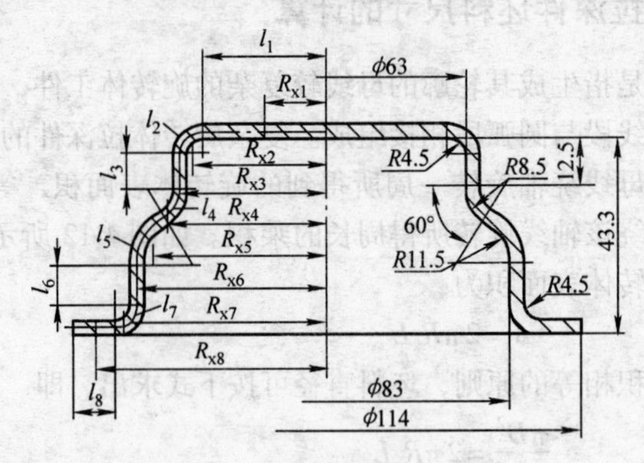

图 4-13　用解析法计算坯料直径

【解】 经计算，各直线段和圆弧长度为

$l_1 = 27\text{mm}$，$l_2 = 7.85\text{mm}$，$l_3 = 8\text{mm}$，$l_4 = 8.376\text{mm}$，$l_5 = 12.564\text{mm}$，$l_6 = 8\text{mm}$，$l_7 = 7.85\text{mm}$，$l_8 = 10\text{mm}$。

各直线和圆弧形心的旋转半径为

$R_{x1} = 13.5\text{mm}$，$R_{x2} = 30.18\text{mm}$，$R_{x3} = 32\text{mm}$，$R_{x4} = 33.384\text{mm}$，$R_{x5} = 39.924\text{mm}$，$R_{x6} = 42\text{mm}$，$R_{x7} = 43.82\text{mm}$，$R_{x8} = 52\text{mm}$。

故坯料直径为

$$D = \sqrt{8 \times (27 \times 13.5 + 7.85 \times 30.18 + 8 \times 32 + 8.38 \times 33.38 + 12.56 \times 39.92 + 8 \times 42 + 7.85 \times 43.82 + 10 \times 52}\text{mm} = 150.6\text{mm}$$

模块四　圆筒形件拉深工艺计算

在拉深工艺设计时，必须知道拉深件是否能一次拉出，还是需要几道工序才能拉成。正确解决这个问题直接关系到拉深工作的经济性和拉深件的质量。拉深次数决定于每次拉深时允许的极限变形程度。拉深系数 m 就是衡量拉深变形程度的一个重要的工艺参数。

一、拉深系数

1. 拉深系数 *m* 的概念

拉深系数 m，即每次拉深后筒形件直径与拉深前毛坯（或半成品）直径的比值（图 4-14）。

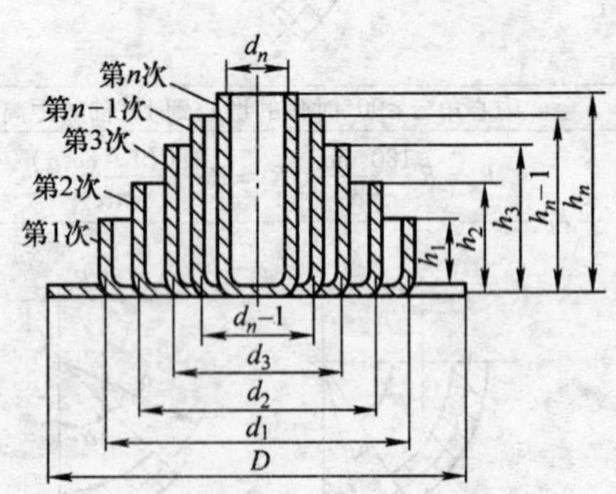

图 4-14　多次拉深时筒形件直径的变化

第一次拉深系数

$$m_1 = \frac{d_1}{D}$$

以后各次拉深系数

$$m_2=\frac{d_2}{d_1}$$

……

$$m_n=\frac{d_n}{d_{n-1}}$$

总拉深系数 $m_{总}$ 表示从毛坯 D 拉深至 d_n 的总变形程度，即

$$m_{总}=\frac{d_n}{D}=\frac{d_1}{D}\frac{d_2}{d_1}\frac{d_3}{d_2}\cdots\frac{d_{n-1}}{d_{n-2}}\frac{d_n}{d_{n-1}}$$

$$=m_1m_2m_3\cdots m_{n-1}m_n$$

所以总拉深系数为各次拉深系数的乘积。从拉深系数的表达式可以看出，拉深系数的数值小于1；而且 m 值越小，表示拉深变形程度越大，所需要的拉深次数也越少。其极限拉深系数 m_n 是由筒壁危险断面的强度所决定的。筒壁传力区所产生的最大拉应力的数值，由拉深系数的大小确定，m 越小，最大拉应力的数值越大。当最大拉应力的数值达到危险断面的有效抗拉强度，使危险断面濒于拉断时，$m \to m_{min}$。

2. 影响拉深系数的因素

总的说来，凡是能够使筒壁传力区的最大拉应力减小，使危险断面强度增加的因素，都有利于减小拉深系数。

（1）材料的力学性能　材料的屈强比 σ_s/σ_b 越小，材料的伸长率 δ 越大，对拉深越有利。因为 σ_s 小，材料容易变形，凸缘变形区的变形抗力减小，筒壁传力区的拉应力也相应减小；而 σ_b 大，则提高了危险断面处的强度，减少破裂的危险。所以 σ_s/σ_b 越小，越能减小拉深系数。材料伸长率 δ 值大的材料，说明材料在变形时不易出现拉伸颈缩，因而危险断面的严重变薄和拉断现象也相应推迟。一般认为 $\sigma_s/\sigma_b \leqslant 0.65$，而 $\delta \geqslant 28\%$ 的材料具有较好的拉深性能。

材料的板厚方向性系数 r 值对拉深系数也有显著的影响。r 值越大，说明板料在厚度方向变形困难，危险断面不易变薄、拉断，因而对拉深有利，拉深系数可以减小。

（2）板料的相对厚度 t/D　相对厚度 t/D 越大，拉深时抵抗失稳起皱的能力越大，因而可以减小压边力，减少摩擦阻力，有利于减小拉深系数。

（3）拉深条件

1）模具工作部分的结构参数。这主要是指凸、凹模圆角半径 $R_{凸}$、$R_{凹}$ 与凸、凹模间隙 Z。总的来说，采用过小的 $R_{凸}$、$R_{凹}$ 与 Z 会使拉深过程中摩擦阻力与弯曲阻力增加，危险断面的变薄加剧；而过大的 $R_{凸}$、$R_{凹}$ 与 Z 则会减小有效的压边面积，使板料的悬空部分增加，易于使板料失稳起皱，所以都对拉深不利；采用合适的 $R_{凸}$、$R_{凹}$ 和 Z，可以减小拉深系数。

2）压边条件。采用压边圈并施以合理的压边力对拉深有利，可以减小拉深系数。压边力过大，会增加拉深阻力；压边力过小，在拉深时不足以防止起皱，都对拉深不利。合理的压边力应该是在保证不起皱的前提下取最小值。

3）摩擦与润滑条件。凹模（特别是圆角入口处）与压边圈的工作表面应十分光滑并采用润滑剂，以减小板料在拉深过程中的摩擦阻力，减少传力区危险断面的负担，可以减小拉深系数。对于凸模工作表面，则不必做得很光滑，也不需要润滑，使拉深时在凸模工作表面与板料之间有较大的摩擦阻力，这有利于阻止危险断面的变薄，因而有利于减小拉深系数。

由于影响拉深系数的因素很多，实际生产中应用的极限拉深系数，都是在一定的拉深条件下用试验方法求出。

表4-5所示为无凸缘筒形件用压边圈时的各次拉深系数，表4-6所示为无凸缘筒形件不用压边圈时的拉深系数，表4-7所示为各种材料的拉深系数（该表所列 m_n 为以后各次拉深系数的平均值）。

表4-5　无凸缘筒形件用压边圈时的各次拉深系数

拉深系数	毛坯相对厚度 t/D(%)					
	2.0～1.5	1.5～1.0	1.0～0.6	0.6～0.3	0.3～0.15	0.15～0.08
m_1	0.48～0.50	0.50～0.53	0.53～0.55	0.55～0.58	0.58～0.60	0.60～0.63
m_2	0.73～0.75	0.75～0.76	0.76～0.78	0.78～0.79	0.79～0.80	0.80～0.82
m_3	0.76～0.78	0.78～0.79	0.79～0.80	0.80～0.81	0.81～0.82	0.82～0.84
m_4	0.78～0.80	0.80～0.81	0.81～0.82	0.82～0.83	0.83～0.85	0.85～0.86
m_5	0.80～0.82	0.82～0.84	0.84～0.85	0.85～0.86	0.86～0.87	0.87～0.88

注：1. 表中拉深数据适用于08、10和15Mn等普通拉深碳钢及软黄铜H62。对拉深性能较差的材料，如20、25、Q215、Q235、硬铝等应比表中数值大1.5%～2.0%；而拉深塑性更好的材料，如05、08、10钢及软铝等应比表中数值小1.5%～2.0%。

2. 表中数据适用于未经中间退火材料的拉探。若采用中间退火工序时，较表中数值小2%～3%。

3. 表中较小数值适用于大的凹模圆角半径 $R_{凹}=(8\sim15)t$，较大值适用于小的凹模圆角半径 $R_{凹}=(4\sim8)t$。

表4-6　无凸缘筒形件不用压边圈时的拉深系数

拉 深 系 数	毛坯的相对厚度 t/D(%)				
	1.5	2.0	2.5	3.0	>3
m_1	0.65	0.60	0.55	0.53	0.50
m_2	0.80	0.75	0.75	0.75	0.70
m_3	0.84	0.80	0.80	0.80	0.75
m_4	0.87	0.84	0.84	0.84	0.78
m_5	0.90	0.87	0.87	0.87	0.82
m_6	—	0.90	0.90	0.90	0.85

注：此表适用于08、10及15Mn等材料，其余各项同表4-5之注。

表4-7　各种材料的拉深系数

材　料	牌　号	首次拉深 m_1	以后各次拉深 m_n
铝和铝合金	8A06M，1035M，3A21M	0.52～0.55	0.70～0.75
硬铝	2A11M，2A12M	0.56～0.58	0.75～0.80
黄铜	H62	0.52～0.54	0.70～0.72
	H68	0.50～0.52	0.68～0.72
纯铜	T2，T3，T4	0.50～0.55	0.72～0.80
无氧铜		0.52～0.58	0.75～0.82
镍、镁镍、硅镍		0.48～0.53	0.70～0.75

（续）

材　料	牌　号	首次拉深 m_1	以后各次拉深 m_n
康铜（铜镍合金）		0.50～0.56	0.74～0.84
白铁皮		0.58～0.65	0.80～0.85
酸洗钢板		0.54～0.58	0.75～0.78
不锈钢、耐热钢	Cr13	0.52～0.56	0.75～0.78
	Cr19Ni	0.50～0.52	0.70～0.75
	1Cr18Ni9Ti	0.52～0.55	0.78～0.81
	Cr18Ni11Nb、Cr23Ni18	0.52～0.55	0.78～0.80
	Cr20Ni75Mo2AlTiNb	0.46	—
	Cr25Ni60W15Ti	0.48	—
	Cr22Ni38W3Ti	0.48～0.50	—
	Cr20Ni80Ti	0.54～0.59	0.78～0.84
钢	30CrMnSiA	0.62～0.70	0.80～0.84
可伐合金		0.65～0.67	0.85～0.90
钼依合金		0.72～0.82	0.91～0.97
钽		0.65～0.67	0.84～0.87
铌		0.65～0.67	0.84～0.87
钛合金	工业纯钛	0.58～0.60	0.80～0.85
	TA5	0.60～0.65	0.80～0.85
锌		0.65～0.70	0.85～0.90

注：1. 凹模圆角半径 $R_凹<6t$ 时，拉深系数取大值；
2. 凹模圆角半径 $R_凹\geqslant(7\sim8)t$ 时，拉深系数取小值；
3. 材料的相对厚度 $t/D\geqslant0.6\%$ 时，拉深系数取小值；
4. 材料的相对厚度 $t/D<0.6\%$ 时，拉深系数取大值。

由这些表中可以看出，用压边圈首次拉深时 m_1 约为 0.5～0.6 左右；以后各次拉深时，m_n 的平均值约为 0.7～0.8 左右。它均大于首次拉深时的 m_1 值，且以后各次的拉深系数越来越大。不用压边圈的拉深系数大于用压边圈的拉深系数。

至于是否需要采用压边圈，可由表 4-8 的条件决定。

表 4-8　采用或不采用压边圈的条件

拉深方法	第一次拉深		以后各次拉深	
	$t/D(\%)$	m_1	$t/d_{n-1}(\%)$	m_n
用压边圈	<1.5	<0.6	<1	<0.8
可用可不用	1.5～2.0	0.6	1～1.5	0.8
不用压边圈	>2.0	>0.6	>1.5	>0.8

在实际生产中，并不是在所有情况下都采用极限拉深系数。因为过于接近极限拉深系数会引起拉深件在凸模圆角部位的过分变薄，而在以后各次拉深中，部分变薄严重的缺陷会转移到成品拉深件的侧壁上去，降低工件的质量。所以，对于工件质量有较高的要求时，宜采用大于极限值的拉深系数。

二、拉深次数

式 $m_总=\dfrac{d_n}{D}=\dfrac{d_1}{D}\dfrac{d_2}{d_1}\dfrac{d_3}{d_2}\cdots\dfrac{d_{n-1}}{d_{n-2}}\dfrac{d_n}{d_{n-1}}=m_1m_2m_3\cdots m_{n-1}m_n$ 所表示的总拉深系数 $m_总=d_n/D$ 中的 d_n 实际上就是零件所要求的直径。所以 $m_总$ 也可以说是零件所要求的拉深系数，即零件所要求

的拉深总变形量。当 $m_{总} > m_1$ 时，则该工件只需一次就可拉出，否则就要进行多次拉深。

需要多次拉深时，其拉深次数可按以下方法确定。

1. 计算法

如果要由一个直径为 D 的毛坯最后拉深成直径为 d_n 的工件，则

$$d_1 = m_1 D$$

$$d_2 = m_2 d_1 = m_2(m_1 D)$$

$$d_3 = m_3 d_2 = m_3 m_2(m_1 D)$$

$$\cdots\cdots$$

$$d_n = m_n d_{n-1} = m_n^{n-1}(m_1 D)$$

由此可得对数方程式　$\lg d_n = (n-1)\lg m_n + \lg(m_1 D)$

即　$n = 1 + \dfrac{\lg d_n - \lg(m_1 D)}{\lg m_n}$

上式中 m_1 与 m_n 可由表4-7查取。计算所得的拉深次数 n，其小数部分的数值，不得按照四舍五入法，而应取较大整数值，因表中的拉深系数已经是极限值。

2. 推算法

筒形件的拉深次数也可根据 t/D 值查出 m_1，m_2，m_3，…，然后从第一次拉深 d_1 向 d_n 推算。

即

$$d_1 = m_1 D$$

$$d_2 = m_2 d_1$$

$$\cdots\cdots$$

$$d_n = m_n d_{n-1}$$

直算到所得的 d_n 不大于工件所要求的直径 d 为止。此时的 n 即为所求的次数。

3. 查表法

筒形件的拉深次数还可由各种实用的参考资料中查取。表4-9是根据毛坯相对厚度 t/D 及拉深件的相对高度 h/d 与拉深次数的关系。表4-10则是根据 t/D 与总拉深系数（$m_{总}$）查取拉深次数。

表4-9　毛坯相对厚度 t/D 及拉深件相对高度 h/d 与拉深次数的关系（无凸缘圆筒形件）

（材料：08F，10F）

毛坯相对厚度 t/D / 相对高度 $\frac{h}{d}$ / 拉深次数/次	毛坯的相对厚度 t/D(%)					
	2～1.5	1.5～1.0	1.0～0.6	0.6～0.3	0.3～0.15	0.15～0.08
1	0.94～0.77	0.84～0.65	0.71～0.57	0.62～0.5	0.52～0.45	0.46～0.38
2	1.88～1.54	1.60～1.32	1.36～1.1	1.13～0.94	0.96～0.83	0.9～0.7
3	3.5～2.7	2.8～2.2	2.3～1.3	1.9～1.5	1.6～1.3	1.3～1.1
4	5.6～4.3	4.3～3.5	3.6～2.9	2.9～2.4	2.4～2.0	2.0～1.5
5	8.9～6.6	6.6～5.1	5.2～4.1	4.1～3.3	3.3～2.7	2.7～2.0

注：大的 h/d 值适用于第一道工序的大凹模圆角 $R_{凹} \approx (8 \sim 15)t$。

小的 h/d 值适用于第一道工序的小凹模圆角 $R_{凹} \approx (4 \sim 8)t$。

表 4-10　总拉深系数（$m_{总}$）与拉深次数的关系

拉深次数 n	毛坯相对厚度 $\frac{t}{D}$(%)				
	2 ~ 1.5	1.5 ~ 1.0	1.0 ~ 0.5	0.5 ~ 0.2	0.2 ~ 0.6
2	0.33 ~ 0.36	0.36 ~ 0.40	0.40 ~ 0.43	0.43 ~ 0.46	0.46 ~ 0.48
3	0.24 ~ 0.27	0.27 ~ 0.30	0.30 ~ 0.34	0.34 ~ 0.37	0.37 ~ 0.40
4	0.18 ~ 0.21	021 ~ 0.24	0.24 ~ 0.27	0.27 ~ 0.30	0.30 ~ 0.33
5	0.13 ~ 0.16	0.16 ~ 0.19	0.19 ~ 0.22	0.22 ~ 0.25	0.25 ~ 0.29

注：表中数值适用于08 及 10 钢的圆筒形拉深件（用压边圈）。

三、圆筒形件各次拉深工序尺寸的计算

当筒形件需分若干次拉深时，就必须计算各次半成品的尺寸作为设计模具及选择压力机的依据。

1. 各次拉深半成品的直径

根据多次拉深时，变形程度应逐次减少（即后继拉深系数应逐步增大，大于表中所列数值）的原则，重新调整各次拉深系数。然后根据调整后的各次拉深系数计算各次拉深半成品直径，使 d_n 等于工件直径 d 为止。即

$$d_1 = m_1 D$$

$$d_2 = m_2 d_1$$

……

$$d_n = m_n d_{n-1}$$

2. 各次拉深半成品的高度

在设计和制造拉深模具及选用合适的压力机时，还必须知道各次拉深工序的拉深高度，因此，在工艺计算中尚应包括高度计算一项。

在计算某工序拉深高度之前，应确定它的底部的圆角半径（即拉深凸模的圆角半径）。拉深凸模的圆角半径，通常根据拉深凹模的圆角半径来确定。

凹模圆角半径 $r_d = 0.8\sqrt{(D-d_d)t}$ 计算确定。

拉深凸模的圆角半径 r_p，除最后一次应取与零件底部圆角半径相等外，中间各次取值可依据公式 $r_p = (0.7 \sim 1.0) r_d$ 计算确定。

根据拉深后工序件面积与坯料面积相等的原则，多次拉深后工序件的高度可按下面的公式进行计算

$$h_1 = 0.25\left(\frac{D^2}{d_1} - d_1\right) + 0.43\frac{r_1}{d_1}(d_1 + 0.32r_1)$$

$$h_2 = 0.25\left(\frac{D^2}{d_2} - d_2\right) + 0.43\frac{r_2}{d_2}(d_2 + 0.32r_2)$$

$$h_3 = 0.25\left(\frac{D^2}{d_3} - d_3\right) + 0.43\frac{r_3}{d_3}(d_3 + 0.32r_3)$$

……

$$h_n = 0.25\left(\frac{D^2}{d_n} - d_n\right) + 0.43\frac{r_n}{d_n}(d_n + 0.32r_n)$$

式中 h_1，h_2，h_3，…，h_n——工序件各次拉深高度（mm）；

D——坯料直径（mm）；

d_1，d_2，d_3，…，d_n——各次拉深后工件直径（mm）；

r_1，r_2，r_3，…，r_n——各次拉深后工件底部圆角半径（mm）。

【例4-2】 求图4-15所示筒形件的坯料展开尺寸、拉深次数、各次工序件尺寸。料厚为2mm，材料为10钢。

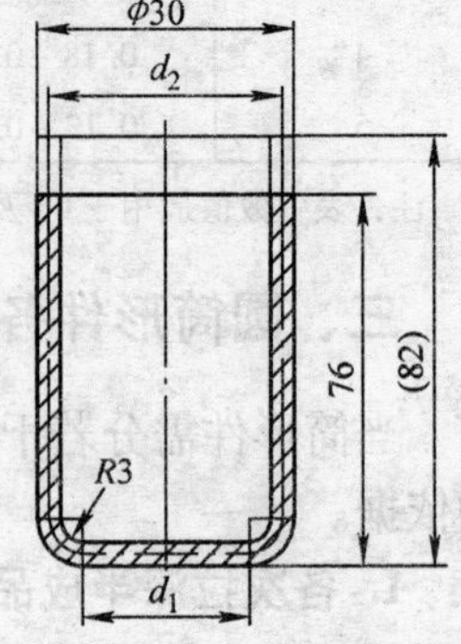

图4-15 筒形件

【解】 因 $t=2\text{mm}>1\text{mm}$，所以应按中线尺寸计算。

（1）确定修边余量。根据拉深件尺寸，其相对高度为

$$\frac{h}{d}=\frac{76-1}{30-2}=\frac{75}{28}\approx 2.7$$

查表4-1，得修边余量 $\Delta h=6\text{mm}$

（2）计算坯料展开直径。按表4-3中的第8项公式

$$\sqrt{d_2^2+4d_2h-1.72rd_2-0.56r^2}$$

式中 $d_2=(30-2)\text{mm}=28\text{mm}$

$r=(3+1)\text{mm}=4\text{mm}$

$h=(76-1+6)\text{mm}=81\text{mm}$

即

$$D=\sqrt{28^2+4\times28\times81-1.72\times4\times28-0.56\times4^2}\text{mm}$$

$$=98.3\text{mm}$$

（3）确定是否用压边圈。根据坯料相对厚度

$$\frac{t}{D}\times100=\frac{2}{98.3}\times100=2.03>2$$

查表4-8表明可以不用压边圈，但为了保险起见，第一次拉深仍采用压边圈。采用压边圈后，首次拉深的拉深系数可以小一些，这样有利于减少拉深次数。

根据相对厚度 $\frac{t}{D}\times100=2.03$，查表4-5，取 $m_1=0.5$。

则

$$d_1=m_1D=0.5\times98.3\text{mm}=49.2\text{mm}$$

$$\frac{t}{D}\times100=\frac{2}{49.2}\times100=4.07>1.5$$

查表4-8可知，以后各次拉深均不采用压边圈。

（4）确定拉深次数。由于 $\frac{d}{D}=\frac{28}{98.3}=0.28<m_1=0.5$，故需多次拉深。由表4-5查得 $m_2=0.75$，$m_3=0.78$，$m_4=0.8$，……

各次拉深工序件直径为

$$d_1=m_1D=0.5\times98.3\text{mm}=49.2\text{mm}$$

$$d_2=m_2d_1=0.75\times49.2\text{mm}=36.9\text{mm}$$

$$d_3=m_3d_2=0.78\times36.9\text{mm}=28.8\text{mm}$$

$$d_4=m_4d_3=0.8\times28.8\text{mm}=23\text{mm}$$

计算结果表明，三次拉不出来，而四次则多一些，故取四次。

（5）确定各次拉深直径。在确定各次拉深直径时，应对各次拉深系数作适当调整，如取 $m_1=0.5$，$m_2=0.8$，$m_3=0.83$，$m_4=0.85$，则各次拉深直径为

$$d_1=m_1D=0.5\times98.3\text{mm}=49.2\text{mm}$$

$$d_2=m_2d_1=0.8\times49.2\text{mm}=39.4\text{mm}$$

$$d_3=m_3d_2=0.83\times39.4\text{mm}=33\text{mm}$$

$$d_4=m_4d_3=0.85\times33\text{mm}=28\text{mm}$$

（6）求各工序件高度。根据 $r_d=0.8\sqrt{(D-d_d)\delta}$ 和 $r_p=(0.7\sim1.0)r_d$ 的关系，取各工序件底部的圆角半径分别为

$r_1=8\text{mm}$，$r_2=3.6\text{mm}$，$r_3=3.2\text{mm}$，然后分别代入公式

$$h_1=0.25\left(\frac{D^2}{d_1}-d_1\right)+0.43\frac{r_1}{d_1}(d_1+0.32r_1)$$

$$=0.25\times\left(\frac{98.3^2}{49.2}-49.2\right)+0.43\times\frac{8}{49.2}\times(49.2+0.32\times8)\text{mm}$$

$$=41\text{mm}$$

$$h_2=0.25\left(\frac{D^2}{d_2}-d_2\right)+0.43\frac{r_2}{d_2}(d_2+0.32r_2)$$

$$=0.25\times\left(\frac{98.3^2}{39.4}-39.4\right)+0.43\times\frac{36}{39.4}\times(39.4+0.32\times3.6)\text{mm}$$

$$=53\text{mm}$$

$$h_3=0.25\left(\frac{D^2}{d_3}-d_3\right)+0.43\frac{r_3}{d_3}(d_3+0.32r_3)$$

$$=0.25\times\left(\frac{98.3^2}{33}-33\right)+0.43\times\frac{3.2}{33}\times(33+0.32\times3.2)\text{mm}$$

$$=67\text{mm}$$

（7）画出工序图。圆筒形拉深件工序图如图 4-16 所示。

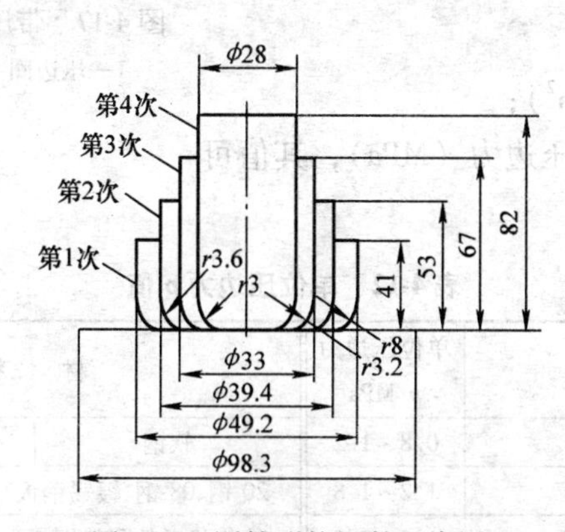

图 4-16　圆筒形拉深件工序图

模块五　拉深力与压边力的确定

一、拉深力的计算

对于筒形件有压边圈拉深时，在实用上，拉深力 F 可按下式计算

$$F = K\pi dt\sigma_b$$

式中　F——拉深力（N）；

d——拉深件直径（mm）；

t——料厚（mm）；

σ_b——材料强度极限（MPa）；

K——修正系数，与拉深系数有关。m 越小，K 越大。

K 的数值见表 4-11。首次拉深时用 K_1 计算，以后各次拉深时用 K_2 计算。

表 4-11　修正系数 K 的数值

m_1	0.55	0.57	0.60	0.62	0.65	0.67	0.70	0.72	0.75	0.77	0.80
K_1	1.00	0.93	0.86	0.79	0.72	0.66	0.60	0.55	0.50	0.45	0.40
m_n	0.70	0.72	0.75	0.77	0.80	0.85	0.90	0.95	—	—	—
K_2	1.00	0.95	0.90	0.85	0.80	0.70	0.60	0.50	—	—	—

二、压边力的计算

为了解决拉深过程中的起皱问题，生产中的主要方法是采用压边圈。带压边圈拉深模工作部分的结构如图 4-17 所示。至于是否需要采用压边圈，可由表 4-8 的条件决定。

在压边圈上施加压边力 F_Q 的大小应该适当。过大的压边力会使拉深件在凸模圆角处断面过分变薄以至拉裂；压边力过小则起不到防止起皱的作用。压边力 F_Q 的大小可按下式求出：

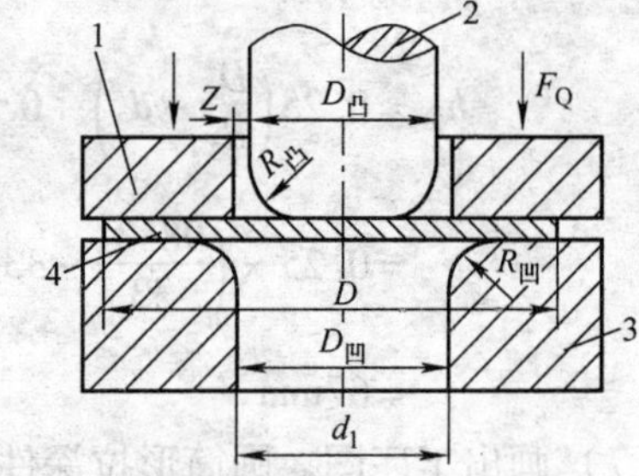

图 4-17　带压边圈拉深模工作部分的结构

1—压边圈　2—拉深凸模　3—拉深凹模　4—毛坯

$$F_Q = Ap$$

式中　F_Q——压边力（N）；

A——压边面积（mm^2）；

p——单位面积上的压边力（MPa），其值可由表 4-12 查取。

表 4-12　单位压边力 p 值

材料		单位压边力 p/MPa	材料		单位压边力 p/MPa
铝		0.8~1.2	软钢	$t<0.5$mm	2.5~3.0
纯铜、硬铝(退火的或已淬火的)		1.2~1.8	20 钢、08 钢、镀锡钢板		2.5~3.0
黄铜		1.5~2.0	软化状态的耐热钢		2.8~3.5
软钢	$t>0.5$mm	2.0~2.5	高合金钢、高锰钢、不锈钢		3.0~4.5

对于筒形件，则第一次拉深时的压边力

$$F_{Q1}=\frac{\pi}{4}[D^2-(d_1+2R_{凹})^2]p$$

以后各次拉深时的压边力

$$F_{Qn}=\frac{\pi}{4}[d_{n-1}^2-(d_n+2R_{凹})^2]p$$

在实际生产中，实际压边力的大小要根据既不起皱又不被拉裂这个原则，在试模中加以调整。在设计压边装置时应考虑便于调整压边力。

三、压力机公称力的选择

采用单动压力机拉深时，压边力与拉深力是同时产生的（压边力由弹性装置产生），所以计算总拉深力 $F_{总}$ 时应包括压边力在内，即

$$F_{总}=F+F_Q$$

在选择压力机的吨位时应注意：当拉深行程较大，特别是采用落料拉深复合模时，不能简单地将落料力与拉深力叠加去选择压力机吨位。因为压力机的公称力是指滑块在接近下死点时的压力，所以要注意冲压力与压力机的压力曲线（图4-18）。如果不注意压力曲线，很可能由于过早地出现最大冲压力而使压力机超载损坏。

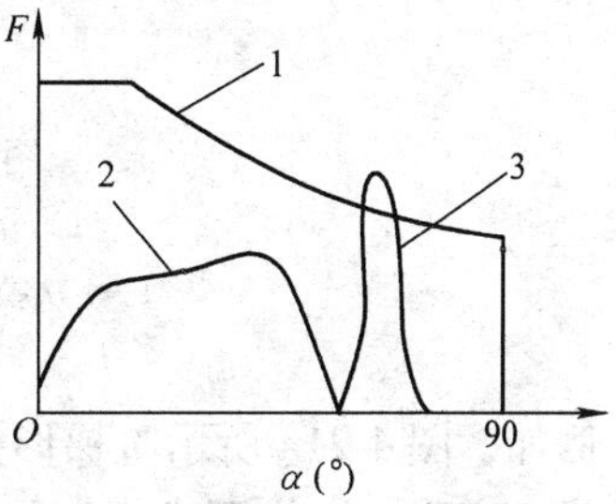

图4-18　冲压力与压力机的压力曲线
1—压力机的压力曲线　2—拉深力曲线
3—落料力曲线

为了选用方便，一般可按下式作概略估算。

浅拉深时　$F_{总}\leqslant(0.7\sim0.8)F_{压}$

深拉深时　$F_{总}\leqslant(0.5\sim0.6)F_{压}$

式中　$F_{总}$——拉深力和压边力的总和，在用复合模冲压时，还包括其他变形力；

$F_{压}$——压力机的公称力。

模块六　其他形状零件的拉深

一、阶梯圆筒形件的拉深

阶梯圆筒形件如图4-19所示。阶梯圆筒形件拉深的变形特点与圆筒形件拉深的特点相同，可以认为圆筒形件的以后各次拉深时不拉到底就得到阶梯形件，变形程度的控制也可采用圆筒形件的拉深系数。但是，阶梯圆筒形件的拉深次数及拉深方法等与圆筒形件拉深是有区别的。

1. 能否一次拉深成形的判断方法

判断阶梯圆筒形件能否一次拉深成形的方法是：先计算零件的高度 h 与最小直径 d_n 的比值 h/d_n（图4-19），然后根据坯料相对厚度 t/D 查表4-9，如果拉深次数为1，则可一次拉深成形，否则需多次拉深成形。

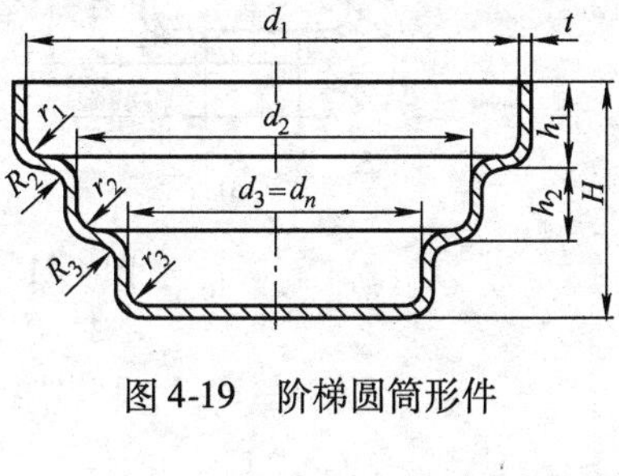

图4-19　阶梯圆筒形件

2. 阶梯圆筒形件多次拉深的方法

阶梯圆筒形件需多次拉深时，根据阶梯圆筒形件各部分尺寸关系的不同，其拉深方法也有所不相同。

1）当任意相邻两个阶梯直径之比 d_n/d_{n-1} 均大于相应圆筒形件的极限拉深系数 $[m_n]$ 时，则可由大阶梯到小阶梯依次拉出（图 4-20a），这时的拉深次数等于阶梯直径数目与最大阶梯成形所需的拉深次数之和。

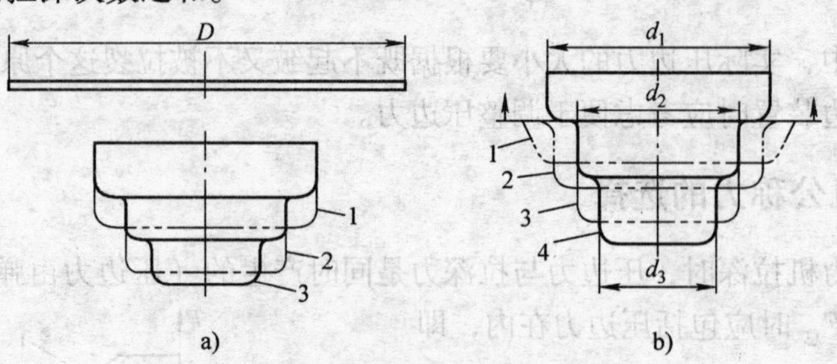

图 4-20　阶梯圆筒形件多次拉深方法

a）由大阶梯到小阶梯　b）由小直径到大直径

1—1 次拉深　2—2 次拉深　3—3 次拉深　4—4 次拉深

例如，图 4-21a 所示阶梯形拉深件，材料为 H62，厚度为 1mm。该零件可先拉深成阶梯形件后切底而成。由图求得坯料直径 $D=106\text{mm}$，$t/D\approx1.0\%$，$d_2/d_1=24/48=0.5$，查表 4-13 可知，该直径之比小于相应圆筒形件的极限拉深系数，但由于小阶梯高度很小，实际生产中仍采用从大阶梯到小阶梯依次拉出。其中大阶梯采用两次拉深，小阶梯一次拉出，拉深工序顺序如图 4-21b 所示（工序件 3 为整形工序得到的）。

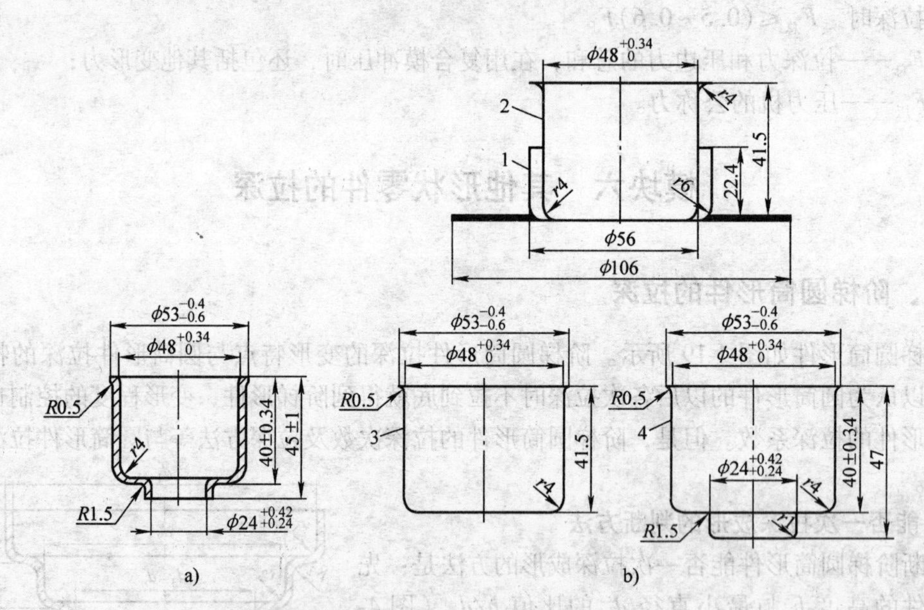

图 4-21　阶梯圆筒形件多次拉深实例（一）

a）阶梯形拉深件　b）拉深工序顺序

1—工序件 1　2—工序件 2　3—工序件 3　4—工序件 4

表 4-13 圆筒形件的极限拉深系数（带压边圈）

拉深系数	坯料相对厚度 t/D（%）					
	2.0~1.5	1.5~1.0	1.0~0.6	0.6~0.3	0.3~0.15	0.15~0.08
$[m_1]$	0.48~0.50	0.50~0.53	0.53~0.55	0.55~0.58	0.58~0.60	0.60~0.63
$[m_2]$	0.73~0.75	0.75~0.76	0.76~0.78	0.78~0.79	0.79~0.80	0.80~0.82
$[m_3]$	0.76~0.78	0.78~0.79	0.79~0.80	0.80~0.81	0.81~0.82	0.82~0.84
$[m_4]$	0.78~0.80	0.80~0.81	0.81~0.82	0.82~0.83	0.83~0.85	0.85~0.86
$[m_5]$	0.80~0.82	0.82~0.84	0.84~0.85	0.85~0.86	0.86~0.87	0.87~0.88

注：1. 表中拉深系数适用于08、10钢和15Mn钢等普通拉深碳钢及黄铜H62。对拉深性能较差的材料，如20钢、25钢、Q215钢、硬铝等应比表中数值大1.5%~2.0%；而对塑性较好的材料，如05钢、08钢、10钢及软铝等可比表中数值减小1.5%~2.0%。

2. 表中数据适用于未经中间退火的拉深件。若采用中间退火工序时，则取值可比表中数值小2%~3%。

3. 表中较小值适用于的凹模圆角半径为$[r_d=(8\sim15)t]$，较大值适用于小的凹模圆角半径为$[r_d=(4\sim8)t]$。

2）如果某相邻两个阶梯直径之比d_n/d_{n-1}小于相应圆筒形件的极限拉深系数$[m_n]$，则可先按带凸缘筒形件的拉深方法拉出直径d_n，再将凸缘拉成直径d_{n-1}，其顺序是由小到大，如图4-20b所示。图中因d_2/d_1小于相应圆筒形件的极限拉深系数，故先用带凸缘筒形件的拉深方法拉出直径d_2，d_3/d_2不小于相应圆筒形件的极限拉深系数，可直接从d_2拉到d_3，最后拉出d_1。

例如，图4-22所示的阶梯圆筒形件，5为最终拉深的零件，材料为H62，厚度为0.5mm。因$d_2/d_1=16.5/34.5=0.48$，该值显然小于相应的拉深系数，故先采用带凸缘筒形件的拉深方法拉出直径16.5mm，然后再拉出直径34.5mm。

当阶梯件的最小的阶梯直径d_n很小，d_n/d_{n-1}过小，其高度h_n又不大时，则最小阶梯可以用胀形的方法得到，但材料变薄，影响工件质量。

当阶梯件的坯料相对厚度较大。$t/D\geqslant1.0\%$，而且每个阶梯的高度不大、相邻阶梯直径差又不大时，也可以先拉成带大圆角半径的圆筒形件，然后用校形方法得到零件的形状和尺寸，如图4-23所示的电扬声器底座的拉深。用这种方法成形，材料可能有局部变薄，影响拉深件质量。

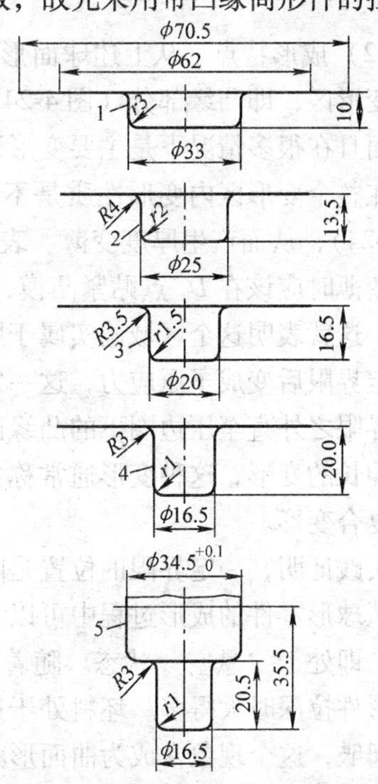

图4-22 阶梯圆筒形件多次拉深实例（二）

1—工序件1 2—工序件2 3—工序件3 4—工序件4 5—工序件5

二、轴对称曲面形状件的拉深

轴对称曲面形状件包括球形件、抛物线形件、锥形件等。这类零件在拉深成形时，变形区的位置、受力情况、变形特点等都与直壁拉深件不同，所以在拉深中出现的问题和解决问题的方法与直壁筒形件也有很大的差别。对这类零件不能简单地用拉深系数去衡量和判断成形的难易程度，也不能用它来作为工艺过程设计和模具设计的依据。

1. 轴对称曲面形状件的拉深特点

（1）成形过程　现以球形件拉深变形为例，来认识曲面形状件拉深变形的共同特点。

如图 4-24 所示是球形件拉深成形过程。当球面凸模向下运动接触到坯料时，位于顶点 O 及其附近的金属首先开始变形而贴紧凸模，当凸模继续向下运动时，中心附近以外的金属乃至压边圈下面的环形部分金属也逐步产生了变形并从里向外逐步贴紧凸模，最后形成了与凸模球表面一致的球形零件。

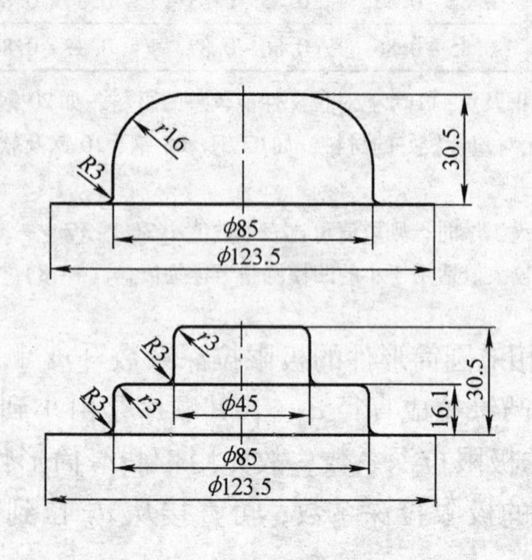

图 4-23　电扬声器底座的拉深

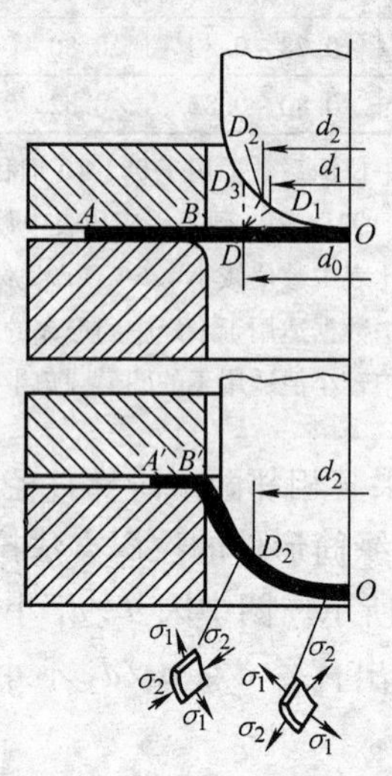

图 4-24　球形件拉深成形过程

（2）成形特点　从上述球面形成过程可以看出，为使平板坯料变成球形件，整个坯料都是变形区，即凸缘部分（图 4-24 中 AB）是变形区，中间部分（图 4-24 中 OB）也是变形区，而且在很多情况下是主要变形区。

在整个变形区内变形性质是不同的，在凸模顶点及其附近的坯料处于双向拉应力状态（图 4-24），从而产生厚度变薄、表面积增大的胀形变形。设变形前坯料上某一点 D，在板料不变薄时应该在 D_1 点贴紧凸模，但变形后实际上是在 D_2 点或 D_3 点甚至更外的位置贴紧凸模。这就表明这个区域确实属于胀形变形区。从这个区域往外，切向拉应力逐步减小，超过一定界限后变成了压应力，这一定界限就是指切向应力为零、既不伸长又不缩短的部位。一定界限之外直至压边圈下的凸缘区都是在切向压应力、径向拉应力作用下产生切向压缩、径向伸长的变形，这种变形通常称“拉深变形”。由此可见曲面工件的成形是胀形和拉深变形的复合变形。

实践证明，一定界限的位置是随着压料力等冲压条件的变化而变化的。

从球形零件的成形过程中可以看出，刚开始拉深时，中间部分坯料几乎都不与模具表面接触，即处于“悬空”状态。随着拉深过程的进行，悬空状态部分虽有逐步减少，但仍比圆筒形件拉深时大得多。坯料处于这种悬空状态，抗失稳能力较差，在切向压应力作用下很容易起皱，这个现象常成为曲面形状件拉深必须解决的主要问题；另一方面，由于坯料中的径向拉应力在凸模顶部接触的中心部位上最大，因此，曲面中心部分的破裂是这类零件成形中需要注意的另一个问题。

（3）提高轴对称曲面形状件成形质量的措施　轴对称曲面形状件的起皱倾向比圆筒形

件等直壁零件大。防止这类零件拉深时中间悬空部分坯料起皱的方法有如下几种：

1）加大坯料直径。这种方法实质上是增大了坯料凸缘部分的变形抗力和摩擦力，从而增大了径向拉应力，降低了中间部分坯料的切向压应力，增大了中间部分胀形区，从而起到了防皱的作用。这种防皱方法简单，但增大了材料的消耗。

2）适当地调整和增大压料力。这种方法实质上是增大了凸缘部分的摩擦阻力，其防皱原理与上述相同。

3）采用带压料筋的拉深模（图 4-25）。这种模具在拉深时，板料在压料筋上弯曲和滑动，增大了进料阻力，从而增大了径向拉应力，减少了起皱倾向，而且减少了拉深件成形卸载后的回弹，提高了零件的准确性。带压料筋的拉深模，在利用双动拉深压力机和液压机进行复杂曲面形状件的成形中，应用比较广泛。

压料筋的结构形状有圆弧形（图 4-25）和阶梯形（图 4-26），其中阶梯形又称压料槛，它在拉深时对板料滑动阻力较大。改变压料筋的高度、圆角半径和压料筋的数量及其布置，便可调整径向拉应力和切向压应力的大小。

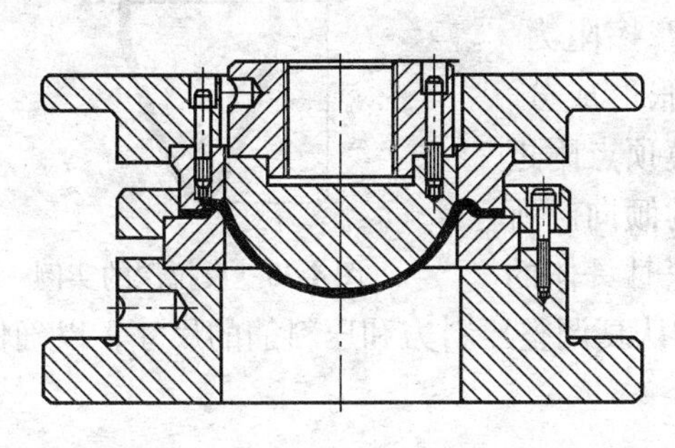

图 4-25　带圆弧形压料筋的拉深模

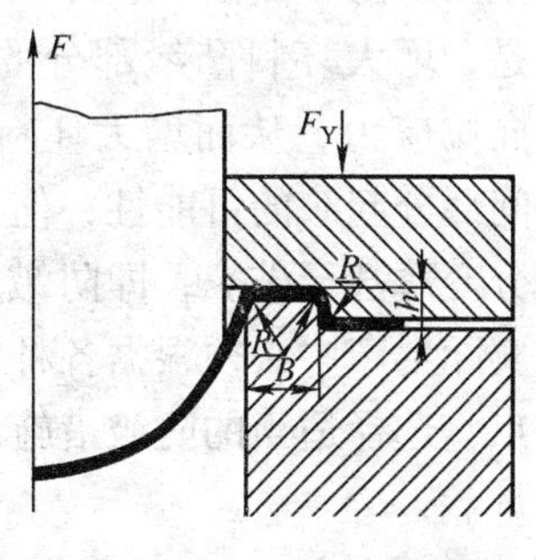

图 4-26　阶梯形压料筋

4）采用反拉深方法。反拉深原理如图 4-27 所示。图 4-27a 为汽车灯前罩，经过多次拉深，逐步增大高度，减小顶部曲率半径，从而达到工件尺寸要求；图 4-27b 为圆筒形件的反拉深；图 4-27c 为正、反拉深，用于尺寸较大，板料薄的曲面形状件的拉深。

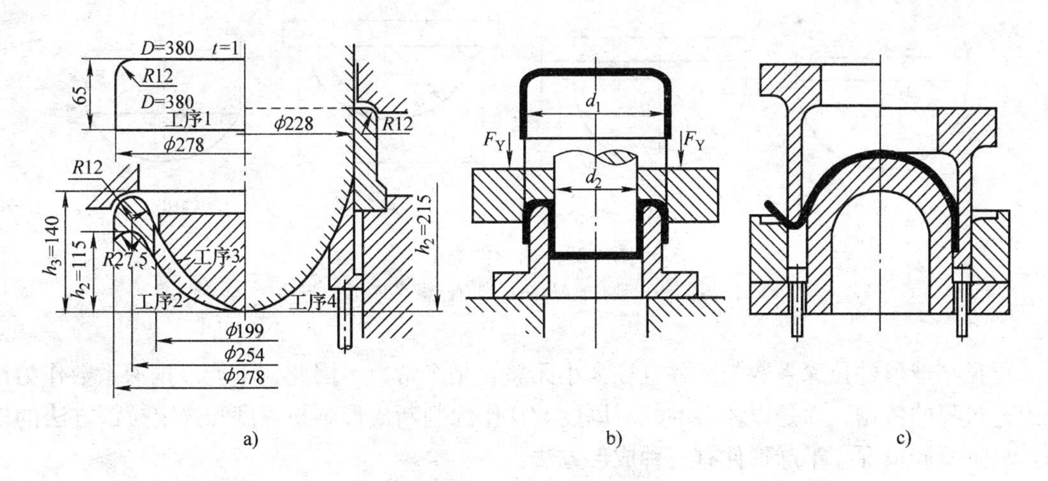

图 4-27　反拉深原理

a）汽车灯前罩反拉深　b）圆筒形件反拉深　c）正、反拉深反拉深时，由于坯料与凹模的包角为180°（一般拉深为90°），所以增大了材料拉入凹模的摩擦阻力，使径向拉应力增大，切向压应力减小，材料不容易起皱。同时由于反拉深过程坯料侧壁反复弯曲次数少，硬化程度较小，所以反拉深的拉深系数可比正拉深降低10%～15%。

反拉深的凹模壁厚尺寸决定于拉深系数的大小，如果拉深系数大，则凹模壁厚小，强度低。反拉深的凹模圆角半径也受到两次拉深工序件直径差的限制，最大不能超过直径差的1/4，即 $(d_1-d_2)/4$。所以，反拉深不适用于直径小而厚度大的工件，一般用于拉深尺寸较大、板料较薄（$t/D<0.3\%$）的工件。图4-28所示为反拉深的实例。

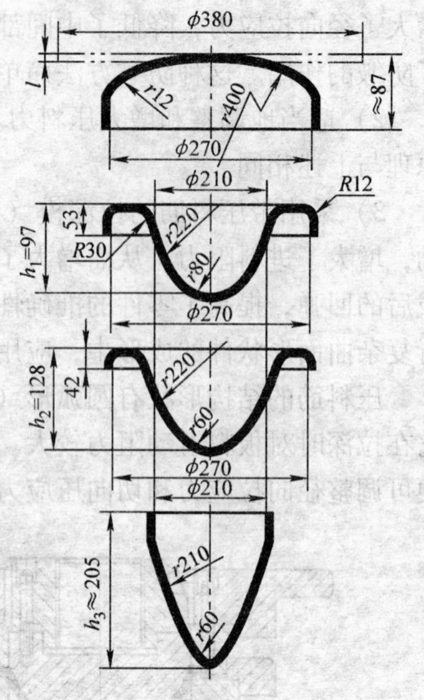

图4-28　反拉深的实例

反拉深所需的拉深力比正拉深大10%～20%。

以上四种防止曲面形状件拉深时起皱的方法，其共同特点是，增大坯料凸缘部分的变形抗力和摩擦阻力，提高径向拉应力，从而增大坯料中间部分的胀形成分，减小中间部分起皱的可能性；但可能导致凸模顶点附近材料过分变薄甚至破裂，即防皱却带来拉裂的倾向。所以，在实际生产中必须根据各种曲面工件拉深时具体的变形特点，选择适当的防皱措施，正确确定和认真调整压料力和压料筋的尺寸，以确保拉深件的质量。

2. 球形件的拉深

球面形状件有多种类型，如图4-29所示。

（1）半球形件（图4-29a）　半球形件的拉深系数为

$$m=\frac{d}{D}=\frac{d}{\sqrt{2}d}=0.71=常数$$

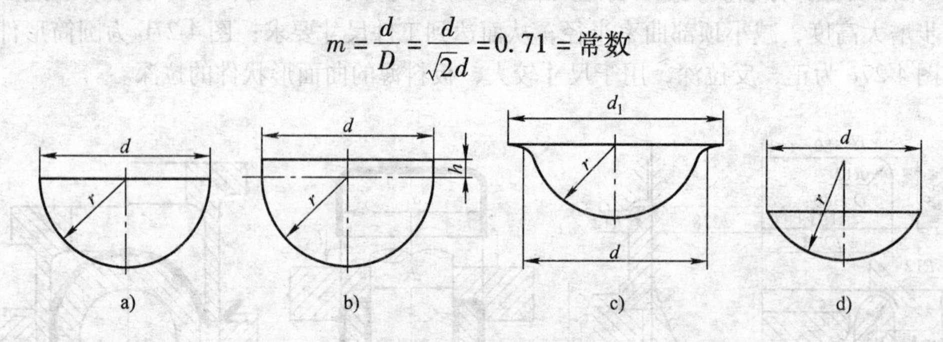

图4-29　球形件类型

a）半球形　b）带有直壁　c）带有凸缘　d）浅球形件

可见半球形件拉深系数与工件直径大小无关，是个常数。因此，不能以拉深系数作为设计工艺过程的依据，而是以坯料的相对厚度 t/D 作为判断成形难易程度和选定拉深方法的依据。分别不同情况，半球形件有三种成形方法：

1）当 $t/D>3\%$ 时，可用不带压料装置的简单拉深模一次拉深成形，如图4-30a所示。以这种方法拉深，坯料贴模不良，需要用球形底凹模在拉深工作行程终了时进行整形。

2）当 $t/D=0.5\%\sim3\%$ 时，采用带压料装置的拉深模进行拉深。

3）当 $t/D<0.5\%$ 时，采用有压料筋的拉深模（图 4-30c）或反拉深方法（见图 4-30b）进行拉深。

当球形件带有高度为 $(0.1\sim0.2)d$ 的直壁（图 4-29b）或带有每边宽度为 $(0.1\sim0.5)d$ 的凸缘时（图 4-29c），虽然变形程度有所增大，但对球面的成形却有好处。同理，对于不带凸缘和不带直边的球形件的表面质量和尺寸精度要求较高时，可加大坯料尺寸，形成凸缘，在拉深之后再切边。

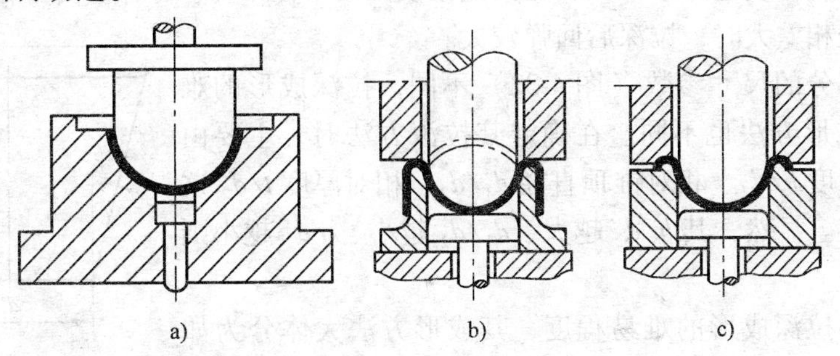

图 4-30　半球形件的拉深

a）不带压料装置，带整形　b）带压料装置的反拉深　c）带压料筋

（2）高度小于球面半径的浅球形件（图 4-29d）　这种零件在成形时，除了容易起皱外，坯料容易偏移，卸载后还有一定的回弹。所以，当坯料直径 $D\leqslant9\sqrt{rt}$ 时，可以不压料，用球形底的凹模一次成形。但当球面半径 r 较大，板料厚 t 和深度较小时，则必须按回弹量修正模具。当坯料直径 $D>9\sqrt{rt}$ 时，应加大坯料直径，并用强力压料装置或带压料筋的模具进行拉深，以克服回弹并防止坯料在成形时产生偏移。多余的材料可在成形后切边。

3. 抛物线形件的拉深

（1）深度较小的抛物线形件（$h/d<0.5\sim0.6$）　其变形特点及拉深方法与半球形件相似。图 4-31 所示为抛物线形灯罩及其拉深模。灯罩的材料为 08 钢，厚度为 0.8mm，经计算得坯料直径 $D=280$mm。根据 $h/d=0.58$，$t/D=0.28\%<0.5\%$，采用上述半球形件的第三种成形方法，即用有压料筋的凹模进行拉深（图 4-30c），其模具设有两道压料筋。

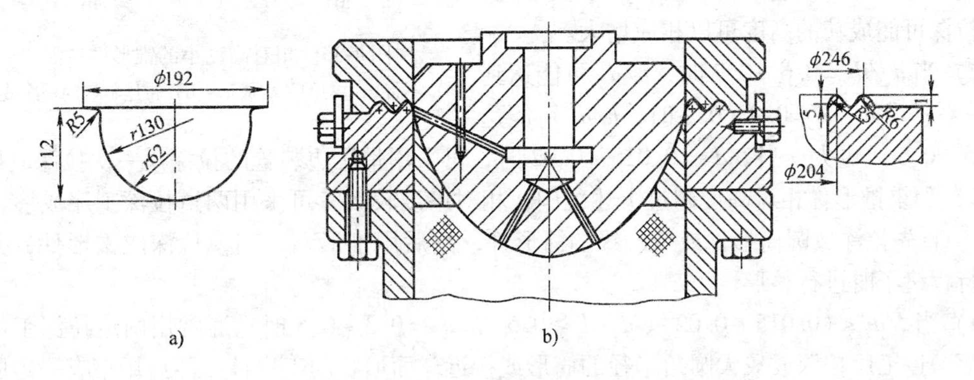

图 4-31　灯罩及其拉深模

a）灯罩零件图　b）灯罩拉深模

（2）深度较大的抛物线形件（$h/d \geqslant 0.5 \sim 0.6$）　由于零件高度较大，顶部圆角较小，所以拉深难度较大，一般需进行反拉深或正拉深多道工序逐步成形，如图 4-28 所示。为了保证零件的尺寸精度和表面质量，最后一道拉深工序应有一定的胀形变形，这样，坯料面积就可以小于零件的表面积。

4. 锥形件的拉深

锥形件（图 4-32）拉深的主要困难是，坯料悬空面积大，容易起皱；凸模接触坯料面积小，变形不均匀程度比球形件大，尤其是锥顶圆角半径 r 较小时容易变薄甚至破裂；如果口部与底部直径相差大时，拉深后回弹较大。

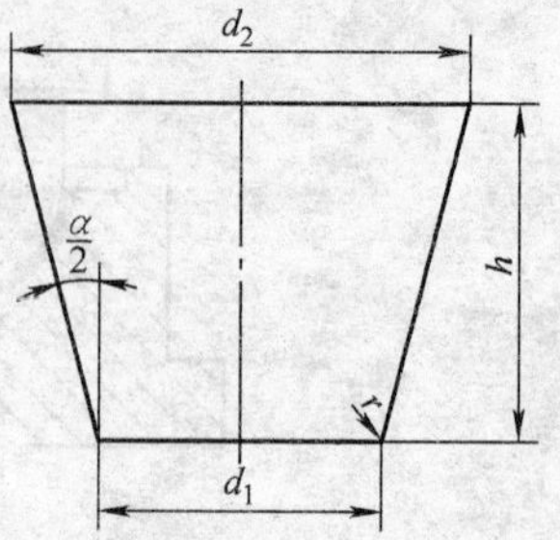

锥形件各部分的尺寸参数（图 4-32）不同，拉深成形的难易程度不同，成形方法也不同。在确定其拉深方法时，主要由锥形件的相对高度 h/d_2、相对锥顶直径 d_1/d_2、相对厚度 t/d_2 这三个参数所决定。显然，其 h/d_2 越大、d_1/d_2 越小、t/d_2 越小则拉深难度越大。

图 4-32　锥形件

根据锥形件拉深成形的难易程度，其成形方法大体分为如下几种：

（1）浅锥形件（$h/d_2<0.2$）　浅锥形件一般可以一次拉深成形。这时相对锥顶直径 d_1/d_2 影响不大，可根据相对厚度 t/d_2 值决定拉深模的结构。

当 $t/d_2>0.02$ 时，可不带压边圈，采用带底凹模的模具一次成形，如图 4-33a 所示。这种成形方法回弹比较严重，通常需要试冲，修正模具；当相对厚度 t/d_2 较小，或虽然相对厚度较大，但精度要求较高时，则采用带平面压边圈或带压料筋的模具一次成形，如图 4-33b 所示。如果工件是无凸缘的，为了成形的需要，可加大坯料直径，成形后再切边。

（2）中等深度锥形件（$0.2<h/d_2<0.43$）　根据 t/d_2 和 d_1/d_2 值的不同，有以下拉深方法：

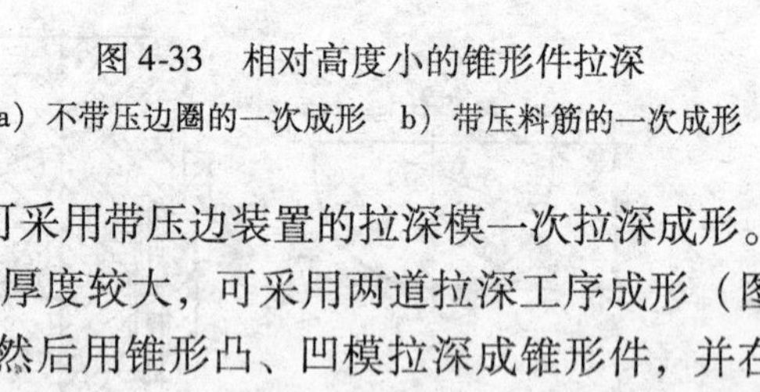

1）当 $t/d_2>0.02$，$d_1/d_2>0.5$ 时，可以采用锥形带底凹模一次拉深成形；在工作行程终了时进行一定程度的整形。假如 d_1/d_2 值增大，一次拉深可能成功的高度可以相应增大。

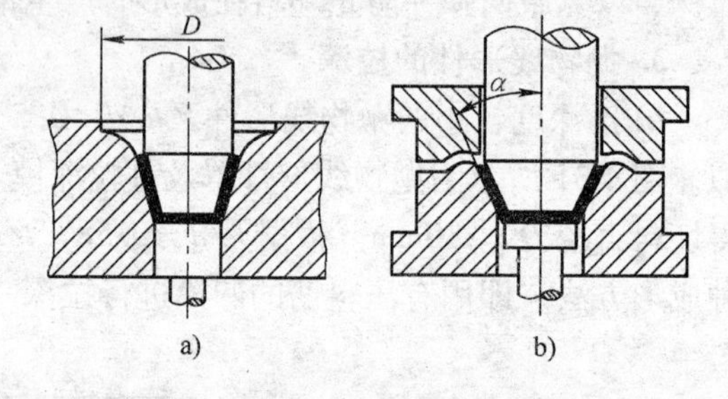

图 4-33　相对高度小的锥形件拉深

a）不带压边圈的一次成形　b）带压料筋的一次成形

2）当 $d_1/d_2=0.6 \sim 0.7$ 时，h/d_2 可能达到 0.5 左右；当 $d_1/d_2=0.8 \sim 0.9$ 时，h/d_2 可能达到 $0.5 \sim 0.6$ 或更大；当 $t/d_2=0.015 \sim 0.02$ 时，可采用带压边装置的拉深模一次拉深成形。

3）如果锥形件相对高度超过上述范围，相对厚度较大，可采用两道拉深工序成形（图 4-34）。首先拉深成圆筒形件或带凸缘的筒形件，然后用锥形凸、凹模拉深成锥形件，并在工作行程终了时进行整形。

4）当 $t/d_2<(0.015 \sim 0.02)$、$d_1/d_2 \geqslant 0.5$、$h/d_2=0.3 \sim 0.5$ 时，通常用两道拉深工序成形。第一道工序拉深成较大圆角半径的筒形或接近球面形状的工序件，然后用带有一定胀形变形的整形工序压成需要的形状，如图 4-35a 所示。第一道拉深后的工序件尺寸，应保证整形时各部分直径的增大量不超过 8%。当 d_1/d_2 较小时，第一道拉深可采用近似锥形的过渡

形状，如图4-35b所示。第二道拉深可以用正拉深，也可以用反拉深。反拉深能有效防止起皱，所得工件表面质量也较好。

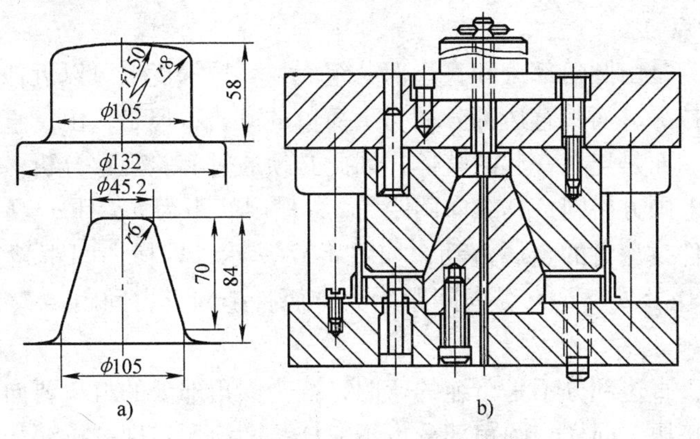

图4-34　锥形件拉深方法及拉深模

a）拉深工序图　b）拉深模

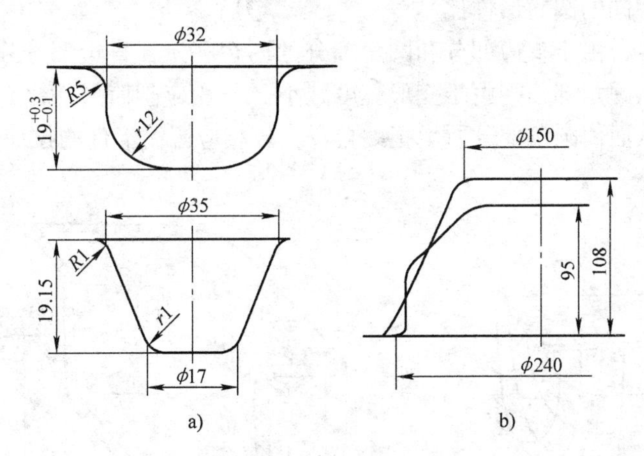

图4-35　锥形件两次成形方法

a）第一道拉深接近球面形状　b）第一道拉深近似锥形

（3）深锥形件（$h/d_2>0.5$）　这种锥形件必须采用多道工序拉深成形。

1）阶梯过渡法。先逐步拉深成具有大圆角半径的阶梯形工序件（阶梯形的内形与要求的锥形件相切），最后整形成锥形件，如图4-36a所示。其拉深方法和拉深次数计算与阶梯形件相同，拉深系数按圆筒形件的拉深系数选取。采用这种方法，是因为校形后工件表面仍留有原阶梯的痕迹，所以应用不多。

2）锥面逐步增大法。采用底部直径逐步缩小、锥面逐步扩大的方法成形，如图4-36b所示，其拉深系数可选圆筒形件的拉深系数。采用此法所得工件表面质量较好，因而应用较多。

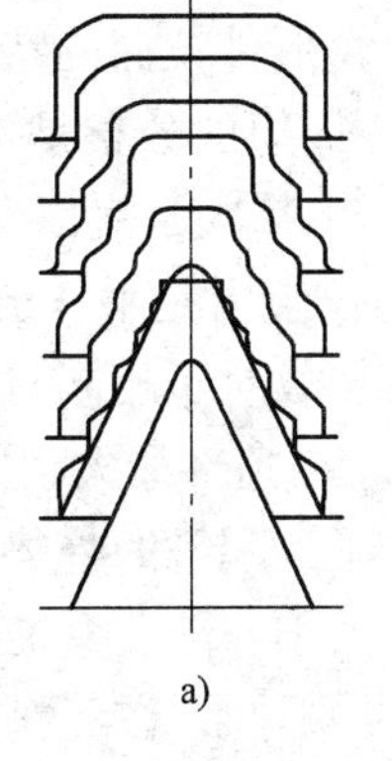

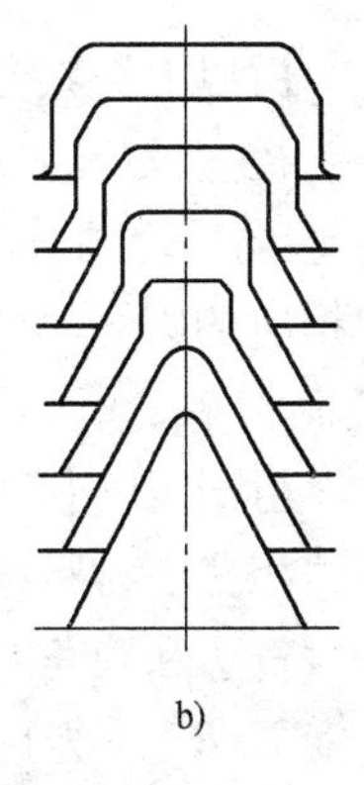

图4-36　高锥形件的逐步成形方法

a）阶梯过渡　b）锥面逐步增大

三、盒形件的拉深

1. 盒形件的特点

盒形件可以认为是由圆角部分和直边部分组成，其拉深变形可以近似地认为：圆角部分相当于圆筒形件的拉深，而其直边部分相当于简单的弯曲；但是，由于直边部分和圆角部分并不是截然分开的，而是连在一起的整体，因此必须通过实验观察分析。

如在盒形坯料上画方格网，其纵向间距为 a，横向间距为 b，且 $a=b$。拉深后方格网发生变化，表示盒形件拉深时的金属流动，如图 4-37 所示，即横向间距缩小，而且越靠近角部缩小越多，即 $b>b_1>b_2>b_3$；纵向间距增大，而且越向上，间距增大越多，即 $a_1>a_2>a_3>a$。

以上变化说明，直边部分不是单纯的弯曲，因为圆角部分的材料要向直边部分流动，故使直边部分还受到挤压。同样，圆角部分也不完全与圆筒形零件的拉深相同，由于直边部分的存在，圆角部分的材料可以向直边部分流动，这就减轻了圆角部分材料的变形程度（与半径和其圆角半径相同的圆筒形件比）。

从拉深力观点看，由于直边部分和圆角部分的内在联系，直边部分除承受弯曲应力外，还承受挤压应力；而圆角部分则由于变形程度减小（与相应圆筒形件比），则需要克服的变形阻力也就减小，从而使圆角部分所承担的拉深力较相应圆筒形件的拉深力为小，其应力分布如图 4-38 所示。

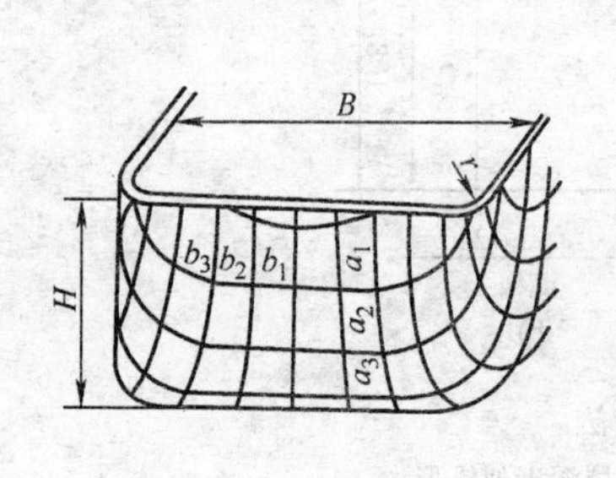

图 4-37　盒形件拉深时的金属流动

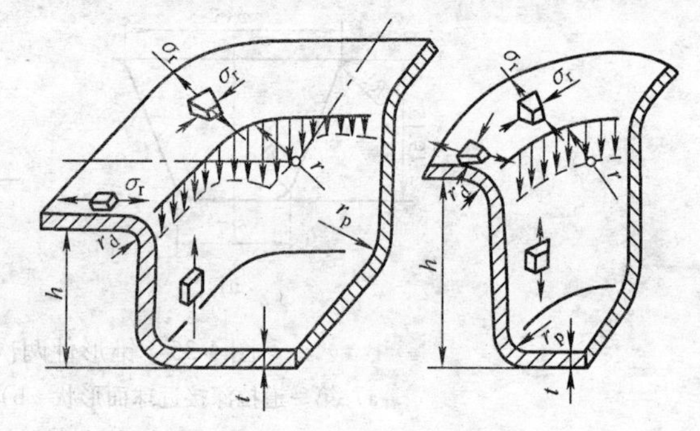

图 4-38　盒形件拉深时的应力分布

由以上观察分析可知，盒形件拉深的特点如下：

径向拉应力 σ_r 沿盒形件周边的分布是不均匀的，在圆角部分最大，直边部分最小，而 σ_τ 切向应力的分布也是一样。其次，就以角部来说，由于应力分布不均匀，其平均拉应力与相应的圆筒形件（后者的拉应力是平均分布的）相比要小得多。因此，就危险断面处的载荷来说，盒形件要小得多，故对于相同材料，盒形件的拉深系数可取小些。

由于压（挤压）应力 σ_τ 在角部最大，向直边部分逐步减小，因此，与角部相应的圆筒形件相比，材料稳定性加强了，起皱的趋势减少，直边部分很少起皱。

直边和圆角互相影响的大小，随着盒的形状不同而不同。如果相对圆角半径 r/B 和相对高度 H/B（B 为矩形件短边）不同，在坯料计算和工序计算的方法上都有很大的不同。

2. 坯料尺寸的计算

盒形件拉深时，某些圆角部分的金属被挤向直边，r/B 越小，这种现象越严重。在决定坯料尺寸时，必须考虑这部分材料的转移。

对于一次拉深成形的矩形盒件，其坯料尺寸可概略如下计算：先将直边按弯曲计算，圆角部分按 1/4 圆筒拉深计算，于是得出坯料外形 *ABCDEF*，如图 4-39 所示；然后过 *BC* 和 *DE* 的中点 *G* 和 *H* 作圆弧 *R* 的切线，再用圆弧将切线和直边展开线连接起来，便得到最后修正的坯料外形 *ALGHMF*。

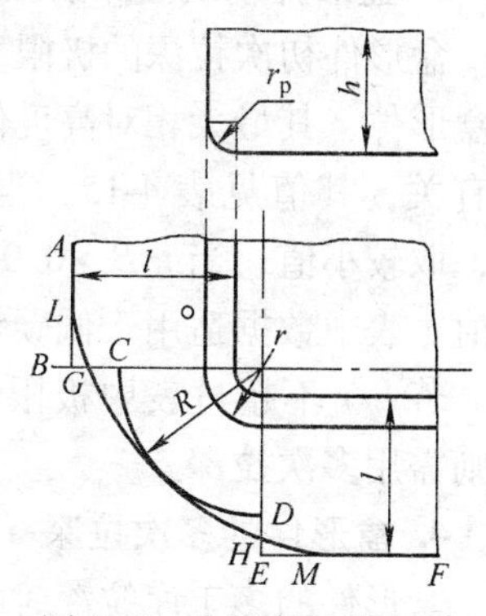

图 4-39　盒形件拉深坯料的概略计算

按弯曲展开的直边部分的长度为

$$l = h + 0.57r_p$$

式中　h——矩形盒高度（包括修边余量 Δh）；

r_p——矩形盒底部圆角半径。

盒形件修边余量 Δh 值可按表 4-14 选取。

表 4-14　盒形件修边余量 Δh

所需拉深次数	修边余量 Δh	所需拉深次数	修边余量 Δh
1	$(0.03\sim0.05)h$	3	$(0.05\sim0.08)h$
2	$(0.04\sim0.06)h$	4	$(0.06\sim0.1)h$

圆角部分按 1/4 圆筒拉深计算，当 $r > r_p$ 时，得

$$R = \sqrt{r^2 + 2rh - 0.86r_p(r + 0.16r_p)}$$

若方形盒件高度较大，需多次拉深，可采用圆形坯料如图 4-40 所示，其直径为：

$$D = 1.13\sqrt{B^2 + 4B(h - 0.43)r_p - 1.72r(h + 0.5r) - 4r_p(0.11r_p - 0.18r)}$$

对于高度与角部圆周半径较大的矩形盒件，可采用图 4-41 所示的长圆形或椭圆形坯料。坯料窄边的曲率半径按半个方盒计算，即取 $R' = D/2$，圆弧中心离拉深件短边的距离为 $B/2$。当高度较大需要多次拉深时，也可采用圆坯料，如图 4-42 所示，各中间工序拉深成直壁椭圆形，最后拉成矩形盒件。

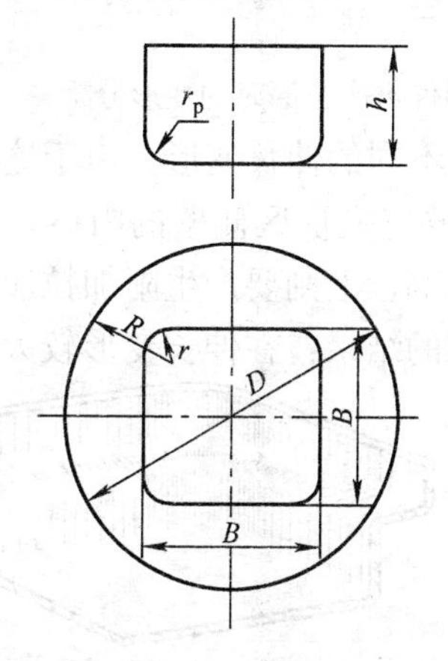

图 4-40　高方形盒件的坯料形状与尺寸

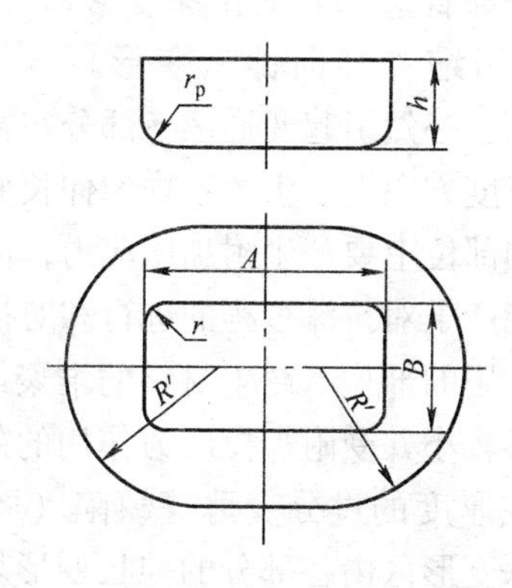

图 4-41　高矩形盒的坯料形状与尺寸

3. 盒形件初次拉深的极限变形程度

盒形件初次拉深的极限变形程度，可用其相对高度 h/r 表示。由平板坯料一次拉深成形的盒形件，其最大相对高度值与 r/B、t/B、板料性能等有关，其值见表 4-15。当 $t/B < 0.01$，且 $A/B \approx 1$ 时，取较小值；当 $t/B > 0.015$，且 $A/B \geqslant 2$ 时，取较大值。表中数据适用于低碳钢板拉深。

若 h/r 不超过表中极限值，则可一次拉深成形，否则需用多次拉深。

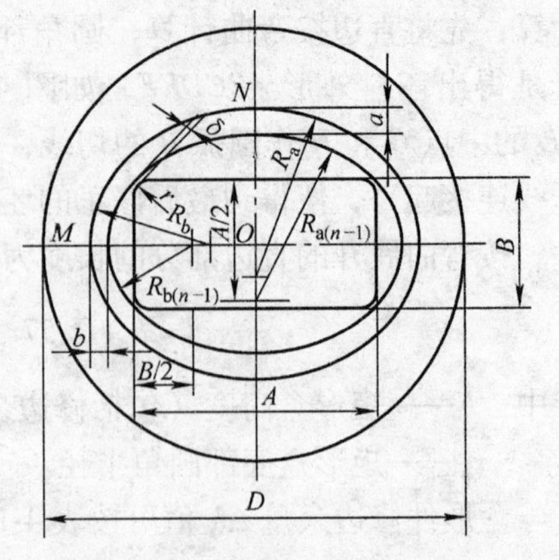

图 4-42　矩形盒多工序拉深时工序件的形状与尺寸

4. 盒形件的多次拉深

盒形件的多工序拉深时的变形特点，不但不同于圆筒形件的多次拉深，而且也与盒形件的初次拉深中的变形有很大差别，所以在确定其变形参数以及工序数目、工序顺序和模具设计等问题时都必须以非旋转体零件多次拉深变形的特点作为依据。

表 4-15　盒形件初次拉深最大相对高度值

相对角部圆角半径 r/B	0.4	0.3	0.2	0.1	0.05
相对高度 h/r	2~3	2.8~4	4~6	8~12	10~15

在盒形件的再次拉深时所用的工序件是已经形成直立侧壁的空间体，其变形分析如图 4-43 所示。工序件底部和已经进入凹模高度为 h_2 的侧壁是不应产生塑性变形的传力区；与凹模端面接触，宽度为 b 的环形凸缘是变形区；高度为 h_1 的直立侧壁是待变形区。在拉深过程中随着凸模的向下运动，高度 h_2 不断地增大，而高度 h_1 则逐渐减小，直到坯料全都进入凹模并形成拉深件的侧壁。假如变形区内圆角部分和直边部分的拉深变形（指切向压缩和径向伸长变形）大小不同，必然引起变形区各部分在宽度 b 的方向上产生不同的伸长变形。由于这种沿坯料周边在宽度方向上发生的不均匀伸长变形受到高度为 h_1 的待变形区侧壁的阻碍，在伸长变形较大的部位上要产生附加压应力，而在伸长变形较小的部位上则要产生附加拉应力。附加应力可能产生对拉深过程的进行和对拉深件质量都很不利的结果：在伸长变形较大并受附加压应力作用的部位上产生材料的堆聚或横向起皱；在伸长变形较小并受附加拉应力作用的部位上发生坯料的破裂或厚度的过分变薄等缺陷（图 4-44）。因此，保证拉深变形区内各部分的伸长变形均匀一致，而且不要产生材料的局部堆聚和其他部位过大的拉应力等条件，应该成为盒形件的多次拉深过程中每次拉深工

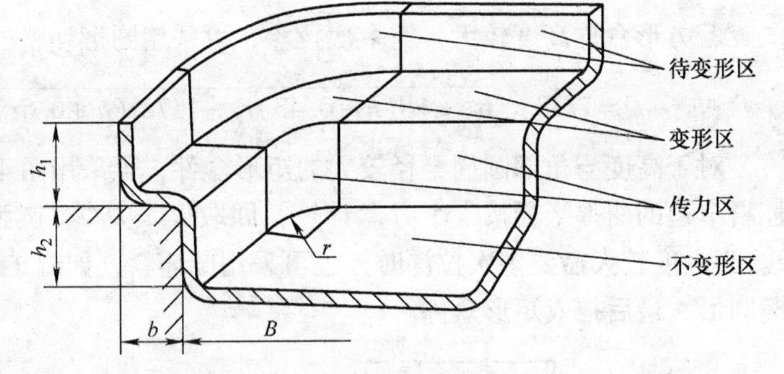

图 4-43　盒形件再次拉深时的变形分析

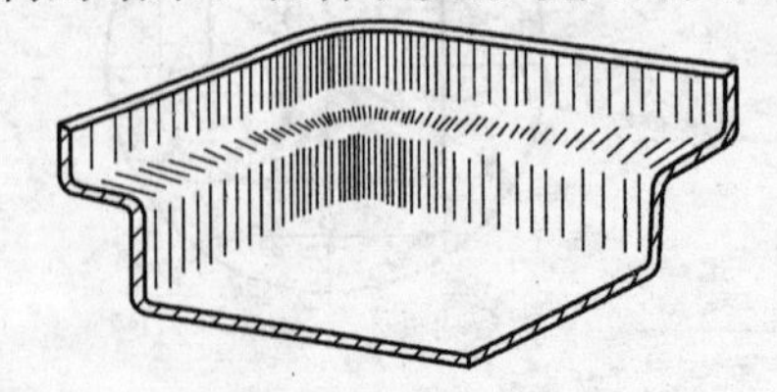

图 4-44　盒形件再次拉深时出现的缺陷

序所用工序件的形状和尺寸确定的基础，而且也是模具设计、确定工序顺序、冲压方法和其他变形工艺参数的主要依据。此外，也应保证沿盒形件周边上各点的拉深变形程度不能超过其侧壁强度所允许的极限值。

坯料全部周边上各点在变形区宽度方向上的伸长变形引起的纵向尺寸变化（相当于圆筒形件变形区内径向尺寸伸长）相同，不产生附加应力，因而不致发生材料的局部堆聚和局部过度拉伸或破裂的条件是：

$$\varepsilon_1=\varepsilon_2=\varepsilon_3=\cdots=\varepsilon_n$$

式中　ε_1，ε_2，ε_3，…，ε_n——是坯料变形区周边各个部位宽度方向上相对伸长变形的平均值。

假如上一条件得到保证，则在单位时间内，坯料周边上各个点上的变形区侧壁高度 h_1 的减少量相同，而且已成形的侧壁高度 h_2 的增大量也必然相同。也就是说，当坯料的底部和已成形的侧壁在凸模的作用下做等速的均匀下降运动时，坯料待变形区的侧壁也做等速的均匀下降，为保证满足上述条件，通常按下述方法确定多工序拉深盒形件时工序件的形状和尺寸。

图 4-45 所示为方形盒多工序拉深时工序件的形状和尺寸的确定方法。将直径为 D 的坯料，中间各次拉深成圆筒形，最后一次拉深成图样尺寸。先计算倒数第二次即第 $n-1$ 次拉深的工序件直径为

$$D_{n-1}=1.41B-0.82r+2\delta$$

式中　D_{n-1}——第 $n-1$ 次拉深后的坯料内径；

B——方盒宽度（按内表面计算）；

r——方盒角部内圆角半径；

δ——坯料内表面到拉深件内表面在圆角处的距离，简称为角部壁间距离。

δ 值对拉深变形程度和变形均匀性有直接影响。合理的 δ 值由表 4-16 查取或按下式确定，即

$$\delta=(0.2\sim0.25)r$$

其他各次工序可按圆筒形件拉深计算，即由直径 D 的平板坯料拉深成直径 D_{n-1}，高度为 h_{n-1} 的圆筒。

图 4-45　方形盒多工序拉深时工序件的形状和尺寸的确定方法

如图 4-42 所示为矩形盒多工序拉深时工序件的形状与尺寸。计算由 $n-1$ 次拉深开始。$n-1$ 次拉深后的椭圆形尺寸为

$$R_{a(n-1)}=0.705A-0.41r+\delta$$

$$R_{b(n-1)}=0.705B-0.41r+\delta$$

式中　$R_{a(n-1)}$、$R_{b(n-1)}$——第 $n-1$ 次拉深后的椭圆形在其长、短轴上的曲率半径；

A、B——为矩形盒的长度、宽度；

δ——第 n 次拉深的角部壁间距离，可由表 4-16 查取。

表 4-16　角部壁间距 δ 值

相对圆角半径 r/B	相对壁间距 δ/mm	相对圆角半径 r/B	相对壁间距 δ/mm
0.025	0.12	0.2	0.16
0.05	0.13	0.3	0.17
0.1	0.125	0.4	0.2

圆弧 $R_{a(n-1)}$ 和 $R_{b(n-1)}$ 的圆心，可按图 4-42 的方法确定，得出第 $n-1$ 次拉深后的工序件尺寸后，用矩形盒初次拉深的计算方法检查是否可由平板坯料一次拉成。否则，则需进行第 $n-2$ 次拉深计算。第 $n-2$ 次拉深系由椭圆形变椭圆形，这时应保证

$$\frac{R_{a(n-1)}}{R_{a(n-1)}+a}=\frac{R_{b(n-1)}}{R_{b(n-1)}+b}=0.75\sim0.85$$

式中　a、b——前后椭圆之间在短、长轴上的壁间距离（图 4-42）。

求出 a、b 后，可在对称轴上找到 M、N 点。然后选定半径 R_a 与 R_b 作圆弧过 M、N 点，使图形圆滑连接。并使 R_a 与 R_b 的圆心比 $R_{a(n-1)}$、$R_{b(n-1)}$ 的圆心更靠近中心 O。得出第 $n-2$ 次拉深后的工序件尺寸，重新检查是否可由平板坯料一次拉成，否则，应继续进行前一次工序的坯料计算。依此类推，直到初次拉深为止。

模块七　拉深模设计

一、拉深模的分类及典型结构

按使用压力机的不同，拉深模可分为两大类：单动压力机上使用的拉深模与双动压力机上使用的拉深模。按工序的复合程度又可分为单工序拉深模与复合拉深模。按结构形式与使用要求的不同，拉深模还有如下区分：首次拉深与再拉深、有压边装置与无压边装置、顺装式与倒装式、顺出件与逆出件等。

拉深模的设计应在拉深工艺计算与拉深工序制定之后进行，主要依据拉深件的生产批量和尺寸精度要求并考虑安全生产因素，来确定拉深模的结构形式。下面仅就简单拉深件的常用拉深模进行分析与介绍。

1. 单动压力机上使用的拉深模

小型拉深件和一些中型拉深件常在单动压力机上进行加工。由于使用单动压力机，如果拉深模有压边装置，模具设计应注意解决好压边装置弹性元件的设计或配置问题。

(1) 无压边装置的拉深模

1) 顺出件首次拉深模。如图 4-46 所示为无压边顺出件首次拉深模，适用于变形程度不大、相对料厚较大的简单件的拉深，且主要用于一次拉成的尺寸精度要求不高的工件。

工作时，平板毛坯由定位圈 2 定位，凸模 1 下行将板料拉入凹模 3 内。凸模下死点要调到使工件直壁全部越出凹模工作带。这时由于回弹作用使工件上口直径稍增大，在回程中工件将被凹模工作带下的台阶卡住，使其脱离凸模，顺下模座 4 的孔漏下。板料厚度小时，工件容易卡在凸模与凹模之间的缝隙内，需在凹模台阶处设置刮件板或刮件环。但薄料采用这种拉深模的机会很少，主要用于板料相对厚度 t/D 大于 2% 的厚料拉深。成形后的工件尺寸精度不高，底部不够平整。

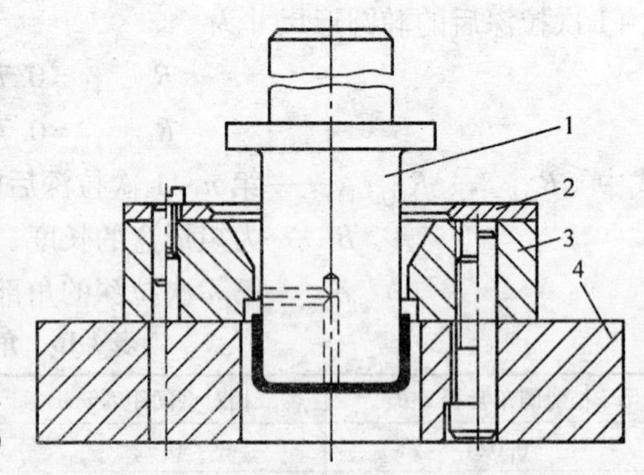

图 4-46　无压边顺出件首次拉深模

1—凸模　2—定位圈　3—凹模　4—下模座

这种模具的凸模常与模柄制成一体，以使模具结构简单。但当凸模直径较小时，可与模柄分体制造，中间用模板和固定板并借助螺钉和销钉把两者联接起来。凸模工作端要开通气孔，其直径可视凸模直径的大小在 3～8mm 之间。通气孔过长会给钻孔带来困难，可在超出工件高度处钻一横孔，与之相通，以减小中心孔的钻孔深度。

4-46 所示图例的凹模为锥形凹模。由于这种简单拉深模多用于厚料拉深，更适于采用锥形凹模，以提高变形程度。当工件相对高度 H/d 较小时，也可采用全直壁凹模，凹模的加工更容易。当凹模尺寸较小时，有将凹模与下模座制成一体的。有的将定位圈与凹模也制成一体，使整副模具十分简单，可只有凸模和凹模两个零件。但定位圈与凹模制成一体将使凹模的加工工艺性变差，凹模端面无法磨削，不仅表面难以加工光滑，而且不便于调整。因此定位圈与凹模分体制造比较好。

只进行拉深而没有冲裁加工的拉深模可以不用模架。安装模具时，下模先不要固定死，在凹模口放置几条厚度与工件板料厚度相同的板条，将凸模引入凹模内，与此同时下模沿横向将作稍许移动，便自动将拉深间隙调整均匀。在模具闭合状态下，将下模固定死，抬起上模，便可以进行拉深加工了。

2）无压边逆出件拉深模。图 4-47 所示为无压边逆出件首次拉深模，与图 4-46 所示的顺出件拉深模相比较，增加了由顶板 2、顶杆 3 及橡胶垫 4 组成的反顶装置。其重要作用不在于形成逆出件方式，即将拉深完的工件从凹模内反顶出，而是在拉深过程中始终将板料压紧于顶板与凸模端面之间，且在拉深后期可对工件底部进行校平。因此采用这种逆出件方式，拉深完的工件底部比较平整，形状也比较规则。反顶力越大，工件底部越平整，但回程时对压力机的冲击破坏作用也越大。因此使用这种逆出件方式的拉深模时，压力机的额定压力应有较大的富余。

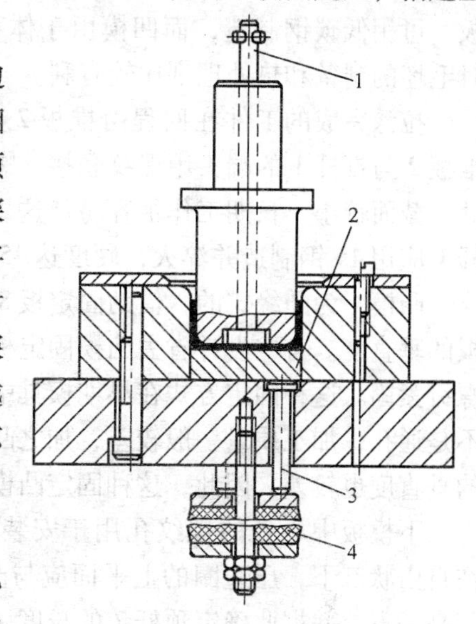

图 4-47　无压边逆出件首次拉深模
1—打杆　2—顶板　3—顶杆　4—橡胶垫

如果回程时工件随凸模上升，打杆 1 撞到压力机打杆横梁时将产生推件力，使工件脱离凸模。橡胶垫可用弹簧垫代替，两者都是冲压车间的通用弹顶装置，设计拉深模时只需在下模座留出与螺杆相配的螺孔。当工件较大时，需要的反顶力也较大，应尽可能采用气垫而不用橡胶垫，可减小对压力机的冲击破坏作用。

（2）有压边装置的拉深模

1）有压边倒装首次拉深模。在单动压力机上使用的拉深模，如果有压边装置，常采用倒装式结构，以便于采用通用的弹顶装置。有压边倒装首次拉深模如图 4-48 所示。如果采用顺装式结构，压边装置的弹性元件需单独设计与制造，将增大模具总体尺寸，也将增加制模成本。

毛坯由定位圈 5 定位；为便于送进毛坯，定位圈的内孔应加工出较大的倒角，余下的直壁段高度应小于板料厚度。有些这类拉深模将定位圈与压边圈 6 设计成一体，结构上虽简单些，却因无法磨削而使压边圈的压料面很难达到光滑，与底面的平行度也较差。这将增加拉深的变形阻力，严重时可造成压边力不均匀，这对顺利拉深是很不利的，不仅影响拉深件的质量，而且增加了拉破的危险性。定位圈与压边圈分体制造，就可避免上述问题的出现。定位圈通常用沉头螺钉固定到压边圈上，并用销钉定位。当定位圈较薄时，采用胶粘固定较为方便。当工件较大时，在压边圈上设置定位销来代替定位圈，也能收到同样的效果，并使模具更简单些。从定位原理讲，设置 3 个定位销就够了，但设置 4 个定位销更便于送料。当采用定位销时，应在凹模 3 的端面对应销钉处钻出与定位销数目相同的让位孔，或将凹模端面非工作部分车出台阶。如图 4-48 所示采用定位圈定位时，凹模端面非工作部分加工成锥形，操作时比较安全，不容易压伤手指。当凹模尺寸较大时，可从凹模工作带处将凹模分为两层，多分出的一层为凹模垫板，可用低碳钢制造，而凹模由于体积减小了许多，对毛坯的制备和热处理都比较有利。

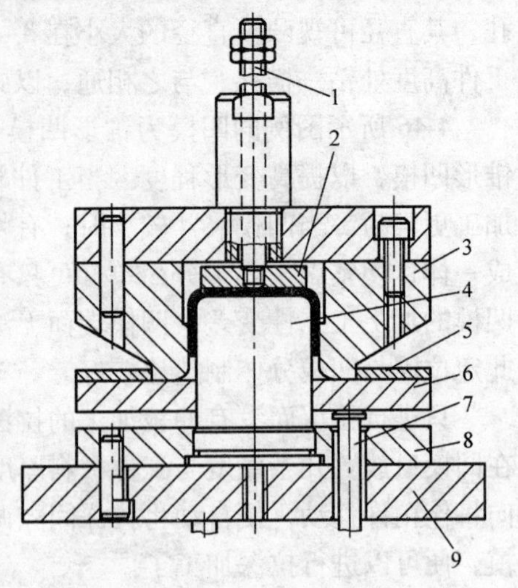

图 4-48　有压边倒装首次拉深模

1—打杆　2—推板　3—凹模　4—凸模　5—定位圈　6—压边圈　7—顶杆　8—固定板　9—下模板

拉深完成的工件在回程由推板 2 从凹模内推出。推板 2 与打杆 1 的端头用螺纹联接，螺纹根部退刀槽处横截面较小，长期工作很容易从这里断裂。因此打杆 1 应用 45 钢制造并淬火，硬度达 45HRC，为减小应力集中，退刀槽应车成圆弧形。

凸模 4 为凸缘式的，借助固定板 8 与下模板 9 相连接。这种固定方式可保证凸模与下模板的垂直度。有些设计省去凸模固定板 8，直接将凸模嵌入到下模板上，并从下模板底面用螺钉紧固。这种固定方式在早期模具中用的较多，但其缺点是明显的。下模板固定凸模的孔不是通孔，加工质量一般较差，加之凸模嵌入深度不足，固定凸模的可靠性较差，与下模板的垂直度也较差。因此，这种固定凸模的方法是落后的，不可能装出精度高的拉深模。

下模板中心处的螺纹孔用于安装通用弹顶装置。在自由状态下，压边圈的上平面应与凸模端面平齐或稍高一点，并据此确定顶杆 7 的长度。

2）有压边倒装再拉深模。如图 4-49 所示，压边圈 6 兼作定位用，前次拉深完成的工序件套在压边圈上进行定位。因此，压边圈的高度应大于前次工序件的高度，其外径最好按已拉深完成的前次工序件的内径配作。

拉深完成的工件在回程由推板 3 从凹模 4 内推出。打杆 1 与图 4-48 中的打杆不同，端头没有台阶，因此需用螺母 2 锁紧。

可调式限位柱 5 可控制压边圈与凹模之间的距离，以防止拉深后期由于压边力过大造成工件底角附近板料过分减薄，甚至拉破。

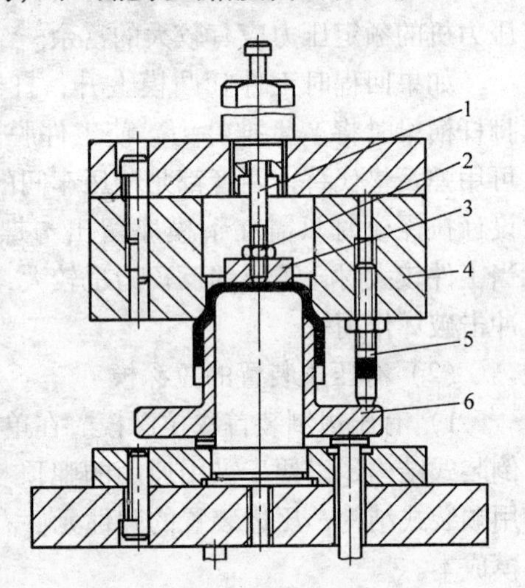

图 4-49　有压边倒装再拉深模

1—打杆　2—螺母　3—推板　4—凹模　5—限位柱　6—压边圈

3）落料、拉深复合模。如图 4-50 所示，送料时条料沿两个导料销11进行导料，由挡料销12定距。由于排样图取消了纵搭边，落料后废料中间将自动断开，因此可不设卸料装置。

开始工作时，首先由凹模1和凸凹模3完成落料，紧接着由凸模2和凸凹模3进行拉深。拉深结束后，在回程由推板4将工件从凸凹模内推出。连接推板的打杆7由螺母5锁紧。压边圈9兼作顶板，在拉深过程中起压边作用，拉深结束后又能将工件顶起，使其脱离凸模。

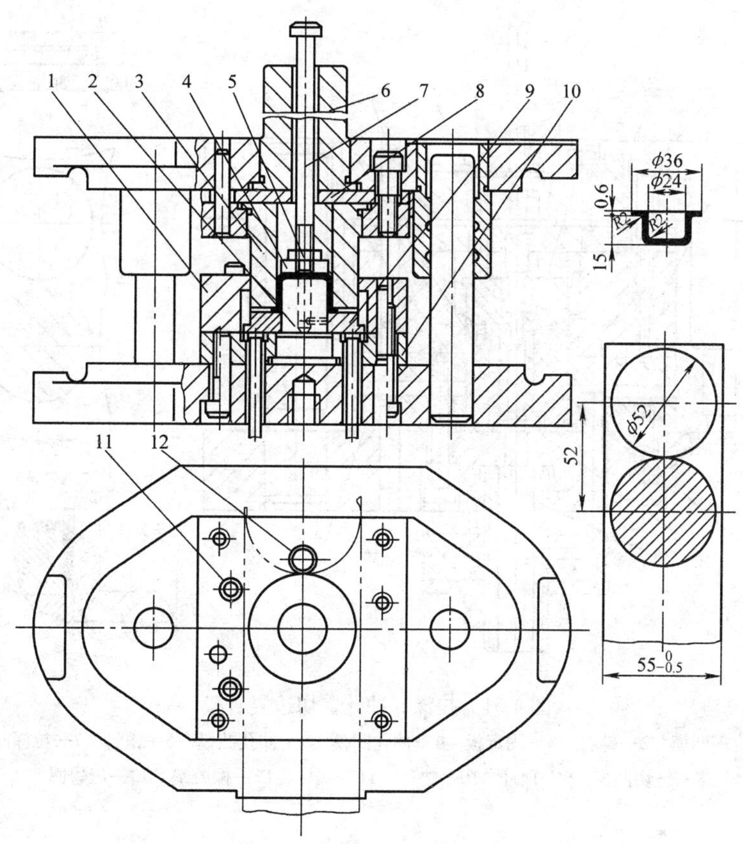

图4-50　落料、拉深复合模

1—凹模　2—凸模　3—凸凹模　4—推板　5—螺母　6—模柄
7—打杆　8—垫板　9—压边圈　10—固定板　11—导料销　12—挡料销

当压力机的闭合高度不够时，对模具可作如下改动：将模柄6换成凸缘式模柄，去掉垫板8；如果闭合高度仍不够，可去掉固定板10，将凸模直接嵌入下模座上。

该模具采用了中间导柱模架进行导向，这是为了保证均匀的冲裁间隙，提高模具的刃口寿命，并使模具的调试简单化。因此，兼有冲裁加工的拉深模都采用模架进行导向。

落料、拉深复合模比单工序模能提高生产率，但模具较复杂，装配难度也较大。由于计算的拉深件毛坯尺寸不一定准确，常需经试模修正，因此应在拉深件毛坯经单工序模生产验证合适之后，为了提高生产率，才设计落料、拉深复合模。对于较小的拉深件，从安全考虑，新设计拉深模时也可采取落料与拉深复合的方案。在变形程度允许的条件下，可适当加大毛坯尺寸，以提高模具的可靠性。对于非圆形拉深件，新设计模具不宜采用落料与拉深复合的方案，因为其毛坯尺寸计算的可靠性更差。除非工件的变形程度较小，允许将毛坯尺寸加大，才考虑设计落料、拉深复合模。

4）拉深、冲孔、切边复合模。如图4-51所示，像复合冲裁模那样，在拉深凹模1内设置冲孔凸模5，在拉深凸模7对应冲孔位置压入冲孔凹模4，使其成为组合式的凸凹模，便可在拉深后期完成冲孔加工。冲孔废料顺橡胶垫的管状螺杆11的内孔排除。

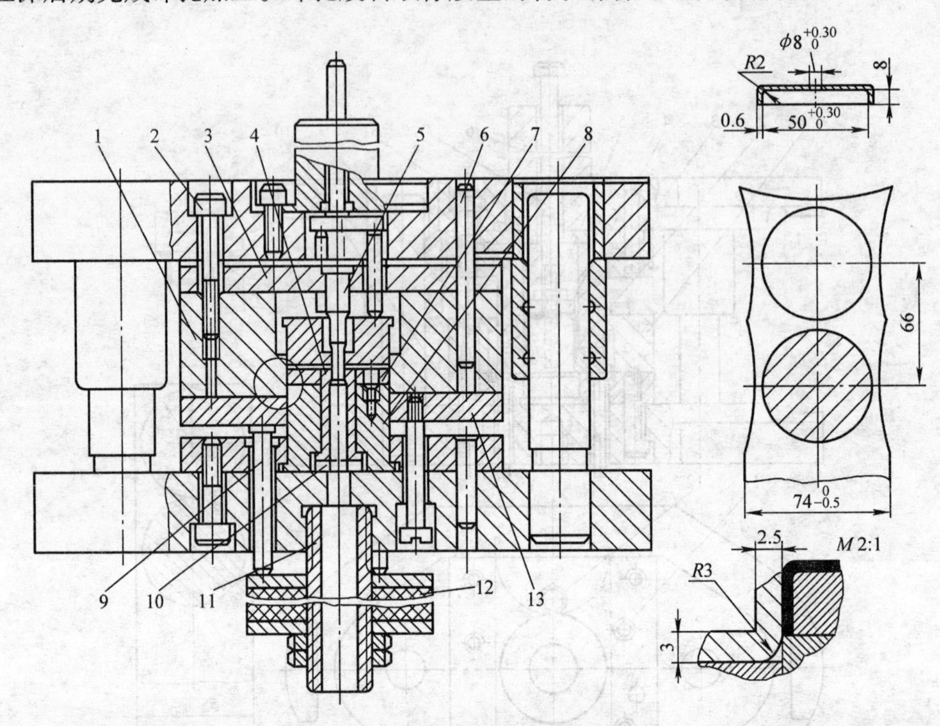

图4-51　拉深、冲孔、切边复合模

1—拉深凹模　2—螺钉　3—固定板　4—冲孔凹模　5—冲孔凸模　6—销钉　7—拉深凸模　8—挤切凸模　9—顶杆　10—垫片　11—螺杆　12—橡胶垫　13—压边圈

圆筒形件拉深后的修边加工是很麻烦的，通常在车床上进行，车掉修边余量，使上口平齐，高度达到工件的要求。例如自行车铃盖的修边加工就是这样进行的，虽然在车床上安装了专用夹具后生产率不算低，但劳动强度很大。如果圆筒形件带有凸缘边，修边将如同落料一样变得很容易。基于这种想法，图4-51中采用的是一种仿效落料加工的比较先进的修边方法，即挤切修边法。如图4-51所示，将通常的拉深凸模分为两段：前段为拉深凸模7，其高度等于工件的高度；后段为挤切凸模8，其外径与拉深凹模为小间隙配合。当拉深凸模7完成拉深加工后，挤切凸模8将逐渐进入凹模工作带，同时将工件高度以外的余料与工件断裂分离，完成修边加工。在修边过程中，材料受到挤压与剪切的共同作用，因此将这种修边方法称为挤切修边。拉深与修边是连续进行的，因此可省去落料工序，而直接使用整条料或带料进行加工。

为了使材料在挤切时容易断裂分离，可将拉深凹模圆角区加工成图4-51中右下角放大图所示的形状，即由圆弧段过渡到直壁段不是光滑的，r_d 的中心到凹模直壁的距离小于 r_d 值。

挤切修边是在圆弧段进行的，因此实际挤切断面的厚度要比板料厚度大得多，当 $r_d=4t$ 时，挤切断面的厚度约为板料厚度的2.5倍。因此挤切修边不适用于厚料，对薄料的挤切效果较好。在挤切修边后的工件上口有自然形成的圆弧，很像加工出的倒角，一般不影响使用。

挤切修边过程相当于无间隙冲裁，挤切凸模刃口的磨损是严重的，因此工作一段时间就需要刃磨。将拉深凸模、挤切凸模和冲孔凹模分为三件加工制造，就是为了便于刃磨。如果制成整体的，对挤切凸模刃口进行刃磨将是很困难的。对挤切凸模和冲孔凹模应同时进行刃磨，且刃磨量也应相等，以便重新装配模具时不需再作调整。在冲孔凹模下设置垫片10是供模具装配时调整用的。刃磨后，为了使压边圈13对拉深凸模的初始相对位置保持不变，应将顶杆9的长度相应减小，减小量应与刃磨量相等。

由于冲孔废料需通过管状螺杆11排除，因此该模具不能安装通用的弹顶装置，橡胶垫12需单独设计制造。

为了便于装配模具时调整间隙，对图4-51所示模具可作如下改进设计：螺钉2和销钉6只用于拉深凹模1的联接与定位，另设置螺钉和销钉单独对凸模固定板3进行联接与定位，同时将其上穿过销钉6的孔适当扩大。

5）落料、正反拉深、冲孔复合模。将落料与拉深复合在一副模具上完成，在图4-50中已作了介绍，冲孔与拉深的复合在图4-51中也作了介绍。图4-52所示模具包括了上述两副模具的主要工序，同时又增加了反拉深工序，对图中所示工件是很适合的。

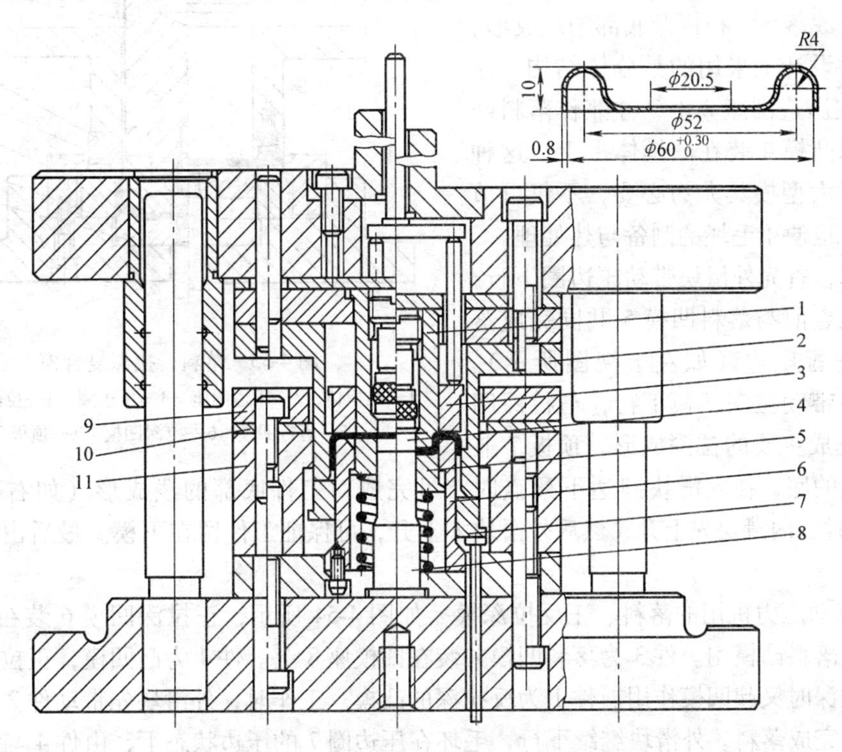

图4-52　落料、正反拉深、冲孔模

1、2、6—凸凹模　3—推件板　4—推板　5—顶件板　7—压边圈
8—冲孔凸模　9—固定卸料板　10—导料板　11—落料凹模

该模具工作过程如下：条料沿导料板 10 送进，由凸凹模 2 和落料凹模 11 完成落料，由固定卸料板 9 完成卸料。落料后，首先由凸凹模 2 和凸凹模 6 完成正拉深，紧接着由凸凹模 1 和凸凹模 6 完成反拉深，最后由冲孔凸模 8 和凸凹模 1 完成冲孔。之后压力机滑块进入回程，冲孔废料由推板 4 从凸凹模 1 的型孔内推出。工件如留在上模时，可由推件板 3 从凸凹模 2 的型孔内推出；工件如留在下模时，可由顶件板 5 从凸凹模 6 的型孔内顶出，同时压边圈 7 也能起顶件作用。

该模具零件较多，结构较为复杂，但零件加工并不难，只是模具装配调整较为复杂。为了便于模具的装配调整及刃磨，其联接螺钉和定位销的设置有一定特殊性。

采用这种多工序复合模具有明显的优点，不仅生产率较高，且可获得尺寸精度较高的工件，同时可消除单工序生产的不安全因素，但工艺计算应有足够的可靠性。图 4-52 所示的工件正反拉深变形程度都很小，多工序复合加工肯定是可靠的。

2. 双动压力机上使用的拉深模

双动压力机非常适用于拉深加工，通常其内滑块用于固定凸模，外滑块用于固定压边圈，压边力可单独调整与控制，且在拉深过程中保持不变，因此能收到很好的压边效果。由于压边装置不需设置弹性元件，因此用于双动压力机上的拉深模结构也比较简单。下面介绍的拉深模可说明上述特点。

（1）双动压力机用的落料、拉深复合模　如图 4-53 所示用于双动压力机的拉深模可同时完成落料、拉深及底部的浅成形。

在结构设计上采用的是分体结构，压边圈 3 装在压边圈座 2 上，并兼作落料凸模用，拉深凸模 4 装在凸模体 1 上。这种分体结构对大型模具尤为必要，不仅可节省工具钢，也便于毛坯的制备与热处理。

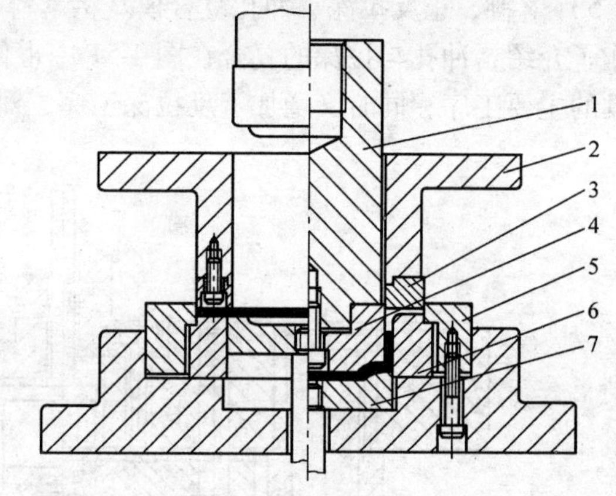

图 4-53　落料、拉深复合模
1—凸模体　2—压边圈座　3—压边圈　4—拉深凸模
5—落料凹模　6—拉深凹模　7—顶板

工作时，首先外滑块带动压边圈下行，在到达下死点前与落料凹模 5 共同完成落料，接着进行压边（如左半视图所示）。然后内滑块带动拉深凸模下行，与拉深凹模 6 一起完成主要的拉深成形。顶板 7 兼作拉深凹模的底，在内滑块到达下死点时，可完成对工件底部的浅成形（如右半视图所示）。回程时，内滑块先上升，然后外滑块才上升，可保证工件留在下模。最后由顶板 7 将工件顶出。

（2）双动压力机用的落料、正反拉深模　如图 4-54 所示，正拉深凹模 6 装在凹模体 2 上，并兼作落料凸模用。件 3 为落料凹模并装在凹模座 8 上。件 4 为凸凹模，正拉深时当凸模用，反拉深时又起凹模作用。件 1 为反拉深的凸模。工作时，外滑块先带动件 2 下行，由件 3 与件 6 完成落料。外滑块继续下行，毛坯在压边圈 7 的压边状态下，由件 4 与件 6 完成正拉深（如左半视图所示），此时外滑块达到下死点。然后内滑块带动件 1 下行，与件 4 共同完成反拉深（如右半视图所视）。最后由顶板 5 将工件从件 4 中顶出。

以上介绍的单动压力机和双动压力机用的拉深模，主要用于常见的圆筒形件的拉深，其结构形式基本上可用于矩形件的拉深。一般不要将落料与拉深复合在一副模具上完成，因为初始确定的矩形件毛坯尺寸的可靠性较差，常需经数次修正。当然也不可将矩形件的正拉深与反拉深复合在一副模具上完成。如果矩形件的变形程度较小，特别是允许留出小凸缘边、待拉深后再修边时，可考虑设计落料、拉深复合模。如果板料较薄，也可以采用挤切修边法。

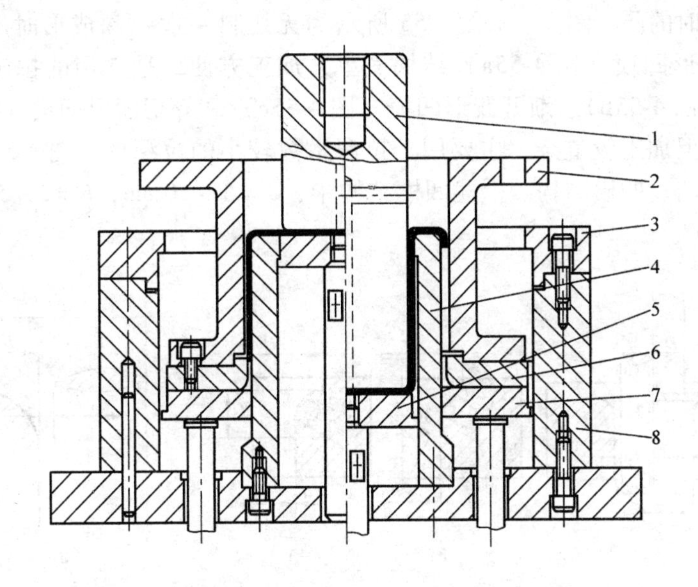

图4-54　落料、正反拉深模

1—反拉深凸模　2—凹模体　3—落料凹模　4—凸凹模
5—顶板　6—正拉深凹模　7—压边圈　8—凹模座

3. 拉深模闭合高度的计算

单动压力机拉深模闭合高度的计算如下

$$H = h + h_1 - (L + r_d)$$

式中　H——拉深模闭合高度（mm）；

h——上模部分高度（mm）；

h_1——下模部分高度（mm）；

L——拉深件高度（mm）；

r_d——拉深凹模的圆角半径（mm）。

由于双动压力机的模具安装及工作方式与单动压力机有所不同，所以应分为外滑块闭合高度与内滑块闭合高度的计算。其通用计算公式如下

$$H = h + h_1 - L$$

式中　H——内滑块或外滑块的闭合高度（mm）；

h——上模装配后的组合高度（mm）；

h_1——下模装配后的组合高度（mm）；

L——上模与下模闭合后的重叠部分（mm）。

二、拉深模工作零件的设计

1. 凸、凹模的结构

凸、凹模的结构设计是否合理，不但直接影响拉深时坯料的变形，而且还影响拉深件的质量。凸、凹模常见的结构形式有以下几种：

（1）无压料时的凸、凹模　如图4-55所示为无压料一次拉深成形时所用的凸、凹模结构，其中圆弧形凹模（图4-55a）结构简单，加工方便，是常用的拉深凹模的结构形式；锥形凹模（图4-55b）、渐开线形凹模（图4-55c）和等切面形凹模（图4-55d）对抗失稳起皱有利，但加工较复杂，主要用于拉深系数较小的拉深件。图4-56所示为无压料多次拉深所用的凸、凹模结构。上述凹模结构中，$a=5\sim10$mm，$b=2\sim5$mm，锥形凹模的锥角一般取30°。

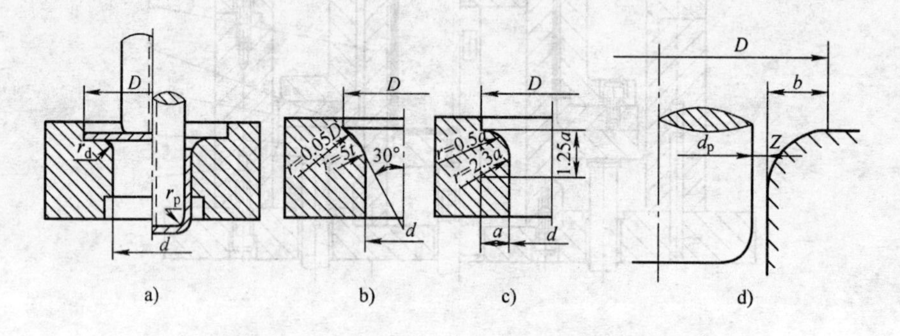

图4-55　无压料一次拉深的凸、凹模结构
a）圆弧形　b）锥形　c）渐开线形　d）等切面形

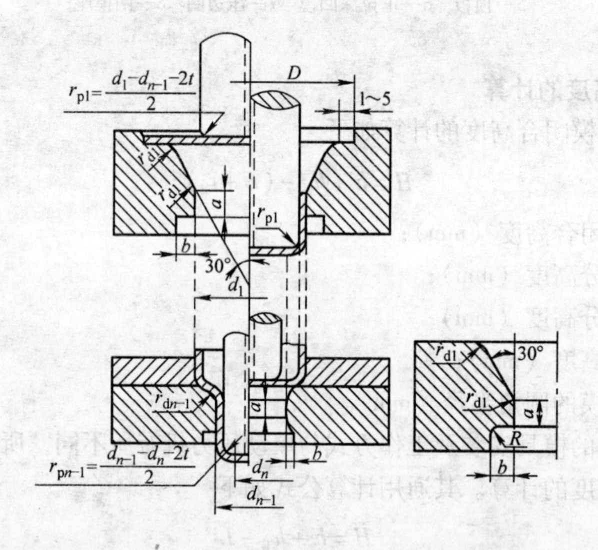

图4-56　无压料多次拉深的凸、凹模结构

（2）有压料时的凸、凹模　有压料时的凸、凹模结构如图4-57所示。其中图4-57a用于直径小于100mm的拉深件；图4-57b用于直径大于100mm的拉深件。这种模具结构除了

具有锥形凹模的特点外，还可减轻坯料的反复弯曲变形，以提高工件侧壁质量。

设计多次拉深的凸、凹模结构时，必须十分注意前后两次拉深中凸、凹模的形状尺寸应具有恰当的关系，尽量使前次拉深所得的工序件形状有利于后次拉深成形，而后一次拉深的凸、凹模及压边圈的形状与前次拉深所得的工序件相吻合，以避免坯料在成形过程中的反复弯曲。为了保证拉深时工件底部平整，应使前一次拉深所得工序件的平底部分尺寸不小于后一次拉深工件的平底尺寸。

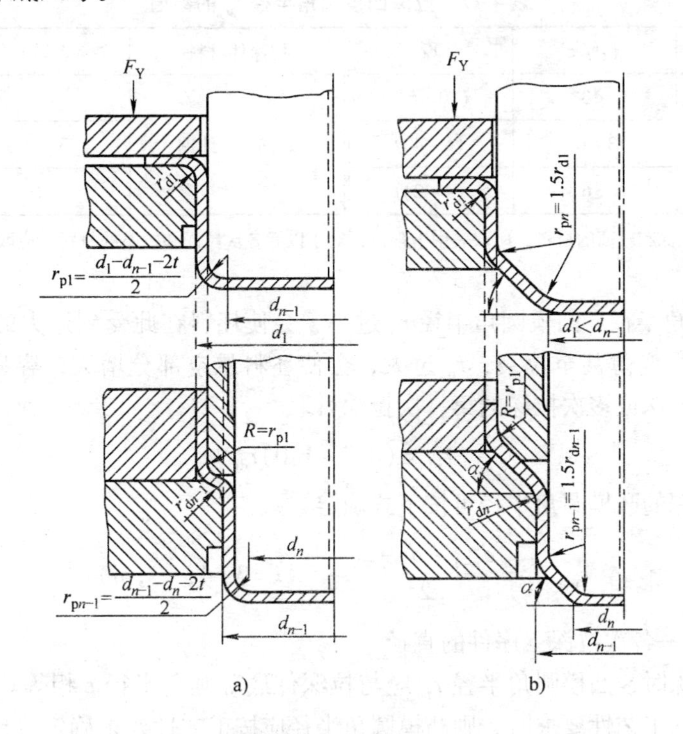

图4-57　有压料多次拉深的凸、凹模结构

a）用于直径小于100mm的拉深件　b）用于直径大于100mm的拉深件

2. 凸、凹模的圆角半径

（1）凹模圆角半径　凹模圆角半径 r_d 越大，材料越容易进入凹模，但 r_d 过大，材料易起皱。因此，在材料不起皱的前提下，r_d 宜取大一些。

第一次（包括只有一次）拉深的凹模圆角半径可按以下经验公式计算

$$r_{d1}=0.8\sqrt{(D-d)t}$$

式中　r_{d1}——凹模圆角半径（mm）；

D——坯料直径（mm）；

d——凹模内径（mm）（当工件料厚 $t\geqslant1$mm 时，也可取首次拉深时工件的中线尺寸）；

t——材料厚度（mm）。

以后各次拉深时，凹模圆角半径应逐渐减小，一般可按以下关系确定

$$r_{di}=(0.6\sim0.9)r_{d(i-1)}\qquad(i=2,3,\cdots,n)$$

盒形件拉深凹模圆角半径按下式计算

$$r_d = (4 \sim 8)t$$

r_d 也可根据拉深件的材料种类与厚度参考表 4-17 确定。

以上计算所得凹模圆角半径均应符合 $r_d \geqslant 2t$ 的拉深工艺性要求。对于带凸缘的筒形件，最后一次拉深的凹模圆角半径还应与零件的凸缘圆角半径相等。

表 4-17 拉深凹模圆角半径 r_d 的数值 （单位：mm）

拉深件材料	料厚 t	r_d	拉深件材料	料厚 t	r_d
钢	<3	$(10\sim6)t$	铝、黄铜、纯铜	<3	$(8\sim5)t$
	3~6	$(6\sim4)t$		3~6	$(5\sim3)t$
	>6	$(4\sim2)t$		>6	$(3\sim1.5)t$

注：对于第一次拉深和较薄的材料，应取表中上限值；对于以后各次拉深和较厚的材料，应取表中下限值。

（2）凸模圆角半径 凸模圆角半径 r_p 过小，会使坯料在此受到过大的弯曲变形，导致危险断面材料严重变薄甚至拉裂；r_p 过大，会使坯料悬空部分增大，容易产生“内起皱”现象。一般单次拉深或多次拉深的第一次拉深可取

$$r_{p1} = (0.7 \sim 1.0)r_{d1}$$

以后各次拉深的凸模圆角半径可按下式确定

$$r_{p(i-1)} = \frac{d_{i-1} - d_i - 2t}{2} \quad (i = 3, 4, \cdots, n)$$

式中 d_{i-1}、d_i——各次拉深工序件的直径。

最后一次拉深时，凸模圆角半径 r_{pn} 应与拉深件底部圆角半径 r 相等。但当拉深件底部圆角半径小于拉深工艺性要求时，则凸模圆角半径应按工艺性要求确定（$r_p \geqslant t$），然后通过增加整形工序得到拉深件所要求的圆角半径。

3. 凸、凹模间隙

拉深模的凸、凹模间隙对拉深力、拉深件质量、模具使用寿命等都有较大的影响。间隙小时，拉深力大，模具磨损也大，但拉深件回弹小，精度高。间隙过小，会使拉深件壁部严重变薄甚至拉裂；间隙过大，拉深时坯料容易起皱，而且口部的变厚得不到消除，拉深件出现较大的锥度，精度较差。因此，拉深凸、凹模间隙应根据坯料厚度及公差、拉深过程中坯料的增厚情况、拉深次数、拉深件的形状及精度等要求确定。

（1）无压边装置 对于无压边装置的拉深模，其凸、凹模单边间隙可按下式确定

$$Z = (1 \sim 1.1)t_{max}$$

式中 Z——凸、凹模单边间隙；

t_{max}——材料厚度的最大极限尺寸。

上式中的系数 1~1.1，小值用于末次拉深或精度要求高的工件的拉深，大值用于首次和中间各次拉深或精度要求不高的工件拉深。

（2）有压边装置 对于有压边装置的拉深模，其凸、凹模单边间隙可根据材料厚度和拉深次数参考表 4-18 确定。

表 4-18　有压边装里的凸、凹模单边间隙值 Z　（单位：mm）

总拉深次数	拉深工序	单边间隙 Z	总拉深次数	拉深工序	单边间隙 Z
1	第一次拉深	$(1\sim1.1)t$	4	第一、二次拉深 第三次拉深 第四次拉深	$1.2t$ $1.1t$ $(1\sim1.05)t$
2	第一次拉深 第二次拉深	$1.1t$ $(1\sim1.05)t$			
3	第一次拉深 第二次拉深 第三次拉深	$1.2t$ $1.1t$ $(1\sim1.05t)$	5	第一、二、三次拉深 第四次拉深 第五次拉深	$1.2t$ $1.1t$ $(1\sim1.05t)$

注：1. t 为材料厚度，取材料允许偏差的中间值。

2. 当拉探精度要求较高的工件时，最后一次拉深间隙取 $Z=t$。

（3）盒形件拉深模　其凸、凹模单边间隙可根据盒形件精度确定。当精度要求较高时，$Z=(0.9\sim1.05)t$；当精度要求不高时，$Z=(1.1\sim1.3)t$。最后一次拉深取较小值。另外，由于盒形件拉深时坯料在角部变厚较多，因此，圆角部分的间隙应较直边部分的间隙大 $0.1t$。

4. 凸、凹模工作尺寸及公差

拉深件的尺寸和公差是由最后一次拉深模保证的，考虑拉深模的磨损和拉深件的弹性回复，最后一次拉深模的凸、凹模工作尺寸及公差按如下情况确定：

当拉深件标注外形尺寸时（图 4-58a），则

$$D_d=(D_{max}-0.75\Delta)^{+\delta_d}_{0}$$

$$D_p=(D_{max}-0.75\Delta-2Z)^{0}_{-\delta_p}$$

当拉深件标注内形尺寸时（图 4-58b），则

$$d_p=(d_{min}+0.4\Delta)^{0}_{-\delta_p}$$

$$d_d=(d_{min}+0.4\Delta+2Z)^{+\delta_d}_{0}$$

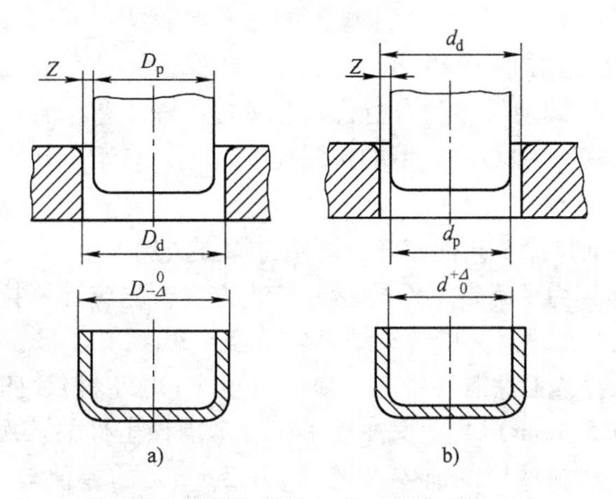

图 4-58　拉深件尺寸与凸、凹模工作尺寸

a）拉深件标注外形尺寸　b）拉深件标注内形尺寸

式中　D_d、d_d——凹模工作尺寸（mm）；

D_p、d_p——凸模工作尺寸（mm）；

D_{max}、d_{min}——拉深件的最大外形尺寸和最小内形尺寸（mm）；

Z——凸、凹模单边间隙（mm）；

Δ——拉深件的公差（mm）；

δ_p、δ_d——凸、凹模的制造公差（mm），可按 IT6 ~ IT9 级确定，或查表 4-19。

表 4-19　拉深凸、凹模的制造公差　　（单位：mm）

材料厚度 t	拉深件直径 d					
	≤20		20 ~ 100		>100	
	δ_d	δ_p	δ_d	δ_p	δ_d	δ_p
≤0.5	0.02	0.01	0.03	0.02	—	—
>0.5 ~ 1.5	0.04	0.02	0.05	0.03	0.08	0.05
>1.5	0.06	0.04	0.08	0.05	0.10	0.06

对于首次和中间各次拉深模，因工序件尺寸无需严格要求，所以其凸、凹模工作尺寸取相应工序的工序件尺寸即可。若以凹模为基准，则

$$D_d = D^{+\delta_d}_{0}$$

$$D_p = (D - 2Z)^{0}_{-\delta_p}$$

式中，D 为各次拉深工序件的基本尺寸。

三、拉深模设计步骤及实例

如图 4-59 所示的带凸缘圆筒形件（材料为 08 钢，厚度 t = 1mm，大批量生产），试确定其拉深工艺，设计拉深模。

（1）工件的工艺性分析　该工件为带凸缘圆筒形件，要求内形尺寸，料厚 t = 1mm，没有厚度不变的要求；工件的形状简单、对称，底部圆角半径 r = 2mm > t，凸缘处的圆角半径 R = 2mm = 2t，满足拉深工艺对形状和圆角半径的要求；尺寸 $\phi 20.1^{+0.2}_{0}$mm 为 IT12 级，其余尺寸为自由公差，满足拉深工艺对精度等级的要求；工件所用材料 08 钢的拉深性能较好，易于拉深成形。

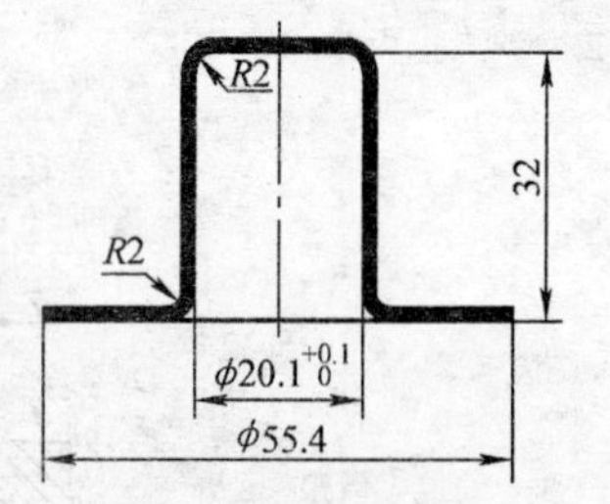

图 4-59　带凸缘圆筒形件

综上所述，该工件的拉深工艺性较好，可用拉深方法加工。

（2）确定工艺方案　为了确定工件的成形工艺方案，先应计算拉深次数及有关工序尺寸。该工件的拉深次数与工序尺寸的计算结果列于表 4-20。

根据上述计算结果，本工件需要落料（制成 ϕ79mm 的坯料）、四次拉深和切边（达到工件要求的凸缘直径 ϕ55.4mm）共六道冲压工序。考虑该工件的首次拉深高度较小，且坯料直径（ϕ79mm）与首次拉深后的筒体直径（ϕ39.5mm）的差值较大，为了提高生产率，可将坯料的落料与首次拉深复合。因此，该工件的冲压工艺方案为落料与首次拉深复合→第二次拉深→第三次拉深→第四次拉深→切边。

表4-20　拉深次数与各次拉深工序件尺寸　(单位：mm)

拉深次数 n	凸缘直径 d_1	筒体直径 d（内形尺寸）	高度 H	圆角半径	
				R(外形尺寸)	r(内形尺寸)
1	ϕ59.8	ϕ39.5	21.2	5	5
2	ϕ59.8	ϕ30.2	24.8	4	4
3	ϕ59.8	ϕ24	28.7	3	3
4	ϕ59.8	ϕ20.1	32	2	2

本例仅以第四次拉深为例介绍拉深模设计过程。

(3) 拉深力与压边力计算

1) 拉深力。08钢的抗拉强度。$\sigma_b=325\text{MPa}$，由 $m_4=0.844$ 查表4-11得 $K_2=0.70$，则

$$F=K_2\pi d_4 t\sigma_b=(0.70\times3.14\times20.1\times1\times325)\text{N}=14358\text{N}$$

2) 压边力。查表4-12取 $p=2.5\text{MPa}$，则

$$F_Y=\frac{\pi}{4}(d_3^2-d_4^2)p=[3.14\times(24^2-20.1^2)\times2.5/4]\text{N}=338\text{N}$$

3) 压力机公称力。根据 $F_g\geqslant(1.8\sim2.0)F_\Sigma$ 和 $F_\Sigma=F+F_Y$，取 $F_g\geqslant1.8F_\Sigma$，则

$$F_g\geqslant[1.8\times(14358+338)]\text{N}=32418\text{N}=26.5\text{kN}$$

(4) 模具工作部分尺寸的计算

1) 凸、凹模间隙。由表4-18查得凸、凹模的单边间隙为 $Z=(1\sim1.05)t$，取 $Z=1.05t=(1.05\times1)\text{mm}=1.05\text{mm}$。

2) 凸、凹模圆角半径。因是最后一次拉深，故凸、凹模圆角半径应与拉深件相应圆角半径一致，故凸模圆角半径 $r_p=2\text{mm}$，凹模圆角半径 $r_d=2\text{mm}$。

3) 凸、凹模工作尺寸及公差。由于工件要求内形尺寸，故凸、凹模工作尺寸及公差分别按 $D_d=D^{+\delta_d}_{0}$、$D_p=(D-2Z)^{0}_{-\delta_p}$ 计算。查表4-19，取 $\delta_p=0.02$，$\delta_d=0.04$，则

$$d_p=(d_{min}+0.4\Delta)^{0}_{-\delta_p}=(20.1+0.4\times0.2)^{0}_{-0.02}\text{mm}=20.18^{0}_{-0.02}\text{mm}$$

$$d_d=(d_{min}+0.4\Delta+2Z)^{+\delta_d}_{0}=(20.1+0.4\times0.2+2\times1.05)^{+0.04}_{0}\text{mm}=22.28^{+0.04}_{0}\text{mm}$$

4) 凸模通气孔。根据凸模直径大小，取通气孔直径为 ϕ5mm。

(5) 模具的总体设计　模具的总装图如图4-60所示。因为压边力不大（$F_Y=338\text{N}$），故在单动压力机上拉深。本模具采用倒装式结构，凹模11固定在模柄7上，凸模13通过固定板15固定在下模座3上。由上道工序拉深的工序件套在压边圈14上定位，拉深结束后，由推件块12将卡在凹模内的工件推出。

(6) 压力机的选择　根据公称力 $F_g\geqslant26.5\text{kN}$，滑块行程 $S\geqslant2h_{工件}=(2\times32)\text{mm}=64\text{mm}$ 及模具闭合高度 $H=188\text{mm}$，查压力机有关数据，选择型号为JC23-35型开式双柱可倾式压力机。

(7) 模具主要零件设计　根据模具总装图结构、拉深工作要求及前述模具工作部分的计算，设计出的拉深凸模、拉深凹模及压边圈分别如图4-61～图4-63所示。

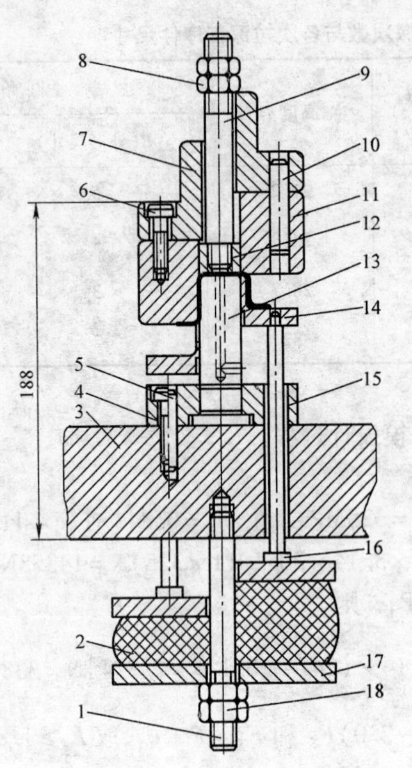

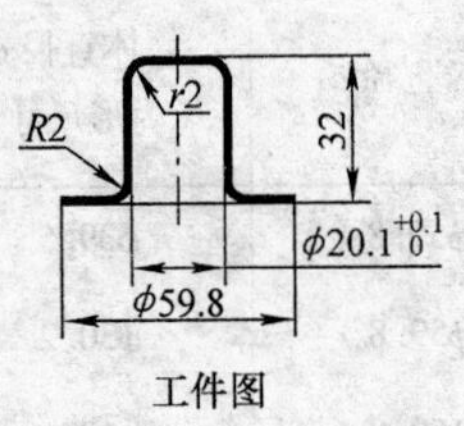

图 4-60　拉深模总装图

1—螺杆　2—橡胶弹性体　3—下模座　4、6—螺钉　5、10—销钉　7—模柄　8、18—螺母　9—打杆　11—凹模　12—推件块　13—凸模　14—压边圈　15—固定板　16—顶杆　17—托板

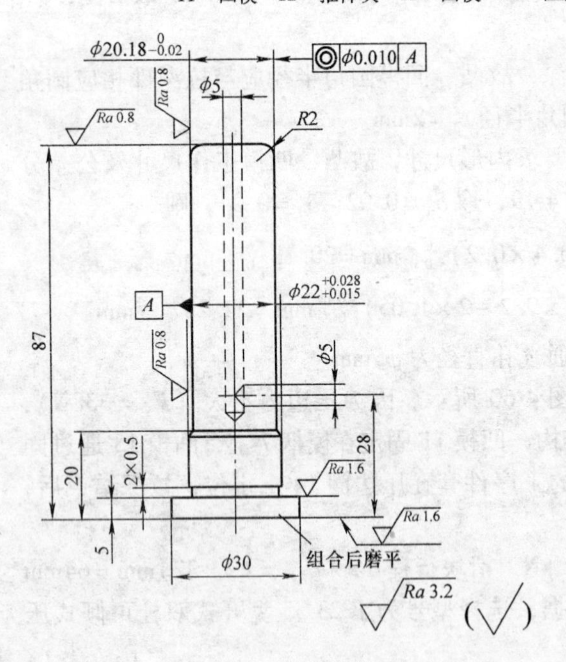

图 4-61　拉深凸模

材料：T10A

热处理：58～62HRC

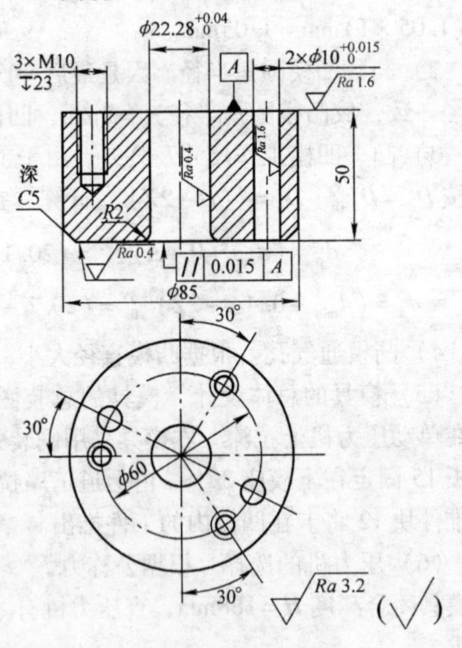

图 4-62　拉深凹模

材料：T10A

热处理：60～64HRC

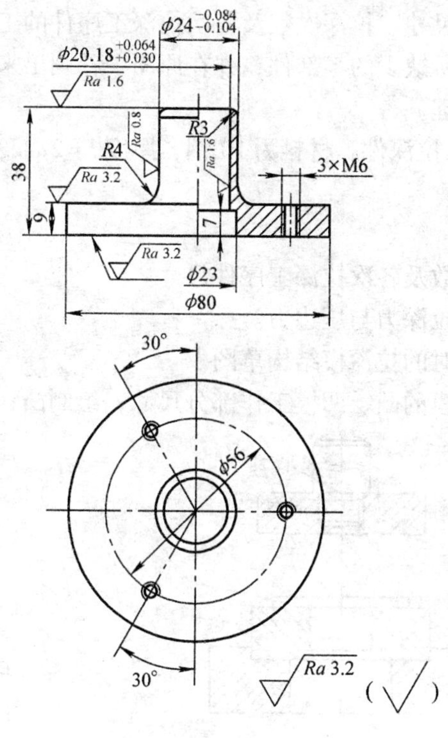

图 4-63　压料圈

材料：T8A

热处理：54 ~ 58 HRC

复习思考题

4-1　拉深变形具有哪些特点？用拉深工艺方法可以制成哪些类型的工件？

4-2　拉深件的主要质量问题有哪些？如何控制？

4-3　拉深件的危险断面在何处？在什么情况下会产生拉裂现象？

4-4　何谓圆筒形件的拉深系数？影响拉深系数的因素主要有哪些？

4-5　拉深件的坯料尺寸计算遵循哪些原则？

4-6　带凸缘圆筒形件需多次拉深时的拉深方法有哪些？为什么首次拉深时就应使凸缘直径与工件凸缘直径（加切边余量）相同？

4-7　带凸缘圆筒形件的拉深系数越大，是否说明其变形程度也越大？为什么？

4-8　在什么情况下，弹性压边装置中应设置限位柱？

4-9　盒形件拉深有什么特点？为什么说在同等断面周长的情况下盒形件比圆筒形件的拉深变形要容易？

4-10　曲面形状工件拉深的特点是什么？提高曲面形状工件成形质量的措施有哪些？

4-11　以后各次拉深模与首次拉深模主要有哪些不同？为何在单动压力机上使用的以后各次拉深模常常采用倒装式结构？

4-12　如图 4-64 所示是一拉深件及其首次拉深的不完整模具结构图。拉深件的材料为 08F 钢，厚度 $t = 1$mm。试完成以下内容：

1）计算拉深件的坯料尺寸、拉深次数及各次拉深工序件的工序尺寸。

2）指出模具结构图中所缺少的零部件，并在原图中补画出来。

3）说明模具的工作原理。

4-13　如图 4-65 所示的拉深件，材料为 10 钢，厚度 $t=2\text{mm}$，大批量生产。试完成以下工作内容：

1）分析零件的工艺性。

2）计算零件的拉深次数及各次拉深工序件尺寸。

3）计算各次拉深时的拉深力与压边力。

4）绘制最后一次拉深时的拉深模结构草图。

5）确定最后一次拉深模的凸、凹模工作部分尺寸，绘制凸、凹模零件图。

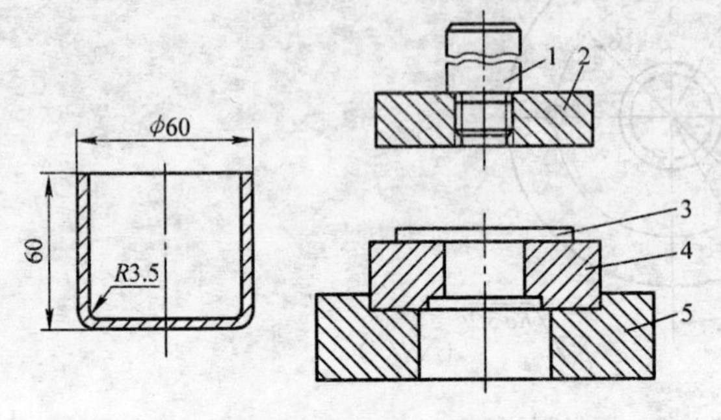

图 4-64　习题 4-12 附图

1—模柄　2—上模座　3—坯料　4—凹模　5—下模座

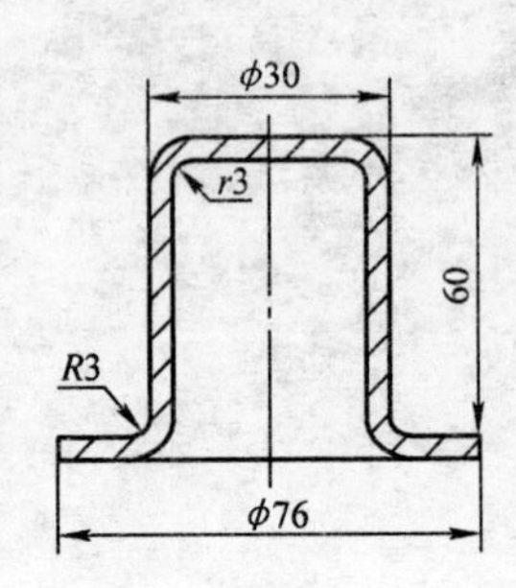

图 4-65　习题 4-13 附图

第五单元　其他冲压成形模设计

【学习目标】

1. 掌握胀形的特点、平板坯料的起伏成形和空心坯料的胀形。
2. 掌握翻孔和翻边技术。
3. 掌握缩口变形特点及变形程度、缩口工艺计算及缩口模结构。
4. 掌握校平与整形技术。

【学习任务】

1. 单元学习任务

本单元的学习任务是其他冲压成形模具设计。要求通过本单元的学习，了解胀形的特点、平板坯料的起伏成形、空心坯料的胀形、翻孔、翻边、缩口变形特点及变形程度、缩口工艺计算、缩口模结构及校平与整形。

2. 学习任务流程图

单元的具体学习任务及学习过程流程图如图 5-1 所示。

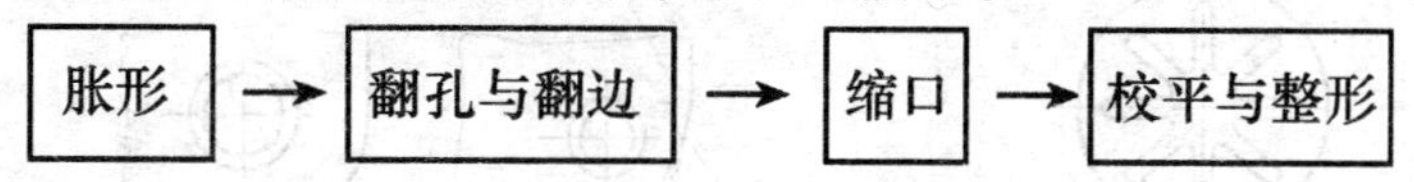

图 5-1　学习任务及学习过程流程图

【学习过程】

由学习任务及学习过程流程图可知，本单元的学习任务共有 4 个。下面就将这些任务逐一分解、实施，逐点学习，最终完成整个单元的学习任务。

成形是指用各种局部变形的方法来改变坯料或工序件形状的加工方法。其他冲压成形是指除弯曲和拉深以外的冲压成形工序，包括胀形、翻孔与翻边、缩口、旋压和校形等冲压工序。这些成形工序的共同特点是通过材料的局部变形来改变坯料或工序件的形状；不同点是胀形和圆内孔翻孔属于伸长类成形，成形极限主要受变形区过大拉应力作用而破裂的限制；缩口和外缘翻凸边属于压缩类成形，成形极限主要受变形区过大压应力而失稳起皱的限制；校形时，由于变形量一般不大，不易产生开裂或起皱，但需要解决因弹性恢复而影响校形精度的问题。至于旋压则属于特殊的成形方法，与上述各种成形方法又有所不同，可能起皱，也可能破裂。所以，在制订工艺和设计模具时，一定要根据不同的成形特点，确定合理的工艺参数。

模块一　胀　　形

冲压生产中，一般将平板坯料的局部凸起变形和空心件或管状件沿径向向外扩张的成形工序统称为胀形。

一、胀形的特点

胀形工艺根据变形及应力状态分析可知具有以下特点：

1）胀形时，工件的塑性变形仅局限于变形区范围内，材料不向变形区外转移，也不从变形区外进入变形区内。

2）工件变形区内的材料，处于两向受拉的应力状态，而且变形区内工件形状的变化主要是由于表面局部增大而实现的，故胀形时工件一般要变薄。因此，考虑胀形工序时，主要应防止材料受拉而胀裂。

3）胀形的极限变形程度，主要决定于材料的塑性，材料塑性越好，伸长率越大，可能达到的极限胀形系数也越大。

4）胀形时坯料处于双向受拉的应力状态，变形区的材料不会产生失稳起皱现象，因此成形后工件的表面光滑，质量好。同时，由于变形区材料截面上拉应力沿厚度方向的分布比较均匀，所以卸载时的弹性回复很小，容易得到尺寸精度较高的工件。

二、平板坯料的起伏成形

起伏成形又称局部胀形，可以压制加强筋、凸包、凹坑、花纹图案及标记等。图 5-2 所示为起伏成形的一些例子。经过局部成形后的冲压件，特别是生产中广泛应用的压筋成形，由于压筋后工件惯性矩的改变和材料加工后的硬化，能够有效地提高工件的刚度和强度。

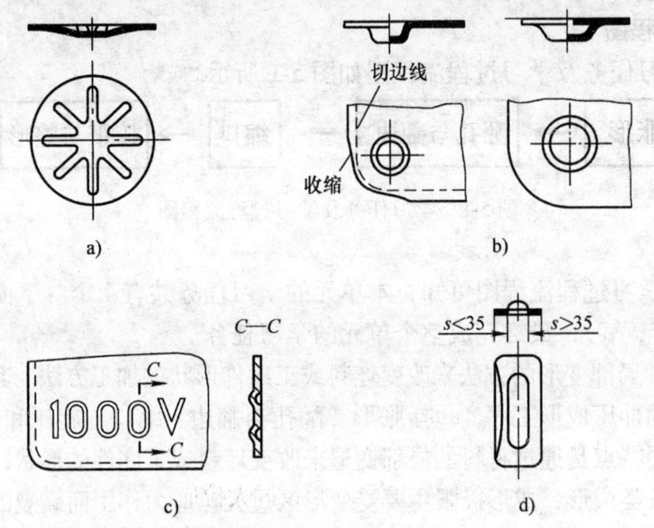

图 5-2　平板坯料胀形实例

a）压制凹坑　b）压制加强筋　c）压制标记　d）压制凸包

起伏成形的极限变形程度，主要受到材料的性能、工件的几何形状、模具结构、胀形的方法以及润滑等因素的影响。特别是复杂形状的工件，应力应变的分布比较复杂，其危险部位和极限变形程度一般通过实验的方法确定。对于比较简单的起伏成形工件，则可以按下式近似地确定其极限变形程度

$$\frac{l-l_0}{l_0}<(0.7\sim0.75)\delta$$

式中　l_0、l——起伏成形前、后材料的长度（mm）（图 5-3）；

δ——材料单向拉伸的伸长率。

式中系数 0.7 ~0.75 视局部胀形的形状而定，球形筋取大值，梯形筋取小值。

如果工件要求的局部胀形超过极限变形程度时，可以采用图5-4所示的方法：第一道工序用大直径的球形凸模胀形，达到在较大范围内聚料和均匀变形的目的；用第二道工序最后成形得到所要求的尺寸。

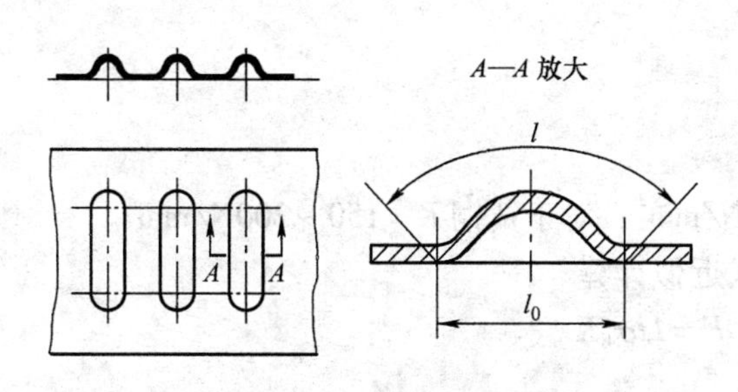

图5-3　起伏成形前、后材料的长度

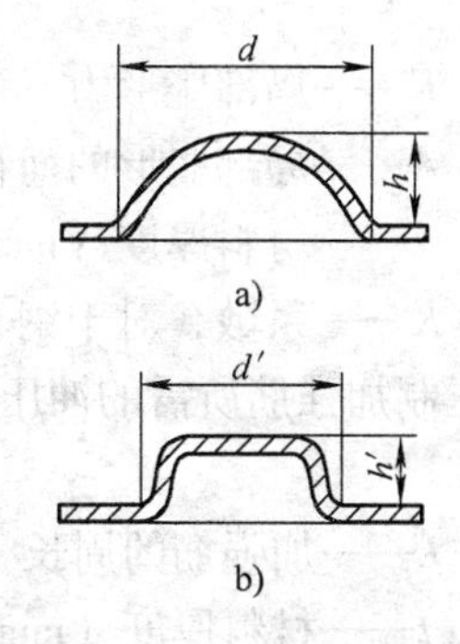

图5-4　深度较大的局部胀法
a）预成形　b）最后成形

加强筋的形式和尺寸可参考表5-1。当在坯料边缘局部胀形时，如图5-2b、d所示，由于边缘材料要收缩，因此应预先留出切边余量，成形后再切除。

表5-1　加强筋的形式和尺寸

名称	简　图	R/mm	h/mm	D或B/mm	r/mm	α(°)
压筋		(3～4)t	(2～3)t	(7～10)t	(1～2)t	—
压凸			(1.5～2)t	≥3h	(0.5～1.5)t	15°～35°

简　图	D/mm	L/mm	l/mm
	6.5	10	6
	8.5	13	7.5
	10.5	15	9
	13	18	11
	15	22	13
	18	26	16
	24	34	20
	31	44	26
	36	51	30
	43	60	35
	48	68	40
	55	78	45

在曲轴压力机上对薄料（$t<1.5\text{mm}$）、小工件（$A<2000\text{mm}^2$）进行局部胀形（压筋）时（加强筋除外）其胀形力数值可用下式近似计算

$$F=AKt^2$$

式中　F——局部胀形力（N）；

A——局部胀形的面积（mm^2）；

t——材料厚度（mm）；

K——系数，对于钢 $K=200\sim300\text{N/mm}^4$；对于黄铜 $K=150\sim200\text{N/mm}^4$。

压制加强筋所需的冲压力，可用下式近似计算

$$F=Lt\sigma_b K$$

式中　L——加强筋的周长（mm）；

t——材料厚度（mm）；

σ_b——材料的抗拉强度（MPa）；

K——系数，一般 $K=0.7\sim1.0$，加强筋形状窄而深时取大值，宽而浅时取小值。

三、空心坯料的胀形

空心坯料的胀形俗称凸肚，它是使材料沿切向拉伸，将空心工序件或管状坯料向外扩张，胀出所需的凸起曲面，如壶嘴、带轮、波纹管等。

1. 胀形方法

胀形方法一般分为刚性模胀形和柔性模胀形两种。

图 5-5 所示为刚性凸模胀形。利用锥形芯块将分瓣凸模顶开，使工序件胀出所需的形状。分瓣凸模的数目越多，工件的精度越好。这种胀形方法的缺点是很难得到精度较高的旋转体零件，变形的均匀程度差，模具结构复杂。

图 5-6 所示是柔性模胀形。其原理是利用橡皮（或聚氨酯）、液体、气体或钢丸等代替刚性凸模。柔性模胀形时材料的变形比较均匀，容易保证工件的精度，便于成形复杂的空心工件，所以在生产中广泛采用。图 5-6a 所示是橡皮胀形，橡皮 3 作为胀形凸模，胀形时，橡皮在凸模 1 的压力作用下发生变形，从而使坯料沿凹模 2 内壁胀出所需的形状。橡皮胀形的模具结构简单，坯料变形均匀，能成形形状复杂的工件，所以在生产中广泛应用。图 5-6b 所示是液压胀形，液体 5 作为胀形凸模，上模下行时斜楔 4 先使分块凹模 2 合拢，然后凸模 1 的压力传给液体，凹模内的坯料在高压液体的作用下直径胀大，最终紧贴凹模内壁成形。液压胀形可加工大型工件，工件表面质量较好。

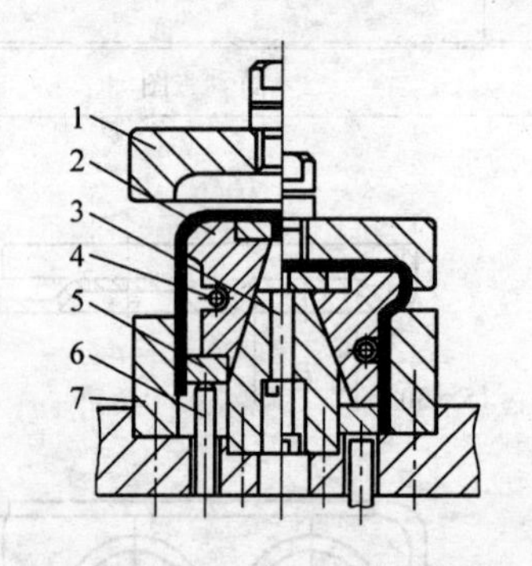

图 5-5　刚性凸模胀形

1—凹模　2—分瓣凸模　3—拉簧　4—锥形芯块　5—顶板　6—顶杆　7—凹模

由于工序件已经过多次拉深工序，金属已伴有冷作硬化现象，故当变形程度较大时，在胀形前应该进行退火，以恢复金属的塑性。

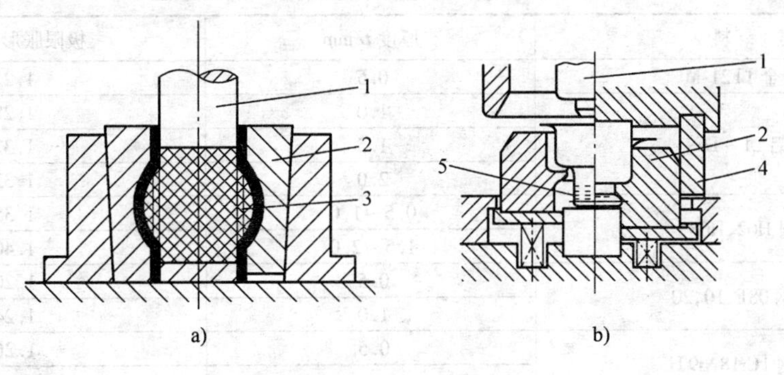

图 5-6　柔性凸模胀形

a）橡皮胀形　b）液压胀形

1—凸模　2—分块凹模　3—橡皮　4—斜楔　5—液体

图 5-7 所示是采用轴向压缩和高压液体联合作用的胀形方法。首先将管坯置于下模，然后将上模压下，再使两端的轴头压紧管坯端部，继而由轴头中心孔通入高压液体，在高压液体和轴向压缩力的共同作用下胀形而获得所需的工件。也可以用轴向压缩和橡皮联合作用的胀形方法获得所需零件。用这种方法加工高压管接头、自行车的管接头等零件效果很好。

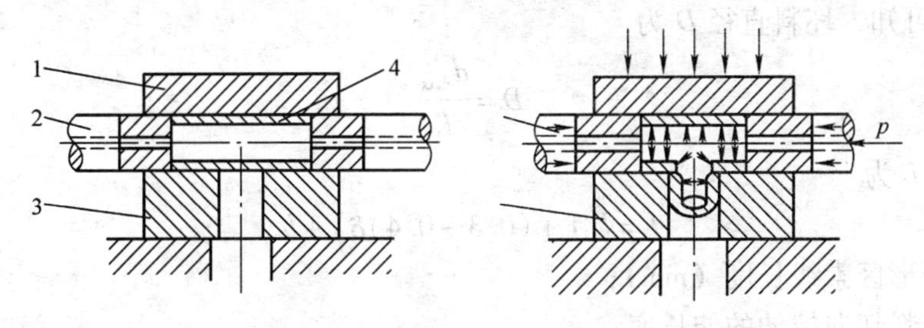

图 5-7　加轴向压缩的液体胀形

1—上模　2—轴头　3—下模　4—管坯

2. 胀形的变形程度

空心坯料胀形的变形主要是依靠材料的切向拉伸，故胀形的变形程度常用胀形系数 K 表示（图 5-8）

$$K=\frac{d_{max}}{D}$$

式中　d_{max}——胀形后工件的最大直径（mm）；

D——空心坯料的原始直径（mm）。

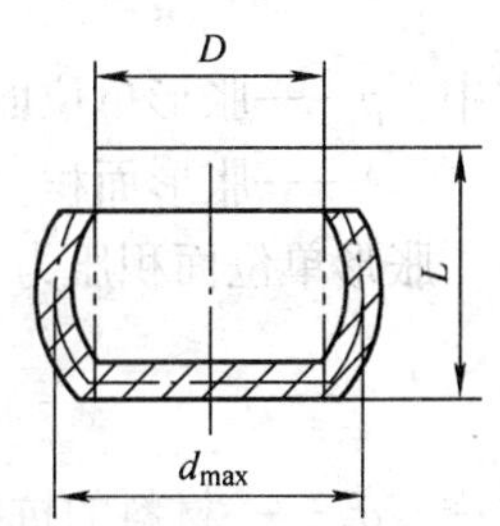

图 5-8　空心坯料胀形

胀形系数 K 和坯料切向拉伸伸长率 δ 的关系为

$$\delta=\frac{d_{max}-D}{D}=K-1$$

或 $K=1+\delta$

表 5-2、表 5-3 所示为一些常用材料的极限胀形系数的近似值。

表 5-2 常用材料的极限胀形系数 K 的近似值

材　料	厚度 t/mm	极限胀形系数 K
铝合金 LF21-M	0.5	1.25
纯铝 L1 ~ L6	1.0	1.28
	1.5	1.32
	2.0	1.32
黄铜 H62，H68	0.5 ~ 1.0	1.35
	1.5 ~ 2.0	1.40
低碳钢 08F，10，20	0.5	1.20
	1.0	1.24
不锈钢 1Cr18Ni9Ti	0.5	1.26
	1.0	1.28

表 5-3 铝管坯料的实验极限胀形系数 K 的近似值

胀 形 方 法	极限胀形系数 K	胀 形 方 法	极限胀形系数 K
简单的橡皮胀形	1.2 ~ 1.25	局部加热至 200 ~ 250℃	2.0 ~ 2.1
对坯料轴向加压的橡皮胀形	1.6 ~ 1.7	加热至 380℃用锥形凸模的端部胀形	~3.0

3. 胀形的坯料计算

由图 5-8 可知，坯料直径 D 为

$$D = \frac{d_{\max}}{K}$$

坯料长度 L 为

$$L = l[1 + (0.3 \sim 0.4)\delta] + b$$

式中：l——变形区素线长度（mm）；

δ——坯料切向拉伸的伸长率；

b——切边余量，一般取 $b = 10 \sim 20$mm。

式中系数 0.3 ~ 0.4 为切向伸长而引起高度减小所需的系数。

4. 胀形力的计算

空心坯料胀形，所需的胀形力 F 可按下式计算

$$F = pA$$

式中　p——胀形单位面积压力（MPa）；

A——胀形面积（mm^2）。

胀形单位面积压力 p 可用下式计算

$$p = 1.15\sigma_b \frac{2t}{d_{\max}}$$

式中　σ_b——材料的抗拉强度（MPa）；

$d_{\max}$——胀形最大直径（mm）；

t——材料的原始厚度（mm）。

5. 胀形模结构

图 5-5 所示为分瓣式刚性凸模胀形模，工序件由下凹模 7 及分瓣凸模 2 定位，当上凹模

1 下行时，将迫使分瓣凸模沿锥形芯块 4 下滑的同时向外胀开，在下死点处完成对工序件的胀形。上模回程时，弹顶器（图中未画出）通过顶杆 6 和顶板 5 将分瓣凸模连同工件一起顶起。由于分瓣凸模在拉簧 3 的作用下始终紧贴锥形芯块，顶起过程中分瓣凸模直径逐渐减小，因此至上死点时能将已胀形的工件顺利地从分瓣凸模上取下。

图 5-9 所示为橡皮软凸模胀形模，工序件 1 在托板 5 和定位圈 6 上定位，上模下行时，凹模 4 压下由弹顶器或气垫支撑的托板 5，托板向下挤压橡皮凸模 2，将工序件胀出凸筋。上模回程时，托板和橡皮凸模复位，并将工件顶起。如果工件卡在凹模内，可由推件板 3 推出。

图 5-10 所示为自行车中接头橡皮胀形模，空心坯料在分块凹模 2 内定位，胀形时，上、下冲头 1 和 4 一起挤压橡皮及坯料，使坯料与凹模型腔紧密贴合而完成胀形。胀形完成以后，先取下模套 3，再撬开分块凹模便可取出工件。该中接头经胀形以后，还需经过冲孔和翻孔等工序才能最后成形。

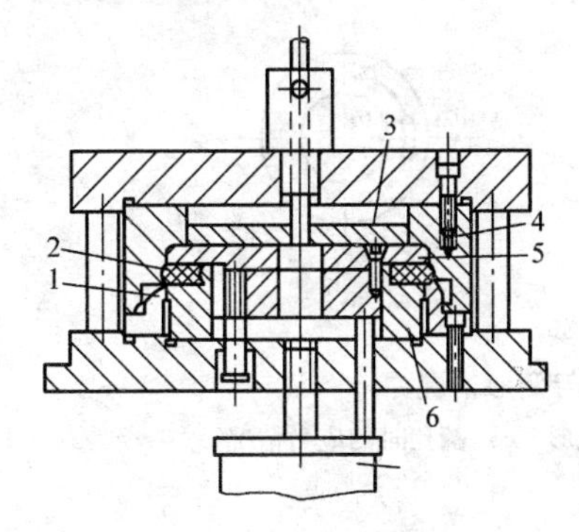

图 5-9　橡皮软凸模胀形模

1—工序件　2—橡皮凸模　3—推件板

4—凹模　5—托板　6—定位圈　7—气垫

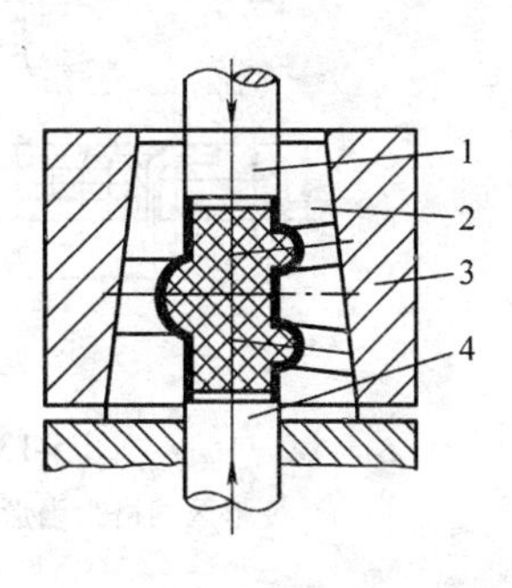

图 5-10　自行车中接头橡皮胀形模

1、4—冲头　2—分块凹模　3—模套

模块二　翻孔与翻边

翻孔是在预先制好孔的工序件上沿孔边缘翻起竖立直边的成形方法；翻边是在坯料的外边缘沿一定曲线翻起竖立直边的成形方法。利用翻孔和翻边可以加工各种具有良好刚度的立体零件（如自行车中接头、汽车门外板等），还能在冲压件上加工出与其他零件装配的部位（如铆钉孔、螺纹底孔和轴承座等）。因此，翻孔和翻边也是冲压生产中常用的工序之一。图 5-11 所示为几种翻孔与翻边工件实例。

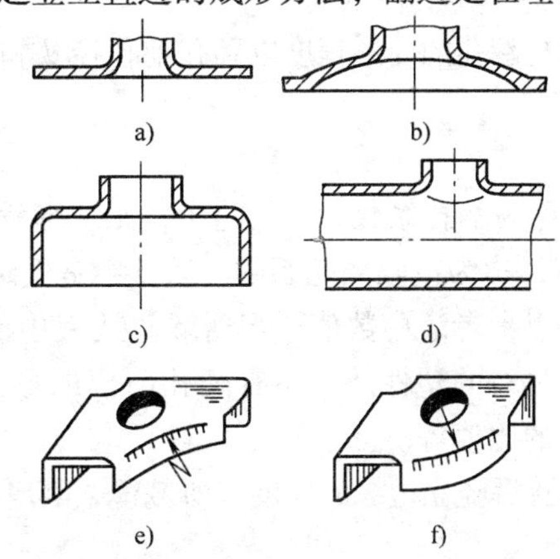

图 5-11　翻孔与翻边工件实例

a)、b)、c)、d) 翻孔零件　e)、f) 翻边零件

一、翻孔

1. 内孔翻孔

内孔翻边在工件加工中有很大的作用，

它可代替拉深切底工序，缩短生产周期；可弯制环形工件，以加大拉深件高度；可制成螺纹底孔；能弯制工件空心铆钉形孔（图 5-12）等。

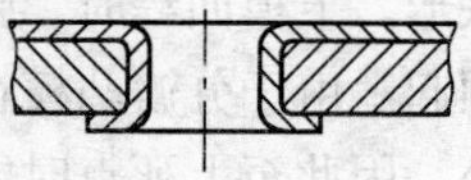

图 5-12　空心铆钉形孔

（1）翻孔的变形程度与变形特点　如图 5-13 所示，设翻孔前坯料孔径为 d，翻孔后的直径为 D。翻孔时，在凸、凹模作用下 d 不断扩大，凸模下面的材料向侧面转移，最后使平面环形变成竖立的直边。变形区是内径 d 和外径 D 之间的环形部分。

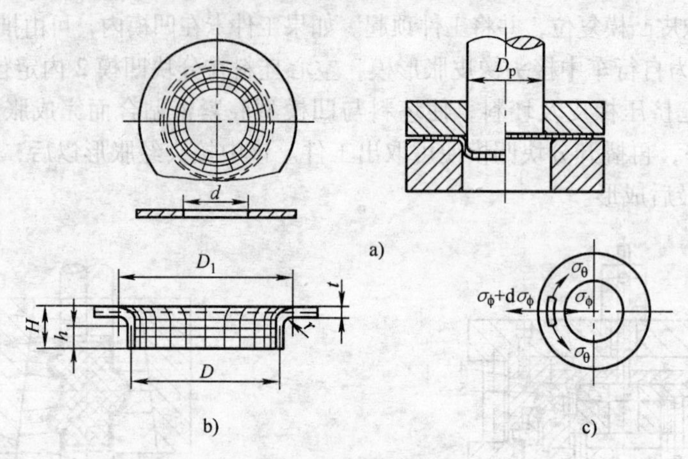

图 5-13　圆孔翻孔时的应力与变形情况

a）变形区网格为扇形　b）变形区网格变为矩形　c）翻孔时的应力情况

为了分析圆孔翻孔的变形情况，可采用网格试验法。从图 5-13 所示的网格变化可以看出：变形区网格由扇形变为矩形，说明变形区材料沿切向伸长，越靠近孔口伸长越大；同心圆之间的距离变化不明显，说明其径向变形量很小。另外，竖边的壁厚有所减薄，尤其在孔口处减薄更为严重。由此可以分析，圆孔翻孔的变形区主要受切向拉应力作用并产生切向伸长变形，在孔口处拉应力和拉应变达到最大值；变形区的径向拉应力和变形均很小，径向尺寸可近似认为不变；圆孔翻孔的主要危险在于孔口边缘被拉裂，拉裂的条件取决于变形程度的大小。

圆孔翻孔的变形程度以翻孔前孔径 d 和翻孔后孔径 D 的比值 K 来表示，即

$$K=\frac{d}{D}$$

K 称为翻孔系数，K 值越小，则变形程度越大。翻孔时孔口边缘不破裂所能达到的最小 K 值，称为极限翻孔系数。表 5-4 是低碳钢圆孔翻孔时的极限翻孔系数 K_{min}。对于其他材料可以参考表中数值适当增减。从表中的数值可以看出，影响极限翻孔系数的因素很多，除材料的塑性外，还有翻孔凸模的形式、预制孔的加工方法以及预制孔的孔径与板料厚度的比值等。

翻孔后竖立边缘的厚度有所减薄，其厚度可按下式计算

$$t'=t\sqrt{\frac{d}{D}}=t\sqrt{K}$$

式中　t'——翻孔后竖立直边的厚度（mm）；

t——翻孔前坯料的原始厚度（mm）;

K——翻孔系数。

表 5-4　低碳钢圆孔翻孔时的极限翻孔系数 K_{min}

凸模形式	孔的加工方法	d/t										
		100	50	35	20	15	10	8	6.5	5	3	1
球形	钻孔去毛刺	0.70	0.60	0.52	0.45	0.40	0.36	0.33	0.31	0.30	0.25	0.20
	冲孔	0.75	0.65	0.57	0.52	0.48	0.45	0.44	0.43	0.42	0.42	—
圆柱形平底	钻孔去毛刺	0.80	0.70	0.60	0.50	0.45	0.42	0.40	0.37	0.35	0.30	0.25
	冲孔	0.85	0.75	0.65	0.60	0.55	0.52	0.50	0.50	0.48	0.47	—

（2）翻孔的工艺计算

1）平板坯料翻孔的工艺计算。在进行翻孔之前，需要在坯料上加工出待翻孔的孔，其孔径 d 可按弯曲展开的原则求出，即

$$d = D - 2(H - 0.43r - 0.72t)$$

式中符号如图 5-14 所示。

竖边高度为

$$H = \frac{D-d}{2} + 0.43r + 0.72t = \frac{D}{2}(1-K) + 0.43r + 0.72t$$

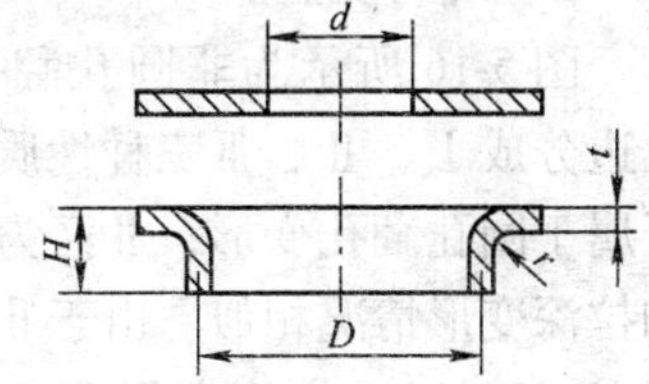

图 5-14　平板坯料翻孔尺寸

如以极限翻孔系数 K_{min} 代入上式，便可求出一次翻孔所能达到的极限高度为

$$H_{max} = \frac{D}{2}(1-K_{min}) + 0.43r + 0.72t$$

当工件要求的高度 $H > H_{max}$ 时，说明不可能在一次翻孔中完成，这时可以采用加热翻孔、多次翻孔或先拉深后冲底孔再翻孔的方法。

采用多次翻孔时，应在每两次工序间进行退火。第一次以后的极限翻孔系数 K'_{min} 可取

$$K'_{min} = (1.15 \sim 1.20)K_{min}$$

2）先拉深后冲底孔再翻孔的工艺计算。采用多次翻孔所得工件竖边壁部会发生较严重的变薄，若对零件壁部变薄有要求时，则可采用预先拉深，在底部冲孔后再翻孔的方法。在这种情况下，应先决定预拉深后翻孔所能达到的最大高度，然后根据翻孔高度及零件高度来确定拉深高度及预冲孔直径。

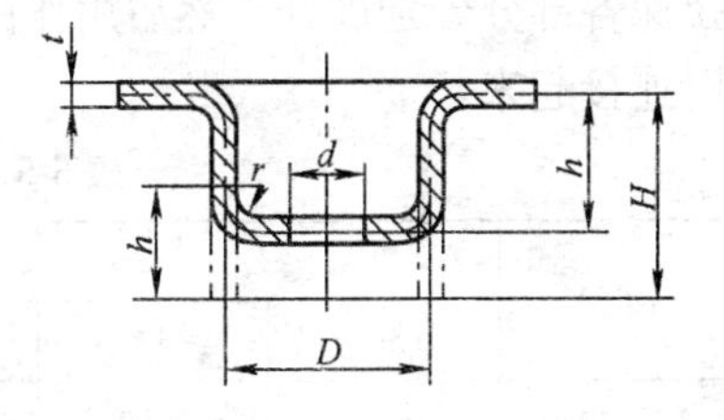

图 5-15　先拉深后翻孔的尺寸计算

先拉探后翻孔的高度由图 5-15 可知（按板厚中线计算）

$$h = \frac{D-d}{2} + 0.57r = \frac{D}{2}(1-K) + 0.57r$$

若以极限翻孔系数 K_{min} 代入上式，可求得翻孔的极限高度 h_{max} 为

$$h_{max} = \frac{D}{2}(1-K_{min}) + 0.57r$$

此时，预制孔直径 d 为

$$d = K_{min} D$$

或

$$d = D + 1.14r - 2h_{max}$$

拉深高度 h' 为

$$h' = H - h_{max} + r$$

（3）翻孔力的计算　翻孔力 F 一般不大，用圆柱形平底凸模翻孔时，可按下式计算，即

$$F = 1.1\pi(D - d)t\sigma_s$$

式中　D——翻孔后直径（按中线算）（mm）；

d——坯料预制孔直径（mm）；

t——材料厚度（mm）；

σ_s——材料屈服强度。

用锥形或球形凸模翻孔的力略小于上式计算值。

2. 非圆孔翻孔

图 5-16 所示为非圆孔翻孔。从变形情况看，可以沿孔边分成Ⅰ、Ⅱ、Ⅲ三种性质不同的变形区。其中只有Ⅰ区属于圆孔翻孔变形；Ⅱ区为直边，属于弯曲变形；Ⅲ区和拉深变形情况相似。由于Ⅱ区和Ⅲ区两部分的变形性质可以减轻Ⅰ部分的变形程度，因此非圆孔翻孔系数 K_f（一般指小圆弧部分的翻孔系数）可小于圆孔翻孔系数 K，两者的关系大致是

$$K_f = (0.85 \sim 0.95)K$$

非圆孔的极限翻孔系数 K_{fmin}，可根据各圆弧段的圆心角 α 的大小查表 5-5。

非圆孔翻孔坯料的预制孔，可以按圆孔翻孔、弯曲和拉深各部分分别展开，然后用作图法把各展开线交接处光滑连接起来。

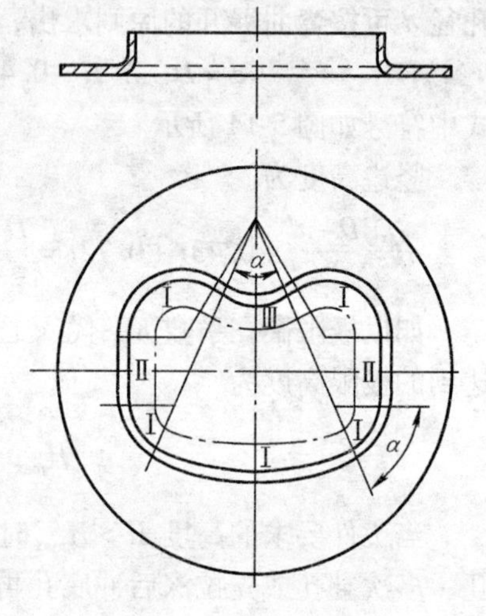

图 5-16　非圆孔翻孔

表 5-5　低碳钢非圆孔的极限翻孔系数 K_{fmin}

α(°)	d/t						
	50	33	20	12.5 ~ 8.3	6.6	5	3.3
180 ~ 360	0.80	0.60	0.52	0.50	0.48	0.46	0.48
165	0.73	0.55	0.48	0.46	0.44	0.42	0.47
150	0.67	0.50	0.43	0.42	0.40	0.38	0.375
135	0.60	0.45	0.39	0.38	0.36	0.35	0.34
120	0.53	0.40	0.35	0.33	0.32	0.31	0.30
105	0.47	0.35	0.30	0.29	0.28	0.27	0.26
90	0.40	0.30	0.26	0.25	0.24	0.23	0.225
75	0.33	0.25	0.22	0.21	0.20	0.19	0.185
60	0.27	0.20	0.17	0.17	0.16	0.15	0.145

（续）

α(°)	d/t						
	50	33	20	12.5～8.3	6.6	5	3.3
45	0.20	0.15	0.13	0.13	0.12	0.12	0.11
30	0.14	0.10	0.09	0.08	0.08	0.08	0.08
15	0.07	0.05	0.04	0.04	0.04	0.04	0.04
0	弯曲变形						

二、翻边

根据变形性质不同，翻边可分为伸长类和压缩类两类。伸长类翻边是在坯料外缘沿不封闭的内凹曲线进行的翻边，如图5-17a所示；压缩类翻边是在坯料外缘沿不封闭的外凸曲线进行的翻边，如图5-17b所示。

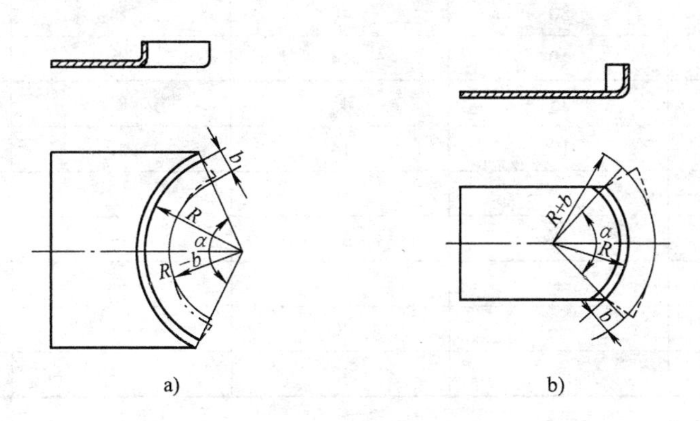

图5-17　翻边

a）伸长类翻边　b）压缩类翻边

1. 变形程度

由图5-17可知，伸长类翻边的变形情况近似于圆孔翻孔，变形区主要为切向受拉，变形过程中孔口边缘容易拉裂，因此要控制其变形程度；压缩类翻边的变形情况近似于浅拉深，变形区主要为切向受压，变形过程中材料容易起皱，当翻边高度较大时，模具上要有防止起皱的压边装置。翻边过程中是否会产生拉裂或起皱，主要取决于变形程度的大小。翻边的变形程度可表示如下：

对于伸长类翻边（图5-17a），其变形程度为

$$\varepsilon_{伸}=\frac{b}{R-b}$$

对于压缩类翻边（图5-17b），其变形程度为

$$\varepsilon_{压}=\frac{b}{R+b}$$

翻边允许的极限变形程度见表5-6。

表 5-6　翻边允许的极限变形程度

材料名称及牌号		[$\varepsilon_{伸}$](%)		[$\varepsilon_{压}$](%)	
		橡皮成形	模具成形	橡皮成形	模具成形
铝合金	1A30(O 状态)	25	30	6	40
	1A30(O 状态)	5	8	3	12
	3A21(O 状态)	23	30	6	40
	3A21(O 状态)	5	8	3	12
	5A02(O 状态)	20	25	6	35
	5A02(HX8 状态)	5	8	3	12
	2A12(O 状态)	14	20	6	30
	2A12(HX8 状态)	6	8	0.5	9
	2A11(O 状态)	14	20	4	30
	2A11(HX8 状态)	5	6	0	0
黄铜	H62	30	40	8	45
	H62	10	14	4	16
	H68	35	45	8	55
	H68	10	14	4	16
钢	10	—	38	—	10
	20	—	22	—	10
	12Cr18Ni9	—	15	—	10
	12Cr18Ni9	—	40	—	10
	17Cr18Ni9	—	40	—	10

由于翻边变形区内应力分布不均匀，中部最大，两端最小，导致变形不均衡，使翻边后工件的高度不平齐。为了得到翻边后竖边的高度平齐、两端线垂直的工件，必须修正坯料的展开形状，修正后的坯料形状见图 5-17 双点画线所示部分，其修正值根据变形程度和 α 的大小而定，一般通过试模确定。如果翻边的高度不大，且翻边的曲率半径较大时，可不作修正。

2. 翻孔翻边模结构

图 5-18 所示为翻孔模，其结构与拉深模基本相似。图 5-19 所示为翻孔及翻边同时进行的模具。图 5-20 所示为落料、拉深、冲孔、翻孔复合模。凸凹模 8 与落料凹模 4 均固定在固定板 7 上，以保证同轴度。冲孔凸模 2 压入凸凹模 1 内，并以垫片 10 调整它们的高度差，确保翻出合格的工件高度。该模的工作顺序是：上模下行，首先在凸凹模 1 和凹模 4 的作用下落料。上模继续下行，在凸凹模 1 和凸凹模 8 的相互作用下将坯料拉深，压力机缓冲器的力通过顶杆 6 传递给顶件块 5 并对坯料施加压边力。当拉深到一定深度后由凸模 2 和凸凹模 8 进行冲孔并翻孔。当上模回升时，在顶件块 5 和推件块 3 的作用下将工件顶出。条料由卸料板 9 卸下。

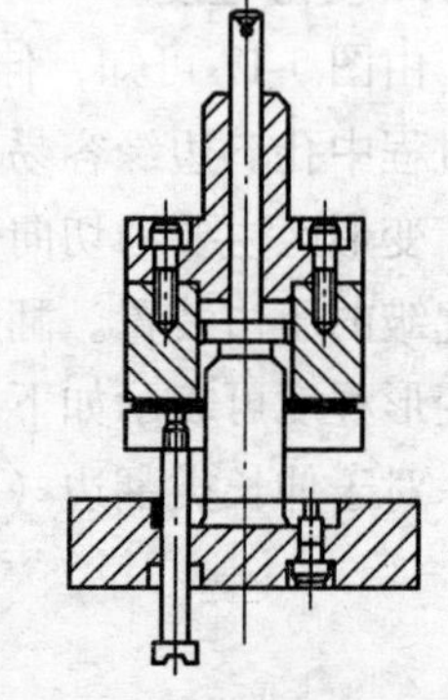

图 5-18　翻孔模

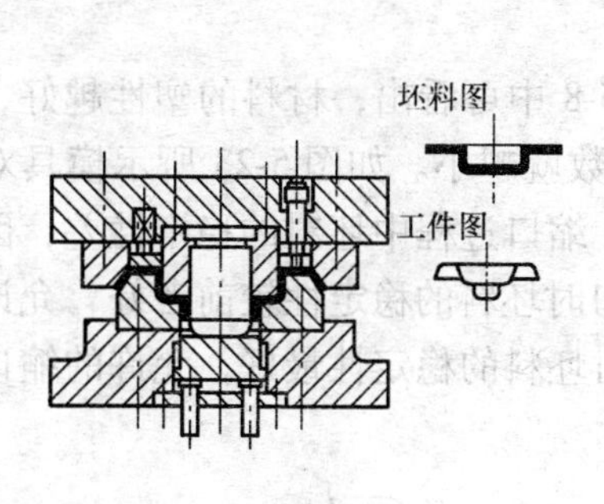

图 5-19　翻孔、翻边复合模

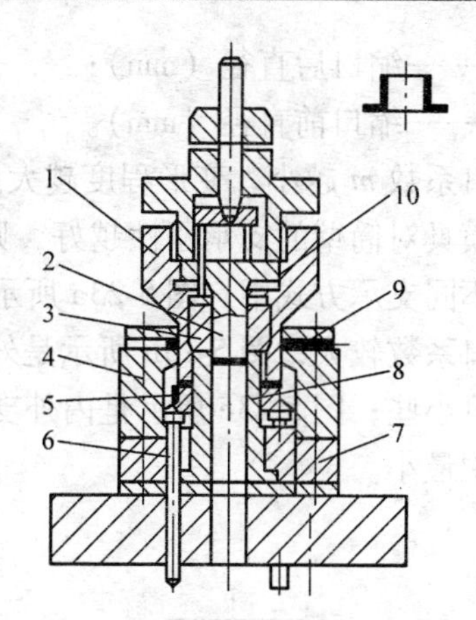

图 5-20　落料、拉深、冲孔、翻孔复合模

1、8—凸凹模　2—冲孔凸模　3—推件板
4—落料凹模　5—顶件块　6—顶杆
7—固定板　9—卸料板　10—垫片

模块三　缩　　口

缩口是将管坯或预先拉深好的圆筒形件通过缩口模将其直径缩小的一种成型方法。缩口工艺在国防工业和民用工业中都有广泛应用，例如制造枪、炮的弹壳等。缩口工艺如图 5-21 所示。

一、缩口变形特点及变形程度

缩口的应力应变特点如图 5-22 所示。缩口时，在压力 F 作用下，缩口凹模压迫坯料口部，使坯料口部发生变形而成为变形区。缩口过程中，变形区受两向压应力的作用，其中切向压应力是最大主应力，使坯料直径减小，高度和壁厚有所增加，因而切向可能产生失稳起皱。同时，在非变形区的筒壁，由于承受全部缩口压力 F，也易产生轴向的失稳变形。故缩口的极限变形程度主要受失稳条件的限制，防止失稳是缩口工艺要解决的主要问题。

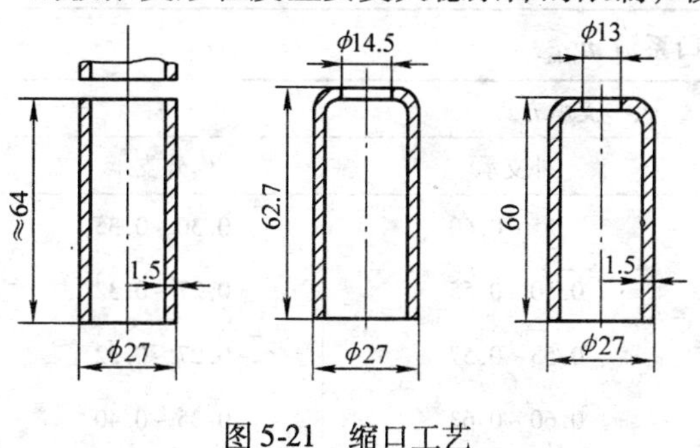

图 5-21　缩口工艺

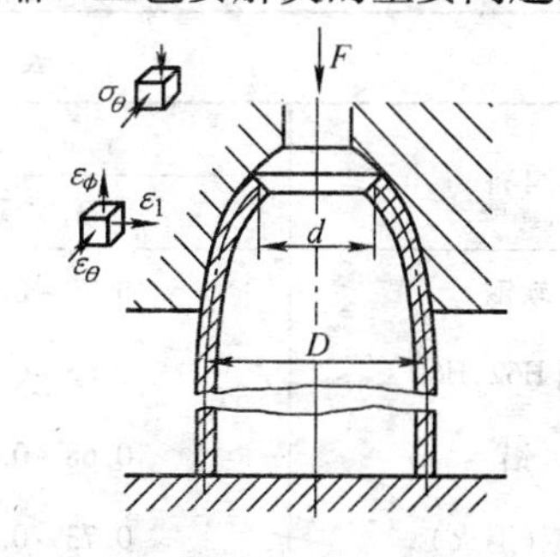

图 5-22　缩口的应力应变特点

缩口的变形程度用缩口系数 m 表示

$$m=\frac{d}{D}$$

式中　d——缩口后直径（mm）；

D——缩口前直径（mm）。

缩口系数 m 越小，变形程度越大。从表 5-7、表 5-8 中可看出，材料的塑性越好，厚度越大，模具对筒壁的支承刚性越好，则允许的缩口系数就越小。如图 5-23 所示模具对筒壁的三种不同支承方式中，图 5-23a 所示是无支承方式，缩口过程中坯料的稳定性差，因而允许的缩口系数较大；图 5-23b 所示是外支承方式，缩口时坯料的稳定性较前者好，允许的缩口系数可小些；图 5-23c 所示是内外支承方式，缩口时坯料的稳定性最好，允许的缩口系数为三者中最小。

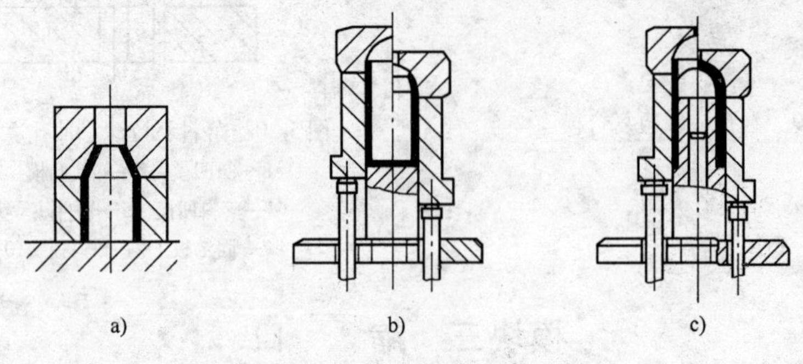

图 5-23　不同支承方式的缩口

a）无支承　b）外支承　c）内外支承

实际生产中，极限缩口系数一般是在一定缩口条件下通过实验方法得出的。表 5-7 是不同材料、不同厚度的平均缩口系数 m_0，表 5-8 是不同材料、不同支承方式所允许的极限缩口系数 m_{min}。

表 5-7　平均缩口系数 m_0

材料	材料厚度 t/mm		
	≤0.5	0.6～1	>1
黄铜	0.85	0.80～0.70	0.70～0.65
钢	0.80	0.75	0.70～0.65

表 5-8　极限缩口系数 m_{min}

材料	支承方式		
	无支承	外支承	内外支承
软钢	0.70～0.75	0.55～0.60	0.30～0.35
黄铜 H62,H68	0.65～0.70	0.50～0.55	0.27～0.32
铝	0.68～0.72	0.53～0.57	0.27～0.32
硬铝(退火)	0.73～0.80	0.60～0.63	0.35～0.40
硬铝(淬火)	0.75～0.80	0.68～0.72	0.40～0.43

缩口后零件口部略有增厚，其厚度可按下式估算

$$t' = t\sqrt{D/d} = t\sqrt{1/m}$$

式中　t'——缩口后口部厚度（mm）；

t——缩口前坯料的原始厚度（mm）；

m——缩口系数。

二、缩口工艺计算

1. 缩口次数

当工件的缩口系数 m 大于允许的极限缩口系数 m_{min} 时，则可以一次缩口成形。否则需进行多次缩口。缩口次数 n 可按下式估算

$$n = \frac{\lg m}{\lg m_0}$$

式中　m_0——平均缩口系数，见表5-7。

多次缩口时，一般取首次缩口系数 $m_1 = 0.9m_0$，以后各次取 $m_n = (1.05 \sim 1.1)m_0$，则零件总的缩口系数 $m = m_1, m_2, m_3, \cdots, m_n \approx m_0^n$。每次缩口工序后最好进行一次退火处理。

2. 各次缩口直径

$$d_1 = m_1 D$$
$$d_2 = m_n d_1 = m_1 m_n D$$
$$d_3 = m_n d_2 = m_1 m_n^2 D$$
$$\cdots\cdots$$
$$d_n = m_n d_{n-1} = m_1 m_n^{n-1} D$$

式中　d_n——等于工件的颈口直径（mm）。

同时要注意缩口的回弹。由于回弹，工件要比模具尺寸增大0.5%～0.8%，当精度要求较高时，应对模具尺寸作出相应的补偿。

3. 坯料高度

缩口前坯料的高度，一般根据变形前后体积不变的原则计算。不同形状工件缩口前坯料高度 H 的计算公式如下（参数见图5-24）。

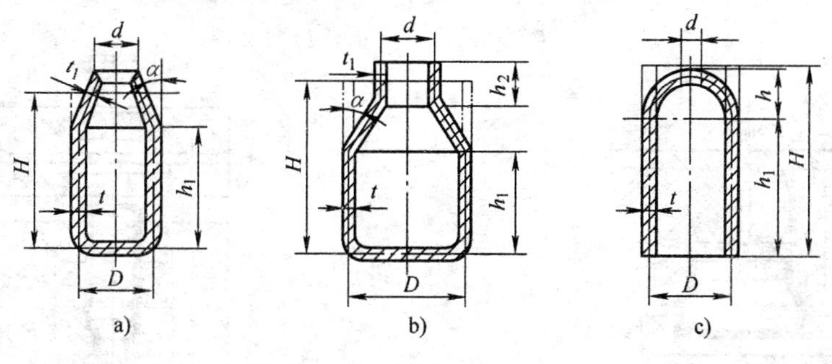

图5-24　缩口工件

a）瓶形　b）壶形　c）口杯形

图5-24a 所示工件

$$H = 1.05\left[h_1 + \frac{D^2 - d^2}{8D\sin\alpha}\left(1 + \sqrt{\frac{D}{d}}\right)\right]$$

图 5-24b 所示工件

$$H=1.05\left[h_1+h_2\sqrt{\frac{d}{D}}+\frac{D^2-d^2}{8D\sin\alpha}\left(1+\sqrt{\frac{D}{d}}\right)\right]$$

图 5-24c 所示工件

$$H=h_1+\frac{1}{4}\left(1+\sqrt{\frac{D}{d}}\right)\sqrt{D^2-d^2}$$

4. 缩口力

如图 5-24a 所示工件在无心柱支承的缩口模上进行缩口时，其缩口力 F 可按下式计算

$$F=K\left[1.1\pi Dt\sigma_b\left(1-\frac{d}{D}\right)(1+\mu\cot\alpha)\frac{1}{\cos\alpha}\right]$$

式中　μ——坯料与凹模接触面间的摩擦因数；

σ_b——材料的抗拉强度（MPa）；

K——速度系数，在曲柄压力机上工作时 $K=1.15$。

其余符号如图 5-24a 所示。

三、缩口模结构

如图 5-25 所示为无支承方式的缩口模。带底圆筒形坯料在定位座 3 上定位，上模下行时，凹模 2 对坯料进行缩口。上模回程时，推件块 1 在橡胶弹性体弹力作用下将工件推出凹模。该模具对坯料无支承作用，适用于高度不大的带底圆筒形零件的锥形缩口。图 5-26 所示为倒装式缩口模。导正圈 5 主要起导向和定位作用，同时对坯料起一定的外支承作用。凸模 3 设计成台阶式结构，其小端恰好伸入坯料内孔起定位导向及内支承作用。缩口时，将管状坯料放在导正圈内定位，上模下行，凸模先导入坯料内孔，继而依靠台肩对坯料施加压力，使坯料在凹模 6 的作用下缩口成形。上模回程时，利用顶杆将工件从凹模内顶出。该模具适用于较大高度工件的缩口，而且模具的通用性好；更换不同尺寸的凹模、导正圈和凸模，可进行不同孔径的缩口。

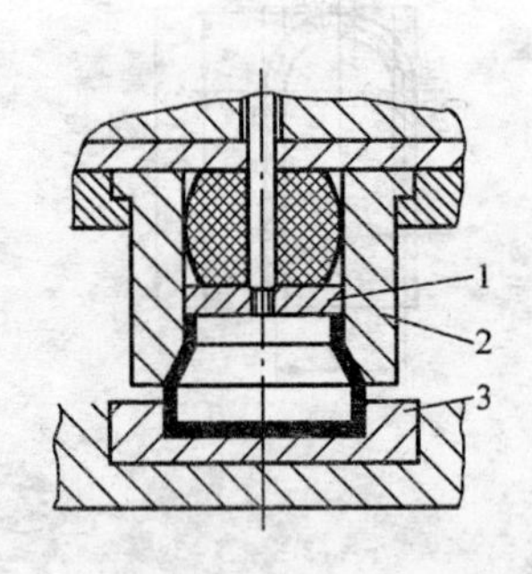

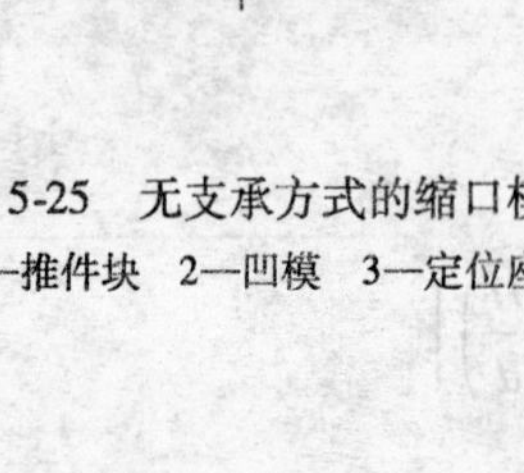

图 5-25　无支承方式的缩口模

1—推件块　2—凹模　3—定位座

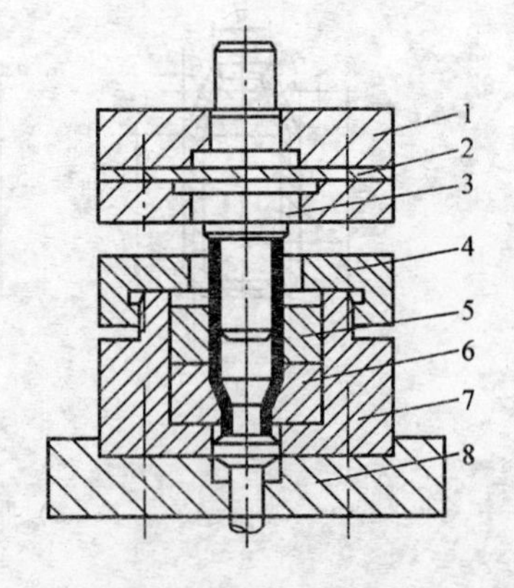

图 5-26　倒装式缩口模

1—上模座　2—垫板　3—凸模　4—紧固套

5—导正圈　6—凹模　7—凹模套　8—下模座

模块四　校平与整形

校平与整形是指冲压件在经过各种冲压加工之后，因其平面度、圆角半径或某些形状尺寸还不能达到图样要求，通过校平与整形模使其产生局部的塑性变形，从而得到合格工件的冲压工序。这类工序关系到产品的质量及稳定性，因而应用也较广泛。

校平与整形工序的特点如下：

1）只在工件的局部位置产生不大的塑性变形，以达到提高工件的形状与尺寸精度的目的，使工件符合零件图样的要求。

2）由于校平与整形后工件的精度比较高，因而模具的精度要求也相应较高。

3）要求压力机的滑块到达下死点时对工件施加校正力，因此所用的设备要有较好的刚性，最好使用精压机。若用一般的机械压力机，则必须带有过载保护装置，以防材料厚度波动等原因损坏设备。

一、校平

把不平整的工件放入模具内压平的工序称为校平。

校平主要用于提高平板零件（主要是冲裁件）的平面度。由于坯料不平或冲裁过程中材料的弯曲（尤其是斜刃冲裁和无压料的级进冲裁），都会使冲裁件产生不平整的缺陷。当对冲裁件的平面度要求较高时，必须在冲裁工序之后进行校平。

1. 校平变形特点与校平力

校平的变形情况如图5-27所示。在校平模的作用下，工件材料产生反向弯曲变形而被压平，并在压力机的滑块到达下死点时被强制压紧，使材料处于三向压应力状态。校平的工作行程不大，但压力很大。

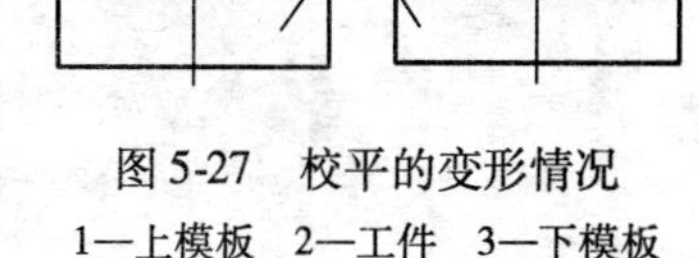

图5-27　校平的变形情况

1—上模板　2—工件　3—下模板

校平力 F 可用下式估算

$$F = pA$$

式中　p——单位面积上的校平力（MPa），可查表5-9；

A——校平面积（mm^2）。

表5-9　校平与整形单位面积上的校平力

校形方法	p/MPa	校形方法	p/MPa
光面校平模校平	50～80	敞开形工件整形	50～100
细齿校平模校平	80～120	拉深件减小圆角及对底面、侧面整形	150～200
粗齿校平模校平	100～150		

校平力的大小与工件的材料性能、材料厚度、校平模齿形等有关，因此在确定校平力时可对表5-9中的数值作适当的调整。

2. 校平方式

校平方式有多种，有模具校平、手工校平和在专门设备上校平等。模具校平多在摩擦压力机或精压机上进行；大批量生产中，厚板料还可以成叠地在液压机上校平，此时压力稳定并可保持较长时间；当校平与拉深、弯曲等工序复合时，可采用曲轴压力机或双动压力机，这时必须在模具或设备上安装保护装置，以防因料厚的波动而损坏设备；对于尺寸不大的平板零件或带料还可采用滚轮辗平；当工件的表面不允许有压痕，或工件尺寸较大而又要求具有较高平面度时，可采用加热校平。加热校平时，一般先将需校平的工件叠成一定高度，并用夹具夹紧压平，然后整体入炉加热（铝件为300～320℃，黄铜件为400～450℃）。由于温度升高后材料的屈服强度下降，压平时反向弯曲变形引起的内应力也随之下降，所以回弹变形减小，从而保证了较高的校平精度。

3. 校平模

平板零件的校平模分为光面校平模和齿面校平模两种。

图5-28所示为光面校平模，适用于软材料、薄料或表面不允许有压痕的工件。光面校平模对改变材料内应力状态的作用不大，仍有较大的回弹，特别是对于高强度材料的零件校平效果比较差。生产实际中，有时将工件背靠背地叠起来，能收到一定的效果。为了使校平不受压力机滑块导向精度的影响，校平模最好采用浮动式结构，如图5-28a所示为上模浮动式结构，图5-28b所示为下模浮动式结构。

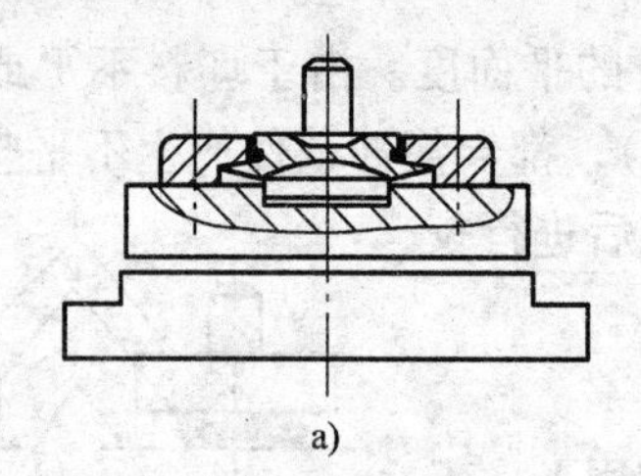

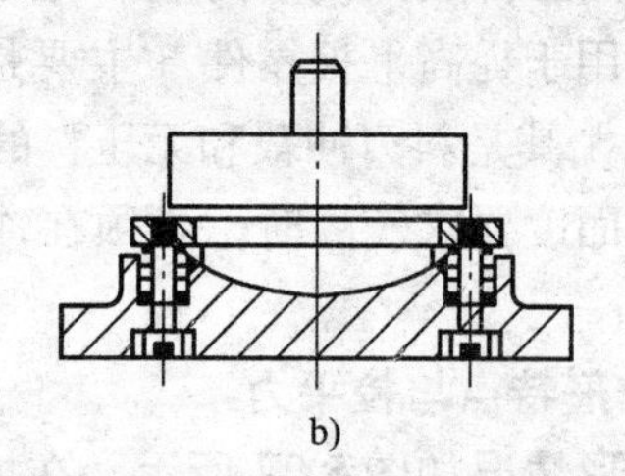

图5-28　光面校平模
a）上模浮动式　b）下模浮动式

图5-29所示为齿面校平模，适用于材料较硬、强度较高及平面度要求较高的零件。由于齿面校平模的齿尖压入材料会形成许多塑性变形的小网点，有助于彻底改变材料原有的应力应变状态，故能减小回弹，校平效果好。齿面校平模按齿形又分为尖齿和平齿两种，如图5-30a所示为尖齿齿形，如图5-30b所示为平齿齿形。工作时上模齿与下模齿应互相错开，否则校平效果较差，也会使齿尖过早磨平。尖齿校平模的齿形压入工件表面较深，校平效果较好，但在工件表面上留有较深的痕迹，且工件也容易粘在模具上不易脱模，一般只用于表面允许有压痕或板料厚度较大（$t=3\sim15\text{mm}$）的工件校平。平齿校平模的齿形压入工件表面的压痕浅，因此生产中较常用平齿校平模，尤其是对薄材料和软金属工件的校平。

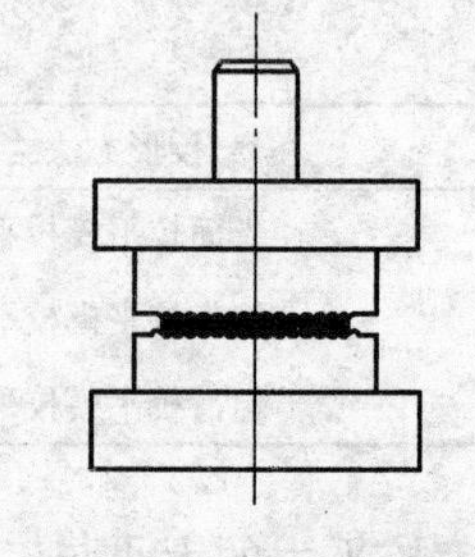

图5-29　齿面校平模

图5-31所示为带有自动弹出器的通用校平模，通过更换不同的模板，可校平具有不同要求的平板件。上模回程时，自动弹出器3可将校平后的工件从下模板上弹出，并使之顺着滑道2离开模具。

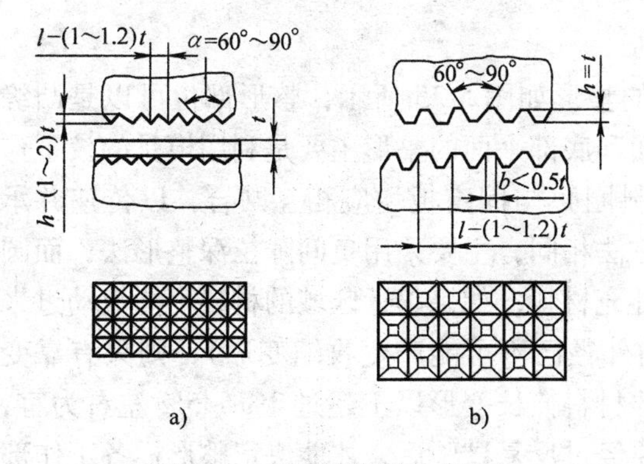

图 5-30　齿面校平模的齿形

a）尖齿齿形　b）平齿齿形

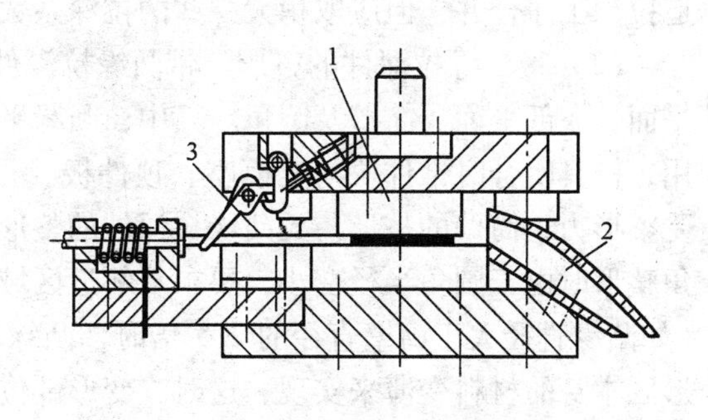

图 5-31　带有自动弹出器的通用校平模

1—上模板　2—工件滑道　3—自动弹出器

二、整形

整形一般安排在拉深、弯曲或其他成形工序之后，用整形的方法可以提高拉深件或弯曲件的尺寸和形状精度，减小圆角半径。整形模与相应工序件的成形模相似，只是工作部分的精度和表面粗糙度要求更高，圆角半径和凸、凹模间隙取得更小，模具的强度和刚度要求也高。

根据冲压件的几何形状及精度要求不同，所采用的整形方法也有所不同。

1. 弯曲件的整形

弯曲件的整形方法有压校和镦校两种。

（1）压校　如图 5-32 所示为弯曲件的压校。因在压校中坯料沿长度方向无约束，整形区的变形特点与该区弯曲时相似，坯料内部应力状态的性质变化不大，因而整形效果一般。

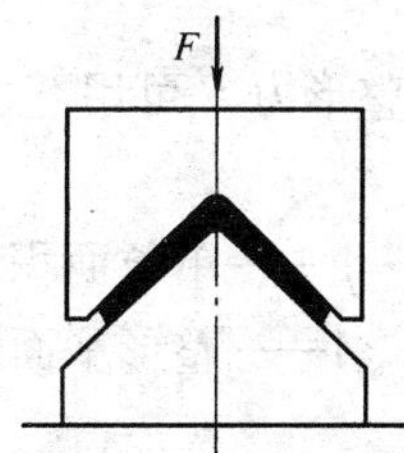

图 5-32　弯曲件的压校

（2）镦校　如图 5-33 所示为弯曲件的镦校。采用这种方法整形时，弯曲件除了在表面的垂直方向上受压应力外，在其长度方向上也承受压应力，使整个弯曲件处于三向受压的应力状态，因而整形效果好。但这种方法不适于带孔及宽度不等的弯曲件的整形。

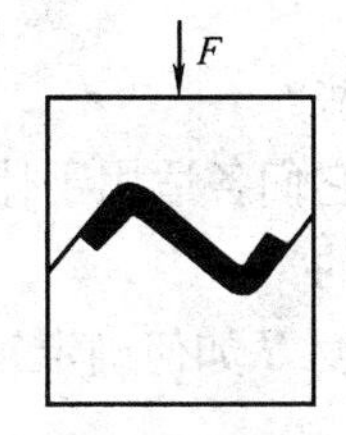

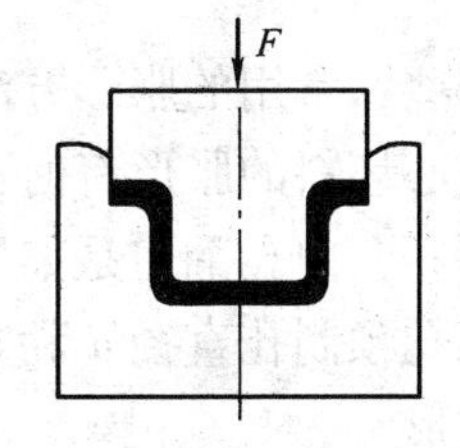

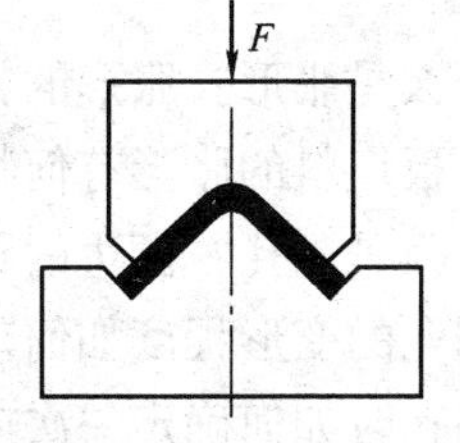

图 5-33　弯曲件的镦校

2. 拉深件的整形

根据拉深件的形状及整形部位的不同，拉深件的整形一般有以下两种方法：

（1）无凸缘拉深件的整形　无凸缘拉深件一般采用负间隙拉深整形法，如图 5-34 所示。整形凸、凹模的间隙 Z 可取（0.90 ~ 0.95）t，整形时筒壁稍有变薄。这种整形也可与最后一道拉深工序合并，但应取稍大一些的拉深系数。

（2）带凸缘拉深件的整形　带凸缘拉深件的整形如图 5-35 所示，整形部位可以是凸缘平面、底部平面、筒壁及圆角。其中，凸缘平面和底部平面的整形主要是利用模具的校平作用，模具闭合时推件块与上模座、顶件板（压料圈）与固定板均应相互贴合，以传递并承受整形力；筒壁的整形与无凸缘拉深件的整形方法相同，主要采用负间隙拉深整形法；而圆角整形时由于圆角半径变小，要求从邻近区域补充材料，如果邻近区域的材料不能流动过来（如凸缘直径大于筒壁直径的 2.5 倍时，凸缘的外径已不可能产生收缩变形），则只有靠变形区本身的材料变薄来实现。这时，变形部位的材料伸长变形以不超过 2% ~5% 左右为宜，否则变形过大会产生拉裂。这种整形方法一般要经过反复试验后，才能决定整形模各工作部分的形状和尺寸。

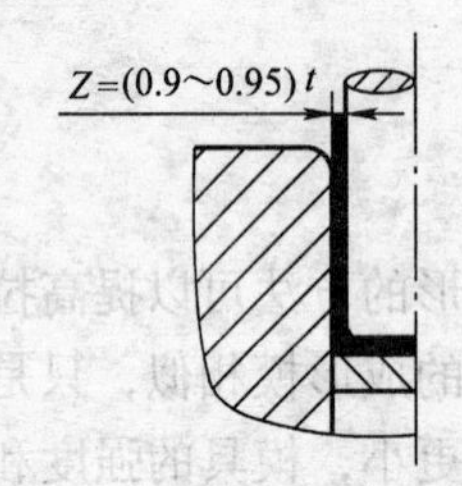

图 5-34　无凸缘拉深件的整形

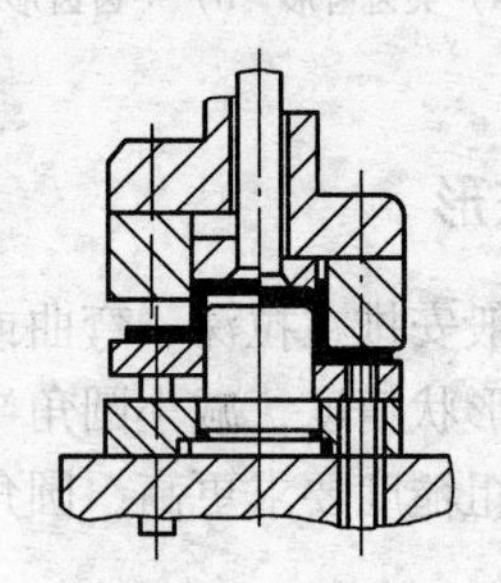

图 5-35　带凸缘拉深件的整形

整形力 F 可用下式估算

$$F = pA$$

式中　p——单位面积上的整形力（MPa），可查表 5-9；

A——整形平面的投影面积（mm^2）。

复习思考题

5-1　胀形、翻孔与翻边、缩口和校平与整形等冲压成形工序的共同特点是什么？不同点是什么？

5-2　什么是胀形？胀形的特点有哪些？常用的胀形方法有哪些？

5-3　平板坯料的胀形有何特点？空心坯料的胀形有何特点？它们各适用于什么场合？

5-4　什么是翻孔？翻边的种类有哪些？内孔翻边是如何分类的？

5-5　翻孔的变形程度如何表达？翻孔预制孔直径 d 和竖边高度 H 如何确定？

5-6　翻孔时如何确定一次或多次成形？

5-7　试述翻孔凸模的结构形式。

5-8　什么是缩口？缩口的特点有哪些？缩口次数如何确定？

5-9　什么是校平和整形工序？其共同特点是什么？如何应用？

5-10　塑性变形工序除弯曲和拉深外，还有其他哪些？

5-11　内孔翻边常见的质量问题是什么？如何防止？

5-12　哪些冲压件需要整形？

5-13　判断图5-36所示工件能否一次胀形成形？工件材料为08F，料厚为1mm，断后伸长率为$\delta=32\%$。

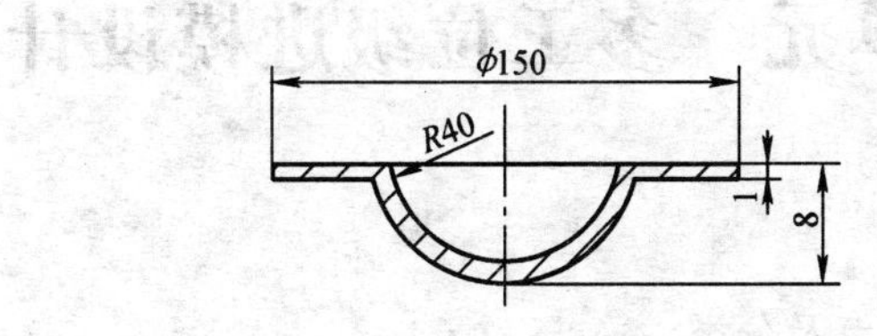

图5-36　习题5-13附图

第六单元　多工位级进模设计

【学习目标】

1. 了解多工位级进模的特点及分类。

2. 掌握多工位级进模排样设计的原则、载体设计、冲切刃口设计、定距设计。

3. 熟悉多工位级进模典型结构。

4. 掌握多工位级进模的总体设计、凸模设计、凹模设计、导料装置设计、导正销设计、卸料装置设计、自动送料装置设计和安全检测装置设计。

【学习任务】

1. 单元学习任务

本单元的学习任务是多工位级进模设计。要求通过本单元的学习，了解多工位级进模的特点及分类，多工位级进模排样设计的原则、载体设计、冲切刃口设计、定距设计，多工位级进模典型结构，多工位级进模结构设计。

2. 学习任务流程图

单元的具体学习任务及学习过程流程图如图6-1所示。

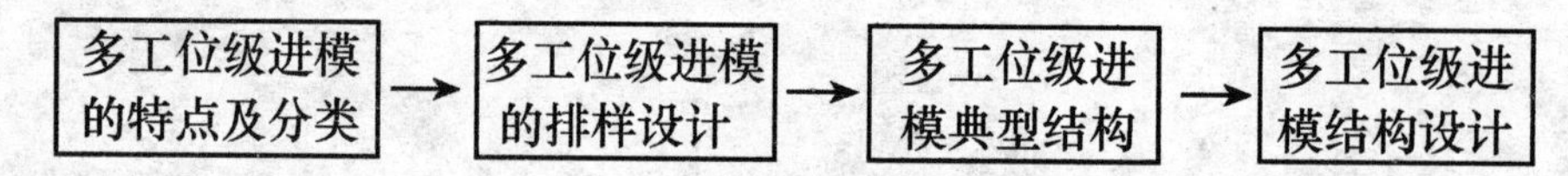

图6-1　任务流程图

【学习过程】

由学习任务及学习过程流程图可知，本单元的学习任务共有4个。下面就将这些任务逐一分解、实施，逐点学习，最终完成整个单元的学习任务。

多工位级进模是在普通级进模的基础上发展起来的高精度、高效率模具，是技术密集型模具的重要代表，是冲模的发展方向之一。它是在一副模具内按照所需加工工件的冲压工艺分成若干个等距离工位，在每个工位上设置一定的冲压工序，完成工件某一部分冲压工作。被加工材料（条料或带料）在自动送料机构的控制下精确地控制送进步距，经逐工位的冲压后即可得到所需要的冲压件。这样，一个比较复杂的冲压件只需要一副多工位级进模就可完成全部冲压工序。多工位级进模一般能够连续完成冲裁、弯曲、拉深等工序。

模块一　多工位级进模的特点及分类

一、多工位级进模的特点

多工位级进模与普通冲模相比具有如下显著特点：

1）可以完成多道冲压工序，局部分离与连续成形相结合。

2）具有高精度的导向和准确的定距系统。

3）备有自动送料、自动出件、安全检测等装置。

4）模具结构复杂，镶块较多，模具制造精度要求很高，制造和装调难度大。

5）冲压生产率高、操作安全性好、自动化程度高、产品质量高、模具寿命长、设计制造难度大，但冲压生产总成本并不高。

多工位级进模主要用于冲制厚度较薄（一般不超过2mm）、产量大、形状复杂、精度要求较高的中、小型零件。

二、多工位级进模的分类

1. 按冲压工序性质分类

（1）冲裁多工位级进模　它是多工位级进模的基本形式，有冲落形式级进模和切断形式级进模两种。冲落形式级进模完成冲孔等工序后落料，切断形式级进模完成冲孔等冲裁工序后切断。

（2）成形工序多工位级进模

1）冲裁并且包括弯曲、拉深、成形中的某一工序，如冲裁弯曲多工位级进模、冲裁拉深多工位级进模、冲裁成形多工位级进模。

2）冲裁并且包括弯曲、拉深、成形中的某两个工序，如冲裁弯曲拉深多工位级进模、冲裁弯曲成形多工位级进模、冲裁拉深成形多工位级进模。

3）由几种冲压工序结合在一起的冲裁、弯曲、拉深、成形多工位级进模。

2. 按冲压件成形方法分类

（1）封闭型孔级进模　这种级进模的各个工作型孔（侧刃除外）与被冲工件的各个型孔及外形（或展开外形）的形状完全一样，并且分别设置在一定的工位上，材料沿各个工位经过连续冲压，最后获得成品或工件，如图6-2所示。

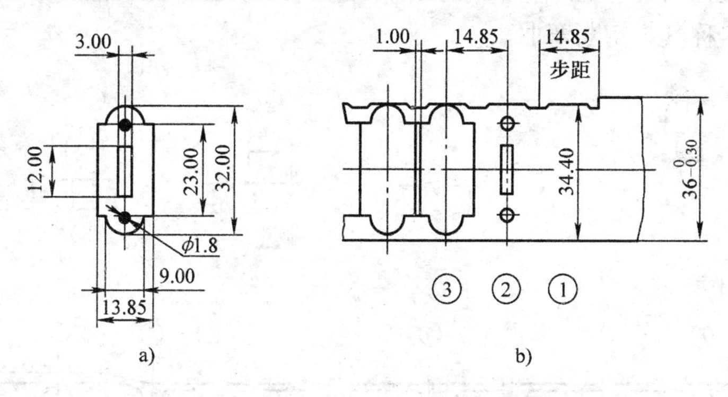

图6-2　封闭型孔连续式多工位冲压

a）工件图　b）条料排样图

（2）切除余料级进模　这种级进模是对冲压件较为复杂的外形和型孔采取逐步切除余料的办法（对于简单的型孔，模具上相应型孔与之完全一样），经过逐个工位的连续冲压，最后获得成品或工件。这种级进模的工位一般比封闭型孔级进模多，如图6-3所示为八个工位的冲压件。

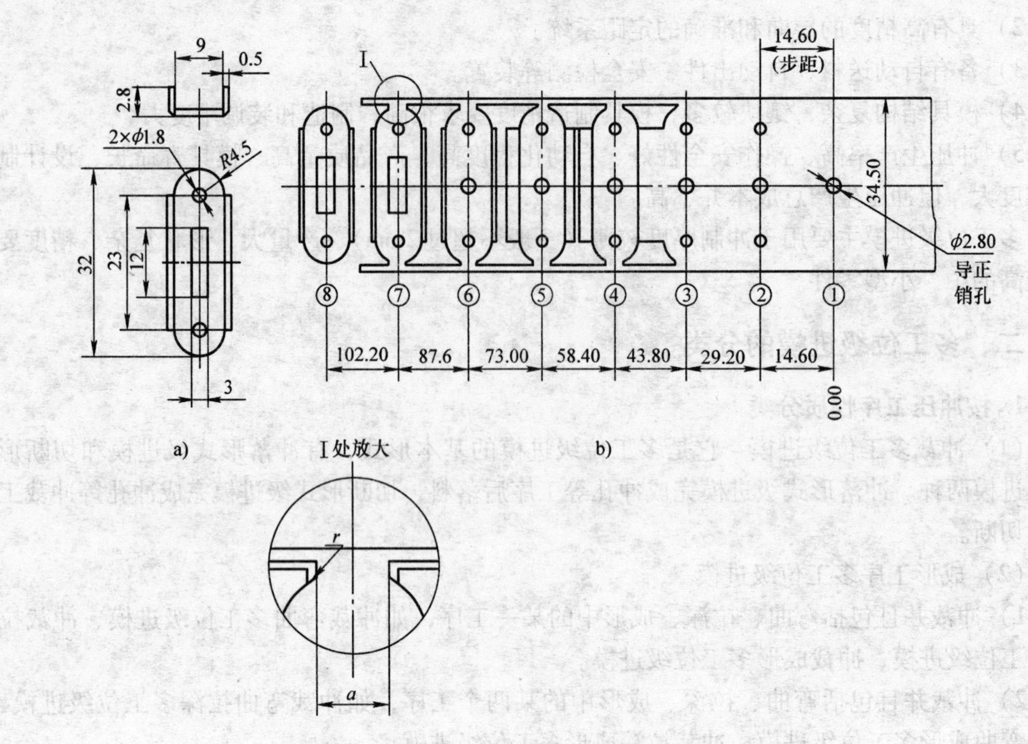

图6-3 切除余料的多工位冲压

a）工件图 b）条料排样图

图6-4所示为一个小型拉深弯曲件——接线帽工序排样实例。零件材料为H62黄铜，$t=0.4$mm，该工件采用带料切口（或称切槽）的级进拉深工艺，经过三次拉深成形。在工位⑥~⑨使用安装在凸模上的导正销对工件做导正定位。工件的弯曲成形是在工位⑨将坯料切断以后进行的，称其为切断弯曲。

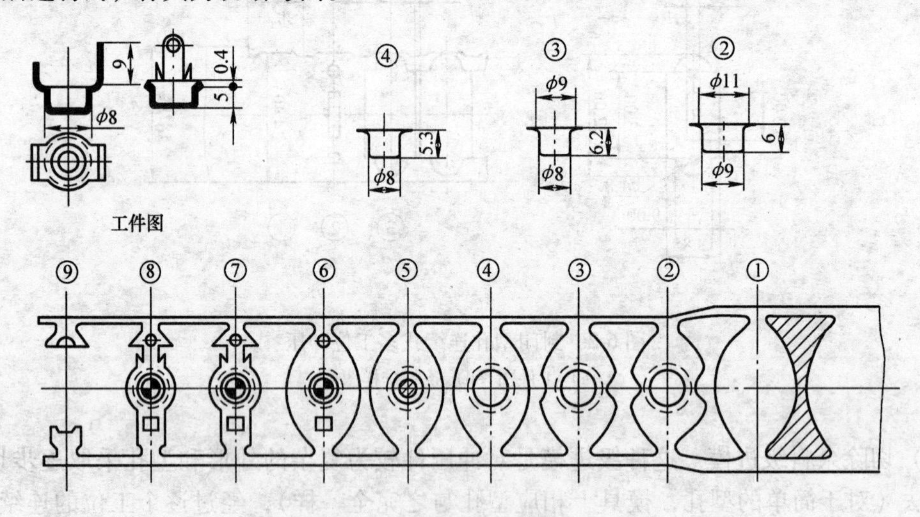

图6-4 接线帽工序排样实例

①—切槽 ②—首次拉深 ③—二次拉深 ④—拉深成形 ⑤—冲底孔

⑥—冲小孔 ⑦—切外形 ⑧—空位 ⑨—切断弯曲

图 6-4 所示坯料的拉深通常也被称为带料切口连续拉深。带料连续拉深一般用于冲制产量大、外形尺寸在 50mm 以内、材料厚度不超过 2mm 的以连续拉深为主的冲压件。根据零件的结构特点，连续拉深后可以在适当的工位安排冲孔、翻边、局部切除余料、局部弯曲等工序，并在最后工位进行分离。适合连续拉深的带料必须具有良好的塑性，冷作硬化效应弱。黄铜（H62，H68）、低碳钢（08F，10F）、纯铝、铝合金（3A21）和铁镍钴合金（4J32）等材料都适合连续拉深。带料连续拉深通常使用自动送料装置进行送料，有带料切口连续拉深和整体带料拉深（图 6-5）两种方式。其中带料切口连续拉深比整体带料拉深应用更普遍。

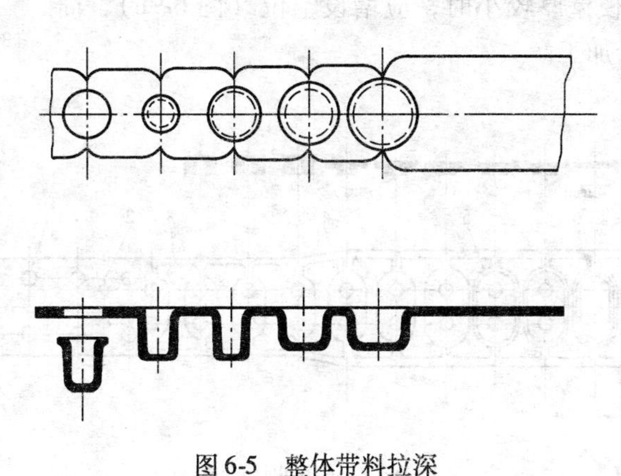

图 6-5　整体带料拉深

模块二　多工位级进模的排样设计

排样设计是指冲压件展开后在条料或板料上的布置方式。

冲压件排样设计是多工位级进模设计的重要依据，排样设计决定了多工位级进模的结构形式。

冲压件成本中材料费用约占 60%，排样设计关系到材料的利用率，因此在进行模具设计之前，首先要解决好冲压件的排样设计。

排样设计是在零件冲压工艺分析的基础之上进行的，首先根据冲压件图样计算出展开尺寸，然后进行各种方式的排样。实际生产中冲压件的形状很复杂，要设计出合理的排样图，必须积累实践经验，通过试模调整，最后达到满意的排样设计。

一、排样设计的原则

由于排样设计是设计多工位级进模的重要依据，因此要设计出多种方案，进行比较分析，选取最佳方案。在进行排样设计时应考虑以下因素：

1）为了准确排样，可以先制作一个冲压件展开毛坯件，在图面上进行试排，初步确定出各道工序的先后顺序。要注意冲压件留在载体上的方式和如何最后与载体分离。

一般开始时先进行冲孔或切口、切废料等分离工位，然后依次安排弯曲、成形工位，最后安排冲压件和载体分离。如图 6-6 所示为电子产品晶体谐振器基座，其底板冲压排样如图 6-7 所示。

2）为保证条料送料时步距的精度，要设置导正销，所以第一工位一般是冲裁导正工艺孔，第二工位设置导正销。在凸、凹模部位要设置导正销，尤其较细凸模部位要增设导正销，如图6-8所示。

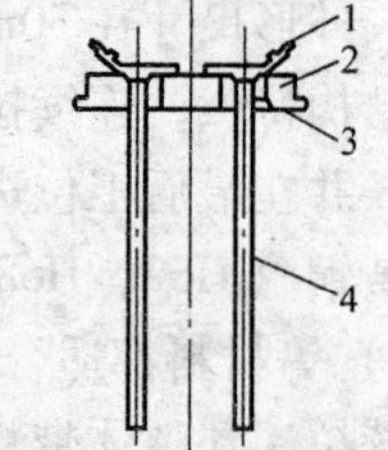

图6-6　晶体谐振器基座
1—弹簧片　2—底板
3—玻璃绝缘珠　4—引线

3）对弯曲和拉深件，在弯曲和拉深前进行切口、切槽（图6-8），以便材料的流动。每一工位的变形程度不宜过大。对精度要求较高的成形工件，应设置整形工位。

4）应尽量简化凸模、凹模形状，提高凸模、凹模的强度并要便于加工。孔壁距离较小的冲压件，其孔可分步冲出（图6-9a、图6-9b）。工件之间凹模壁厚较小时，应增设空位（图6-9c），简化凸、凹模形状，便于加工。

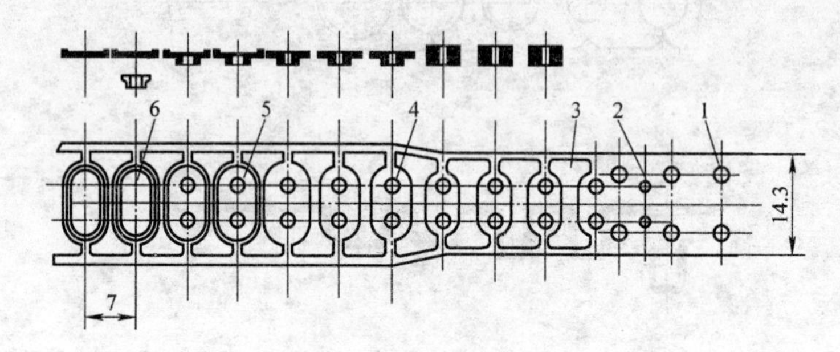

图6-7　底板冲压排样
1—冲导正工艺孔　2—冲引线孔　3—切口　4— 一次挤压　5—二次挤压　6—落料

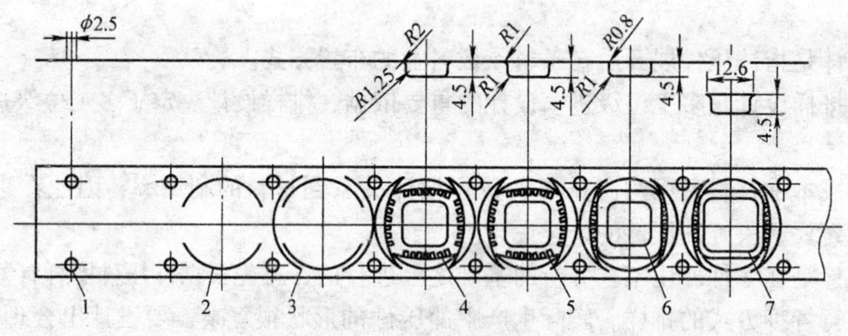

图6-8　壳体冲压排样
1—冲导正工艺孔　2、3—切口　4— 一次拉深　5—二次拉深　6—整形　7—落料

5）弯曲和拉深等成形方向的选择（向上或向下）要有利于送料的顺畅，有利于模具的设计和制造。

6）冲压件精度要求较高时，应尽量减少工位数。位置精度要求高的内外形状及孔距，应尽量在同一工位冲出；无法安排在同一工位时，可安排在相近工位上冲出，以减少累积误差造成冲压件轮廓形状和外形尺寸的变化。

7）在弯曲、拉深、翻边等成形工序中，距离变形部位较近的孔，应在成形之后进行冲孔。

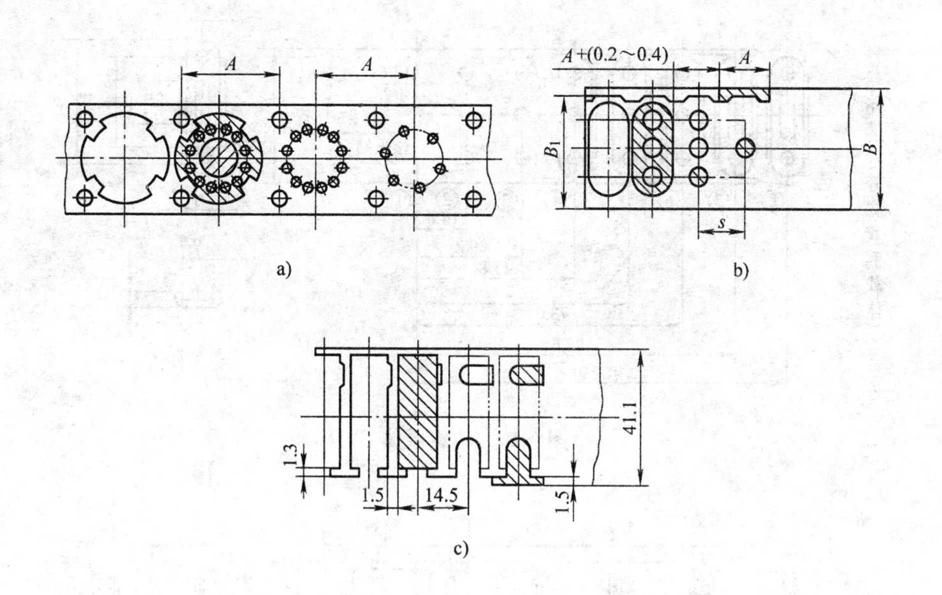

图 6-9 冲压件排样

a）12 个孔分在两个工位冲出 b）3 个孔分在两个工位冲出 c）分步冲出

8）对于相对弯曲半径较小或塑性较差的弯曲件，应使条料的纤维方向尽量与工件的弯曲方向相垂直或形成一定的角度。

对于复杂冲压件，需要有经验积累的过程，需要反复试验，才能达到满意的排样设计。

二、载体设计

载体是运送冲压件坯料在各工位进行冲裁、弯曲、拉深等冲压工序时条料的搭边。载体要使冲压件坯件运送到位，并且定位准确。载体形式一般可分为如下几种：

1. 边料载体

边料载体是利用条料两侧搭边而形成的载体。边料载体送料刚度好，条料不容易变形，精度较高，提高了材料的利用率。如图 6-7、图 6-8、图 6-9a、图 6-9b、图 6-10 所示，这些都属于边料载体形式。

2. 双边载体

双边载体与边料载体相同，是将条料两侧搭边增大宽度所形成，适合较薄板料使用，可以保证送料的刚度和精度，但降低了材料的利用率，如图 6-11 所示。

3. 单边载体

条料仅有一侧有搭边称为单边载体。单边载体主要用在工件的一端需要弯曲时，由于其导正孔在条料的一侧，导正和定位有一定的困难，如图 6-9c、图 6-12 所示。

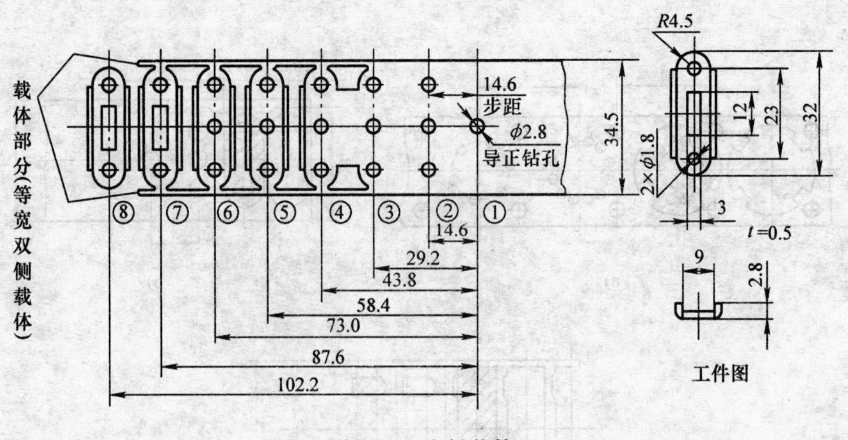

图 6-10　边料载体

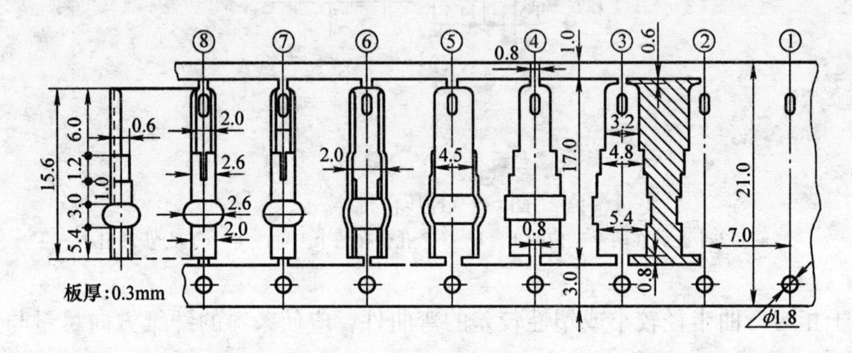

图 6-11　双边载体

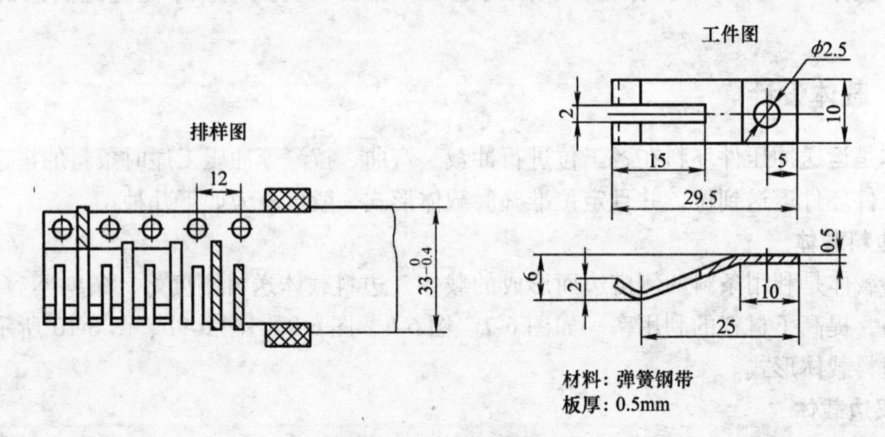

图 6-12　单边载体

4. 中间载体

条料搭边在中间的称为中间载体。中间载体主要适用于零件两侧有弯曲时使用。中间载体在成形过程中平衡性较好，如图 6-13 所示。

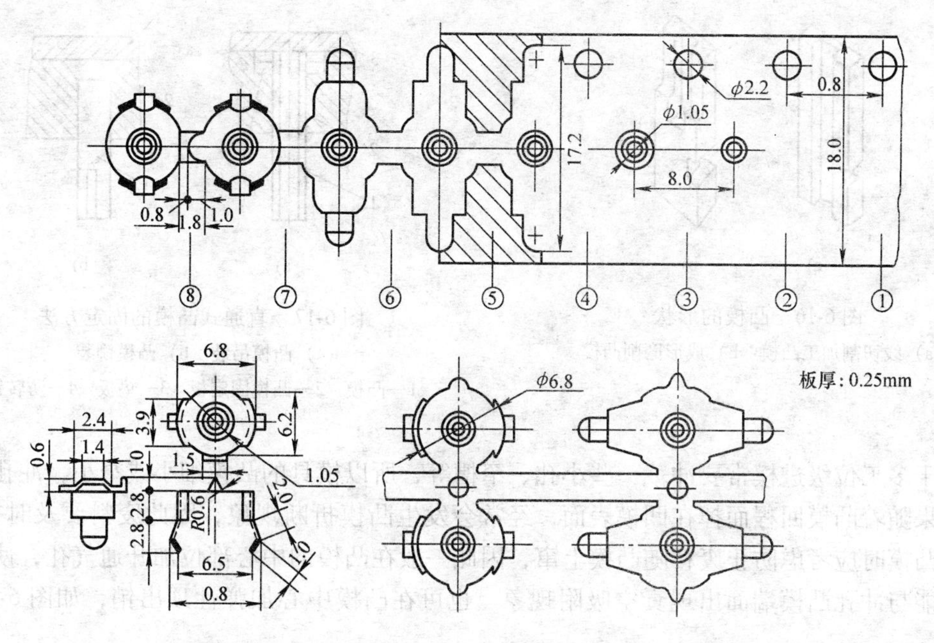

图 6-13　中间载体

三、冲切刃口设计

多工位级进模工位多、精度高，经常冲压一些细小孔、窄槽等工件，同时要考虑模具的使用寿命，所以重点是从凸、凹模零件制造和装配要求来设计其结构形状和尺寸。

1. 凸模

如图 6-14 所示为普通凸模设计实例。在多工位级进模中有许多冲小孔凸模，冲窄长槽凸模等。为了保证小凸模的强度和刚度，通常采用加大固定部分直径，特别小的凸模顶端加保护套方式，同时卸料板也要起到对凸模的导向保护作用，如图 6-15 所示。

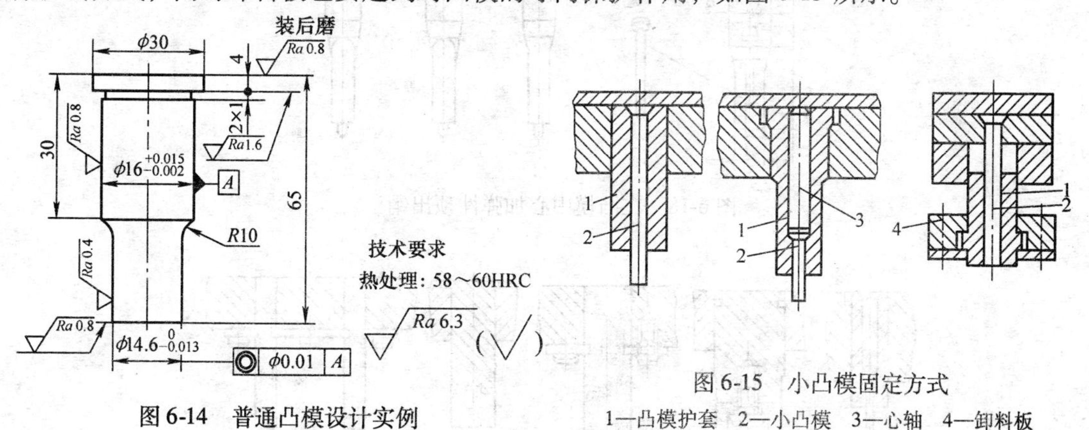

图 6-14　普通凸模设计实例

图 6-15　小凸模固定方式
1—凸模护套　2—小凸模　3—心轴　4—卸料板

冲 1mm 以下窄长槽时，凸模常采用电火花线切割加工成图 6-16a 所示的直通式，采用的固定方法是吊装和铆接在固定板上，但铆接后难以保证凸模固定板的较高垂直度，同时凸模刚度不够，易折断。所以往往采用成形磨削的加工方法，如图 6-16b 所示，与直通式相比较，既保证了凸模刃口尺寸，又增加了凸模刚度。直通式凸模的固定方法如图 6-17 所示。

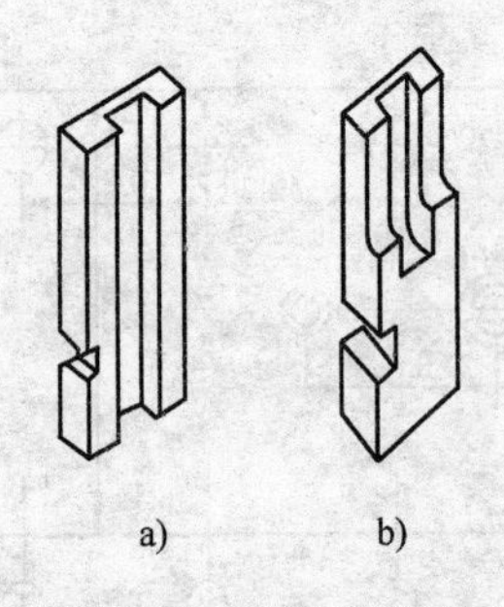

图 6-16 凸模的形状

a）线切割加工凸模 b）成形磨削凸模

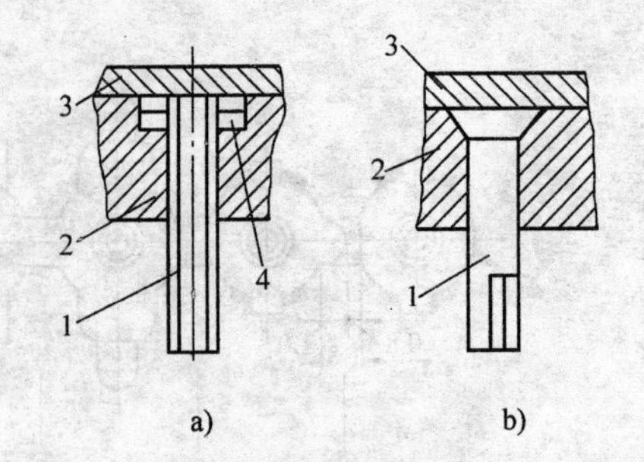

图 6-17 直通式凸模的固定方法

a）凸模吊装 b）凸模铆装

1—凸模 2—凸模固定板 3—垫板 4—防转销

由于多工位级进模常要冲裁一些小孔、窄槽等，所以模具的凸模细小或窄小，冲孔后的废料如果随着凸模回程而掉在凹模表面，经常会发生凸模折断现象，因此废料要及时排除。在设计凸模时应考虑防止废料随凸模上窜，因此一般在凸模的中心部位加开通气孔，使冲孔废料不能与冲孔凸模端面出现真空吸附现象。也可在凸模中心加弹性顶出销，如图 6-18 所示。

设计多工位级进模时要考虑模具的使用寿命，因此凸、凹模常采用硬质合金材料。由于硬质合金只能采用电火花线切割加工、电火花成形加工和成形磨削加工，因此不能同时采用一般凸模的安装方法。硬质合金凸模安装固定方法如图 6-19 所示。

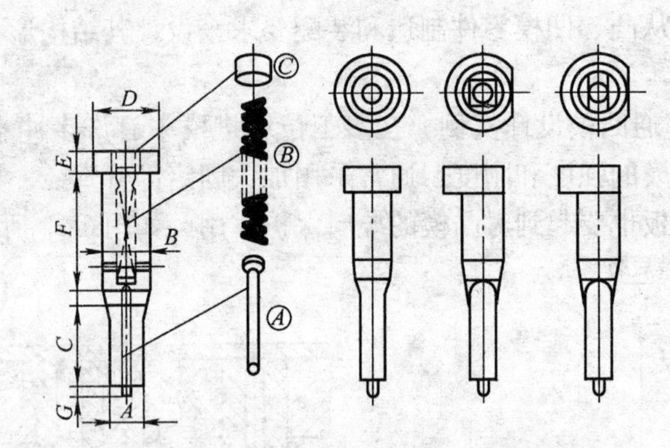

图 6-18 在凸模中心加弹性顶出销

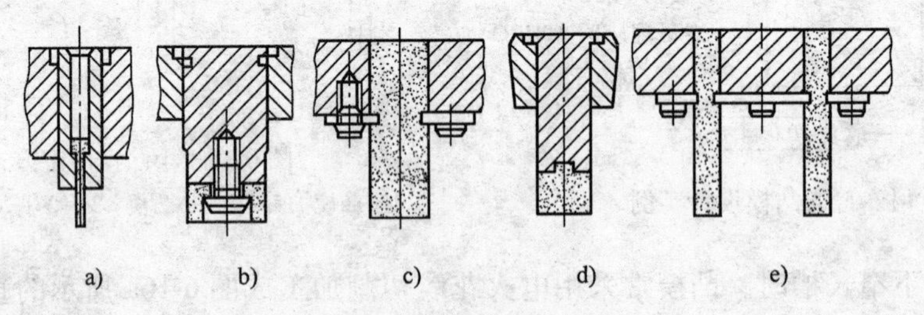

图 6-19 硬质合金凸模安装固定方法

a）固定套固定 b）螺栓固定 c）压板固定 d）镶拼固定 e）压板固定

例如，电动机转子冲裁模为多工位级进模。转子槽凸模（图 6-20）材料为硬质合金，采用电火花线切割加工。图 6-21 所示为转子槽凸模的安装固定方法。

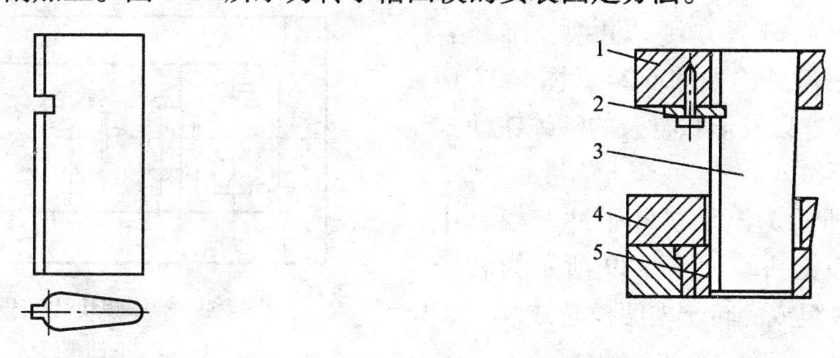

图 6-20　转子槽凸模

图 6-21　转子槽凸模的安装固定方法

1—凸模固定板　2—凸模压板　3—凸模

4—卸料固定板　5—卸料板镶件

2. 凹模

多工位级进模中的凹模制造较复杂和困难，为了便于装配后的调整，凹模的结构常采用整体式、整体镶块式、镶拼式。

（1）整体式结构　整体式结构的整个凹模是一块材料加工制作的。整体式凹模结构简单，如图 6-22 所示。常采用电火花线切割在淬火后的模板上加工各种型孔，这样可以减少镶块式凹模所产生的累积误差，适合比较简单、较大型孔的加工。但其互换性却很差，一旦有部分损坏，就得整个凹模进行更换。

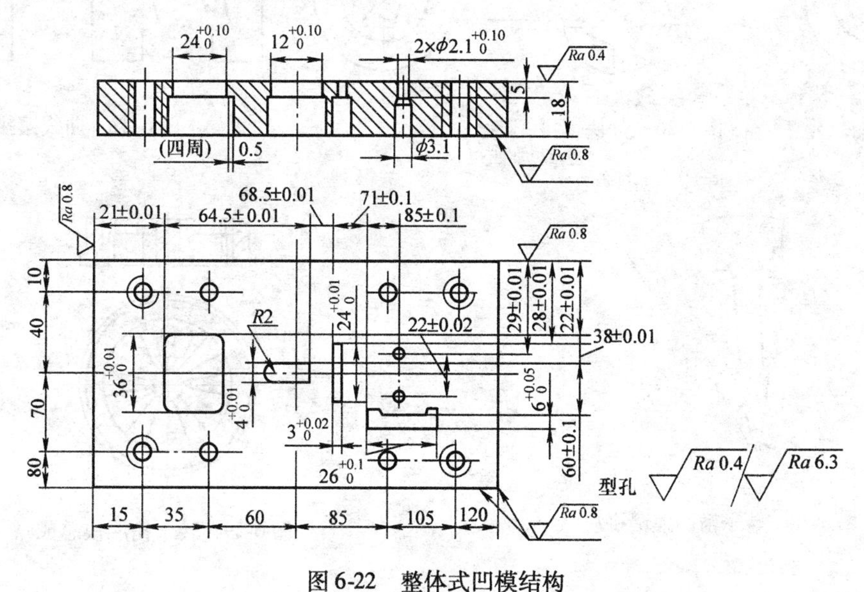

图 6-22　整体式凹模结构

（2）整体镶块式结构　将多工位级进模中的一个或几个工位加工在一块板上，然后镶拼在凹模板上，称为整体镶块式结构。如图 6-23 所示，凹模是由三个镶块组成。整体镶块式凹模结构简单，便于锻造和热处理，便于加工，便于模具维修及更换易损部分；尤其是当冲压件尺寸、形状出现偏差时，可以通过磨削镶块侧面或加垫片进行调整。模具采用硬质合金材料制作时，整体镶块式凹模可以节省材料，降低模具成本。

（3）镶拼式结构　镶拼式凹模是由几块镶件组成的，加工方便，可内表面变成外表面，便于使用精密成形磨床和光学曲线磨床加工，手工抛光、研磨方便，更换、维修容易。镶拼式凹模结构如图 6-24 ~ 图 6-27 所示。小孔、窄缝以及形状复杂的整体镶块式凹模常采用镶拼式。

图 6-28 所示为电动机转子冲裁模具中的转子槽凹模镶拼块；图 6-29 所示为转子槽凹模镶拼块组成的转子槽凹模总成。

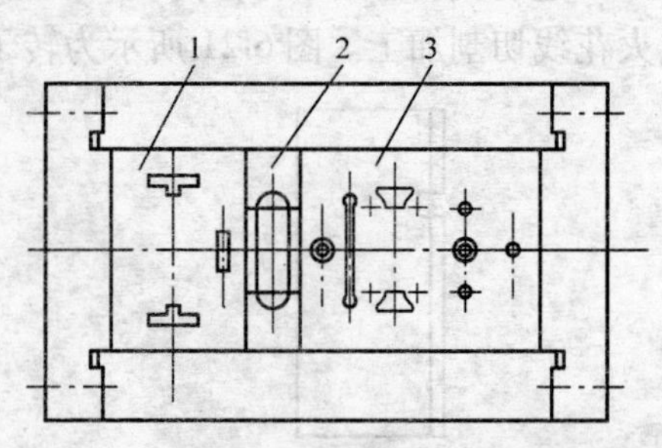

图 6-23　整体镶块式凹模结构

1、2、3—凹模镶块

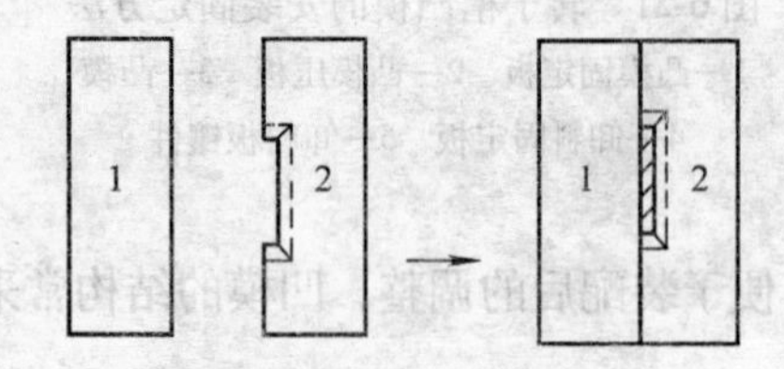

图 6-24　平面镶拼

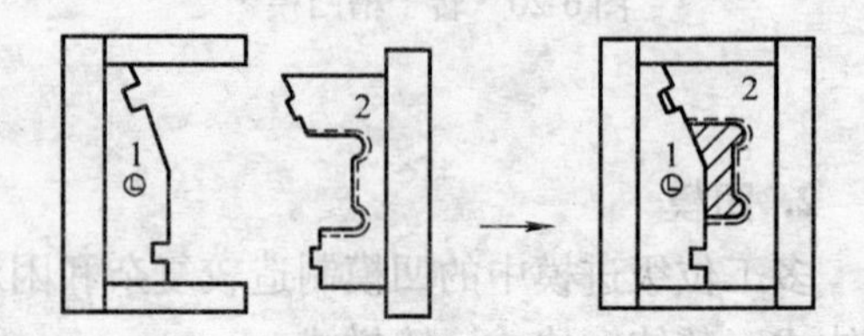

图 6-25　折线镶拼

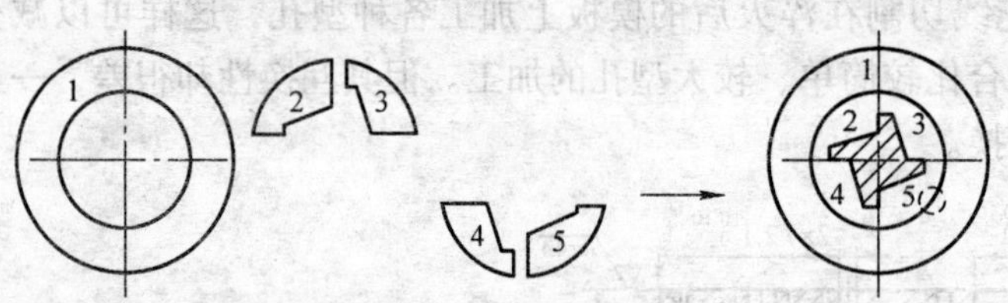

图 6-26　分块镶拼

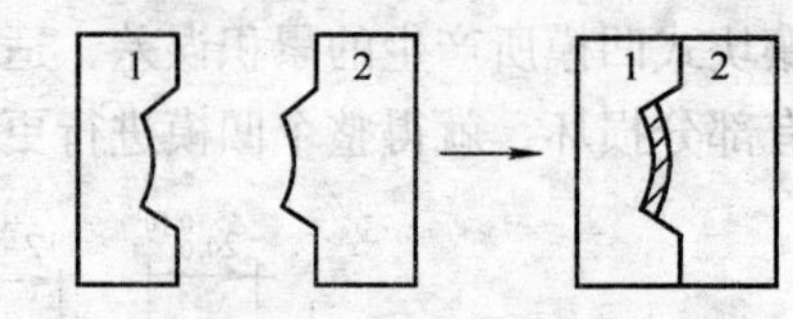

图 6-27　曲线镶拼

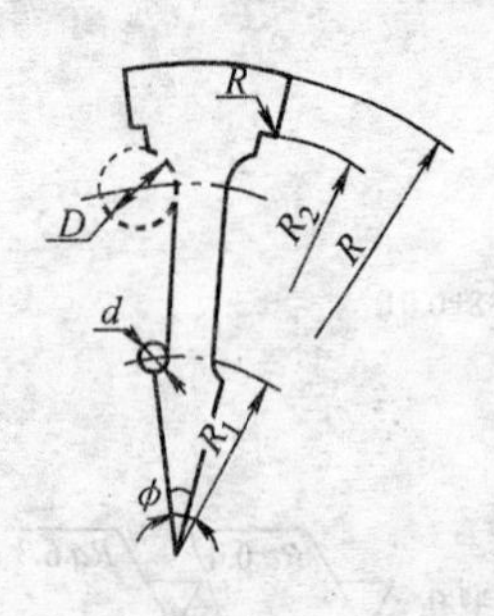

图 6-28　转子槽凹模镶拼块

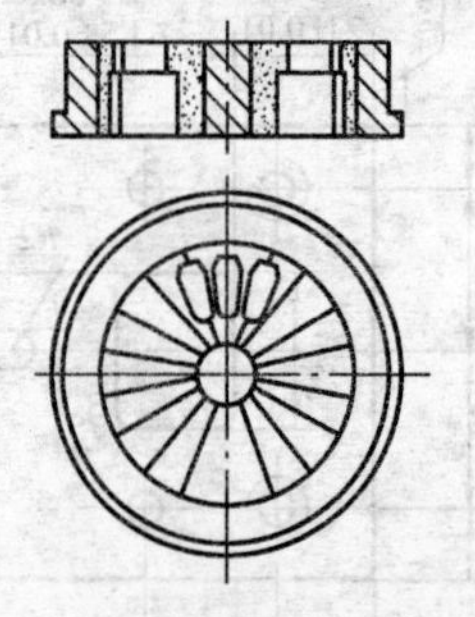

图 6-29　转子槽凹模总成

四、定距设计

1. 步距与步距精度

多工位级进模中定距设计主要包括步距与步距精度的设计。

步距是指条料在模具每次冲压时向前移动的距离。步距精度是指步距给定的公差范围。条料的步距精度直接影响冲压件的尺寸精度。步距误差以及步距累积误差将影响冲压件轮廓形状和外形尺寸。因此在排样时，一般应在第一工位冲裁导正工艺孔，紧接着第二工位设置导正销导正，以导正销矫正自动送料的步距误差。连续冲压立体图如图6-30所示。

2. 步距基本尺寸的确定

步距基本尺寸计算公式为

$$A = D_0 + a_1$$

式中　A——步距（mm）；

D_0——平行于送料方向的冲压件展开宽度（mm）；

a_1——件与件之间的搭边值（mm）。

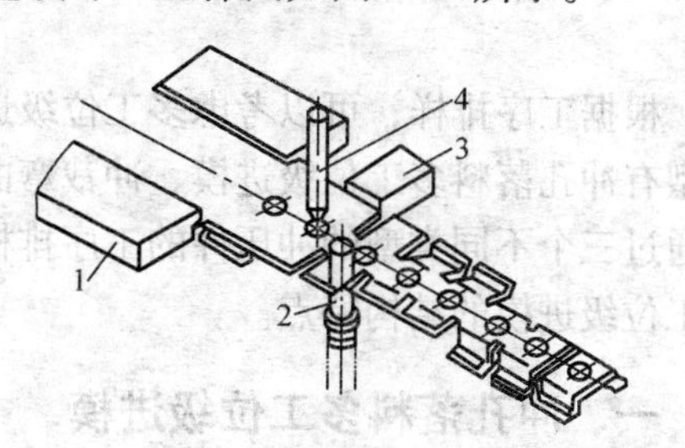

图6-30　连续冲压立体图

1—导料板　2—顶料销

3—侧刃挡板　4—导正销

3. 步距精度的确定

模具的步距精度高，可以提高冲压件的精度，但也增加了模具的制造难度，在设计模具时，应根据工件的实际要求确定条料的步距精度。条料步距精度可按下列经验公式计算，即

$$\delta = \pm \frac{\beta}{2\sqrt[3]{n}} K$$

式中　δ——多工位级进模步距的公差值（mm）；

β——工件展开尺寸沿条料送进方向最大轮廓公称尺寸的精度等级，在提高四级后的实际公差值（mm），例如，IT14级精度的冲压件取IT10级精度的公差值；

n——模具工位数（个）；

K——与冲裁间隙有关的修正系数，见表6-1。

步距的公差值δ与工位间的公称尺寸无关。为了消除多工位级进模各工位之间步距的累积误差，在标注凹模、凸凹模固定板和卸料板等零件与步距有关的孔位尺寸时，均以第一工位为尺寸基准向后标注，不论距离多大，均以δ标注步距公差，以保证孔位制造精度。连续冲压模具尺寸标注如图6-31所示。

表6-1　与冲裁间隙有关的修正系数 K 值

冲裁（双面）间隙 Z/mm	K 值
0.01～0.03	0.85
>0.03～0.05	0.90
>0.05～0.08	0.95
>0.08～0.12	1.00
>0.12～0.15	1.03
>0.15～0.18	1.06
>0.18～0.22	1.10

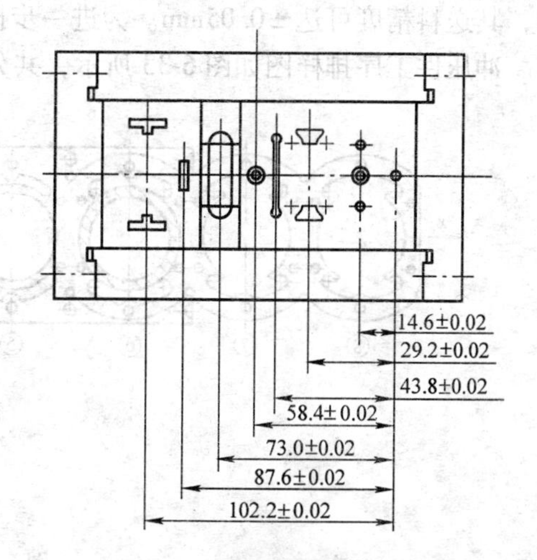

图6-31　连续冲压模具尺寸标注

模块三　多工位级进模典型结构

根据工序排样，可以考虑多工位级进模的整体结构。生产中使用的多工位级进模的基本类型有冲孔落料多工位级进模、冲裁弯曲多工位级进模、拉深冲孔翻边多工位级进模等。下面通过三个不同类型的冲压件的工序排样及所设计的三副模具的结构分析，介绍不同类型的多工位级进模的结构特点。

一、冲孔落料多工位级进模

图6-32所示为微电机定子片及转子片冲压件简图。冲压件材料为电工钢片，厚0.35mm。由于市场对微电机的需求量较大，因此，微电机定子片和转子片属于大批量生产的冲压件。

1. 排样图设计

由于微电机定子片和转子片在使用中所需数量相等，转子的外径又比定子的内径小1mm，转子片和定子片就具备套冲的条件。由于工件的精度要求较高，形状也比较复杂，数量又大，故适宜采用多工位级进模生产，冲压件的工序均为落料和冲孔。工件的异形孔较多，在多工位级进模的结构设计和加工制造上都有一定的难度。多工位级进模属于单件生产，试模失败后很难补救，因此必须精心设计，考虑周全。

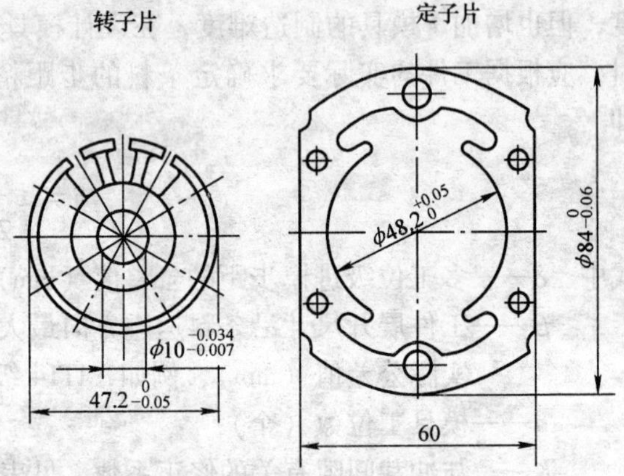

图6-32　微电机定子片及转子片冲压件简图

微电机的定子片、转子片是大批量生产，故选用电工钢片卷料，采用自动送料装置送料，其送料精度可达±0.05mm。为进一步提高送料精度，模具中使用导正销作精定位。

冲压件工序排样图如图6-33所示，共分8个工位，各工位工序内容如下：

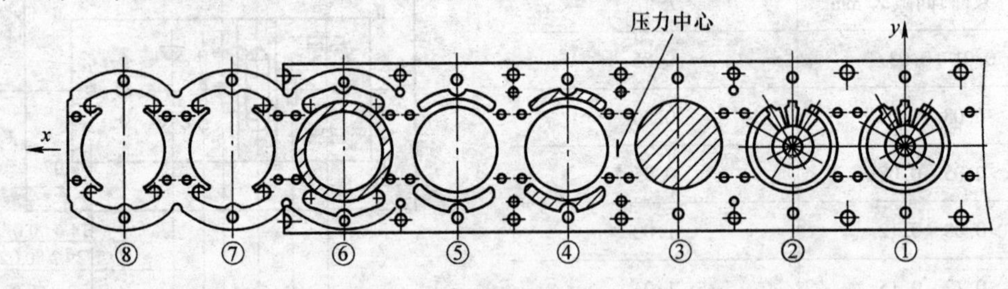

图6-33　排样图

工位①　冲 2 个 ϕ8mm 的导正销孔，冲转子片各槽孔及中心轴孔，冲定子片两端 4 个小孔的左侧 2 孔。

工位②　冲定子片右侧 2 孔，冲定子片两端中间 2 孔，冲定子片角部 2 个工艺孔，转子片槽和 ϕ10mm 孔校平。

工位③　转子片外径 ϕ47.2mm 处落料。

工位④　冲定子片两端异形槽孔。

工位⑤　空工位。

工位⑥　冲定子片 ϕ48.2mm 内孔，定子片两端圆弧余料切除。

工位⑦　空工位。

工位⑧　定子片切断。

排样图步距为 60mm，与工件宽相等。

转子片中间 ϕ10mm 的孔有较高的精度要求。12 个线槽孔需要缠绕线径细、绝缘层薄的漆包线，因此不允许有明显的毛刺，为此在工位②设置对 ϕ10mm 孔和 12 个线槽孔的整形工序。工位③完成转子片落料。

定子片中的异形孔比较复杂，孔中有四个较狭窄的突出部分，若不将内形孔分解冲切，则整体凹模中 4 个突出部位容易损坏。为此，把内形孔分为两个工位冲出，考虑到 ϕ48.2mm 孔精度较高，应先冲两头长形孔，后冲中间孔，同时将 3 个孔打通，完成内孔冲裁。若先冲中间孔，后冲长形孔，可能引起中间孔的变形。

工位⑧采取单边切断的方法，尽管切断处相邻两片毛刺方向不同，但不影响使用。

2. 模具结构

根据工序排样图，确定模具为八工位级进模，步距为 60mm。模具基本结构如图 6-34 所示。为保证冲压件精度，采用四导柱滚珠导向钢板模架。模具由上、下两部分组成。

（1）下模部分

1）凹模。凹模由凹模基体 2 和凹模拼块 21 等组成。由图 6-34 俯视图可见凹模拼块有 4 个，工位①、②、③为第 1 块，工位④为第 2 块，工位⑤、⑥为第 3 块，工位⑦、⑧为第 4 块，每块凹模用螺钉和销钉分别固定在凹模基体上，保证模具的步距精度为 ±0.05mm。

2）导料装置。下模上始、末端均装有局部导料板，始端局部导料板 24 至第一工位开始时为止，末端局部导料板 28 设在工位⑦以后，其目的是避免条料送进过程中产生过大的阻力。中间各工位上放置了 4 组 8 个槽式顶料销 27，槽式顶料销兼有导向和顶料的作用，能使带料在送进过程中从凹模面上顶起一定高度，有利于带料送进。

3）校平部分。下模内还有弹性校正组件 23，目的是起校平作用。因为线槽孔冲制后，工件平面度降低，特别是槽孔毛刺会影响微电机组装的下线质量。为提供足够的校平力，采用碟形弹簧。

（2）上模部分　上模部分主要由钢板上模座 13、垫板 12、凸模固定板 11、装配式弹压卸料板 5 和各个凸模及导正销等组成。

1）弹压卸料板。弹压卸料板 5 在多工位级进模中是关键零件之一。为了保护细小凸模并对凸模进行精确导向，卸料板本身需要更精确的导向，此外，还应具有很高的精度和足够的刚性以及较高的硬度、韧性和耐磨性。本模具结构较大，卸料板采用拼块组合形式，有利

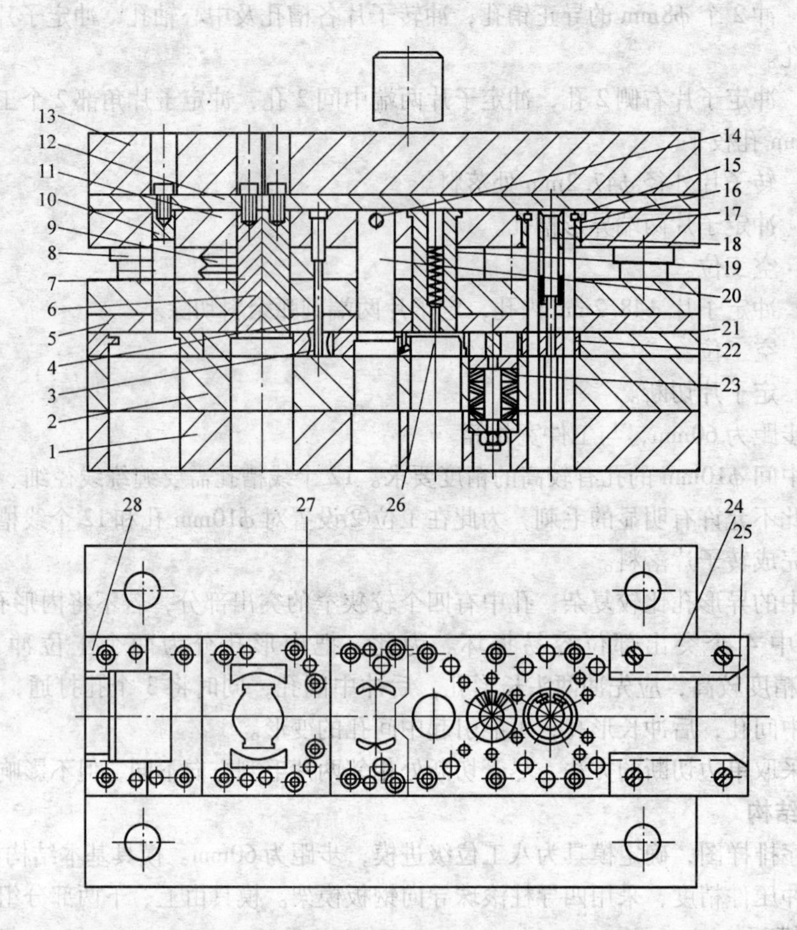

图 6-34　微电机转子片和定子片多工位级进模

1—钢板下模座　2—凹模基体　3—导正销座　4—导正销　5—弹压卸料板　6、7—切废料凸模　8—滚动导柱导套　9—碟形卸料弹簧、卸料螺钉　10—切断凸模　11—凸模固定板　12—垫板　13—钢板上模座　14—销钉　15—卡圈　16—凸模座　17—冲线槽凸模　18—冲孔凸模　19—落料凸模　20—冲异形孔凸模　21—凹模拼块　22—冲槽凹模　23—弹性校正组件　24、28—局部导料板　25—承料板　26—弹性防粘销　27—槽式顶料销

于减少热处理变形，有利于制造和更换。4 块卸料板拼块通过螺钉和卸料板基体联结起来成为弹性卸料板 5。拼块采用 Cr12 制作，淬火硬度 55 ~ 58HRC，卸料板基体采用 45 钢制作。

2）导正销。本模具采用导正销作精定位，上模设置 4 组共 8 个导正销在工位①、③、④、⑧实现带料的精确定位。导正销呈对称布置，与凸模固定板和弹性卸料板的配合选用 H7/h6。在工位⑧，导正销孔已被切除，此时可借用定子片两端 ϕ6mm 孔作导正销孔，以保证最后切除时定位精确。在工位③切除转子片外圆时，用装在凸模上的导正销，借用中心孔 ϕ10mm 导正。

3）凸模。凸模高度应符合工艺要求。工位③的 ϕ47.2mm 的落料凸模 19 和工位⑥的 3 个凸模冲定子片 ϕ48.2mm 内孔凸模，定子片两端圆弧余料切除凸模较大，应先进入冲裁工作状态，其余凸模均比其短 0.5mm，当大凸模完成冲裁后，再使小凸模进行冲裁，这样可防止小凸模的折断。

模具中冲线槽凸模17，切废料凸模6、7，冲异形孔凸模20都为异形凸模，无台阶。大一些的凸模采用螺钉紧固，凸模20呈薄片状，上端打销孔后，可采用销钉14吊装于凸模固定板11上。至于环形分布的12个冲线槽凸模17是镶在带台阶的凸模座16中相应的12个孔内，冲线槽凸模采用卡圈15固定，如图6-35所示。卡圈切割成两半，用卡圈卡住冲线槽凸模上部磨出的凹槽，可防止凸模工作时被拔出。

4）防粘装置。防粘装置主要是指弹性防粘销26及弹簧等，其作用是防止冲裁时分离的材料粘在凸模上，影响模具的正常工作，甚至损坏模具。工位③的落料凸模19上均布3个弹性防粘销，目的是使落料凸模中的导正销与工件分离，阻止工件随凸模上升。值得指出的是，为防止冲槽废料的回升，也采用了类似的防粘装置。

图6-35　冲线槽凸模采用卡圈固定

二、冲裁弯曲多工位级进模

如图6-36所示为录音机机心自停连杆立体图，图6-37所示为其零件图。该连杆用10钢制作，厚0.8mm，属于大批量生产。零件形状较复杂，精度要求较高，有*a*、*b*、*c*三处弯曲，还有4个小凸包。主要工序有冲孔、冲裁外形、弯曲、成形等，适宜采用多工位级进模生产。

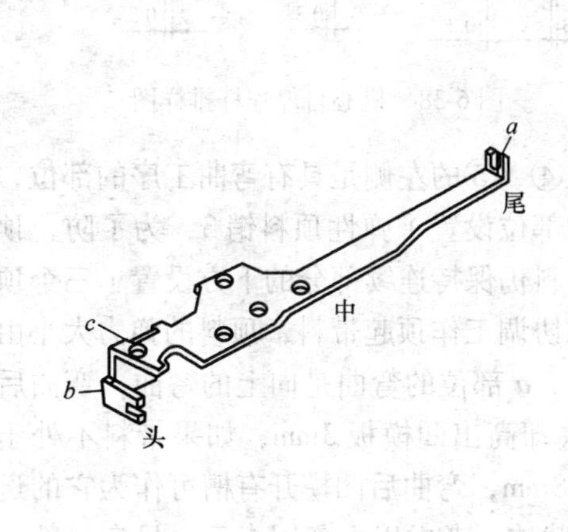

图6-36　机心自停连杆立体图

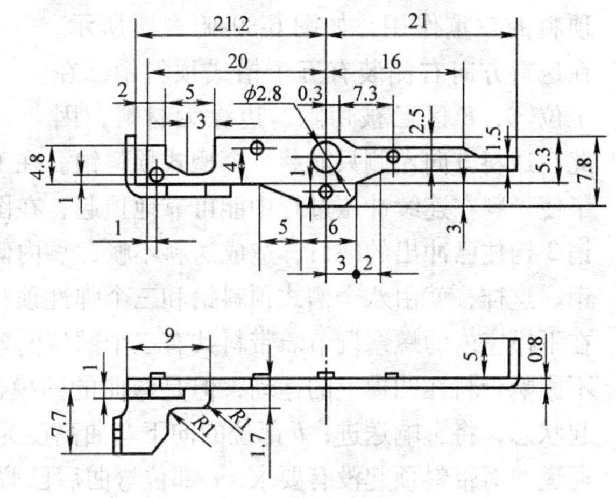

图6-37　机心自停连杆零件图

1. 排样图设计

冲压材料使用厚0.8mm钢带卷料，采用自动送料装置送料。工序排样图如图6-38所示，这是以零件展开图为基础进行设计的，共有六个工位，即：

工位①　冲导正销孔，冲ϕ2.8mm圆孔，冲*K*区窄长孔，冲T区的T形孔。

工位②　冲零件右侧*M*区外形，连同下一工位冲裁*E*区的外形。

工位③　冲零件左侧*N*区外形。

工位④　零件 a 部位向上 5mm 弯曲，冲四个小凸包。

工位⑤　零件 b 部位向下 4.8mm 弯曲。

工位⑥　零件 c 部位向下 7.7mm 弯曲，F 区连体冲裁，废料从孔中漏出，零件脱离裁体，从模具左侧滑出。

零件的外形是分五次冲裁完成的，如图 6-38 所示。若把零件分为头部、尾部和中部，则尾部的冲裁是分左、右两次进行的，如果一次冲出尾部外形，则凹模中间部位将处于悬臂状态，容易损坏。零件头部的冲裁是分两次完成的，第一次是冲头部的 T 形槽，第二次是 E 区的连体冲裁，采用交接的方式以消除搭接处的缺陷。如果两次冲裁合并，则凹模的强度不够。零件中部的冲裁兼有零件切断分离的作用。

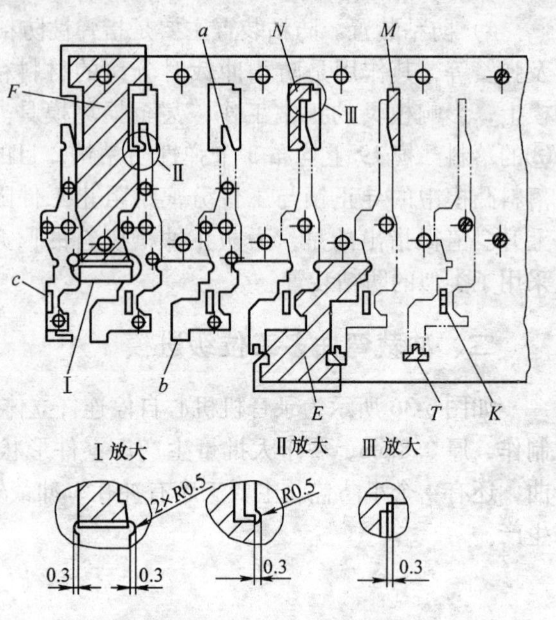

图 6-38　机心自停连杆排样图

2. 模具结构

模具基本结构如图 6-39 所示，采用滑动对角导柱模架。

(1) 下模部分　带料依靠在模具两端设置的导料板导向，中间部位采用槽式顶料销导向。由于零件有弯曲工序，每次冲压后带料需抬起，槽式顶料销具有导向和顶料的双重作用，如图 6-39 俯视图所示，在送料方向右侧装有五个槽式顶料销，在工位③，E 区已被切除，边缘无材料，因此在送料方向左侧只能装三个槽式顶料销。在工位④、⑤的左侧是具有弯曲工序的部位，为了使带料在连续冲压过程中能可靠地顶起，在图示部位设置了弹性顶料销 3，为了防止顶料销 3 钩住已冲出的缺口，造成送料不畅，靠内侧带料仍保持连续部分的下方设置了三个顶料销。这样，就由八个槽式顶料销和三个弹性顶料销协调工作顶起带料，顶料的弹力大小由装在下模座内的螺塞调节。带料共有三个部位的弯曲，a 部位的弯曲是向上的弯曲，弯曲后并不影响带料在凹模上的运动，但是弯曲的凹模镶块却高出凹模板 3mm，如果带料不处于顶起状态，将影响送进；b 部位的向下弯曲高度为 4.8mm，弯曲后凹模开有槽可作为它的送进通道，对带料顶起没有要求；c 部位弯曲后已脱离载体。考虑以上各因素后，只有 a 部位的弯曲凹模影响运行，因而将顶起高度定为 3.5mm。弹性顶料销在自由状态下高出凹模板 3.5mm；槽式顶料销在自由状态下，其槽的下平面高出凹模板 3.5mm；两种顶料销顶料的位置处于同一平面上。

凹模采用镶入式凹模，所有冲裁型孔均采用线切割机床在凹模板上切出，压凸包凸模 18 作为镶件固定在凹模板上，其工作高度在试模时还可调整。机心工件 a 部位采用校正弯曲，弯曲凹模镶块镶在凹模板上，顶件块与它相邻，由弹簧将它向上顶起，其结构如图 6-40 所示。冲压时，顶件块与凸模形成夹持力，随凸模下行完成弯曲，顶件块具有向上卸料的作用。a 部位弯曲形式属于单边弯曲，采用校正弯曲克服回弹的影响，因此顶件块兼起校正镶块的作用，应有足够的强度。机心工件 b、c 部位向下弯曲，在工位⑤、⑥进行，由于相邻较近，采用同一凹模镶块，用螺钉、销钉将其固定在凹模板上；b 部位向下弯曲的高度为 4.8mm，顶料销只能将带料托起 3.5mm，所以在凹模板上沿其送进方向还需加工出宽约 2mm、深约 3mm 的槽，供其送进时通过。

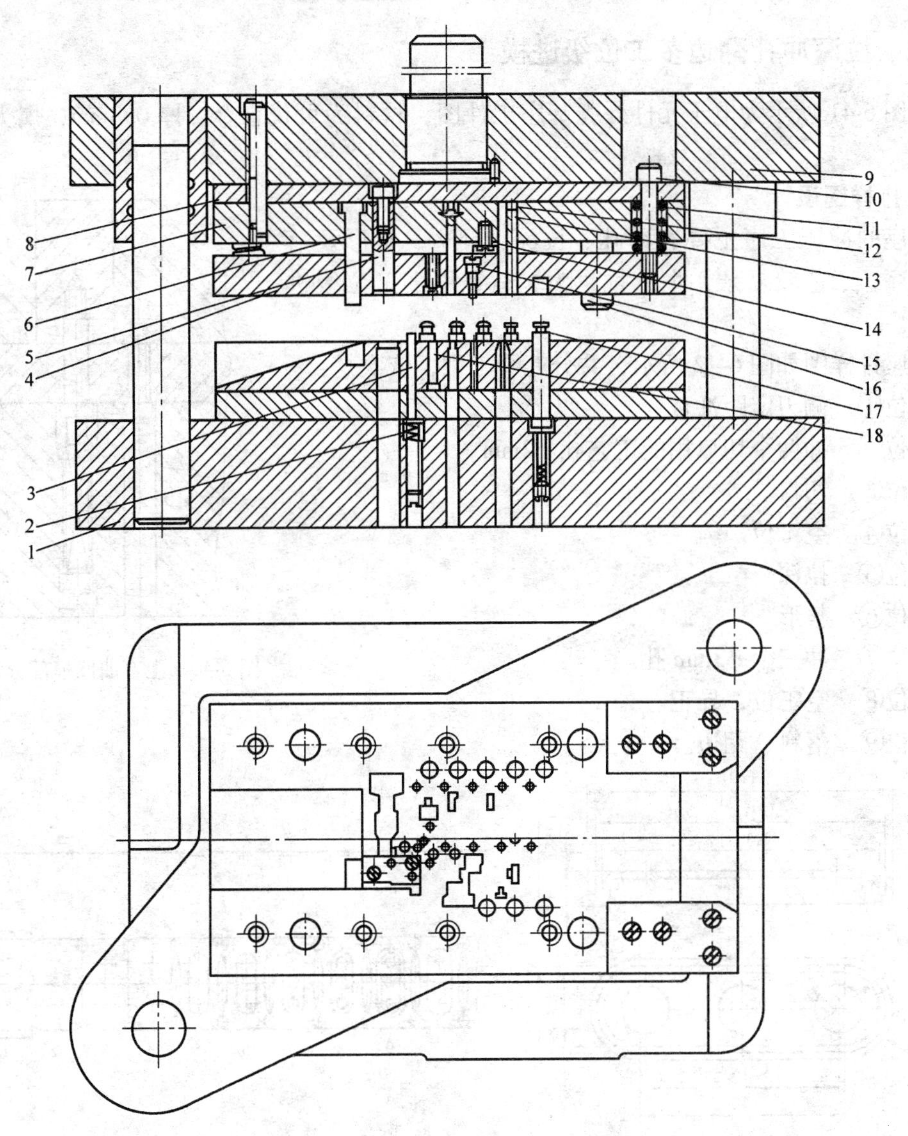

图 6-39　机心自停连杆多工位级进模结构

1—下模座　2、11—弹簧　3—顶料销　4—卸料板　5—F 区冲裁凸模　6—弯曲凸模　7—凸模固定板　8—垫板　9—上模座　10—卸料螺钉　12—冲孔凸模　13—T 区冲裁凸模　14—固定凸模用压板　15—导正销　16—小导柱　17—槽式顶料销　18—压凸包凸模

零件在最后一个工位上从载体脱离后处于自由状态，容易粘在凸模或凹模上，为此凸模和凹模镶块上各装一个弹性防粘销。凹模板侧面加工出斜面，使工件从侧面滑出；还可在适当部位安装气管喷嘴，利用压缩空气将成品件吹离凹模板。

（2）上模部分　上模部分主要由卸料板、凸模固定板、垫板和各个凸模组成。为了保护细小凸模，装有四个 ϕ16mm 的小导柱 16，导柱由凸模固定板固定，与卸料板、凹模板成小间隙配合，其双面配合间隙不大于0.025mm，这样可以提高模具的精度与刚度。

为提高送料步距精度，保证零件冲压加工的稳定性，在工位②～⑤均设置导正销导正，八个导正销15直接装在卸料板上，导正销的位置偏差不应大于0.05mm。

三、拉深冲孔翻边多工位级进模

如图6-41所示为电子元件外壳基座工件图，材料为可伐合金，厚0.3mm，属大批量生产。

1. 排样图设计

基座的冲压工序主要有冲孔、拉深、翻边、整形及落料等工序，工艺较复杂，生产批量大，适宜用多工位级进模生产。

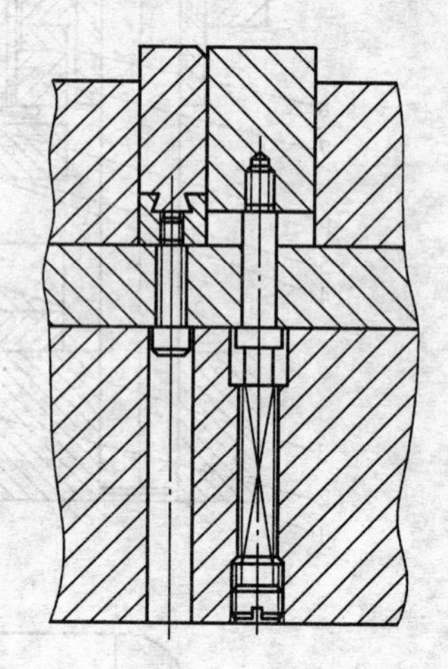

图6-40　上弯曲凹模部分示意图

基座排样图如图6-42所示，共分九个工位，依次是：

工位①　侧刃定距冲裁。

工位②　冲两个切口用的工艺孔 ϕ2mm。

工位③　切口。

工位④　空工位。

工位⑤　拉深。

工位⑥　整形。

工位⑦　冲三个 ϕ3mm 孔。

工位⑧　空工位，导正。

工位⑨　落料、翻边。

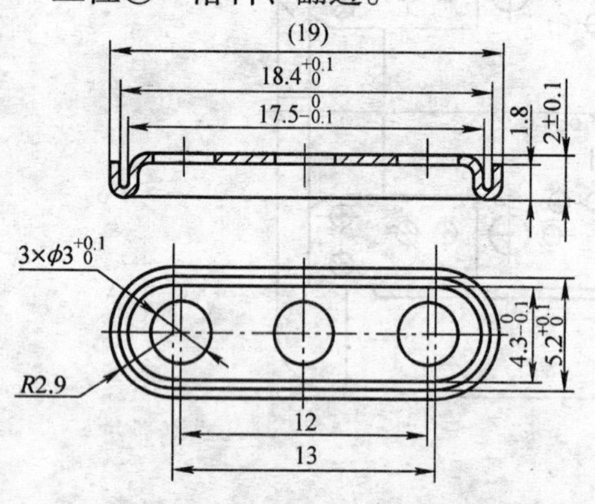

图6-41　电子元件外壳基座工件图

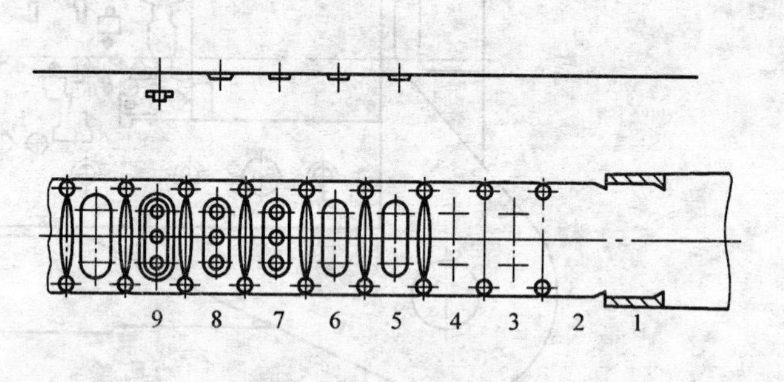

图6-42　基座工件排样图

材料选用条料，手工送料，侧刃定距。由于零件是拉深件，所以不用多设导正销，仅在工位⑧设置一个导正销。

工位③的切口采用斜刃切开，并非冲切一窄条，这对于矩形零件是适宜的。

拉深工序中，拉深凸模、凹模都有较大的圆角，拉深后的工序件也有相应的圆角。工位⑥安排整形是为获得工件所需的圆角。

工位⑨采用复合模的形式，完成落料、翻边两道工序。工件脱离条料，随条料从模具侧面滑出。

2. 模具结构

本模具选用对角滚珠钢板模架是基于两方面的考虑，一是所冲的工件材料厚度为0.3mm，比较薄，冲裁间隙比较小，因而对模架精度要求高；二是本模具为九个工位级进模，具有多次冲裁，各处冲裁凸、凹模的制造、装配也存在误差。为尽量减少误差累积对模具的负面影响，选用精密模架以减小上模座的导向误差是必要的。

如图6-43所示是基座级进模结构图。

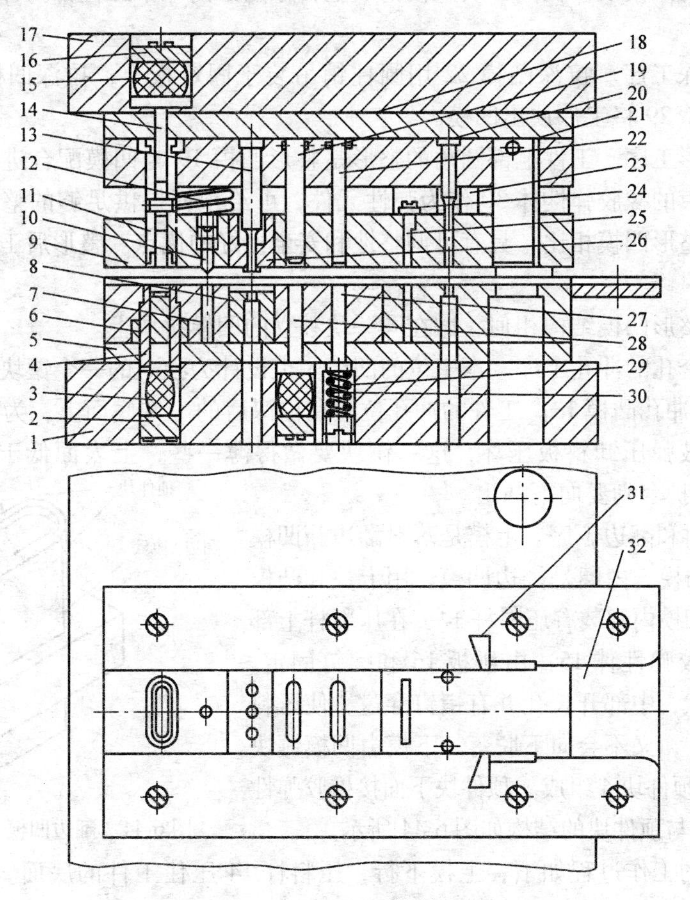

图6-43　基座级进模结构图

1—钢板下模座　2、16、24—压板　3、15、30—橡胶弹性体　4—顶件块　5、18—垫板　6—翻边凹模　7—凹模镶块　8—冲孔凹模镶块　9—卸料板　10—导正销　11—落料翻边凸凹模　12—卸料螺钉　13—冲孔凸模　14—压料杆　17—钢板上模座　19—整形凸模　20—冲孔凸模　21—侧刃　22—拉深凸模　23—滑动导柱　25—切口凸模　26—保护套　27、28—顶杆　29—弹簧　31—侧刃挡块　32—承料板

为保护模具的细小凸模，在上模板与卸料板之间装有4组滑动导柱23及导套，按一级精度模架要求制造。

工位①的侧刃定距冲裁，侧刃凸模21宽度选为1.25mm，侧刃长为13.05mm，比步距大0.05mm，可给导正销10精确定位留有导正余量。侧刃凸模用圆柱销固定在凸模固定板上，以防止凸模向下脱落。

工位③是切口工序。切口凸模25是在两个工艺孔之间冲切，因而冲切后条料不会随凸模 25 上升，它不需要卸料板卸料，故把冲切口的侧刃凸模 21 直接装在卸料板上。侧刃凸模 21 上设计有凸台，从卸料板的上面装入，用压板压住，压板用螺钉固定。切口凸模 25 厚为 2mm，工作部位在右侧，构成刃口的切口凸模 25 底面有约为 15°的倾角，凸模高出卸料板约为 2δ（δ 为多工位级进模步距公差值）；切口凹模的宽度为 3mm，若与切口凸模 25 宽度相等，会使切口凸模的左侧与凹模挤压条料，产生不应有的变形。

前三个工位的凹模设计在同一块凹模拼块上，原因是前 3 个工位都为冲裁，拼块制造较为方便。

工位⑤是拉深工序。拉深凸模 22 用圆柱销吊装于固定板上，拉深凹模内设置一顶杆 27，拉深后靠弹簧 29 将工件顶出凹模。

工位⑥是整形工序。工件上部圆角的整形是整形凸模 19 与凹模配合进行的，顶杆下面采用受到一定约束的橡胶弹性体 30 作为弹性元件，可给顶杆提供足够的整形压力，这种方法与设置刚性的整形凹模相比，具有可调整性和安全性好的优点。整形后工序件再次被顶出凹模以利送进。

拉深凹模与整形凹模结构相似，做在同一块独立的凹模拼块上。

工位⑦是三个孔的冲孔工序。本工位的凹模 8 也设计为独立的一个镶块，在卸料板上设置保护套 26 保护冲孔凸模 13。工件的冲孔位置在拉深后的工件底面上，为保证冲孔时工序件落平到位，不被弹压卸料板压坏，这一镶块要做得薄一些，上表面低于其他拼块 2mm。冲孔凸模 13 的保护套则要向下凸出。

工位⑧是落料和翻边工序。上模是落料翻边凸凹模 11，外围是落料凸模，内圈是翻边凹模，用卡块和凸模固定板固定。凸凹模内部装有压料杆 14，在压料杆上部的模座内装有橡胶弹性体 15，由压板 16 和螺钉固定。压料杆是直筒形状，中部开长孔并有销钉穿过，使压料杆既有一定的行程，又不会向下脱落。下模由凹模镶块 7、翻边凹模 6 和顶件块 4 组成。顶件块下面接橡胶弹性体 3。翻边凹模 6 与顶件块的结构如图 6-44 所示。

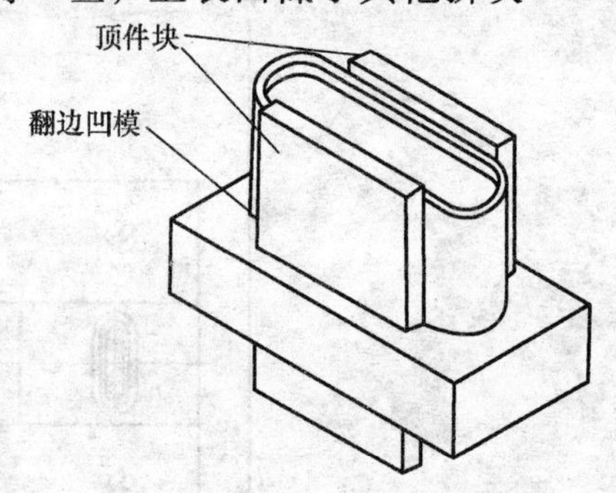

图 6-44　翻边凹模与顶件块结构

工位⑨模具的工作过程如下：上模下行，压料杆 14 压住工件的底面。上模继续下行，卸料板 9 压平条料，落料翻边凸凹模 11 的外缘刃口与凹模镶块作用，完成外形落料。上模继续下行，凸凹模内侧与翻边凹模相互作用，完成零件的外翻边，同时顶件块 4 被凸凹模压住下行。当上模回升，顶件块 4 将工件顶出凹模时，卸料板卸下条料，压料杆也可将粘于上模的工件推出。

模块四　多工位级进模结构设计

多工位级进模结构设计对模具工作性能、制造工艺性、成本、生产周期以及模具寿命等起决定性作用。

一、总体设计

多工位级进模总体设计以工序排样图为基础，根据工件成形要求确定级进模的基本结构框架。

1. 模具基本结构设计

多工位级进模基本框架主要由正倒装关系、导向方式、卸料方式三个要素组成。

（1）正倒装关系　由于正装式模具结构容易出件和排除废料，因此在级进模中多采用正装式结构。

（2）导向方式　分为外导向和内导向两种。外导向主要指模架中上模座的导向；内导向则是指利用小导柱和小导套对卸料板进行导向，卸料板进而对凸模进行导向。内导向也称为辅助导向，常用于薄料、凸模直径小、工件精度要求高的级进模。

图 6-45 所示为内导向小导柱和小导套的典型结构。

（3）卸料方式　多工位级进模多采用弹压卸料装置，当工位数较少、料厚大于 1.5mm 时，也可以采用固定卸料方式。

2. 模具基本尺寸

如图 6-46 所示，模具基本尺寸主要有模具的平面轮廓尺寸、闭合高度、凸模的基准高度和各模板的厚度。

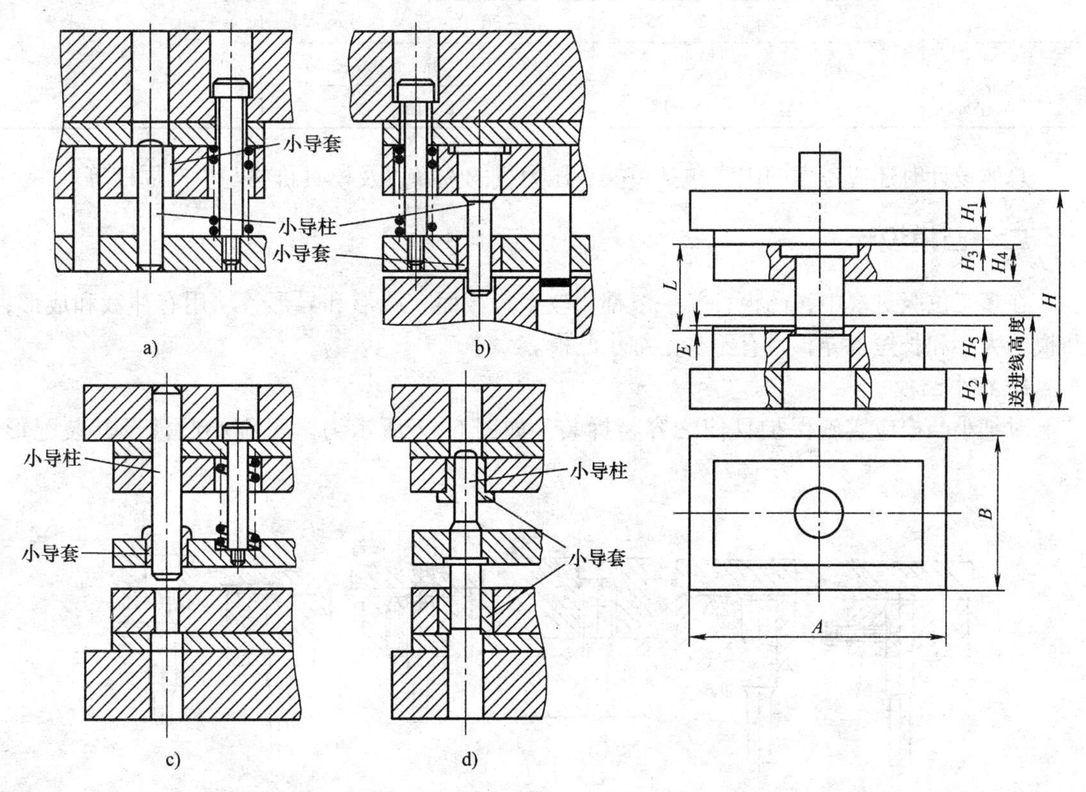

图 6-45　内导向小导柱和小导套的典型结构　　图 6-46　模具基本尺寸

（1）模具的平面轮廓尺寸　以凹模外形尺寸为基础，以最终选择的模架尺寸为准。

（2）凸模的基准高度　由于凸模绝对高度不一样，可以选择一基准凸模高度，根据料厚和模具大小等因素确定，一般取 35～65mm，其余凸模高度按照基准高度计算差值。

（3）模板厚度　包括凹模板、凸模固定板、垫板、卸料板以及导料板的厚度。各模板的厚度取值见表 6-2。

表 6-2　级进模模板厚度　（单位：mm）

名称		模板厚度			备注
凹模板	t \ A	<125	125~160	160~300	A 为模板长度 t 为条料或带料厚度
	<0.6	13~16	16~20	20~25	
	0.6~1.2	16~20	20~25	25~30	
	1.2~2.0	20~25	25~30	30~40	
固定卸料板	t \ A	<125	125~160	160~300	
	<1.2	13~16	16~20	16~20	
	1.2~2.0	16~20	20~25	20~25	
弹压卸料板	t \ A	<125	125~160	160~300	
	<0.6	13~16	16~20	20~25	
	0.6~1.2	16~20	20~25	25~30	
	1.2~2.0	20~25	25~30		
垫板	A	<125	125~160	160~300	
		5~13	8~16		

总体设计时还应考虑的因素包括模架、压力机的选择以及模具价格与生产周期等。

二、凸模设计

在多工位级进模中，凸模种类一般都比较多，截面有圆形和异形，功用有冲裁和成形；凸模的大小和长短各异，且有不少是细小凸模。

1. 细小凸模

对细小凸模应实施保护且使之容易拆装。如图 6-47 所示为常见细小凸模及其装配形式。

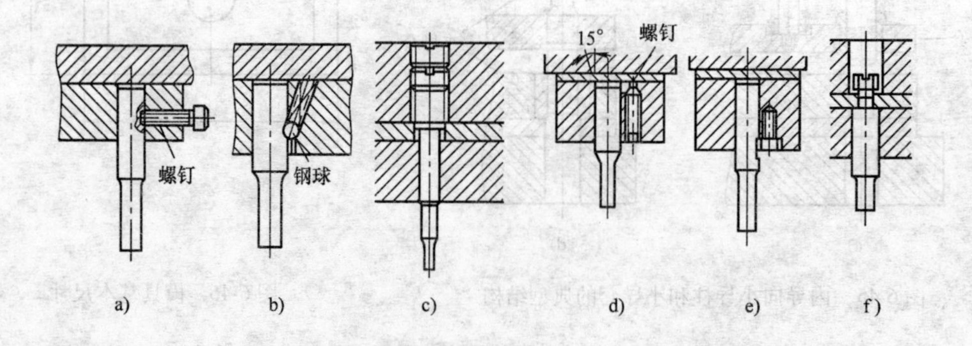

图 6-47　常见细小凸模及其装配形式

a）横向螺钉装配　b）钢球装配　c）起子口双螺柱装配
d）圆锥螺钉装配　e）骑缝螺钉装配　f）内六角螺钉装配

2. 带顶出销的凸模结构

带顶出销的凸模结构如图 6-48 所示。

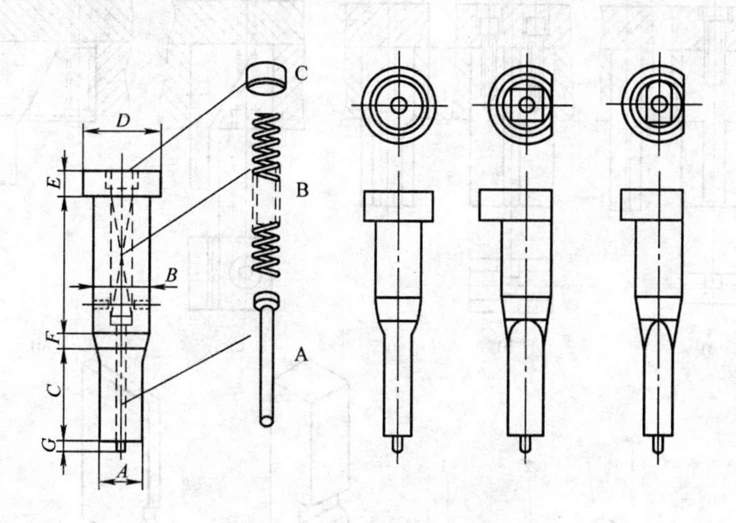

图 6-48 带顶出销的凸模结构

A—顶出销 B—弹簧 C—挡块

3. 成形磨削凸模结构

成形磨削凸模结构如图 6-49 所示。

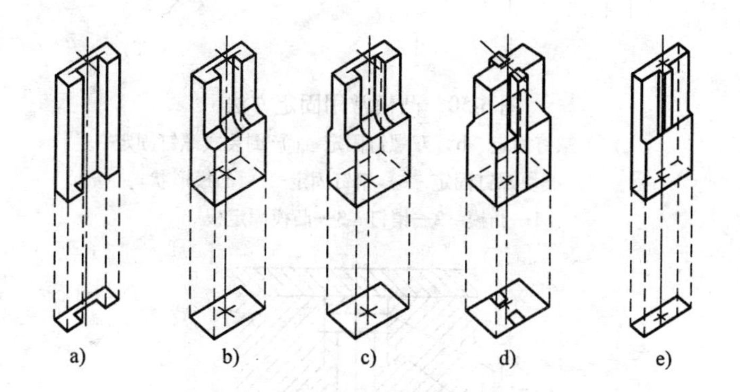

图 6-49 成形磨削凸模结构

a）直通槽形凸模 b）不通槽形凸模 c）不通槽台形凸模

d）双凸形凸模 e）单凸形凸模

4. 凸模固定方法

异形凸模一般采用直通结构，用螺钉吊装固定。如图 6-50 所示为凸模常用固定方法。同一副模具中的凸模固定方法应基本一致。

5. 刃磨后不改变闭合高度的结构

如图 6-51 所示，凸模 3 刃磨后，将磨削的垫片 2 也磨薄，使磨削的垫片 2 的修磨量等于凸模 3 的刃磨量，同时将垫片 1 换成增厚相同量的新垫片。这样，刃磨前后凸模的刃口在同一水平面上。

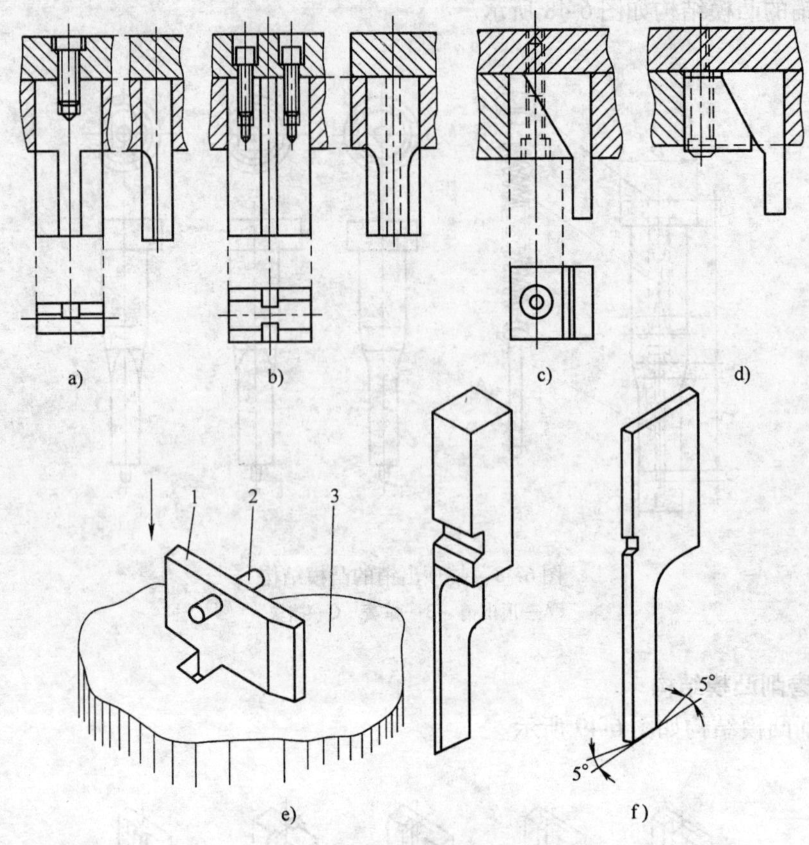

图 6-50　凸模常用固定方法

a）单螺钉固定　b）双螺钉固定　c）倒装式螺钉固定

d）楔块螺钉固定　e）销钉固定　f）凸模形状

1—凸模　2—销钉　3—凸模固定板

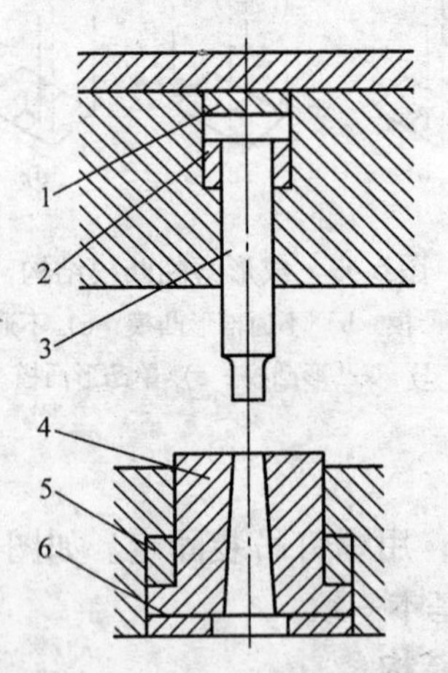

图 6-51　刃磨后不改变闭合高度的结构

1—更换的垫片　2—磨削的垫片　3—凸模　4—凹模镶套

5—磨削的垫圈　6—更换的垫圈

三、凹模设计

除了工步较少或纯冲裁、精度要求不很高的多工位级进模凹模为整体式的以外，一般凹模采用镶拼式结构。凹模镶拼原则与普通冲裁凹模基本相同。

1. 凹模外形尺寸

（1）凹模厚度　凹模厚度 H 可以根据冲裁力和刃口轮廓长度参照图 6-52 确定。当凹模冲裁的轮廓长度超过 50mm 时，从曲线中查出的数据要乘以修正系数，见表 6-3。凹模厚度的最小值为 7.5mm。凹模表面积在 55mm^2 以上时，H 的最小值为 10.5mm。图 6-52 中的材料为合金工具钢，当凹模材料采用碳素工具钢时，应乘以系数 1.3。此外，凹模厚度还应加上凹模刃口的修磨量。

（2）凹模长度　从凹模的工作刃口到外形要有足够的距离，图 6-53 中给出了凹模刃口到外边缘距离的经验值。此外，还要考虑留有螺钉孔和定位销孔的位置，统筹加以确定。

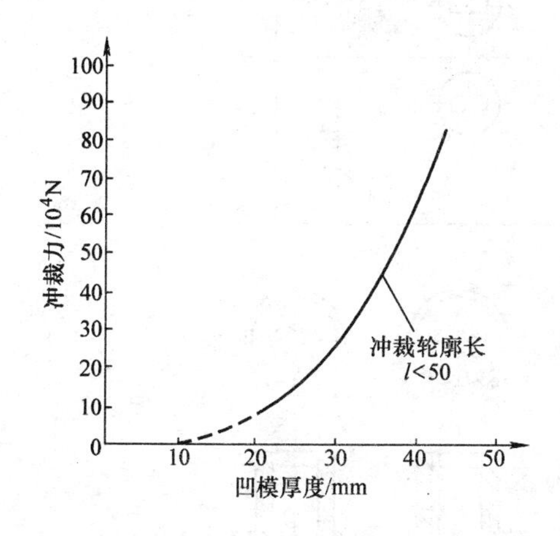

图 6-52　凹模厚度

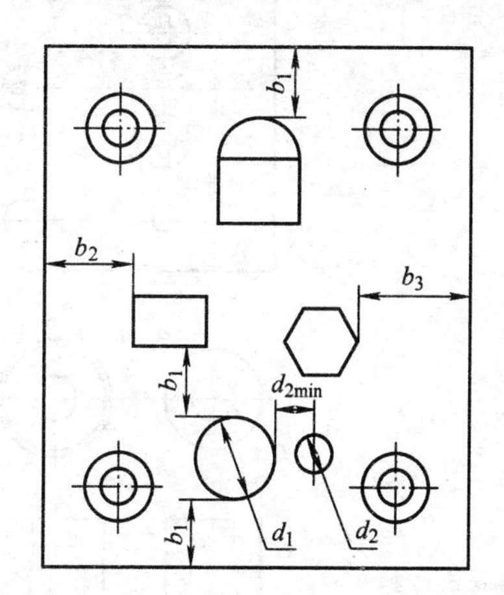

$b_1 \geqslant 1.2H$，$b_2 \geqslant 1.5H$，$b_3 \geqslant 2.0H$（H 为凹模厚度）

图 6-53　凹模刃口到外边缘的距离

表 6-3　凹模厚度修正系数

l/mm	50～75	75～150	150～300	300～500	>500
修正系数	1.12	1.25	1.37	1.56	1.60

2. 镶拼式凹模结构

由于凹模尺寸较大，工位数较多，并且使用寿命要求高，因此常采用镶入式结构或拼块式结构，如图 6-54 所示。

（1）镶入式凹模结构　如图 6-55 所示，镶入式凹模一般是在凹模基体上开出圆孔或矩形孔（可通可不通），在孔内镶入镶件，镶件可以是整体的也可以是由拼块组成的。这种结构节约材料，也便于镶件的更换，常用于精度要求高的小型多工位级进模。

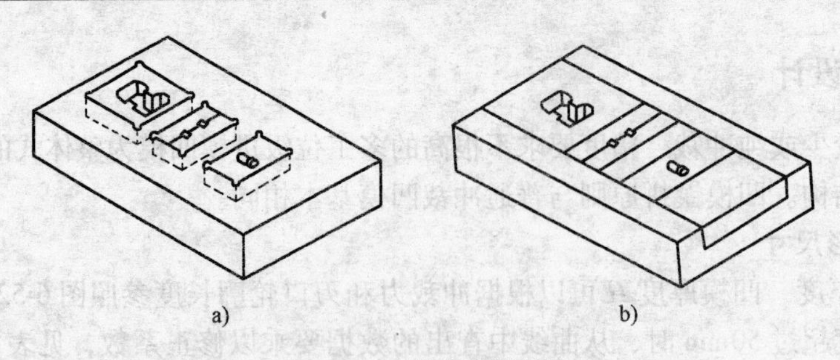

图 6-54　镶拼式凹模结构
a）镶入式凹模　b）拼块式凹模

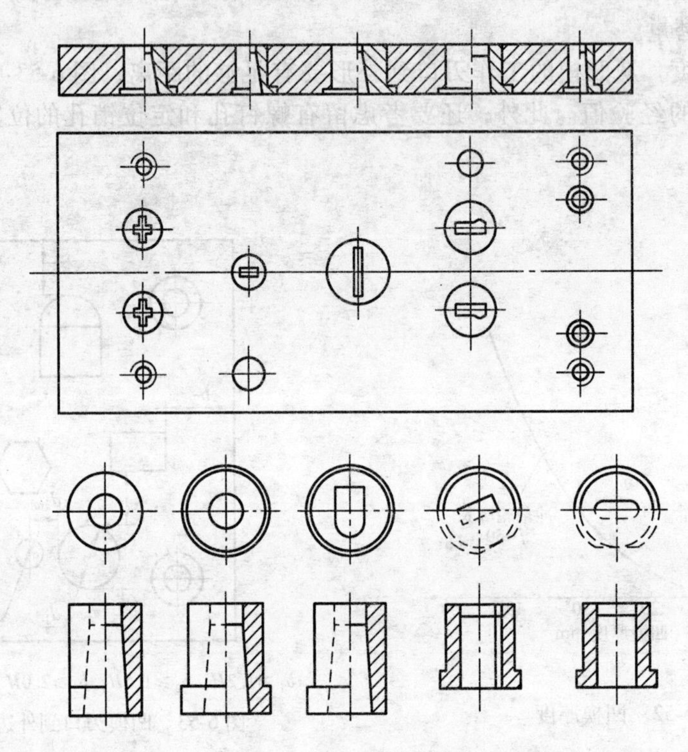

图 6-55　镶入式凹模结构

（2）镶块式凹模结构　图 6-56 所示为镶块式凹模结构。

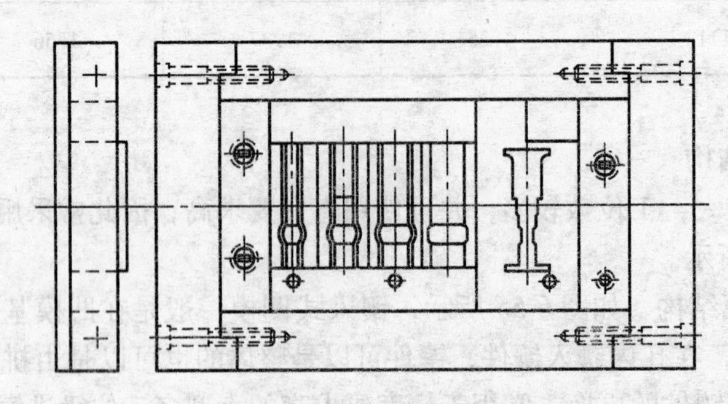

图 6-56　镶块式凹模结构

3. 倒冲结构

有些工件在成形时需要向上进行弯曲、翻边等，为了实现由下向上的冲压，需要在凹模规定的工位安装利用杠杆机构实现弯曲或翻边凸模由下向上运动的倒冲机构，其结构原理如图 6-57 所示。倒冲结构属于加工方向转换机构之一。

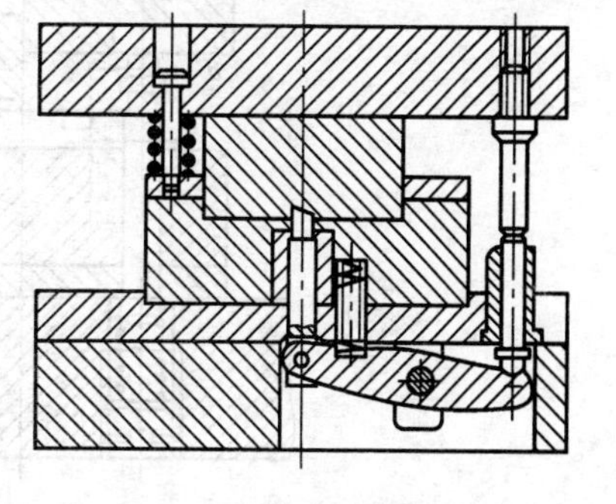

图 6-57　倒冲结构示意图

四、导料装置设计

由于带料经过冲裁、弯曲、拉深等变形后，在条料厚度方向上会有不同高度的弯曲和凸起，为了顺利送进带料，必须将已经成形的带料托起，使凸起和弯曲部位离开凹模洞壁并略高于凹模工作表面。以上这项工作由导料系统来完成。完整的导料系统包括导料板、浮顶器（或浮动导料销）、承料板、侧压装置、除尘装置以及安全检测装置等。

1. 带台阶导料板与浮顶器配合使用的导料装置

浮动顶料装置如图 6-58 所示。浮顶器有销式、套式和块式几种。由图 6-58 可知，套式浮顶器使导正销得到保护。浮顶器数量一般应设置为偶数且左右对称布置，在送料方向上间距不宜过大；条料较宽时，应在条料中间适当位置增加浮顶器。

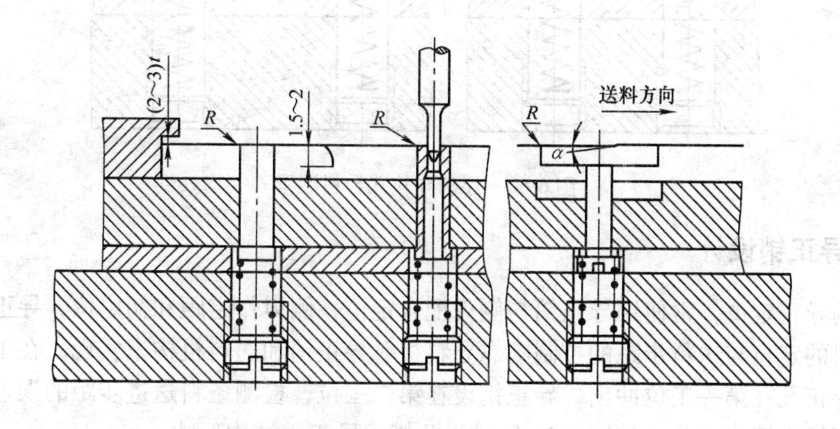

图 6-58　浮动顶料装置

2. 带槽浮动顶料销的导料装置

带槽浮动顶料销既起导料作用，又起浮顶条料的作用，也是常用的导料装置结构形式，如图 6-59a 所示。图 6-59b 和图 6-59c 的设计是错误的。由于带槽浮动顶料销与条料为点接触，不适用于料边为断续的条料的导向，故在实际生产中常采用浮动导轨式导料装置，如图 6-60 所示。

如果结构尺寸不正确，则在卸料板压料时会产生如图 6-59b 和图 6-59c 所示的问题，即条料的料边产生变形，这是不允许的。

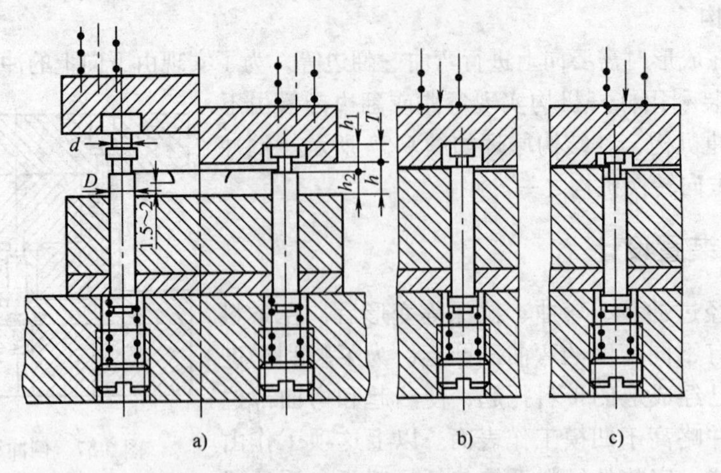

图 6-59　带槽浮动顶料销的导料装置

a）正确的　b）、c）错误的

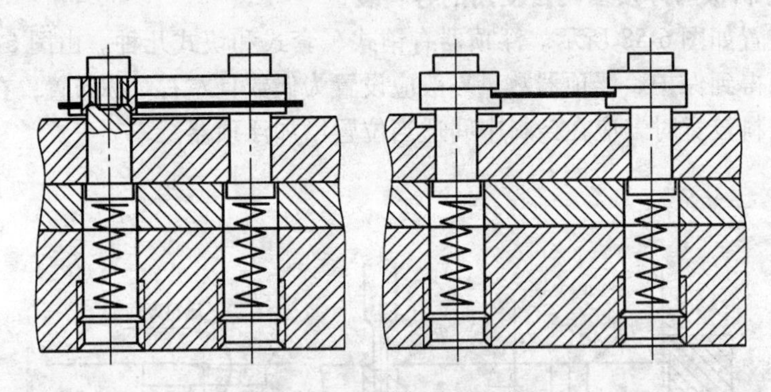

图 6-60　浮动导轨式导料装置

五、导正销设计

条料的导正定位，常使用导正销与侧刃配合定位，侧刃作定距和初定位，导正销作精定位。而条料的定位与送料步距的控制则靠导料板、导正销和送料机构来实现。在工位的安排上，一般导正孔在第一工位冲出，导正销设在第二工位，检测条料送进步距的误差，检测凸模的精度可设在第三工位。如图 6-61 所示为凸模式导正销结构形式。

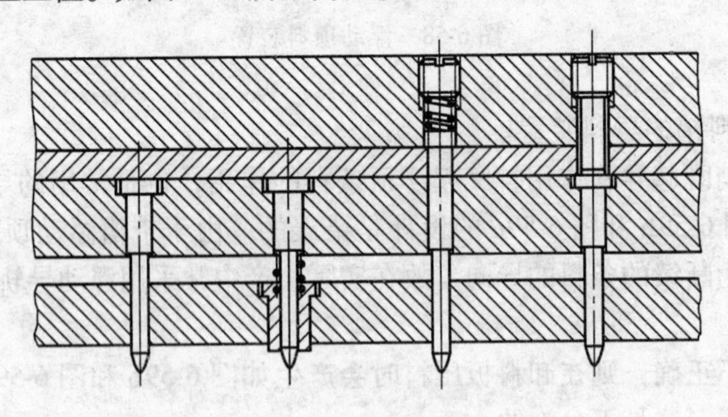

图 6-61　凸模式导正销结构形式

导正销工作段部分伸出卸料板压料面的长度不宜过长，以防止上模部分回程时将条料带上去或由于条料窜动而卡在导正销上，影响正常送料。导正销工作段伸出长度通常取（0.5～0.8）t（t 为料厚），如图6-62 所示。

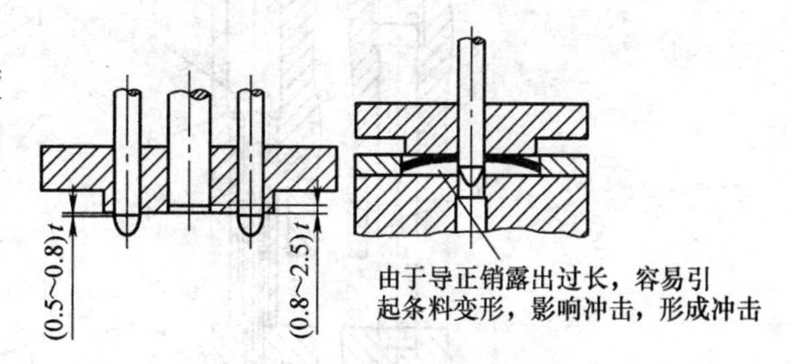

图 6-62　导正销伸出长度

六、卸料装置设计

1. 作用及组成

多工位级进模结构中一般使用弹压卸料装置，其作用主要有压料、卸料、导向保护等。如图 6-63 所示为弹压卸料板的组成。

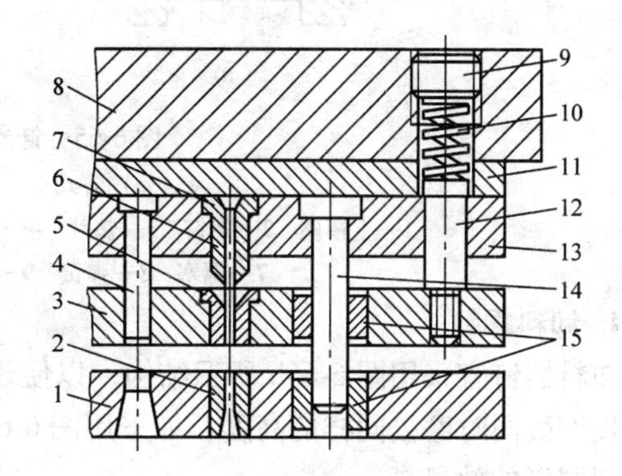

图 6-63　弹压卸料板的组成

1—凹模　2—凹模镶块　3—弹压卸料板　4—凸模　5—凸模导向护套　6—小凸模　7—凸模加强套　8—上模座　9—螺塞　10—弹簧　11—垫板　12—卸料螺钉　13—凸模固定板　14—小导柱　15—小导套

2. 结构

多工位级进模卸料装置一般采用分段拼装结构。如图 6-64 所示为五个分段拼块组合而成的弹压卸料板。基体按基孔制配合关系开出通槽，两端的两块按位置精度压入基体通槽后分别用定位销和螺钉定位固定，中间三段磨削后直接压入基体通槽内，仅用螺钉联接。通过对各分段结合面进行微量研磨加工来调整、控制各型孔的尺寸和位置精度。通过研磨各分段结合面，去除过盈量，也容易保证卸料板各导向型孔与相应凸模间的步距精度与配合间隙。拼合调整好的卸料板，连同装上的弹性元件、辅助小导柱和小导套，通过卸料螺钉安装到上模座。

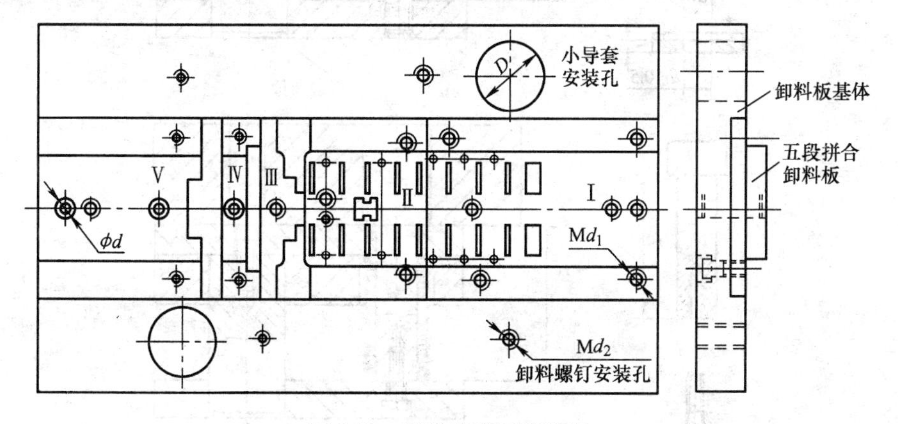

图 6-64　镶拼式弹压卸料板

3. 安装

卸料板一般采用卸料螺钉吊装在上模上，如图 6-65 所示。

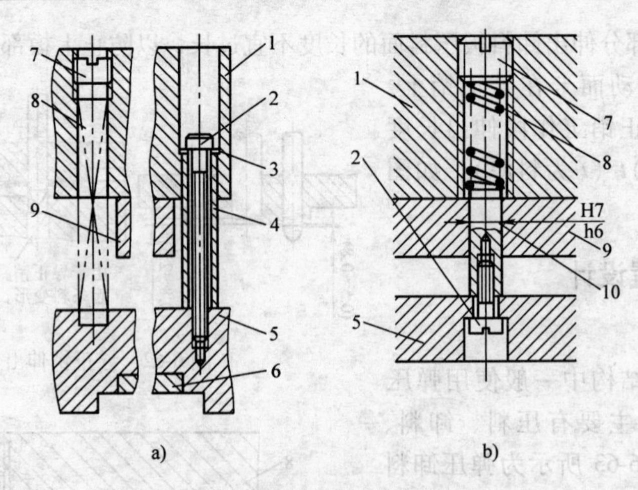

图 6-65 卸料板的安装

a）方式一 b）方式二

1—上模座 2—螺钉 3—垫片 4—管套 5—卸料板 6—卸料板拼块 7—螺塞 8—弹簧 9—固定板 10—卸料销

4. 卸料螺钉

卸料螺钉宜采用图 6-66b 所示结构，以便于控制工作长度 L，也便于在凸模每次刃磨时工作长度被同时磨去同样的高度；如采用图 6-66a 所示结构，则应加上图中所示的垫片，可以达到同样的效果。

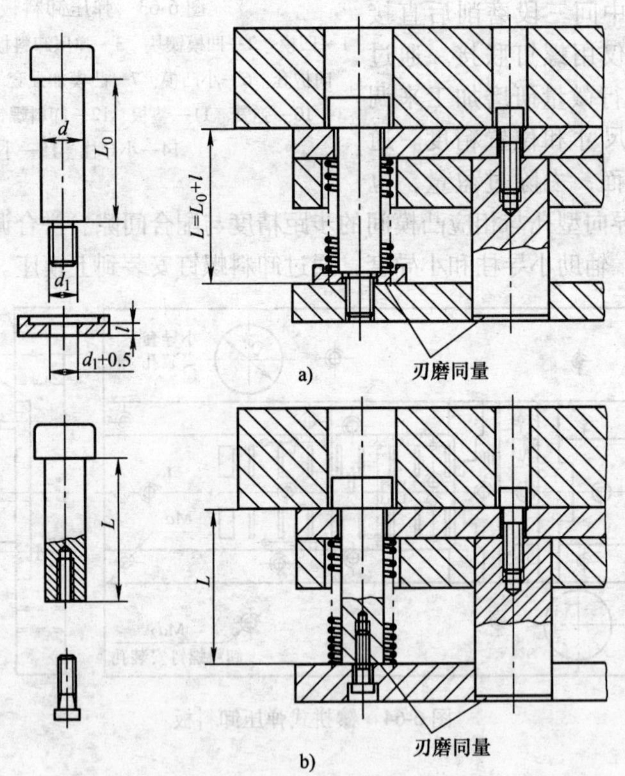

图 6-66 卸料螺钉的结构与调整

a）加入垫片 b）宜采用的方式

七、自动送料装置设计

多工位级进模自动送料装置一般使用辊轴式送料装置（该装置已经形成了一种标准化的冲压自动化设备）、气动夹持式送料装置、钩式送料装置等。

1. 辊轴式送料装置

辊轴式送料装置适用于条料、卷料的自动送进，通用性强，结构种类多，可供多种压力机使用。利用辊轴单向周期性旋转及辊轴与卷料之间的摩擦力，以推式或拉式实现材料的送进。辊轴的间歇旋转通常是由压力机滑块的往复运动或曲轴的回转运动带动各种机械传动机构来实现的。图 6-67 所示为单边卧辊推式辊轴自动送料装置。

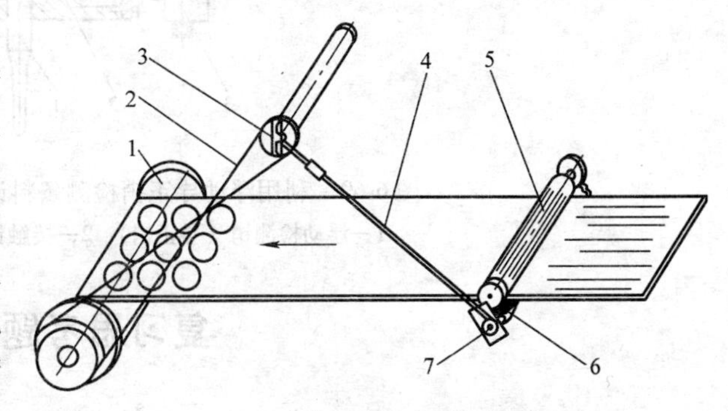

图 6-67　单边卧辊推式辊轴自动送料装置

1—废料卷筒　2—传送带　3—偏心盘　4—拉杆　5—上辊轴　6—下辊轴　7—棘轮

2. 气动夹持式送料装置

以压缩空气为动力，当压力机滑块下降时，由在滑块上固定的撞块撞击送料装置的导气阀，气动送料装置的主气缸推动送料夹紧机构的气缸和固定夹紧机构的气缸，使它们完成送料和定位工作。图 6-68 所示为气动夹持式送料装置的结构。

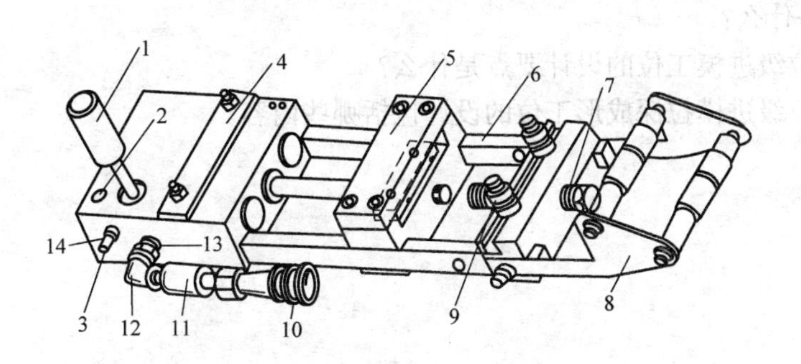

图 6-68　气动夹持式送料装置

1—控制阀　2—固定孔　3—速度调整螺钉　4—固定夹板　5—移动夹板　6—方柱形导轨　7—送料长度微调螺钉　8—送料滚筒支架　9—导轮　10—快速接头　11—空气阀　12—弯头　13—螺纹接头　14—排气孔

八、安全检测装置设计

安全检测装置的设置目的在于防止失误，以保护模具和压力机免受损坏。检测装置的位置既可设置在模具内，也可设置在模具外。图 6-69 所示为利用浮动导正销检测条料误送的机构示意图。当导正销 1 因送料失误不能进入条料的导正孔时，便随上模的下行被条料推动向上移动，同时推动接触销 2 使微动开关 3 闭合，而微动开关同压力机的电磁离合器同步工作，因此电磁离合器脱开，压力机滑块停止运动。

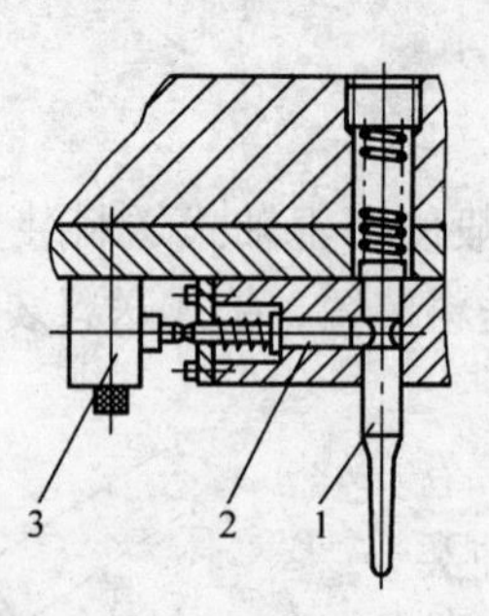

图 6-69　利用浮动导正销检测条料误送的机构示意图
1—浮动检测销（导正销）　2—接触销　3—微动开关

复习思考题

6-1　多工位级进模有哪些特点？

6-2　多工位级进模排样设计考虑哪些因素？

6-3　多工位级进模排样设计时，载体的作用是什么？载体形式一般有几种？

6-4　多工位级进模凸、凹模设计考虑哪些因素？常用结构有哪些？

6-5　多工位级进模中定距设计主要包括哪些内容？什么是步距？什么是步距精度？步距与步距精度是如何确定的？

6-6　为了消除多工位级进模各工位间步距的累积误差，在标注与步距有关的孔位尺寸时选择的基准是什么？

6-7　多工位级进模工位的设计要点是什么？

6-8　多工位级进模拉深成形工位的设计包括哪些内容？

第七单元　冲压工艺规程的编制

【学习目标】

1. 了解冲压件的分析、毛坯下料尺寸的确定、冲压工艺方案的确定和冲压设备的选用。

2. 能正确编制冲压工艺规程。

【学习任务】

1. 单元学习任务

本单元的学习任务是冲压工艺规程的编制。要求通过本单元的学习，了解冲压工艺规程编制的步骤及方法，能正确编制冲压工艺规程。

2. 学习任务流程图

单元的具体学习任务及学习过程流程图如图 7-1 所示。

【学习过程】

由学习任务及学习过程流程图可知，本单元的学习任务共有 2 个。下面就将这些任务逐一分解、实施，逐点学习，最终完成整个单元的学习任务。

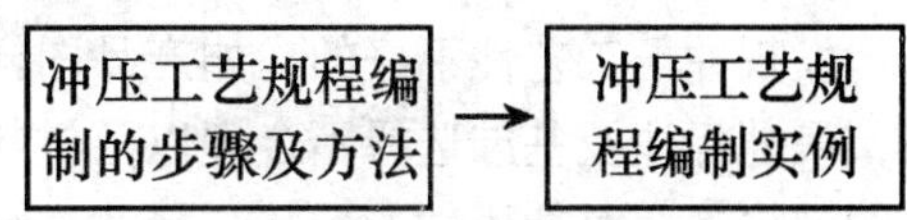

图 7-1　学习任务及学习过程流程图

冲压工艺规程是指导模具结构设计、下料尺寸、冲压设备的选择、冲压零件生产过程的技术文件，是生产过程的重要依据。

冲压工艺规程的编制应根据冲压件的结构特点、生产批量、企业已有设备情况，确定最佳的冲压工艺方案，使模具设计合理、准确。

模块一　冲压工艺规程编制的步骤及方法

冲压工艺规程的制订首先应了解已生产的、与本产品相类似的冲压件的冲压工艺，了解其试制和在生产过程中冲压工序是如何制订的；其次要掌握冲压件的产品图样及技术要求，重点了解冲压件的形状、尺寸大小、精度要求及装配关系，便于确定模具类型和模具制造精度；了解板料的尺寸规格、性能，便于确定冲压件变形程度与工序数目；了解工厂现有冲压设备的状况，便于压力机与工序组合相匹配；了解工厂现有的模具制造条件及技术水平，确保模具加工精度。

在收集、调查以上相关资料基础上，开始制订冲压工艺规程。

一、冲压件的分析

冲压件产品图样是制订冲压工艺规程的主要依据。冲压件的分析包括两方面：冲压件加工的经济性分析和冲压件的工艺性分析。

1. 冲压件加工的经济性分析

对于一个冲压件，涉及它的一些结构尺寸，是否都要采取冲压方式，要进行经济分析。冲压件批量越大、单件成本越低；如果冲压件批量小，对于冲压件上的有些孔则采用钻孔方式比冲孔更经济。对于弯曲件，采用折弯机折弯比做一副模具更省钱。对于拉深件，采用旋压加工经济效果更好。

2. 冲压件工艺性分析

（1）冲压件的工艺性　冲压件的工艺性是指该工件在冲压加工中的难易程度，即设计的冲压件在材料的选用、形状、尺寸及尺寸精度等方面是否满足冲压加工的要求。冲压件工艺性的好坏，直接影响到冲压加工的难易程度。在一般情况下，对冲压件工艺性影响最大的是冲压件结构尺寸和精度要求。

（2）冲压件工艺性分析的目的　其目的是通过冲压件的工艺性分析，在模具设计之前，明确冲压件形状、尺寸在产品或结构中的作用，使用性能是怎么样的，同时要掌握冲压件中哪一部分的结构形状和尺寸精度必须保证，以便找出最佳的方式，在冲压过程中确保冲压件形状及尺寸精度。

（3）冲压件工艺性分析的意义　尽管冲压件的设计者在设计时已考虑其结构、尺寸精度等工艺要求，但模具设计者要根据企业模具加工精度、冲压设备状况，充分分析产品图样或样件，对冲压件的形状、尺寸、精度要求、材料性能进行分析，判断是否符合冲压工艺要求。发现冲压工艺性不好的，如产品图样中工件形状过于复杂，尺寸精度和表面质量要求太高，尺寸标注及基准选择不合理以及材料选择不当等，可会同产品设计人员，在保证使用性能的前提下，对冲压件的形状、尺寸、精度要求及原材料作必要的修改。

另外，分析工件图还要明确冲压该工件的难点所在，对于工件图上的极限尺寸、设计基准以及变薄量、翘曲、回弹、毛刺大小和方向要求等要特别注意。

二、毛坯下料尺寸的确定

毛坯下料是冲压加工的第一个工序。市场供应的板料或卷料是有一定规格的，一般采用剪板机将大块的板料或卷料剪成不同尺寸的块料、条料使用。单工序冲压一般采用块料，连续冲压一般采用条料。连续冲压还要进行排样设计。

冲压件排样设计是模具设计的重要依据，决定了模具的结构形式。在设计模具之前必须先将冲压件排样设计出来，计算出下料毛坯的尺寸。

实际生产中，冲压件中如弯曲件、拉深件的形状很复杂，要设计出合理的排样图，必须凭借实践经验，有的往往通过试模调整，最后达到满意的排样设计。

三、冲压工艺方案的确定

冲压工艺方案确定是模具结构设计的重要一步。冲压工艺方案应包括冲压工序性质的确定、工序数量的确定、工序顺序的安排和工序的组合。

1. 冲压工序性质的确定

根据冲压件的形状、尺寸和精度要求确定工序种类，如是采用落料、冲孔，还是采用弯曲、拉深、局部成形等。

（1）根据冲压件的形状确定工序性质　这方面是有一定的规律可循的：

1）当冲压件是平板件时，常采用落料、冲孔、切口、切边等分离工序。

2）当冲压件是弯曲件时，常采用切口、落料、弯曲工序。

3）当冲压件是拉深件时，常采用冲孔、切口、拉深和落料工序。

4）胀形件、翻边件、缩口件若一次成形，常采用冲裁或拉深制成坯料后直接采用胀形、翻边（翻孔）、缩口工序成形。

（2）对冲压件进行工艺计算、分析，确定工序性质 如对于拉深件要计算几次能够拉深出来，翻边孔几次能翻边成形等。

例如，图 7-2 所示的两个形状相似的冲压件，图 7-2a 为油封内夹圈，图 7-2b 为油封外夹圈，材料均为 08 钢，板料厚度 0. 8mm，翻孔高度分别为 8. 5mm 和 13. 5mm。

从表面看似乎都可采用落料、冲孔、翻孔三道工序或落料冲孔与翻孔两道工序完成。但经过分析计算，图 7-2a 的翻孔系数大于极限翻孔系数，可以通过落料、冲孔、翻孔三道工序或冲孔落料复合在一起，再加上翻孔两道工序冲压成形；图 7-2b 的翻孔系数接近极限翻孔系数，若采用三道工序，很难达到工件要求的尺寸，因而改为落料、拉深、冲孔、翻孔四道工序冲压成形。

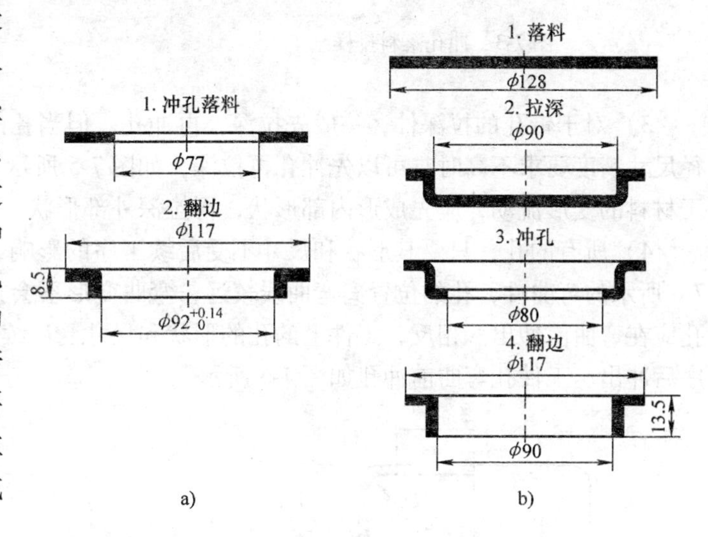

图 7-2 翻孔件的冲压工艺过程
a）油封内夹圈 b）油封外夹圈

2. 工序数量的确定

工序数量是指冲压件加工过程所需要的工序的总和。工序数量的确定主要取决于工件形状的复杂程度、尺寸精度要求及材料性能等。

1）冲压件的冲压次数主要与工件的结构复杂程度、孔间距、孔的位置和孔的数量多少来决定。

2）弯曲件的弯曲次数一般根据弯曲件形状的复杂程度，弯曲的数量、弯角的相对弯曲半径及弯曲方向确定。

3）拉深件的拉深次数主要根据零件的形状、尺寸及极限变形程度经过拉深工艺计算确定。

有些冲压件将冲裁、弯曲、拉深、成形等所有冲压工序集一身，将冲压件在模具上若干工位同时进行冲压，工序数量可以有几个至几十个。

确定冲压工序的数量还应考虑生产批量的大小、零件的精度要求、工厂现有冲压设备情况，综合考虑上述要求后，确定出既经济又合理的工序数量。

3. 工序顺序的安排

冲压件工序的顺序安排，主要根据其冲压件的形状来确定。工序顺序的安排一般原则是：

1）对于带孔的或有缺口的冲裁件，如果选用单工序冲裁模，一般先落料、再冲孔或切口，如图 7-3 所示；使用级进模时，应先冲孔或切口，再落料。

2）对于带孔的弯曲件，孔位于弯曲变形区以外，可以先冲孔再弯曲，如图 7-4 所示。孔位于弯曲变形区附近或以内，必须先弯曲再冲孔。孔间距受弯曲回弹的影响时，也应先弯曲再冲孔。

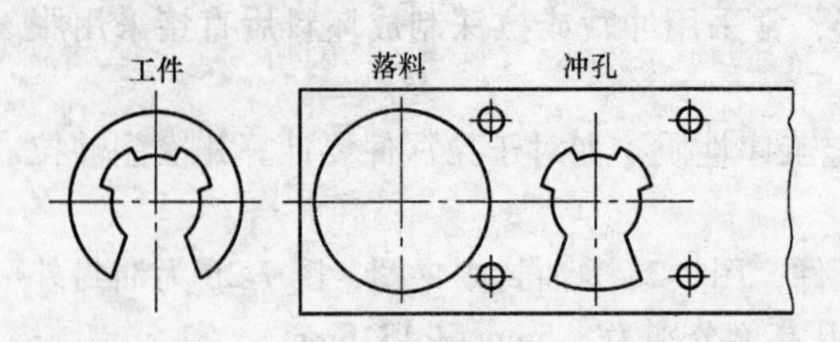

图 7-3 冲孔落料排样

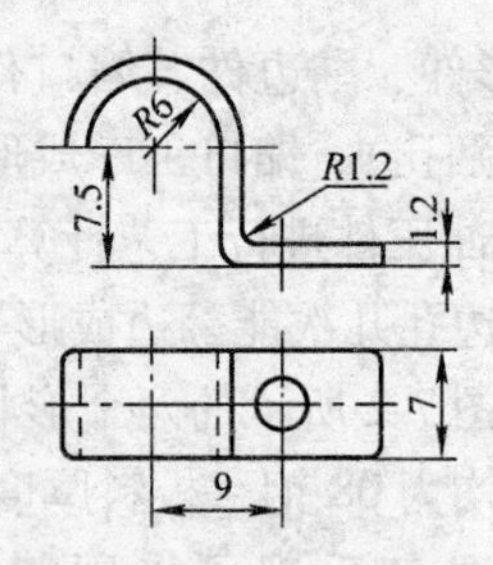

图 7-4 带孔的弯曲件

3）对于带孔的拉深件，一般先拉深，再冲孔。但当孔的位置在工件的底部时，且其孔径尺寸精度要求不高时，可以先冲孔再拉深，如图 7-5 所示。对于形状复杂的拉深件，为便于材料的变形流动，应先成形内部形状，再拉深外部形状。

4）所有的孔，只要其形状和尺寸不受后续工序的影响，都应该在平板坯料上冲出。图 7-6 所示的弯曲件，孔的位置离弯曲线较远，弯曲变形不会扩展到孔的边缘，因而工件上的孔应在弯曲前冲出。相反，工件上的孔的形状和尺寸受后续工序的影响时，一般要在成形工序后冲出。工件孔弯曲前冲孔如图 7-6 所示。

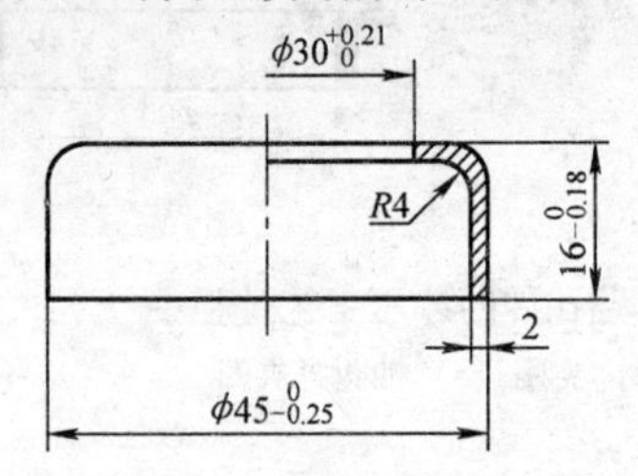

图 7-5 带孔的拉深件

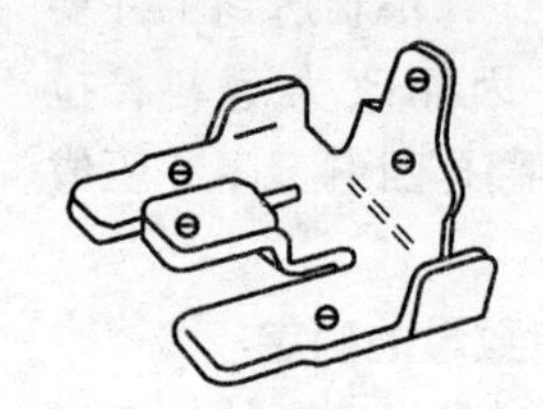
图 7-6 工件孔弯曲前冲孔

4. 工序的组合

一般厚料、小批量、大尺寸、低精度的工件宜单工序生产，用单工序模。薄料、大批量、小尺寸、一般精度的工件宜组合工序生产，采用多工位级进模（图 7-7）连续冲压。精度高的零件，采用复合模。

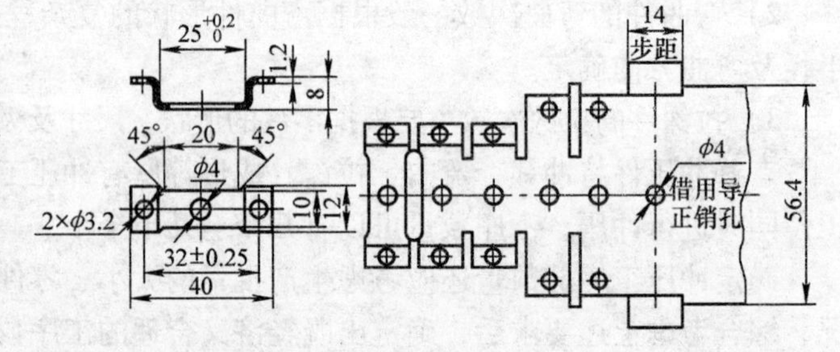

图 7-7 弯曲件连续冲压

四、冲压设备的选用

根据工厂现有设备情况、生产批量、冲压工序性质、冲压件尺寸与精度、冲压加工所需的冲压力、计算变形力以及模具的闭合高度和轮廓尺寸等因素，合理选定冲压设备的类型规格，具体详见第一单元任务三。

五、冲压工艺文件的编制

编制冲压工艺文件主要是编写冲压工艺卡。冲压工艺卡的作用就是把冲压件的生产过程和具体每一道工序的有关内容表达出来。

冲压工艺卡表达了冲压工艺设计的内容，是模具设计的重要依据。在生产中，需要制订每个工件的冲压工艺卡。

冲压工艺卡编写的主要内容应包括工序号、工序名称、工序内容、加工简图、工艺装备、设备型号、材料牌号与规格、工时定额等。

模块二　冲压工艺规程编制实例

【实例7-1】 支撑托架工件冲压工艺规程编制

支撑托架如图7-8所示，材料为08F，料厚$t=1.5$mm，年产量为2万件，要求表面无严重划痕，孔不允许变形，试制订其冲压工艺过程。

1. 工件的分析

（1）工件的功用与经济性分析　该工件是某机械产品上的一个支撑托架，托架的$\phi10$mm孔内装有心轴，并通过4个$\phi5$mm孔与机身连接。工件工作时受力不大，对其强度和刚度的要求不太高。该工件的生产批量为2万件/年，属于中批量生产，外形简单对称，材料为一般冲压用钢，采用冲压加工经济性良好。

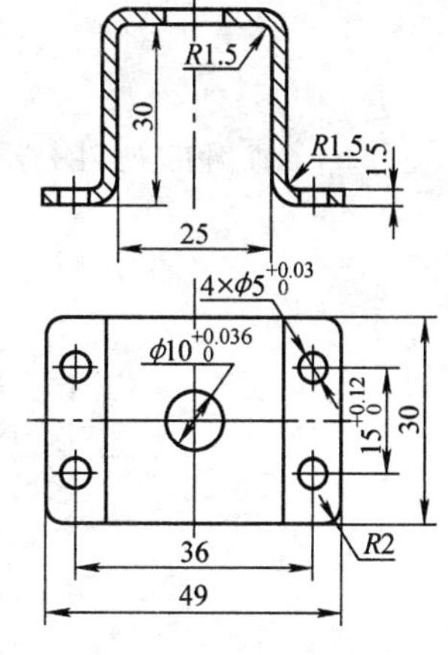

图7-8　支撑托架

（2）零件的工艺性分析　托架为有5个孔的四角弯曲件。其中5个孔的公差均为IT9级，其余尺寸为自由公差。各孔的尺寸精度在冲裁允许的精度范围以内，且孔径均大于允许的最小孔径，故可以冲裁。但$4\times\phi5$mm孔的孔边距弯曲变形区太近，易使孔变形，且弯曲后的回弹也影响孔距尺寸36mm，故$4\times\phi5$mm孔应在弯曲后冲出。而$\phi10$mm孔距弯曲变形区较远，为简化模具结构和便于弯曲时坯料的定位，宜在弯曲前与坯料一起冲出。弯曲部分的相对圆角半径r/t均等于1，大于最小相对弯曲半径r_{min}/t，因此，可以弯曲。零件的材料为08F钢，其冲压成形性能较好。由此可知，该托架工件的冲压工艺性良好，便于冲压成形。但应注意适当控制弯曲时的回弹，并避免弯曲时划伤工件表面。

2. 冲压工艺方案的分析与确定

从工件的结构形状可知，所需基本工序为落料、冲孔、弯曲3种，其中弯曲成形的方式有图7-9所示3种。因此，可能的冲压工艺方案有以下6种。

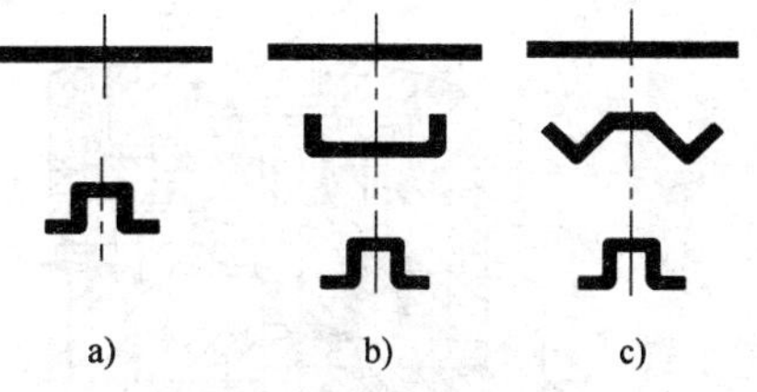

图7-9　托架弯曲成形的方式
a）一次弯曲成形　b）二次弯曲成形一　c）二次弯曲成形二

方案一　冲$\phi10$mm孔与落料复合（图7-10a）→弯两外角并使两内角预弯45°（图7-10b）→弯两内角（图7-10c）→冲$4\times\phi5$mm孔（图7-10d）。

方案二　冲$\phi10$mm孔与落料复合（同方案一）→弯两外角（图7-11a）→弯两内角（图7-11b）→冲$4\times\phi5$mm孔（同方案一）。

方案三　冲$\phi10$mm孔与落料复合（同方案一）

→弯四角（图 7-12）→冲 4 × ϕ5mm 孔（同方案一）。

方案四　冲 ϕ10mm 孔、切断与弯两外角级进冲压（图 7-13）→弯两内角（图 7-11b）→冲 4 × ϕ5mm 孔（同方案一）。

方案五　冲 ϕ10mm 孔、切断与弯四角级进冲压（图 7-14）→冲 4 × ϕ5mm 孔（同方案一）。

方案六　全部工序合并，采用带料级进冲压（图 7-15）。

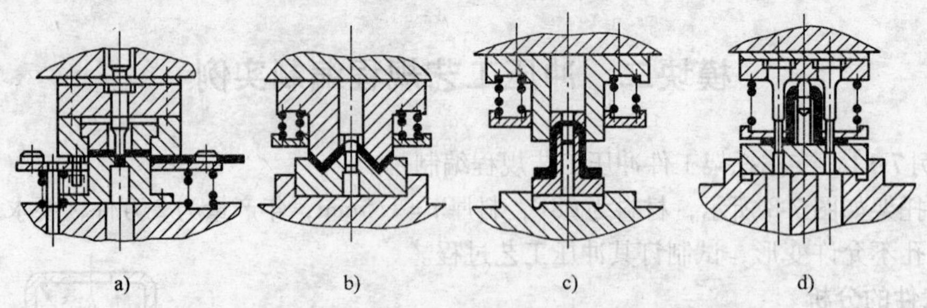

图 7-10　方案一　各工序模具结构简图

a）冲孔与落料复合　b）弯两外角并使两内角预弯 45°　c）弯两内角　d）冲 4 × ϕ5mm 孔

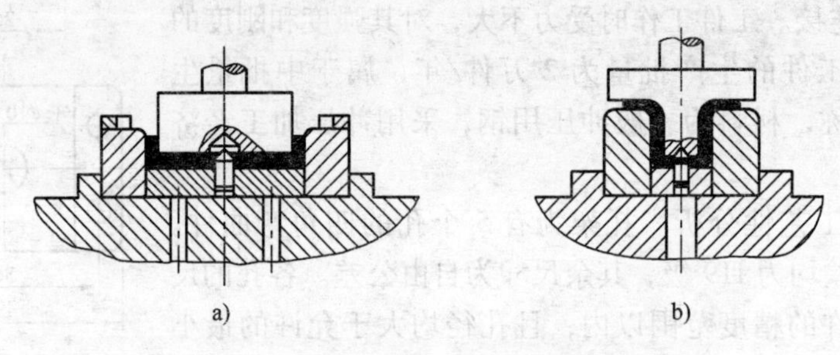

图 7-11　方案二　第 2、3 道工序模具结构简图

a）弯两外角　b）弯两内角

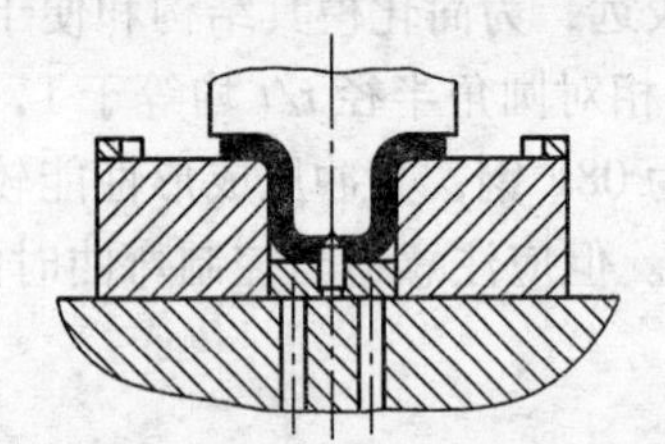

图 7-12　方案三　第 2 道工序模具结构简图

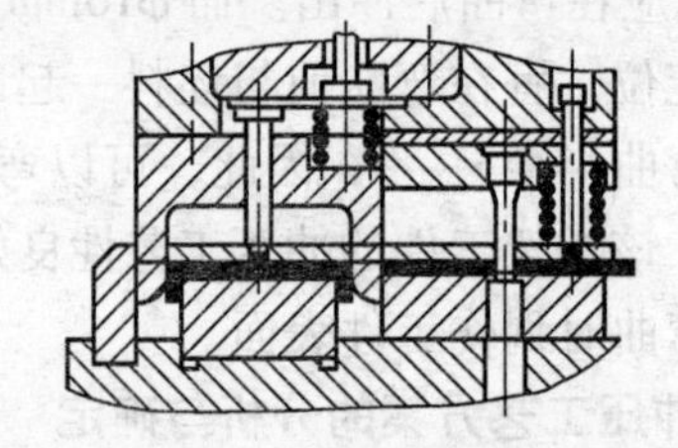

图 7-13　方案四　第 1 道工序模具结构简图

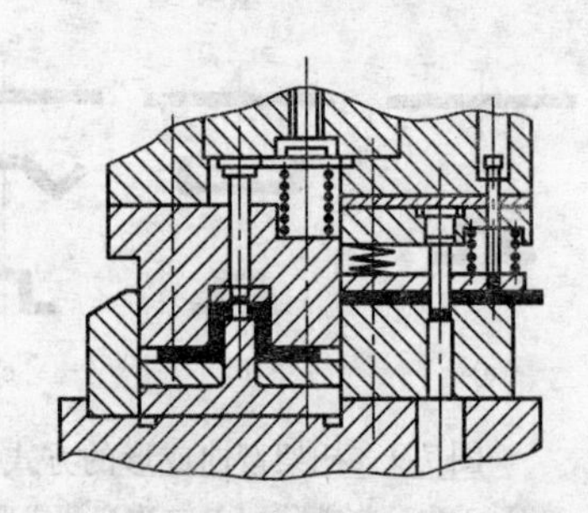

图 7-14　方案五　第 1 道工序模具结构简图

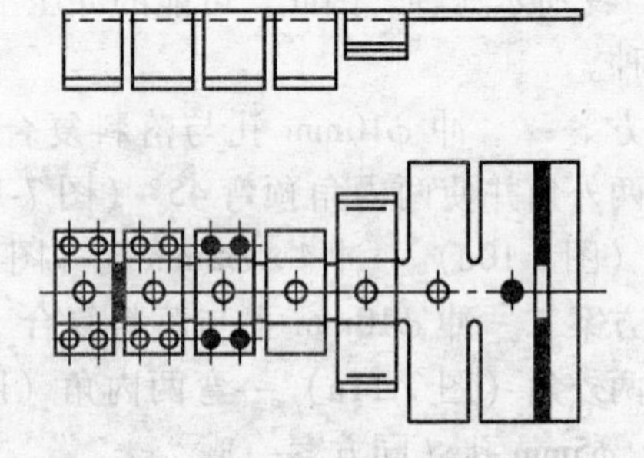

图 7-15　方案六　带料级进冲压排样

分析比较上述六种工艺方案，可以得出如下结论：

方案一的优点是模具结构简单，寿命长，制造周期短，投产快；工件能实现校正弯曲，故回弹容易控制，尺寸和形状准确，且坯料受凸、凹模的摩擦阻力小，因而表面质量也高；除工序1以外，各工序定位基准一致且与设计基准重合；操作也比较方便。缺点是工序分散，需用模具、设备和操作人员较多，劳动量较大。

方案二的模具虽然也具有方案一的优点，但工件回弹不易控制，故形状和尺寸不太准确，同时也具有方案一的缺点。

方案三的工序比较集中，占用设备和人员少，但弯曲摩擦大，模具寿命低，工件表面有划伤，厚度有变薄，同时回弹不易控制，尺寸和形状不准确。

方案四与方案二从工件成形的角度看没有本质上的区别，虽工序较集中，但模具结构也复杂些。

方案五本质上也与方案三相同，只是采用了结构较复杂的多工位级进复合模。

方案六采用了工序高度集中的级进冲压方式，生产效率最高，但模具结构复杂，安装、调试、维修比较困难，制造周期长，适用于大批量生产。

综上所述，考虑到工件批量不大，而质量要求较高，故选择方案一较为合适。

3. 主要工艺参数的计算

（1）计算坯料展开长度　坯料展开长度按图7-8所示分段计算

$$\sum L_{直} = (2\times 9 + 2\times 25.5 + 22)\text{mm} = 91\text{mm}$$

$$\sum L_{弯} = 4\times\frac{\pi a}{180}(r + xt) = \left[4\times\frac{3.14\times 90}{180}\times(1.5 + 0.32\times 1.5)\right]\text{mm}\approx 13\text{mm}$$

$$\sum L = \sum L_{直} + \sum L_{弯} = (91 + 13)\text{mm} = 104\text{mm}$$

（2）确定排样与裁板方案　坯料形状为矩形，采用单排最为适宜。取搭边 $a = 2\text{mm}$，$a_1 = 1.5\text{mm}$，则

条料宽度　$B =（104 + 2\times 2）\text{mm} = 108\text{mm}$

进距　$s =（30 + 1.5）\text{mm} = 31.5\text{mm}$

板料规格选用　$1.5\text{mm}\times 900\text{mm}\times 1800\text{mm}$

采用纵裁法时：

每板条料数 $n_1 =（900\div 108）= 8$（条），余36mm

每条工件数 $n_2 = 57$ 件

36mm×1800mm余料利用件数 $n_3 = \frac{1800 - 2}{108} = 16$（件）

每板工件数 $n = n_1 n_2 + n_3 =（8\times 57 + 16）$件 $= 472$ 件

材料利用率 $\eta_1 = \frac{472\times\left(30\times 104 - \pi\times\frac{12^2}{4} - 4\times\frac{5^2}{4}\right)}{900\times 1800} = 0.879 = 87.9\%$

采用横裁法时：

每板条料数 $n_1 = 1800\div 108 = 16$（条），余72mm

每条工件数 $n_2=\frac{900-1.5}{31.5}$件$=28$件

$72\text{mm}\times900\text{mm}$ 余料利用件数 $n_3=2\times\frac{900-2}{108}$件$=16$件

每板工件数 $n=n_1n_2+n_3=$（$16\times28+16$）件$=464$件

材料利用率 $\eta_2=\frac{464\times\left(30\times104-\pi\times\frac{10^2}{4}-4\times\frac{5^2}{4}\right)}{900\times1800}0.864=86.4\%$

由以上计算可知，纵裁法的材料利用率高。从弯曲线与纤维方向之间的关系看，横裁法较好。但由于材料08F钢的塑性较好，不会出现弯裂现象，故采用纵裁法排样，以降低成本，提高经济性。

（3）计算各工序冲压力

1）工序1（落料冲孔复合）。采用图7-10a所示模具结构形式，则

冲裁力 $F_{落}=L_1t\sigma_b=[(2\times30+2\times104)\times1.5\times360]\text{N}=144720\text{N}$

$F_{孔}=L_2t\sigma_b=(10\pi\times1.5\times360)\text{N}=16956\text{N}$

$F=F_{落}+F_{孔}=(144720+16956)\text{N}=161676\text{N}$

卸料力 $F_x=K_xF_{落}=(0.05\times144720)\text{N}=7236\text{N}$

推件力 $F_T=nK_TF_{孔}=(5\times0.055\times7236)\text{N}=1990\text{N}$

冲压总力 $F_\Sigma=F+F_x+F_T=(161676+7236+1990)\text{N}=170902\text{N}\approx171\text{kN}$

2）工序2（弯两外角并使两内角预弯45°）。采用图7-10b所示模具结构形式，按校正弯曲计算，则

$$F_{校}=Aq=(85\times30\times50)\text{N}=127500\text{N}$$

3）工序3（弯两内角）。采用图7-10c所示模具结构形式，按U形件自由弯曲计算，则

弯曲力 $F_{自}=\frac{0.7KBt^2\sigma_b}{r+t}=\frac{0.7\times1.3\times30\times1.5^2\times360}{1.5+1.5}\text{N}=7371\text{N}$

压料力 $F_y=(0.3\sim0.8)F_{自}=0.6\times7371\text{N}=4422\text{N}$

冲压总力 $F_\Sigma=F_{自}+F_y=(7371+4422)\text{N}=11793\text{N}$

4）工序4（冲$4\times\phi5$mm孔）。采用图7-10d所示模具结构形式，则

冲裁力 $F_{落}=Lt\sigma_b=(4\times5\pi\times1.5\times360)\text{N}=33912\text{N}$

卸料力 $F_x=K_xF_{落}=(0.05\times33912)\text{N}=1696\text{N}$

推件力 $F_T=nK_TF_{孔}=(5\times0.055\times33912)\text{N}=9326\text{N}$

冲压总力 $F_\Sigma=F+F_x+F_T=(33912+1696+9329)\text{N}=44937\text{N}$

4. 选择冲压设备

本零件各工序中只有冲裁和弯曲两种冲压工艺方法，且冲压力均不太大，故可选用开式可倾式压力机。根据所计算的各工序冲压力大小，并考虑零件尺寸和可能的模具闭合高度，工序1（落料冲孔复合工序）选用J23-25压力机，其余各工序均选用J23-16压力机。

5. 填写冲压工艺过程卡

该零件的冲压工艺卡见表7-1。

表7-1　托架冲压工艺卡

（厂名）	冲压工艺卡	产品型号		零(部)件名称	托　架	共　页
		产品名称		零(部)件型号		共　页

材料牌号及规格	材料技术要求	坯料尺寸	每个坯料可制件数	毛坯重量	辅助材料
08F钢1.5±0.11×1800×900		条料:1.5×108×1800	57件		

工序号	工序名称	工序内容	加工简图	设备	工艺装备	工时
0	下料	剪床上裁板 108×1800				
1	冲孔落料	冲 ϕ10孔与落料复合	1.5　2　108　31.5　t=1.5　104　30　R2　$\phi10^{+0.03}_{0}$	J23-25	冲孔落料复合模	
2	弯曲	弯两外角并使两内角预弯45°	25　90°　45°　R1.5　10.5	J23-16	弯曲模	
3	弯曲	弯两内角	25　R1.5　30　R1.5　49	J23-16	弯曲模	
4	冲孔	冲4×ϕ5孔	$4\times\phi5^{+0.03}_{0}$　$15^{+0.12}_{0}$　36	J23-16	冲孔模	
5	检验	按工件图样检验				

										编制（日期）	审核（日期）	会签（日期）		
标记	处数	更改文件号	签字	日期	标记	处数	更改文件号	签字	日期					

【实例 7-2】　汽车玻璃升降器外壳冲压工艺规程编制

图 7-16 所示为汽车玻璃升降器，其外壳（图 7-17）为冲压件。该零件的材料为 08 钢，厚度 $t=1.5\text{mm}$，年产量 10 万件，试制定其冲压工艺过程。

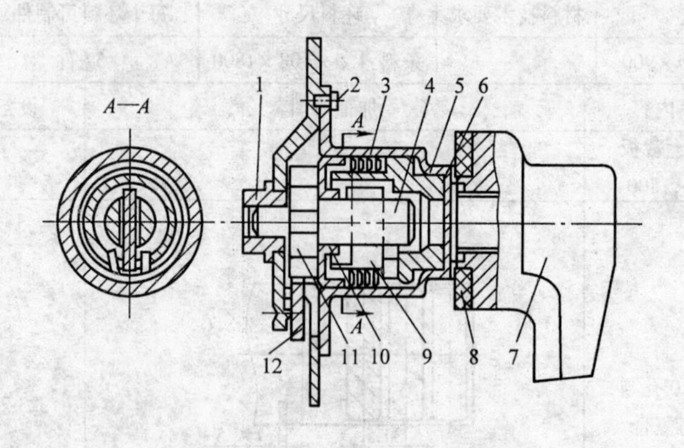

图 7-16　汽车玻璃窗升降装置

1—轴套　2—车门座板　3—扭簧　4—轴　5—外壳
6—传动轴　7—大齿轮　8—小齿轮　9—挡圈
10—联动片　11—密封油毡　12—手柄

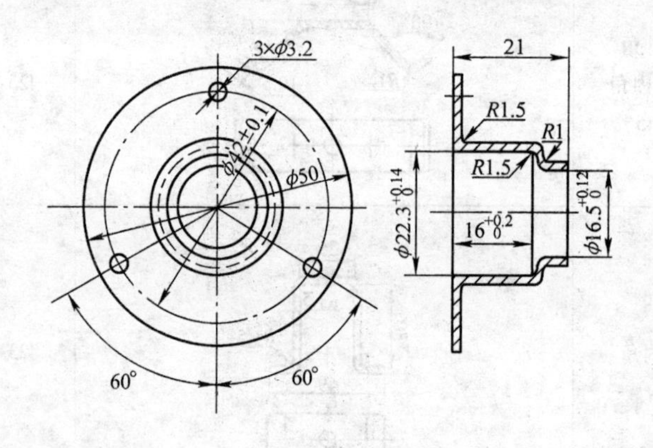

图 7-17　外壳

1. 冲压件的工艺分析

（1）结构与功能分析　外壳 5 通过外缘上的三个 $\phi3.2\text{mm}$ 小孔用铆钉铆接在车门座板 2 上，升降装置传动机构在外壳内。传动轴 6 以 IT11 级的间隙配合装在外壳 $\phi16.5\text{mm}$ 的圆孔部位，通过制动扭簧 3、联动片 10 及轴 4 与小齿轮 8 连接。摇动手柄 12 时带动小齿轮 8 和大齿轮 7，使车门玻璃升降。

（2）精度分析　冲压件尺寸和精度要求主要有配合尺寸 $\phi16.5^{+0.12}_{0}\text{mm}$、$\phi23^{+0.14}_{0}\text{mm}$，$\phi16^{+0.2}_{0}\text{mm}$ 为 IT11 ~ IT12 级。三个 $\phi3.2\text{mm}$ 小孔与 $\phi16.5\text{mm}$ 圆孔相对位置要准确，$\phi3.2\text{mm}$ 小孔均匀分布，小孔中心圆直径（$\phi42\pm0.1$）mm 为 IT10 级。

2. 确定下料尺寸

（1）计算翻孔系数 K

$$K=\frac{d}{D}$$

式中　d——预制孔直径（mm），$d=D-2(H-0.43r-0.72t)$；

D——翻孔后直径（mm）；

H——翻边高度（mm）；

r——翻边圆角半径（mm）；

t——板料厚度（mm）。

将数据代入式 $K=\frac{d}{D}$后得 $K=0.61$；预制孔直径 $d=KD=0.61\times16.5\text{mm}\approx11\text{mm}$；$d/t=11/1.5=7.33$，查表5-4 翻孔系数 $K_{\min}=0.5$。

一次翻孔的极限高度为

$$H_{\min}=\frac{D}{2}(1-K_{\min})+0.43r+0.72t$$

$H=5.63\text{mm}>$实际翻边高度5mm，说明零件能在一次翻孔中完成。

（2）计算坯料直径　翻边前的拉深件形状和尺寸如图7-18所示。这是一个带凸缘圆筒形件，$r=R$，其凸缘直径 $d_t=50\text{mm}$，拉深直径 $d=23.8\text{mm}$，$d_t/d=2.1$，凸缘切边余量 $\Delta R=1.8\text{mm}$，实际凸缘直径 $d_t=(50+2\times18)\text{mm}\approx54\text{mm}$，$H=16\text{mm}$，$r=1.5\text{mm}+0.75\text{mm}=2.25\text{mm}$，所以，坯料直径为

$$D=\sqrt{d_t^2+4dH-3.44dR}=\sqrt{54^2+4\times23.8-3.44\times23.8\times2.25}\text{mm}\approx65\text{mm}$$

3. 冲压工艺方案的确定

此冲压件为带凸缘的圆筒形件，工序性质应包括拉深、翻边、冲孔和落料。可以采用单工序冲压和多工位连续冲压。

（1）采用单工序冲压　单工序冲压模具数量多、生产率低，但模具结构简单，模具制造费用低，适用于中小批量生产。采用单工序冲压可采用以下四种方案：

1）方案一　如图7-19～图7-25所示，第一道工序采用复合模具，落料、一次拉深同时完成，第二道工序二次拉深，第三道工序三次拉深，第四道工序冲 $\phi16.5$mm 翻边底孔 $\phi11$mm 孔，第五道工序翻 $\phi16.5$mm 边并整形，第六道工序冲 $\phi3.2$mm 孔，第七道工序切 $\phi50$mm 边，最后进行检验。

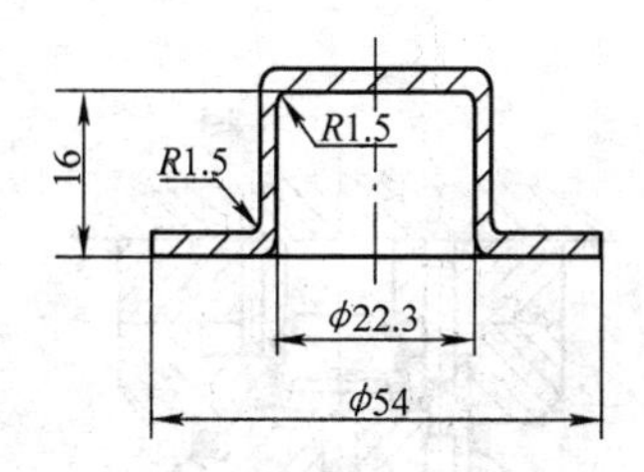

图7-18　翻边前的拉深件形状和尺寸

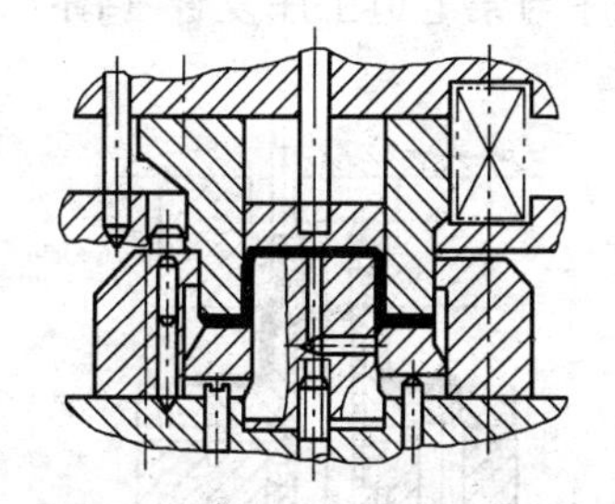

图7-19　落料、一次拉深复合模

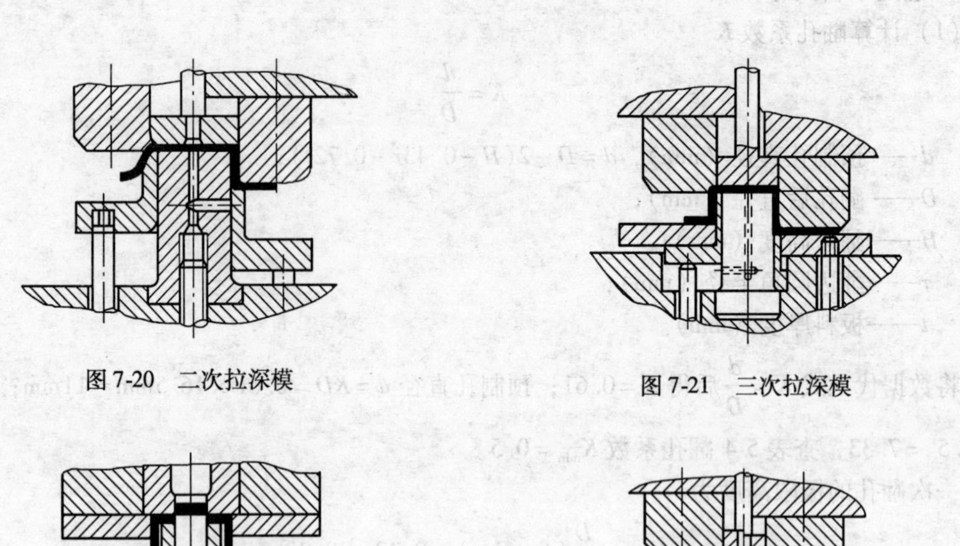

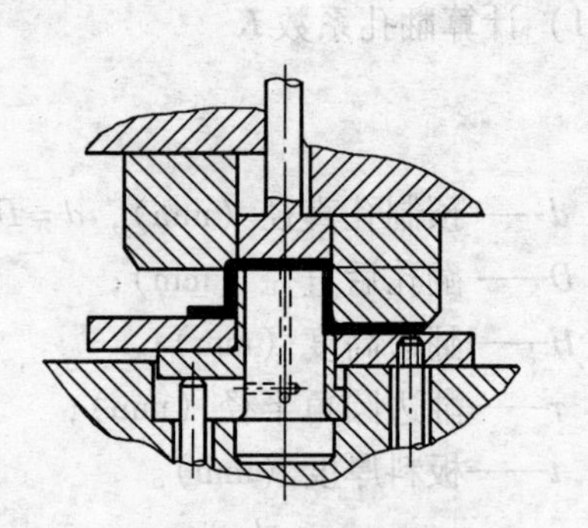

图 7-20　二次拉深模　　图 7-21　三次拉深模

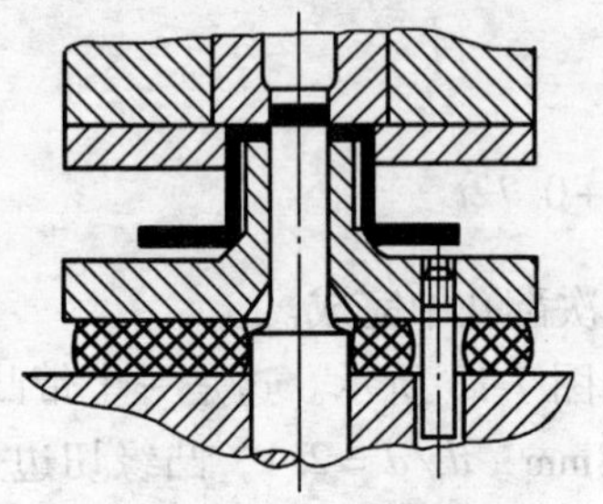

图 7-22　冲底孔模

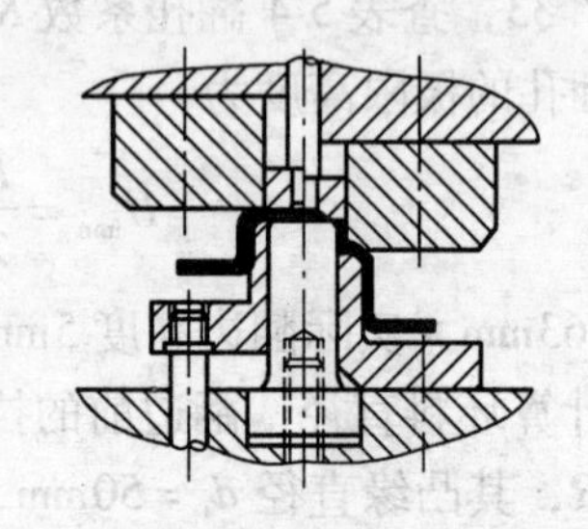

图 7-23　翻边模

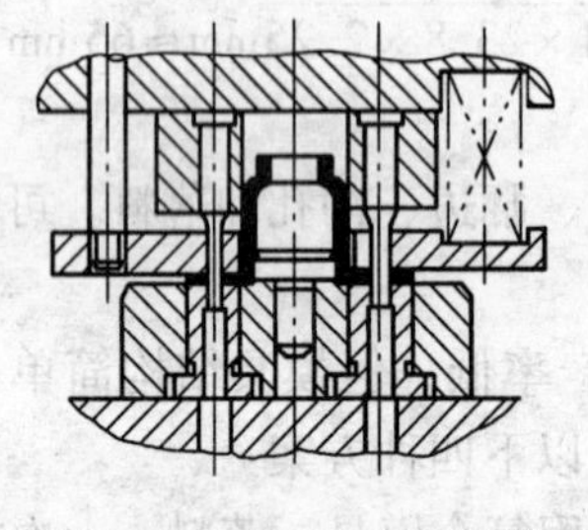

图 7-24　冲 $\phi3.2$mm 孔模

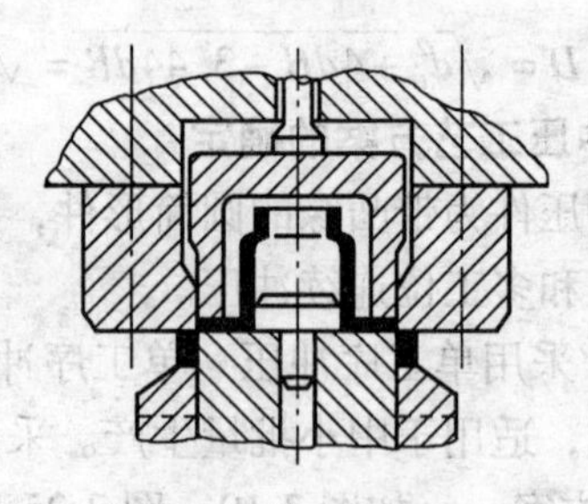

图 7-25　切边模

2）方案二　在方案一基础上将方案一中的第四道工序和第五道工序复合（图 7-26），第六道工序与第七道工序复合（图 7-27）。

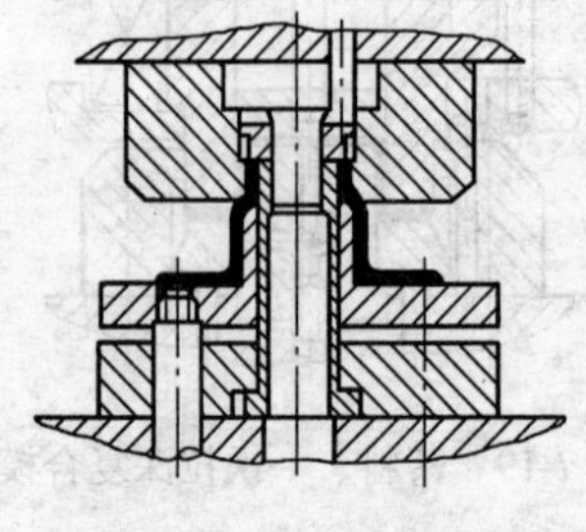

图 7-26　冲孔、翻边复合模

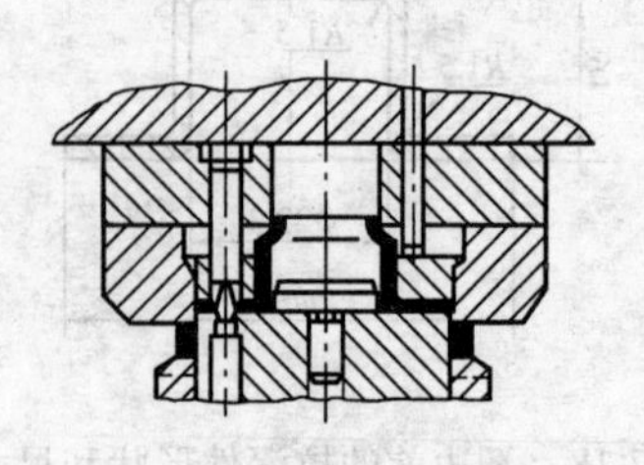

图 7-27　冲孔、切边复合模

3）方案三　在方案一基础上将方案一中的第四道工序和第六道工序复合（图 7-28），第五道工序与第七道工序复合（图 7-29）。

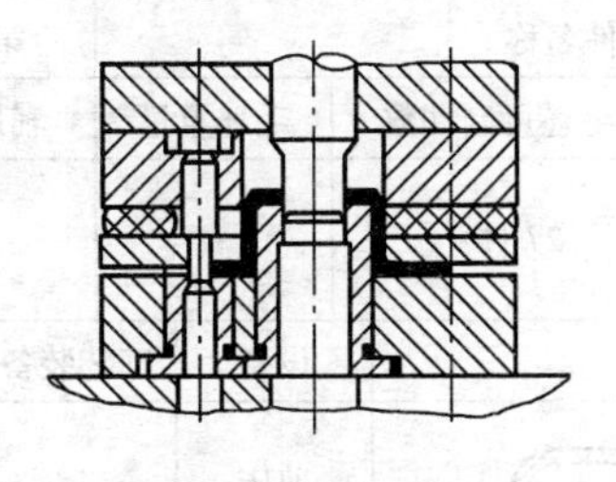

图 7-28　冲孔、冲孔复合模

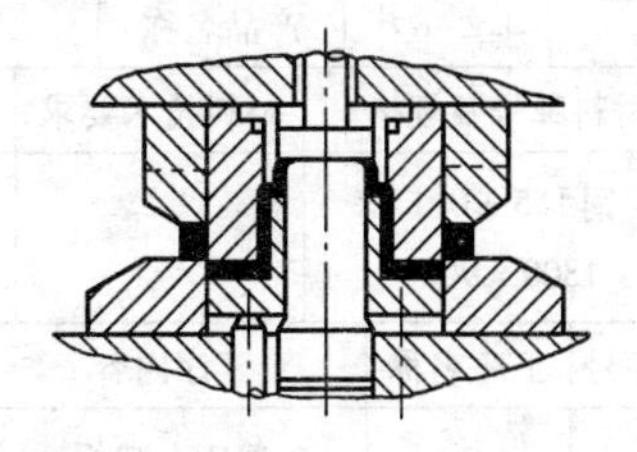

图 7-29　翻边、切边复合模

4）方案四　在方案一基础上将方案一中的第一道工序和第四道工序复合（图 7-30）。

比较上述方案，方案二冲 ϕ11mm 孔和翻 ϕ16.5mm 边复合，冲 ϕ3.2mm 孔与切 ϕ50mm 边复合，由于凸凹模壁厚较小，模具易损坏。

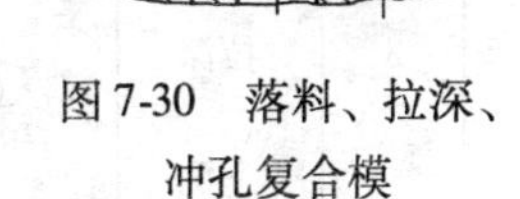

图 7-30　落料、拉深、冲孔复合模

方案三中冲 ϕ11mm 孔与冲 ϕ3.2mm 孔复合，由于凸模刃口不在同一个平面，给修磨带来困难。

方案四中落料拉深与冲 ϕ11mm 孔复合，冲孔凹模与拉深凸模做成一体，也给修磨带来困难。

综合分析后，方案二、方案三、方案四都有一定问题，所以采用方案一。

（2）采用多工位连续冲压　将单工序模具中的冲孔、翻边、落料等分布在几个工位上，完成零件的冲压，排样图如图 7-31 所示。多工位级进模的结构比较复杂，模具零件在制造过程中的累积误差影响冲压件的质量。因此模具设计要求高，模具加工精度要求高，制造难度大。

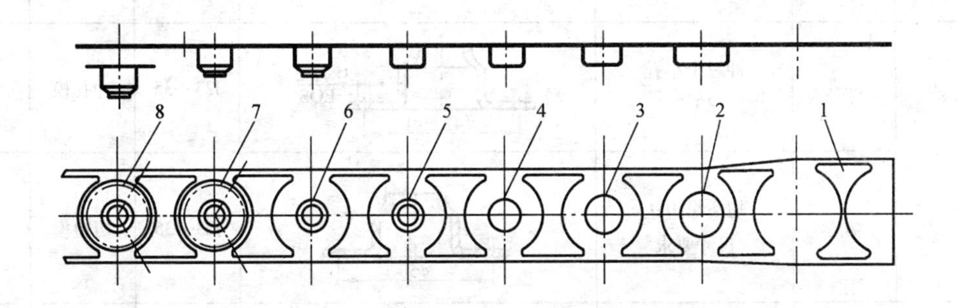

图 7-31　外壳多工位连续冲压模具排样图

1—切口　2—一次拉深　3—二次拉深　4—三次拉深　5—冲孔
6—翻边　7—冲孔　8—落料

4. 编写冲压工艺文件

工艺文件见表 7-2 冲压工艺卡。

表 7-2　汽车玻璃升降器外壳冲压工艺卡

(厂名)	冷冲压工艺卡片	产品型号		零(部)件名称	玻璃升降器外壳	共　页
		产品名称		零(部)件名称		第　页
材料牌号及规格	材料技术要求	毛坯尺寸		每毛坯可制件数	毛坯重量	辅助材料
08 钢 1.5 ±0.11 × 1800 ×900		条料:1.5 ×69 ×1800		27 件		

工序号	工序名称	工序内容	加工简图	设备	工艺装备	工时
0	下料	剪床上裁板 69 ×1800	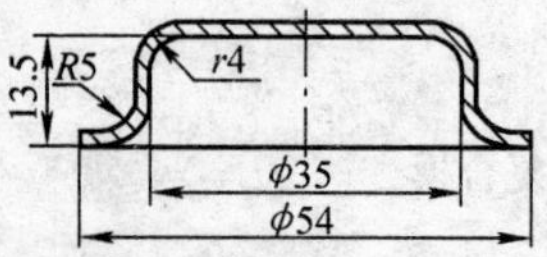 R5, r4, 13.5, ϕ35, ϕ54	剪床		
1	落料拉深	落料与首次拉深复合		J23-35	落料拉深复合模	
2	拉深	二次拉深	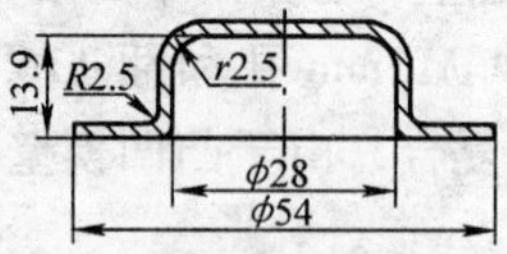 R2.5, r2.5, 13.9, ϕ28, ϕ54	J23—35	拉深模	
3	拉深	三次拉深(带整形)	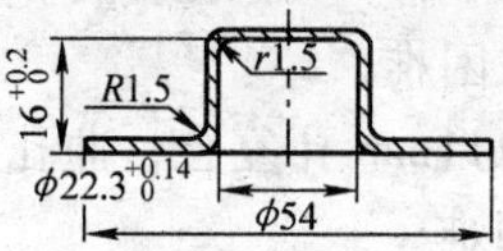 r1.5, R1.5, $16^{+0.2}_{0}$, $\phi 22.3^{+0.14}_{0}$, ϕ54	J23—35	拉深模	
4	冲孔	冲底孔 ϕ11	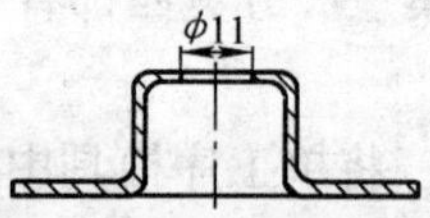 ϕ11	J23—35	冲孔模	
5	翻孔	翻底孔(带整形)	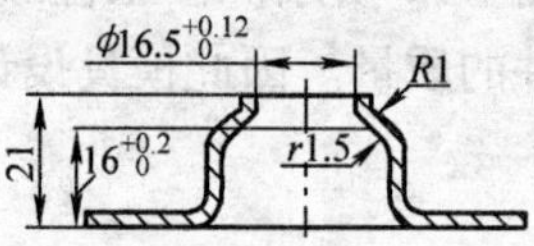 $\phi 16.5^{+0.12}_{0}$, R1, r1.5, 21, $16^{+0.2}_{0}$	J23—35	翻边模	
6	冲孔	冲三个小孔 ϕ3.2	3×ϕ3.2 EQS, ϕ42±0.1	J23—35	冲孔模	
7	切边	切凸缘边达尺寸要求	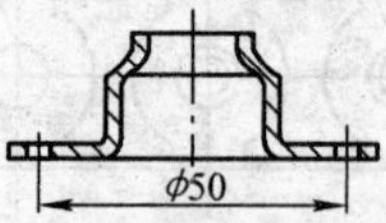 ϕ50	J23—35	切边模	
8	检验	按产品零件图检验				

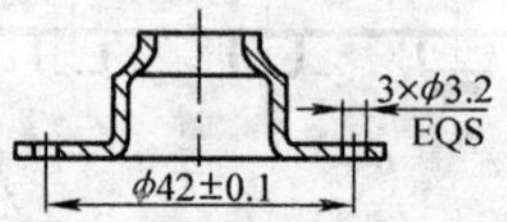

描图
校对
底图号
装订号

										编制(日期)	审核(日期)	会签(日期)
标记	处数	更改文件号	签字	日期	标记	处数	更改文件号	签字	日期			

复习思考题

7-1　冲压件工艺性分析目的是什么？

7-2　冲压工序性质如何确定？

7-3　工序数量如何确定？

7-4　工序顺序如何安排？

7-5　冲压工艺方案是如何确定的？

7-6　冲压工艺卡编写一般包括哪些内容？

附　　录

附录 A　冲模常用材料

冲模主要工作零件（凸模、凹模、凸凹模及其镶拼结构等）常用材料及热处理要求可参照表 A-1 选取，其他主要结构零件的常用材料及热处理要求见表 A-2。

表 A-1　冲模主要工作零件常用材料及热处理要求

模具类型	对凸、凹模的要求及使用条件	选用材料	热处理要求
冲裁模	冲裁件板料厚度 $t \leqslant 3$mm，形状简单、批量小的凸、凹模	T8A、T10A、9Mn2V	凸模 56~60HRC 凹模 58~62HRC
	板料厚度 $t \leqslant 3$mm、形状复杂或 $t > 3$mm、批量大的凸、凹模	9SiCr、CrWMn Cr6WV、GCr15 Cr12、Cr12MoV	凸模 58~60HRC 凹模 60~62HRC
	要求凸、凹模的寿命很高或特高	W18Cr4V 120Cr4W2MoV W6Mo5Cr4V2	凸模 60~62HRC 凹模 61~63HRC
		CT35、CT33 TLMW50	66~68HRC
		YG15、YG20	
	加热冲裁的凸、凹模	3Cr2W8V CrNiMo	48~52HRC
		6Cr4Mo3Ni2WV （CG2）	51~55HRC
弯曲模	一般弯曲的凸、凹模及其镶块	T8A、T10A 9Mn2V	58~60HRC
	形状复杂、要求耐磨的凸、凹模及其镶块	CrWMn、Cr6WV Cr12、Cr12MoV	58~62HRC
	要求凸、凹模的寿命很高	CT35、TLMW50	64~66HRC
		YC10、YC15	
	加热弯曲的凸、凹模	5CrNiMo 5CrMnMo	52~56HRC
拉深模	一般拉深的凸、凹模	T10A、9Mn2V	56~60HRC
	形状复杂或要求高耐磨的凸、凹模	Cr12、Cr12MoV	58~62HRC
	要求寿命特高的凸、凹模	YC10、YC15	
	变薄拉深的凸模	Cr12MoV	58~62HRC

（续）

模具类型	对凸、凹模的要求及使用条件	选用材料	热处理要求
拉深模	变薄拉深的凸模	CT35、TLMW50	64~66HRC
	变薄拉深的凹模	Cr12MoV	60~62HRC
		CT35、TLMW50	66~68HRC
		YG10、YG15	
	加热拉深的凸、凹模	5CrNiMo、5CrNiTi	52~56HRC
大型拉深模	中小批量生产的凸、凹模	QT600—3	197~269HB
	大批量生产的凸、凹模	镍铬铸铁	40~45HRC①
		钼铬铸铁	55~60HRC①
		钼钒铸铁	50~55HRC①

注：选用碳素工具钢时，如工作零件要求具有一定的韧度，应避开200~300℃的回火，以免产生较大的脆性。

① 为火焰表面淬火。

表 A-2　冲模辅助零件常用材料及热处理要求

零件名称		选用材料	热处理要求
模座	中、小模具用	HT200、Q235	—
	受高速冲击，载荷特大时	ZG45、45	调质 28~32HRC
	滚动导向模架用	QT400—18、ZG45、45	—
	大型模具用	HT250、ZG45	—
导柱导套	大量生产模架用	20	渗碳淬火 58~62HRC
	单件生产模架用	T10A、9Mn2V	56~62HRC
	滚动模架用	GCr15、Cr12	62~66HRC
模柄	压入、旋入、凸缘、槽形式	Q235	—
	浮动式（包括压圈、球面垫块）	45	43~48HRC
滚动模架用钢球保持圈		2A11、H62	—
定距侧刃		T10A、Cr6WV	56~60HRC
		9Mn2V、Cr12	58~62HRC
侧刃挡块		T8A	56~60HRC
导正销		T8A、T10A	50~54HRC
		9Mn2V、Cr12	52~56HRC
挡料销、定位销、定位板 侧压板、推杆、顶杆、顶板		45	43~48HRC
卸料板、固定板、导料板		Q235、45	
垫板		45	43~48HRC
		T7A	48~52HRC
承料板		Q235	
废料切刀		T10A、9Mn2V	56~60HRC
齿圈压板		Cr12MoV	58~60HRC
压边圈	中小型拉深模用	T10A、9Mn2V	54~58HRC
	大型拉深模用	钼钒铸铁	火焰淬火
模框、模套		Q235（45）	（调质 28~32HRC）

附录 B　冲模零件表面粗糙度的要求（见表 B-1）

表 B-1　冲模零件表面粗糙度

应用范围	可选表面粗糙度 Ra 值/μm
抛光的转动体表面，如导柱与导套的配合面	0.1、0.2
抛光的成形面和平面	0.2、0.4
1. 压弯、拉深、成形的凹模工作面 2. 要求高的圆柱面、平面的刃口表面 3. 线切割或成形磨削后要求研磨的刃口表面	0.4、0.8
1. 拉深球形、抛物面形件等的凸模工作面 2. 冲裁刃口表面；凸、凹模镶块的接合面 3. 过盈配合、过渡配合的表面（热处理件） 4. 支承定位面、紧固表面（热处理件） 5. 磨削加工基准面、精确的工艺基准面	0.8、1.6
1. 用于配合的内孔表面（非热处理件） 2. 模座平面，半精加工表面 3. 模柄工作表面 4. 拉深圆筒形件等的凸模工作面	1.6、3.2
1. 不需磨削的支承、紧固表面（非热处理件） 2. 无法磨削的定位平面，不形成配合的接触平面	3.2、6.3
1. 非配合的粗加工表面 2. 不与冲压工件和冲模零件接触的表面	6.3、12.5
粗糙的不重要表面	12.5、25
不需机械加工的表面	

附录 C　冲模常用螺钉和销钉（见表 C-1～表 C-6）

表 C-1　内六角圆柱头螺钉（摘自 GB/T 70.1—2008）　（单位：mm）

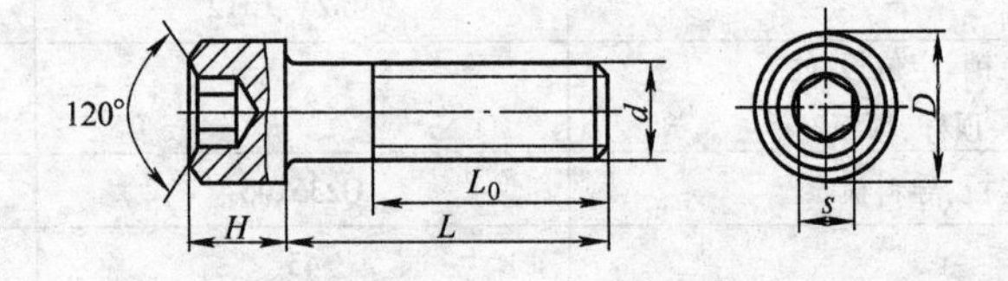

标记示例：

直径 d 为 M10、公称长度 L 为 45mm 的圆柱头内六角螺钉标注为：螺钉 GB/T 70—2000　M10×45

d	M4	M5	M6	M8	M10	M12	M16	M20
D	7	8.5	10	13	16	18	24	30
H	4	5	6	8	10	12	16	20
L_0	20	22	24	28	32	36	44	52
L	6～40	8～50	10～60	12～80	6～100	20～120	25～160	30～200

注：1. 长度 L 系列：6～12（2 进位）；16、20～50（5 进位）；60～160（10 进位）。

2. 如果表列值 $L < L_0$，则 $L_0 = L$。

表 C-2　开槽圆柱头螺钉（摘自 GB/T 65—2000）　　（单位：mm）

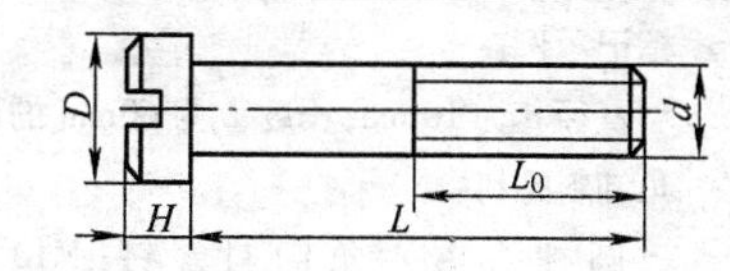

标记示例：

直径 d 为 8mm，长度 L 为 45mm 的圆柱头螺钉：

螺钉　GB/T 65—2000　M8 ×45

d	3	4	5	6	8
D	5	7	8.5	10	12.5
H	1.9	2.5	3	3.5	5
$\frac{L}{L_0}$（包括螺尾）	$\frac{3\sim22}{L_0=L}$ $\frac{25\sim80}{20}$	$\frac{4\sim25}{L_0=L}$ $\frac{28\sim80}{20}$	$\frac{5\sim28}{L_0=L}$ $\frac{30\sim80}{25}$	$\frac{8\sim30}{L_0=L}$ $\frac{32\sim80}{25}$	$\frac{10\sim32}{L_0=L}$ $\frac{35\sim80}{30}$
L 的系列	3,4,5,6,8,10,12,16,20,25				

注：材料为 Q235，不经热处理，但进行表面处理（一般为镀锌）。

表 C-3　圆柱销（摘自 GB/T 119.2—2000）　　（单位：mm）

标记示例：

直径 d = 8、长度 L = 40、A 型圆柱

销标记为：销 GB/T 119.2　8 ×40

d	4	5	6	8	10	12	16	20
c	0.63	0.8	1.2	1.6	2	2.5	3	3.5
L	10 ~40	12 ~50	14 ~60	18 ~80	22 ~100	26 ~100	40 ~100	50 ~100

注：1. A 型钢、普通淬火、硬度 550 ~ 650HV30；B 型、表面淬火、表面硬度 600 ~ 700HV1，渗碳深度 0.25 ~ 0.4mm，硬度 550HV1；马氏体不锈钢 C1，淬火硬度 460 ~560HV30。

2. 表面粗糙度 $Ra \leqslant 0.8\mu m$。

3. 长度 L 系列：10 ~32（2 进位）；35 ~90（5 进位）。

表 C-4　圆柱头卸料螺钉　　（单位：mm）

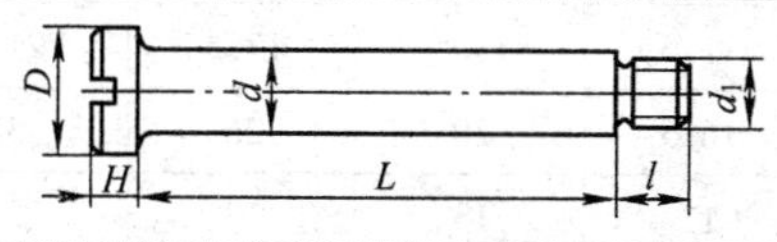

标记示例：

直径 d 为 10mm、长度 L 为 48mm 的圆柱头卸料螺钉：

圆柱头卸料螺钉：M10 ×48　JB/T 7650.5—2008

d	4	5	6	8	10	12	16
d_1	M3	M4	M5	M6	M8	M10	M12
D	7	8.5	10	12.5	15	18	24
H	3	3.5	4	5	6	7	9
l	5	5.5	6	7	8	10	14
L 的范围	20 ~35	20 ~40	25 ~50	25 ~70	30 ~80	35 ~80	40 ~100

L					
L	系列	20,22,25,28,30	32,35,38,40,42,45,48,50	50 ~80(5 进位)	90,100
	公差	$^{0}_{-0.033}$	$^{0}_{-0.039}$	$^{0}_{-0.046}$	$^{0}_{-0.054}$

注：材料为 45 钢，淬火硬度 35 ~40HRC。

表 C-5　圆柱头内六角卸料螺钉　（单位：mm）

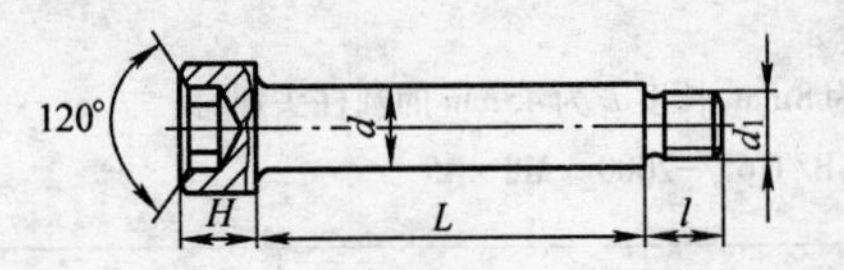

标记示例：

直径 d 为10mm，长度 L 为60mm 的圆柱头内六角卸料螺钉：

圆柱头内六角卸料螺钉：M10 × 60 JB/T 7650.6—2008

d	8	10	12	16	20	24
d_1	M6	M8	M10	M12	M16	M20
D	12.5	15	18	24	30	36
H	8	10	12	16	20	24
l	7	10	12	16	24	30
s	6	8	10	12	14	17
L 的范围	35 ~ 70	40 ~ 80	45 ~ 100	50 ~ 100	50 ~ 150	50 ~ 200

L						
	系列	35 ~ 50(5 进位)	55 ~ 80(5 进位)	90 ~ 120(10 进位)	130 ~ 180(10 进位)	200
	公差	0 −0.039	0 −0.046	0 −0.054	0 −0.063	0 −0.072

注：材料为45 钢，淬火硬度35 ~ 40HRC。

表 C-6　内六角螺钉和销钉通过孔的尺寸　（单位：mm）

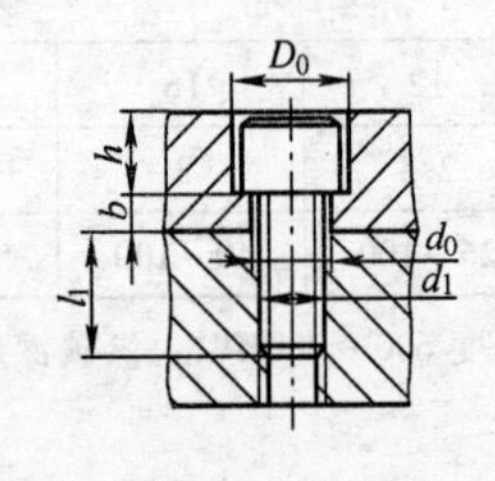

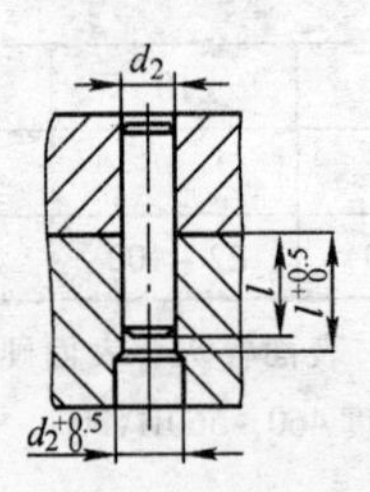

螺钉旋入最小长度 $l_1 = (1 \sim 1.5)d_1$

圆柱销配合最小长度 $l_2 = (2 \sim 3)d_2$

螺钉装配有关尺寸		螺钉直径 d_1							
		M4	M5	M6	M8	M10	M12	M16	M20
d_0		5	6	7	9	11.5	13.5	17.5	21.5
D_0		8	9.5	11	13.5	16.5	20	26	32
b_{min}		5	6	7	9	11	13	17	21
b_{min}	淬火件	4	4	4	6	7	8	12	15
	不淬火件	3	3	3	4	5	6	8	10

参 考 文 献

[1] 贾铁钢. 冷冲压模设计与制造 [M]. 北京：机械工业出版社，2009.
[2] 高鸿庭，刘建超. 冷冲模设计及制造 [M]. 北京：机械工业出版社，2010.
[3] 杜文宁. 模具钳工工艺与技能训练 [M]. 北京：中国劳动社会保障出版社，2007.
[4] 匡余华. 冷冲压工艺与模具设计 [M]. 北京：机械工业出版社，2010.
[5] 钟毓斌. 冲压工艺与模具设计 [M]. 北京：机械工业出版社，2011.
[6] 陈剑鹤. 冷冲压工艺与模具设计 [M]. 北京：机械工业出版社，2003.
[7] 刘建超. 冷冲模设计与制造 [M]. 北京：高等教育出版社，2004.
[8] 成虹. 冲压工艺与模具设计 [M]. 北京：高等教育出版社，2002.
[9] 刘靖岩. 模具设计与制造 [M]. 北京：中国轻工业出版社，2005.
[10] 徐政坤. 冲压模具设计与制造 [M]. 北京：化学工业出版社，2004.
[11] 张永江. 模具设计与制造基础 [M]. 北京：高等教育出版社，2005.
[12] 党根茂. 模具设计与制造 [M]. 西安：西安电子科技大学出版社，1995.
[13] 张海星. 冷冲压工艺与模具设计 [M]. 杭州：浙江大学出版社，2012.
[14] 杨关全，匡余华. 冷冲模设计资料与指导 [M]. 大连：大连理工大学大学出版社，2007.
[15] 杨关全，匡余华. 冷冲压工艺与模具设计 [M]. 大连：大连理工大学大学出版社，2007.

检
33